软件开发人才培养系列丛书

Spring Boot
开发实战 视频讲解版

李兴华 马云涛 / 编著

人民邮电出版社

北京

图书在版编目（CIP）数据

Spring Boot开发实战：视频讲解版 / 李兴华，马云涛编著. -- 北京：人民邮电出版社，2022.7（2024.3重印）
（软件开发人才培养系列丛书）
ISBN 978-7-115-58809-8

Ⅰ. ①S… Ⅱ. ①李… ②马… Ⅲ. ①JAVA语言－程序设计 Ⅳ. ①TP312.8

中国版本图书馆CIP数据核字(2022)第038402号

内 容 提 要

Spring Boot 是一个综合性的实战型应用技术框架。如果开发者已经完全掌握 Spring、SSM 开发框架整合，要实现进一步简化开发模型，那么学习 Spring Boot 是很有必要的。Spring Boot 不仅简单易学，而且是当前企业应用开发中较为实用的技术之一。

本书为读者详细介绍了 Spring Boot 的运行机制，围绕着 Spring Boot 所提供的 4 个核心组件（AutoConfig、Starter、Actuator、Spring Boot CLI）进行了详细的拆解，基于 Spring、Spring MVC、MyBatis、MyBatisPlus、JPA、Shiro 等技术进行了整合处理，同时又深入地讲解了 Spring Boot 所提供的异步开发的技术实现。全书共 12 章，主要包括 Spring Boot 概述、Spring Boot 开发入门、Spring Boot 环境配置、Spring Boot 数据处理、Spring Boot 与 Web 应用、Thymeleaf 模板、Actuator 服务监控、Spring Boot 与服务整合、Spring Boot 异步编程、AutoConfig 与 Starter、Spring Boot 与数据库编程、Spring Boot 安全访问等内容。

本书附有配套视频、源代码、习题、教学课件等资源。为了帮助读者更好地学习，作者还提供了在线答疑。

本书适合作为高等教育本、专科院校计算机相关专业的教材，也可供广大计算机编程爱好者自学使用。

◆ 编　著　李兴华　马云涛
　　责任编辑　刘　博
　　责任印制　王　郁　陈　犇

◆ 人民邮电出版社出版发行　北京市丰台区成寿寺路 11 号
　　邮编 100164　电子邮件 315@ptpress.com.cn
　　网址 https://www.ptpress.com.cn
　　固安县铭成印刷有限公司印刷

◆ 开本：787×1092　1/16
　　印张：19.5　　　　　　　　　　　2022 年 7 月第 1 版
　　字数：542 千字　　　　　　　　　2024 年 3 月河北第 3 次印刷

定价：79.80 元

读者服务热线：(010)81055256　印装质量热线：(010)81055316
反盗版热线：(010)81055315
广告经营许可证：京东市监广登字 20170147 号

自　　序

从最早接触计算机编程到现在，已经过去 24 年了，其中有 17 年的时间，我在一线讲解编程开发。我一直在思考一个问题：如何让学生在有限的时间里学到更多、更全面的知识？最初的我并不知道答案，于是只能大量挤占每天的非教学时间，甚至连节假日都给学生补课。因为当时的我想法很简单：通过多花时间去追赶技术发展的脚步，争取教给学生更多的技术，让学生在找工作时游刃有余。但是这对于我和学生来讲都实在过于痛苦了，毕竟我们都只是普通人，当我讲到精疲力尽，当学生学到头昏脑涨，我知道自己需要改变了。

技术正在发生不可逆转的变革，在软件行业中，最先改变的一定是就业环境。很多优秀的软件公司或互联网企业已经由简单的需求招聘变为能力招聘，要求从业者不再是培训班"量产"的学生。此时的从业者如果想顺利地进入软件行业，获取自己心中的理想职位，就需要有良好的技术学习方法。换言之，学生不能只是被动地学习，而是要主动地努力钻研技术，这样才可以具有更扎实的技术功底，才能够应对各种可能出现的技术挑战。

于是，怎样让学生们以尽可能短的时间学到最有用的知识，就成了我思考的核心问题。对于我来说，教育两个字是神圣的，既然是神圣的，就要与商业的运作有所区分。教育提倡的是付出与奉献，而商业运作讲究的是盈利，盈利和教育本身是有矛盾的。所以我拿出几年的时间，安心写作，把我近 20 年的教学经验融入这套编程学习丛书，也将多年积累的学生学习问题如实地反映在这套丛书之中，丛书架构如图 0-1 所示。希望这样一套方向明确的编程学习丛书，能让读者学习 Java 不再迷茫。

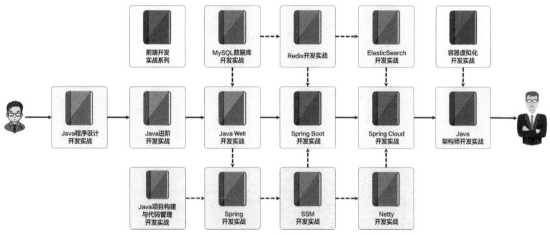

图 0-1　丛书架构

我的体会是，编写一本讲解透彻的图书真的很不容易。在写作过程中我翻阅了大量书籍，有些书查看之下发现内容竟然是和其他图书重复的，网上的资料也有大量重复，这让我认识到"原创"的重要性。但是原创的路途上满是荆棘，这也是我编写一本书需要很长时间的原因。

仅仅做到原创就可以让学生学会吗？很难。计算机编程图书之中有大量晦涩难懂的专业性词汇，不能默认所有的初学者都清楚地掌握了这些词汇的概念，如果那样，可以说就已经学会了编程。

为了帮助所有的读者扫除学习障碍，我在书中绘制了大量图形来进行概念的解释，此外还提供了与章节内容相符的视频资料，所有的视频讲解中出现的代码全部为现场编写。我希望用这一次又一次的重复劳动，帮助大家理解代码，学会编程。本套丛书所提供的配套资料非常丰富，可以说抵得上花几万元学费参加的培训班的课程。本套丛书的配套视频累计上万分钟，对比培训班的实际讲课时间，相信读者能体会到我们所付出的心血。我们希望通过这样的努力给大家带来一套有助于学懂、学会的图书，帮助大家解决学习和就业难题。

前　言

说起微服务，我是从 2016 年开始接触的，而当时国内微服务刚刚兴起，于是我在 2017 年 1 月完成了我的第一本微服务的技术图书《Java 微服务架构实战》，由于各种无法控制的外部原因，此书一直到 2020 年 1 月才正式出版，而此时的 Spring Boot 版本早已更新到了 Spring Boot 2.x，这也成为了我的一个遗憾。为了弥补心中的这份遗憾，我决定重写一本新的 Spring Boot 图书，这也是编写本书最重要的一个原因；而另外一个原因就在于市面上的很多图书千篇一律，缺少"图书的灵魂"，于是我要写一本全新的、与众不同的 Spring Boot 图书，为的是将真正的、系统的 Spring Boot 技术进行完整的传播，同时也希望可以将自己的这份原创精神传递给更多的技术爱好者。

本书是一本讲解 Spring Boot 技术的图书，书中的章节组织参考 Spring Boot 官方文档，同时又追加了我自己对技术的理解以及对读者认知模式的思考，使得本书更加符合国人的阅读习惯。我经过一系列的筛选编写出 12 章的具体内容，每一章都有一个核心的主题，同时每一章都为后续的章节提供概念上的支持。这些章节的安排如下。

- **第 1 章 Spring Boot 概述**　本章针对传统的 Java EE（Jakarta EE）的开发架构阐述设计缺陷，同时分析 SSM 框架整合开发中所存在的各类问题，并在宏观上介绍 Spring Boot 技术特点及其与微服务的关联。
- **第 2 章 Spring Boot 开发入门**　本章基于 Gradle 构建工具搭建基础项目环境，并分析 Gradle 提供的各个开发插件的作用，最终给出多模块环境下的 Spring Boot 项目搭建过程。
- **第 3 章 Spring Boot 环境配置**　本章讲解 Spring Boot 启动 Banner 修改、与原始 Spring 配置文件结合、项目热部署以及 JUnit 5 测试工具的使用，同时深入讲解 Lombok 组件配置以及生成类结构的主要作用。
- **第 4 章 Spring Boot 数据处理**　程序是以数据处理为导向的组件集合。本章为读者分析常见的几种文件结构的返回，如 XML、JSON、PDF、Excel 等，同时讲解如何基于配置文件实现 Bean 注册。
- **第 5 章 Spring Boot 与 Web 应用**　Spring Boot 程序以 Web 应用环境为主，所以在项目开发中可以方便地实现容器切换，并且可以直接使用 Jakarta EE 所提供的内置对象来完成用户请求处理。本章将传统的 Web 组件与 Spring Boot 进行整合，并实现了 E-mail、HTTPS、文件上传、数据验证的相关操作。
- **第 6 章 Thymeleaf 模板**　Spring Boot 可以很好地适应单实例的项目开发，所以提供了 Thymeleaf 模板组件的整合。本章将为读者分析模板文件的存储以及常见模板语法的使用。
- **第 7 章 Actuator 服务监控**　Spring Boot 内置了完整的监控数据获取支持，而想要进行合理的监控还需要整合 Prometheus 组件并结合 NodeExporter 实现服务器的数据监控。本章对 Spring Boot 监控操作做深入讲解。
- **第 8 章 Spring Boot 与服务整合**　自定义事件、分布式任务管理、Web Service、WebSocket 都属于常见的项目组件。本章基于各个组件依赖库进行服务的整合实现。
- **第 9 章 Spring Boot 异步编程**　异步编程可以提高程序的处理性能，而 Spring Boot 支持传统的多线程任务、Reactor 响应式编程。本章对异步编程的实现进行整体讲解，并讲解最新的 RSocket 协议支持。

- **第 10 章 AutoConfig 与 Starter** 自动配置是 Spring Boot 技术的宣传亮点，也是实现零配置的关键。本章为读者分析自动配置的实现，并基于 Spring Boot 启动程序类实现 Spring Boot 应用启动分析。
- **第 11 章 Spring Boot 与数据库编程** SSM 是现代项目开发的主要应用框架，Spring Boot 简化了 Spring 和 Spring MVC 的使用，但同时需要引入 MyBatis 组件实现数据层开发。本章讲解 Druid 数据源配置、Druid 监控、MyBatis/MyBatisPlus 整合、JTA 分布式事务实现。
- **第 12 章 Spring Boot 安全访问** 认证与授权是系统安全永恒的话题。本章为读者综合讲解常见的安全组件整合，包括 Spring Security、OAuth2、JWT、Shiro，并基于前后端分离的方式实现认证与授权管理，而前端的开发为了简化统一使用了 Vue.JS 实现。

内容特色

本书主要特点如下。

- 基于 Gradle 构建工具实现开发讲解，符合未来技术的发展需要。
- 项目驱动型的讲解模式，让读者学完每一节课程后都能有所收获，都可以将其应用到技术开发之中。
- 为避免晦涩的技术概念所带来的学习困难，本书绘制了大量的图形进行概念解释，进一步降低学习难度。
- 全面拆解 Spring Boot 项目结构，深入分析 Spring Boot 的运行机制、实现原理与核心源代码解析。
- 大量的服务整合应用，如 Spring Security、Shiro、MyBatis/MyBatisPlus、Spring Data JPA、JWT、Druid、Atomikos、FastJSON、itextpdf、EasyPOI、Undertow、Logback、Prometheus、Grafana、Web Service、WebSocket、RSocket、WebFlux、Redis、ShedLock、Thymeleaf 等，全面打造"航母"级的 Spring Boot 应用实战。
- 围绕前后端分离的开发模式讲解 Spring Boot 应用，并结合 Vue.JS 实现代码整合。
- 完整的教学体系，前后课程及技术概念无缝对接，打造一套循序渐进的、适合国人的学习模式。
- 配备全套教学视频，打开手机微信可以直接扫码学习。
- 丰富的课程离线资源包：4K 高清教学视频、课程代码、教学 PPT、软件工具包等。

此外，由于技术类的图书所涉及的内容很多，同时考虑到读者对于一些知识的理解盲点与认知偏差，作者在编写图书时设计了一些特色栏目和表示方式，现说明如下。

（1）提示：对一些知识核心内容的强调以及与之相关知识点的说明。这样做的目的是帮助读者扩大知识面。

（2）注意：点明对相关知识进行运用时有可能出现的种种"深坑"。这样做的目的是帮助读者节约技术理解的时间。

（3）问答：对核心概念理解的补充，以及可能存在的一些理解偏差的解读。

（4）分步讲解：清楚地标注每一个开发步骤。技术开发需要严格的实现步骤，我们不仅要教读者知识，更要给大家提供完整的学习指导。由于在实际项目中会利用 Gradle 或 Maven 这样的工具来进行模块拆分，因此我们在每一个开发步骤前会使用"【项目或子模块名称】"这样的标注方式，这样读者在实际开发演练时就会更加清楚当前代码的编写位置，提高代码的编写效率。

虽然 Spring Boot 是现在 Java 开发中主要使用的开发框架，但是完全使用 Spring Boot 开发框架进行项目开发还有一系列的技术前提。开发者首先需要熟练地掌握本系列中《Java Web 开发实战（视频讲解版）》一书中的全部基础技术，深刻理解 MVC 框架设计并进行 MVC 项目实战，而后才可以轻松地理解 Spring 和 Spring MVC 开发框架的实现原理，这样才能为后续的 SSM（Spring +

Spring MVC + MyBatis）框架整合开发打下基础。而《SSM 开发实战（视频讲解版）》一书不仅讲解了 SSM 开发框架的整合，还包含基于 Shiro 的 SSM（Spring + Shiro + MyBatis）以及 JPA 与 Spring Data JPA 的应用，因为这些技术最终全部都要在 Spring Boot 中进行整合，如图 0-2 所示。考虑到知识学习的层次，本系列图书将每一部分的知识进行了有效的分割，以保证知识的延续性。

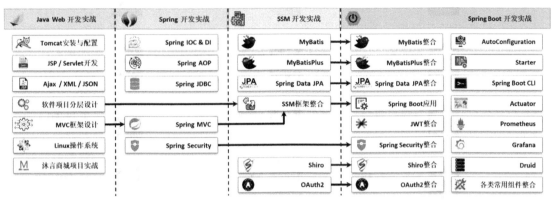

图 0-2　知识递进学习体系

　　Spring Boot 开发相较于传统的 SSM 框架整合开发，最大的特点在于其可以更加方便地实现基于 Restful 的前后端分离架构，如图 0-3 所示，所以本书在设计的时候充分考虑了当前的应用环境，讲解的核心重点也全部放在了后台接口的良好设计上。这样的讲解也为后续的《Spring Cloud 开发实战（视频讲解版）》一书中介绍的微服务集群架构打下了良好的概念基础。

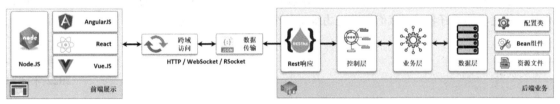

图 0-3　基于前后端分离设计

答疑交流

　　我们在 2019 年创办了沐言科技，希望可以用自己的信仰打造出全新的教学理念。我们发现，仅仅依靠简单的技术教学是不能够让学生走上技术岗位的，现在的技术招聘更多强调学生的自我学习能力，所以我们也秉持着帮助学生自学以提升技术的理念进行图书的编写。我们也会在抖音（ID：muyan_lixinghua）与 "B 站"（ID：YOOTK 沐言优拓）直播间进行各种技术课程的公益直播。对于每次直播的课程内容以及技术话题，我也会在我个人的微博（ID：yootk 李兴华）进行发布。希望广大学子在不同的平台找到我们并与我们互动，让我们一起进步，打造出适合于学生的教学模式，也欢迎广大读者将我们的视频上传到各个平台，把我们的教学理念传播给更多有需要的人。

　　本书是原创的技术类图书，书中难免存在不妥之处，如果读者发现问题，欢迎将意见和建议发到我的邮箱（784420216@qq.com），我们会及时修改。

　　欢迎各位读者加入图书交流群（QQ 群号码为 649571271，群满时请根据提示加入新的交流群）进行沟通互动。

配套资源

　　读者如果需要获取本课程的相关资源，可以登录人邮教育社区（www.ryjiaoyu.com）下载，也可以登录沐言优拓的官方网站通过资源导航获取下载链接，如图 0-4 所示。

图 0-4 获取图书资源

  最后我想说的是,因为写书与各类公益技术直播,我错过了许多与家人欢聚的时光,内心感到非常愧疚。我希望不久的将来能为我的孩子编写一套属于他自己的编程类图书,这也将帮助所有有需要的孩子进步。我喜欢研究编程技术,也勇于自我突破,如果你也是这样的一位软件工程师,也希望你加入我们这个公益技术直播的行列。让我们抛开所有商业模式的束缚,一起将自己学到的技术传播给更多的爱好者,以我们微薄之力推动整个行业的技术发展。

李兴华
2022 年 3 月

目　录

第 1 章　Spring Boot 概述 ……1
1.1　传统 Java 开发之痛 ……1
1.2　Spring 之伤 ……3
1.3　走进 Spring Boot ……4
1.4　本章概览 ……6

第 2 章　Spring Boot 开发入门 ……7
2.1　Spring Boot 开发起步 ……7
2.1.1　第一个 Spring Boot 应用 ……8
2.1.2　Spring Boot 注解分析 ……9
2.2　Gradle 构建管理 ……11
2.2.1　dependency-management 插件 ……11
2.2.2　Spring Boot Plugin ……12
2.2.3　多模块拆分 ……13
2.3　本章概览 ……16

第 3 章　Spring Boot 环境配置 ……17
3.1　自定义启动 Banner ……17
3.2　导入 Spring 配置文件 ……19
3.3　项目热部署 ……21
3.4　整合 JUnit 5 用例测试 ……22
3.5　Lombok 插件 ……23
3.5.1　生成类操作结构 ……24
3.5.2　Accessor ……27
3.5.3　建造者模式 ……28
3.5.4　异常处理 ……30
3.5.5　I/O 流自动关闭 ……31
3.5.6　同步方法 ……31
3.6　本章概览 ……32

第 4 章　Spring Boot 数据处理 ……33
4.1　对象转换处理 ……33
4.1.1　整合 FastJSON 组件 ……35
4.1.2　返回 XML 数据 ……37
4.2　Spring Boot 数据响应 ……38
4.2.1　返回 PDF 数据 ……38
4.2.2　返回 Excel 数据 ……40

4.2.3　返回图像流 ……41
4.2.4　返回视频流 ……42
4.2.5　文件下载 ……43
4.3　属性注入管理 ……44
4.3.1　@ConfigurationProperties ……45
4.3.2　注入对象数据 ……47
4.3.3　自定义注入配置文件 ……49
4.4　本章概览 ……50

第 5 章　Spring Boot 与 Web 应用 ……51
5.1　项目打包 ……51
5.1.1　调整 JVM 运行参数 ……52
5.1.2　配置 Web 环境 ……54
5.1.3　profile 环境配置 ……56
5.2　Web 运行支持 ……57
5.2.1　整合 Jetty 容器 ……58
5.2.2　整合 Undertow 容器 ……59
5.3　获取 Web 内置对象 ……60
5.4　读取资源文件 ……61
5.5　文件上传 ……63
5.6　请求拦截 ……65
5.6.1　整合 Web 过滤器 ……65
5.6.2　整合 Web 监听器 ……66
5.6.3　拦截器 ……67
5.6.4　AOP 拦截器 ……68
5.7　整合 E-mail 邮件服务 ……70
5.8　HTTPS 安全访问 ……71
5.9　全局错误页 ……73
5.10　@ControllerAdvice ……75
5.10.1　全局异常处理 ……75
5.10.2　全局数据绑定 ……76
5.10.3　全局数据预处理 ……78
5.11　请求数据验证 ……80
5.11.1　JSR303 数据验证规范 ……80
5.11.2　设置错误信息 ……83
5.11.3　自定义验证器 ……84

目录

- 5.12 本章概览 …… 86
- **第6章 Thymeleaf 模板** …… 87
  - 6.1 Thymeleaf 基本使用 …… 87
    - 6.1.1 Thymeleaf 编程起步 …… 89
    - 6.1.2 Thymeleaf 环境配置 …… 91
    - 6.1.3 整合静态资源 …… 91
  - 6.2 路径访问支持 …… 93
  - 6.3 读取资源文件 …… 94
  - 6.4 环境对象支持 …… 97
  - 6.5 对象输出 …… 98
  - 6.6 Thymeleaf 页面显示 …… 100
    - 6.6.1 页面逻辑处理 …… 100
    - 6.6.2 数据迭代处理 …… 102
    - 6.6.3 页面包含指令 …… 103
    - 6.6.4 页面数据处理 …… 105
  - 6.7 本章概览 …… 106
- **第7章 Actuator 服务监控** …… 107
  - 7.1 服务监控 …… 107
    - 7.1.1 Actuator 接口访问 …… 109
    - 7.1.2 heapdump 信息 …… 110
    - 7.1.3 info 服务信息 …… 112
    - 7.1.4 health 服务信息 …… 113
    - 7.1.5 远程关闭 …… 115
    - 7.1.6 自定义 Endpoint …… 116
  - 7.2 日志处理 …… 117
    - 7.2.1 Spring Boot 日志配置 …… 118
    - 7.2.2 整合 Logback 日志配置文件 …… 119
    - 7.2.3 动态修改日志级别 …… 121
    - 7.2.4 MDC 全链路跟踪 …… 122
  - 7.3 Actuator 可视化监控 …… 126
    - 7.3.1 NodeExporter …… 128
    - 7.3.2 Prometheus 监控数据 …… 130
    - 7.3.3 Prometheus 服务搭建 …… 131
    - 7.3.4 Grafana 可视化 …… 134
    - 7.3.5 监控警报 …… 136
    - 7.3.6 警报触发测试 …… 140
  - 7.4 本章概览 …… 141
- **第8章 Spring Boot 与服务整合** …… 142
  - 8.1 定时任务管理 …… 142
    - 8.1.1 ShedLock 分布式定时任务 …… 143
    - 8.1.2 动态配置任务触发表达式 …… 145
  - 8.2 事件发布与监听 …… 148
    - 8.2.1 自定义事件处理 …… 148
    - 8.2.2 @EventListener 注解 …… 150
  - 8.3 Web Service …… 152
    - 8.3.1 搭建 Web Service 服务端 …… 154
    - 8.3.2 开发 Web Service 客户端 …… 156
  - 8.4 WebSocket …… 159
    - 8.4.1 开发 WebSocket 服务端 …… 159
    - 8.4.2 开发 WebSocket 客户端 …… 161
  - 8.5 本章概览 …… 162
- **第9章 Spring Boot 异步编程** …… 163
  - 9.1 Spring Boot 异步处理 …… 163
    - 9.1.1 Callable 实现异步处理 …… 164
    - 9.1.2 WebAsyncTask …… 166
    - 9.1.3 DeferredResult …… 167
    - 9.1.4 Spring Boot 异步任务 …… 168
  - 9.2 WebFlux …… 170
    - 9.2.1 Reactor 终端响应 …… 171
    - 9.2.2 Spring Boot 整合 Reactor …… 172
    - 9.2.3 Flux 返回集合数据 …… 173
    - 9.2.4 WebSocket 处理支持 …… 174
  - 9.3 RSocket …… 175
    - 9.3.1 RSocket 基础开发 …… 179
    - 9.3.2 搭建 RSocket 服务端 …… 182
    - 9.3.3 搭建 RSocket 客户端 …… 184
    - 9.3.4 RSocket 文件上传 …… 186
    - 9.3.5 基于 RSocket 开发 WebSocket …… 189
  - 9.4 本章概览 …… 192
- **第10章 AutoConfig 与 Starter** …… 193
  - 10.1 AutoConfig …… 193
    - 10.1.1 @EnableConfigurationProperties …… 195
    - 10.1.2 @Import 注解 …… 197
    - 10.1.3 application.yml 配置提示 …… 199
    - 10.1.4 自定义 Starter 组件 …… 200
  - 10.2 Spring Boot 启动分析 …… 202
    - 10.2.1 SpringApplication 构造方法 …… 204
    - 10.2.2 SpringApplication.run()方法 …… 205
    - 10.2.3 启动内置 Web 容器 …… 207
    - 10.2.4 AbstractApplicationContext. refresh()方法 …… 208
  - 10.3 Spring Boot CLI …… 210

10.3.1	使用 Groovy 开发 Spring Boot 应用	211
10.3.2	Spring Boot CLI 工具管理	211
10.4	本章概览	212

第 11 章 Spring Boot 与数据库编程 213

- 11.1 Druid 数据源 213
  - 11.1.1 基于 Bean 配置 Druid 216
  - 11.1.2 Druid 监控界面 218
  - 11.1.3 Web 访问监控 220
  - 11.1.4 SQL 监控 221
  - 11.1.5 SQL 防火墙 223
  - 11.1.6 Spring 监控 226
  - 11.1.7 Druid 日志记录 227
- 11.2 Spring Boot 整合 MyBatis 229
  - 11.2.1 Spring Boot 整合 MyBatisPlus 231
  - 11.2.2 基于 Bean 模式整合 MyBatisPlus 组件 234
  - 11.2.3 AOP 事务处理 235
- 11.3 多数据源 236
  - 11.3.1 配置多个 Druid 数据源 238
  - 11.3.2 动态数据源决策 240
  - 11.3.3 MyBatisPlus 整合多数据源 243
- 11.4 JTA 分布式事务 246
  - 11.4.1 AtomikosDataSourceBean 248
  - 11.4.2 多数据源事务管理 251
  - 11.4.3 MyBatis 整合分布式事务 253
- 11.5 本章概览 254

第 12 章 Spring Boot 安全访问 255

- 12.1 Spring Security 255
  - 12.1.1 基于 Bean 配置 Spring Security 256
  - 12.1.2 HttpSecurity 258
  - 12.1.3 返回 Rest 认证信息 258
  - 12.1.4 UserDetailsService 261
  - 12.1.5 基于数据库实现认证授权 264
- 12.2 Spring Boot 整合 OAuth2 267
  - 12.2.1 搭建 OAuth2 基础服务 269
  - 12.2.2 ClientDetailsService 271
  - 12.2.3 使用数据库存储 Client 信息 273
  - 12.2.4 使用 Redis 保存 Token 令牌 275
  - 12.2.5 OAuth2 资源服务 277
  - 12.2.6 OAuth2 客户端访问 278
- 12.3 Spring Boot 整合 JWT 280
  - 12.3.1 JWT 结构分析 281
  - 12.3.2 JWT 数据服务 283
  - 12.3.3 Token 拦截 288
- 12.4 Spring Boot 整合 Shiro 290
  - 12.4.1 Shiro 用户认证 291
  - 12.4.2 Shiro 访问拦截 293
- 12.5 本章概览 296

视频目录

第1章 Spring Boot 概述
- 0101_【理解】传统 Java 开发之痛 1
- 0102_【理解】Spring 之伤 3
- 0103_【理解】走进 Spring Boot 4

第2章 Spring Boot 开发入门
- 0201_【掌握】构建 Spring Boot 项目 7
- 0202_【掌握】第一个 Spring Boot 应用 8
- 0203_【理解】Spring Boot 注解分析 9
- 0204_【掌握】dependency-management 插件 11
- 0205_【掌握】Spring Boot Plugin 12
- 0206_【掌握】多模块拆分 13

第3章 Spring Boot 环境配置
- 0301_【理解】自定义启动 Banner 17
- 0302_【掌握】导入 Spring 配置文件 19
- 0303_【掌握】项目热部署 21
- 0304_【掌握】整合 JUnit 5 用例测试 22
- 0305_【掌握】Lombok 简介与配置 23
- 0306_【掌握】生成类操作结构 24
- 0307_【理解】Accessor 27
- 0308_【理解】建造者模式 28
- 0309_【理解】异常处理 30
- 0310_【理解】I/O 流自动关闭 31
- 0311_【理解】同步方法 31

第4章 Spring Boot 数据处理
- 0401_【掌握】对象转换处理 33
- 0402_【掌握】整合 FastJSON 组件 35
- 0403_【理解】返回 XML 数据 37
- 0404_【理解】返回 PDF 数据 38
- 0405_【理解】返回 Excel 数据 40
- 0406_【理解】返回图像流 41
- 0407_【理解】返回视频流 42
- 0408_【理解】文件下载 43
- 0409_【掌握】属性定义与注入 44
- 0410_【掌握】@ConfigurationProperties 45
- 0411_【掌握】注入对象数据 47
- 0412_【掌握】自定义注入配置文件 49

第5章 Spring Boot 与 Web 应用
- 0501_【掌握】项目打包 51
- 0502_【掌握】调整 JVM 运行参数 52
- 0503_【掌握】配置 Web 环境 54
- 0504_【掌握】profile 环境配置 56
- 0505_【理解】打包 WAR 文件 57
- 0506_【理解】整合 Jetty 容器 58
- 0507_【理解】整合 Undertow 容器 59
- 0508_【掌握】获取 Web 内置对象 60
- 0509_【掌握】读取资源文件 61
- 0510_【掌握】文件上传 63
- 0511_【掌握】整合 Web 过滤器 65
- 0512_【掌握】整合 Web 监听器 66
- 0513_【掌握】拦截器 67
- 0514_【掌握】AOP 拦截器 68
- 0515_【理解】整合 E-mail 邮件服务 70
- 0516_【理解】HTTPS 安全访问 71
- 0517_【理解】全局错误页 73
- 0518_【掌握】全局异常处理 75
- 0519_【掌握】全局数据绑定 76
- 0520_【掌握】全局数据预处理 78
- 0521_【理解】数据验证简介 80
- 0522_【掌握】JSR303 数据验证规范 80
- 0523_【理解】设置错误信息 83
- 0524_【理解】自定义验证器 84

第6章 Thymeleaf 模板
- 0601_【理解】Thymeleaf 简介 87
- 0602_【理解】Thymeleaf 编程起步 89
- 0603_【理解】Thymeleaf 环境配置 91

| 0604_【理解】整合静态资源 …… 91
| 0605_【理解】路径访问支持 …… 93
| 0606_【理解】读取资源文件 …… 94
| 0607_【理解】环境对象支持 …… 97
| 0608_【理解】对象输出 …… 98
| 0609_【理解】页面逻辑处理 …… 100
| 0610_【理解】数据迭代处理 …… 102
| 0611_【理解】页面包含指令 …… 103
| 0612_【理解】页面数据处理 …… 105

第7章 Actuator 服务监控

| 0701_【掌握】Actuator 监控简介 …… 107
| 0702_【掌握】Actuator 接口访问 …… 109
| 0703_【理解】heapdump 信息 …… 110
| 0704_【理解】info 服务信息 …… 112
| 0705_【理解】health 服务信息 …… 113
| 0706_【理解】远程关闭 …… 115
| 0707_【理解】自定义 Endpoint …… 116
| 0708_【掌握】Lombok 日志注解 …… 117
| 0709_【掌握】Spring Boot 日志配置 …… 118
| 0710_【掌握】整合 Logback 日志配置文件 …… 119
| 0711_【掌握】动态修改日志级别 …… 121
| 0712_【掌握】MDC 全链路跟踪 …… 122
| 0713_【理解】Actuator 可视化监控简介 …… 126
| 0714_【理解】NodeExporter …… 128
| 0715_【理解】Prometheus 监控数据 …… 130
| 0716_【理解】Prometheus 服务搭建 …… 131
| 0717_【理解】Gragana 可视化 …… 134
| 0718_【理解】监控警报 …… 136
| 0719_【理解】警报触发测试 …… 140

第8章 Spring Boot 与服务整合

| 0801_【理解】Spring 定时任务 …… 142
| 0802_【掌握】ShedLock 分布式定时任务 …… 143
| 0803_【掌握】ShedLock 动态任务管理 …… 145
| 0804_【理解】自定义事件概述 …… 148
| 0805_【掌握】自定义事件处理 …… 148
| 0806_【掌握】@EventListener 注解 …… 150

| 0807_【理解】Web Service 简介 …… 152
| 0808_【理解】搭建 Web Service 服务端 …… 154
| 0809_【理解】开发 Web Service 客户端 …… 156
| 0810_【掌握】WebSocket 简介 …… 159
| 0811_【理解】开发 WebSocket 服务端 …… 159
| 0812_【理解】开发 WebSocket 客户端 …… 161

第9章 Spring Boot 异步编程

| 0901_【掌握】Spring Boot 异步处理简介 …… 163
| 0902_【掌握】Callable 实现异步处理 …… 164
| 0903_【掌握】WebAsyncTask …… 166
| 0904_【理解】DeferredResult …… 167
| 0905_【掌握】Spring Boot 异步任务 …… 168
| 0906_【掌握】响应式编程简介 …… 170
| 0907_【理解】WebFlux 终端响应 …… 171
| 0908_【理解】Spring Boot 整合 WebFlux …… 172
| 0909_【理解】Flux 返回集合数据 …… 173
| 0910_【理解】WebSocket 处理支持 …… 174
| 0911_【理解】RSocket 简介 …… 175
| 0912_【理解】RSocket 基础开发 …… 179
| 0913_【理解】搭建 RSocket 服务端 …… 182
| 0914_【理解】搭建 RSocket 客户端 …… 184
| 0915_【理解】RSocket 文件上传 …… 186
| 0916_【理解】基于 RSocket 开发 WebSocket …… 189

第10章 AutoConfig 与 Starter

| 1001_【掌握】自动装配简介 …… 193
| 1002_【理解】@EnableConfigurationProperties …… 195
| 1003_【理解】@Import 注解 …… 197
| 1004_【理解】application.yml 配置提示 …… 199
| 1005_【理解】自定义 Starter 组件 …… 200
| 1006_【理解】Spring Boot 启动核心类 …… 202
| 1007_【理解】SpringApplication 构造方法 …… 204
| 1008_【理解】SpringApplication.run() 方法 …… 205

| 1009_【理解】启动内置 Web 容器……207
| 1010_【理解】AbstractApplicationContext.refresh()方法……208
| 1011_【理解】Spring Boot CLI 配置……210
| 1012_【理解】使用 Groovy 开发 Spring Boot 应用……211
| 1013_【理解】Spring Boot CLI 工具管理……211

第 11 章　Spring Boot 与数据库编程

| 1101_【掌握】Druid 基本配置……213
| 1102_【掌握】基于 Bean 配置 Druid……216
| 1103_【掌握】Druid 监控界面……218
| 1104_【掌握】Web 访问监控……220
| 1105_【掌握】SQL 监控……221
| 1106_【掌握】SQL 防火墙……223
| 1107_【掌握】Spring 监控……226
| 1108_【掌握】Druid 日志记录……227
| 1109_【掌握】Spring Boot 整合 MyBatis……229
| 1110_【掌握】Spring Boot 整合 MyBatisPlus……231
| 1111_【掌握】基于 Bean 模式整合 MyBatisPlus 组件……234
| 1112_【掌握】AOP 事务处理……235
| 1113_【掌握】多数据源操作简介……236
| 1114_【掌握】配置多个 Druid 数据源……238
| 1115_【掌握】动态数据源决策……240
| 1116_【掌握】MyBatisPlus 整合多数据源……243
| 1117_【掌握】JTA 分布式事务简介……246
| 1118_【掌握】AtomikosDataSourceBean……248
| 1119_【掌握】多数据源事务管理……251
| 1120_【掌握】MyBatis 整合分布式事务……253

第 12 章　Spring Boot 安全访问

| 1201_【掌握】Spring Security 快速整合……255
| 1202_【掌握】基于 Bean 配置 Spring Security……256
| 1203_【掌握】HttpSecurity……258
| 1204_【掌握】返回 Rest 认证信息……258
| 1205_【掌握】UserDetailsService……261
| 1206_【掌握】基于数据库实现认证授权……264
| 1207_【掌握】OAuth2 基本概念……267
| 1208_【掌握】搭建 OAuth2 基础服务……269
| 1209_【掌握】ClientDetailsService……271
| 1210_【掌握】使用数据库存储 Client 信息……273
| 1211_【掌握】使用 Redis 保存 Token 令牌……275
| 1212_【掌握】OAuth2 资源服务……277
| 1213_【掌握】OAuth2 客户端访问……278
| 1214_【理解】Vue.JS 整合 OAuth2 认证……280
| 1215_【掌握】JWT 简介……280
| 1216_【掌握】JWT 结构分析……281
| 1217_【掌握】JWT 数据服务……283
| 1218_【掌握】Token 拦截……288
| 1219_【理解】Vue.JS 整合 JWT 认证……290
| 1220_【掌握】Shiro 整合简介……290
| 1221_【掌握】Shiro 用户认证……291
| 1222_【掌握】Shiro 访问拦截……293

第 1 章
Spring Boot 概述

本章学习目标
1. 理解传统 Java 项目中存在的各种设计问题以及代码缺陷；
2. 理解传统 Spring 框架开发与组件整合所带来的技术问题；
3. 掌握 Spring 与 Spring Boot 开发框架之间的联系以及 Spring Boot 技术的特点。

传统的 Java 项目开发存在众多设计难题，开发者可以通过开发框架解决代码的重复编写问题，然而长期的项目开发中开发者又不得不去面对大量的技术整合与配置文件定义，而这一切在有了 Spring Boot 之后彻底发生改变。本章将为读者由远及近地分析技术开发框架的发展历程。

1.1 传统 Java 开发之痛

视频名称	0101_【理解】传统 Java 开发之痛
视频简介	Java 是构建企业平台与互联网平台的首选编程语言。本视频为读者分析了传统 Java EE 所带来的结构缺陷与性能问题，同时引出了开发框架设计的重要意义。

Java 作为一门优秀的编程语言，不仅使用范围广，也是所有企业技术平台开发的首选语言，然而在早期的 Java EE 技术开发中，受困于当时的硬件环境、软件技术、网络带宽等，人们普遍会选择 Java EE 标准架构来进行项目的开发工作。Java EE 所提供的标准架构如图 1-1 所示。

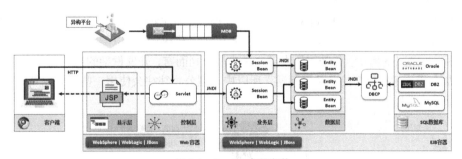

图 1-1 Java EE 标准架构

在传统的 Java EE 中开发者需要在 Web 容器和 EJB 容器中进行代码的编写，利用 EJB 定义远程业务中心，而后在 EJB 中根据业务需要设计远程接口以及对应的本地数据层操作接口，并利用容器实现具体的数据操作功能。而业务中心在设计时，充分考虑到了与异构系统的整合处理，提供了消息驱动 Bean（Message Driven Bean），以 JMS 消息的形式实现数据交互处理，同时，考虑到所有 EJB 组件的解耦合设计，在进行服务调用时全部使用 JNDI 实现远程调用。

> 💡 **提示：EJB 是 Java 标准的分布式组件。**
>
> EJB（Enterprise Java Beans，企业 Java Beans）是 Java EE 早期标准中的重要设计组件，但是由于其需要消耗较多的服务器资源，属于重量级的组件应用，所以现在很少有项目再去直接使用它。其设计理念非常优秀，而在此设计理念基础上才有了当今流行的 Spring 开发框架。

如果用户想完成某些业务请求处理，那么最佳的做法是直接通过 Web 容器并利用 JNDI 实现远程业务接口实例的获取，而后利用 Servlet 获取远程 EJB 端的数据信息，最后将这些信息通过 JSP 页面进行展示。

虽然利用 Java EE 标准架构可以有效实现良好的软件分层结构的定义，也会有容器帮助用户实现大量的程序代码，但是由于早期的技术实现问题，EJB 并没有得到良好的发展。然而由于其提出了良好的分层设计结构，所以开发者就基于此设计结构直接在 Web 容器中实现了软件的分层开发架构，如图 1-2 所示。

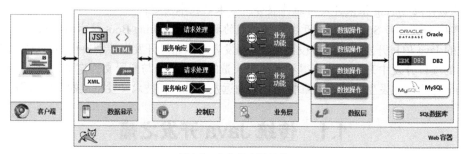

图 1-2 自定义分层结构

利用自定义的分层结构可以直接在一个 Web 容器中实现所有的程序代码，这样就避免了昂贵的 EJB 容器以及烦琐的远程调用；但这样会导致项目中的代码量过于庞大，因此需要项目开发人员对代码进行规范化管理，同时对不同层之间的调用进行相应的接口设计，以及明确的开发分工。

> 💡 **提示：分层设计为本书学习基础。**
>
> 本系列的《Java Web 开发实战（视频讲解版）》一书详细讲解了分层设计架构与 MVC 设计框架的开发。如果读者对这些知识还不清楚，建议翻看相关图书进行学习，否则在后续学习中有可能出现严重的知识体系结构脱节问题。

为了便于对项目开发人员的代码进行规范化管理，较为成熟的技术公司都会基于 Java EE 标准设计结构进行开发框架的设计，只要依据此开发框架编写代码，就可以编写出结构性强且适合维护的软件项目，如图 1-3 所示。但是对于大部分中小型公司而言，开发框架的维护更新也是一笔不小的费用，加上需要考虑框架的普及性问题，所以中小型公司往往会使用一些较为成熟的开发框架，如 Spring 开发框架。

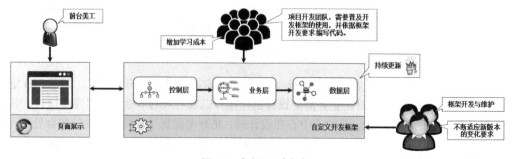

图 1-3 自定义开发框架

1.2 Spring 之伤

视频名称　0102_【理解】Spring 之伤
视频简介　Spring 作为一款优秀的开发框架，从 2002 年起就一直陪伴 Java 技术的成长，同时也已经成为一种事实上的 Java 开发标准。但是为什么要在 Spring 框架之上继续研发 Spring Boot 呢？本视频为读者讲解了 Spring 的起源、发展以及存在的问题。

Spring 是由 Pivotal 公司推出的一个 Java EE 的开发框架，最早是由罗德·约翰逊（Rod Johnson）在 2002 年发起的开源项目，是基于 EJB 设计理论实现的一个轻量级容器（Lightweight Container），可以在不使用 EJB 容器的情况下，利用 Spring 运行容器方便地实现 Bean 的生命周期管理。

> 💡 **提示：Rod Johnson 与其出版图书。**
>
> Rod Johnson 在 2002 年编著的 *expert one-on-one J2EE Design and Development* 一书中，对 Java EE 系统框架臃肿、低效、脱离现实的种种现状提出了质疑，并积极寻求探索革新之道，如图 1-4 所示。
>
> 同年他又推出一部堪称经典的力作 *expert one-on-one J2EE Development without EJB*。该书在 Java 世界掀起了轩然大波，不断改变着 Java 开发者程序设计和开发的思考方式，如图 1-5 所示。
>
> 　
>
> 图 1-4　《J2EE 设计与开发》　　　图 1-5　《不使用 EJB 开发 J2EE》
>
> 作者根据自己多年丰富的实践经验，对 EJB 的各种笨重臃肿的结构进行逐一分析和否定，并分别以简洁实用的方式替换之。至此一战功成，Rod Johnson 成为一个改变 Java 世界的大师级人物。

Spring 提供了非常方便的 Bean 管理机制，使得开发者可以从烦琐的对象实例化与垃圾回收（Garbage Collection，GC）管理中彻底脱离出来，而后基于 IOC&DI 的依赖管理机制方便地实现不同 Bean 对象之间的引用维护，同时利用面向切面编程（Aspect Oriented Programming，AOP）技术有效地实现切面控制。由于 Spring 开发框架的日趋成熟，越来越多的开发框架提供了与 Spring 整合的支持，这样就使得 Spring 的应用范围更加广泛。最重要的是 Spring 是一个被长期维护的开源项目，这使得其使用群体广泛，节约了企业中的框架维护成本与人员学习成本，如图 1-6 所示。

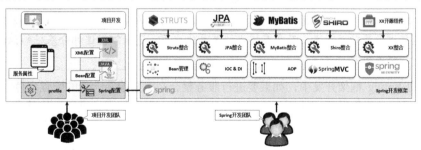

图 1-6　Spring 框架与项目开发

随着时间的推移，Java 开发开始大量引入各种第三方开源项目，而后所有的开源项目如果想与 Spring 框架整合都需要提供与之对应的 XML 配置文件（或 Bean 配置），才可以将所有的 Bean 对象交由 Spring 容器管理，这样在一个项目中就有可能出现大量的 XML 配置文件。

同时为了适应于不同环境的需要，还要将所有的服务配置属性单独抽取出来定义为 profile 文件（properties 资源文件）。以数据库连接为例，一般分为生产环境、测试环境以及线上环境，这样在最终程序运行时就需要动态地配置不同的 profile，才能保证项目的正确运行，如图 1-7 所示。这就使得项目中包含越来越多的配置文件，同时不同的项目还有可能存在大量相同的配置文件，最终使得项目开发中出现大量的重复代码。Spring 项目的代码规模越来越庞大，很难适应当今的软件开发需要。

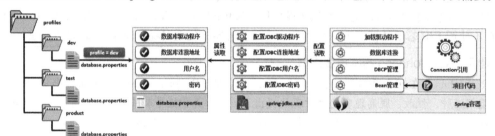

图 1-7 Spring 运行流程

1.3 走进 Spring Boot

视频名称　0103_【理解】走进 Spring Boot
视频简介　为了降低开发者的代码编写量，Pivotal 公司基于 Spring 开发了 Spring Boot 开发框架，可以提高项目的启动与开发效率。本视频为读者分析了 Spring Boot 的特点、与 Spring 的关联以及微服务的基本概念。

为了简化 Spring 项目应用从搭建到开发的过程，2014 年 Pivotal 公司对 Spring 开发框架进行进一步封装，从而形成了一套全新的微服务开发框架——Spring Boot（Boot 是引导的意思）。在 Spring Boot 中可以继续使用 Spring 开发框架的全部功能，并且极大地简化了 Java 的开发模式。

 提问：Spring Boot 取代了 Spring 吗？

既然要学习 Spring Boot，那么是不是就没有必要重复学习 Spring 开发框架了？以后也不再使用 Spring 框架了？

 回答：Spring 是 Spring Boot 基础。

Spring 与 Spring Boot 属于衍生关系，而不是替代关系，Spring Boot 在实现中简化了 Spring 中的烦琐配置，但是其运行形式依然是以 Spring 为核心构建的，所以读者在学习前一定要先掌握本系列图书介绍的 SSM 开发框架整合。对于 Spring、Spring MVC、Shiro、MyBatis 的基本开发，本书将不再进行过多基础性阐述，而是直接讲解其具体应用，还未掌握这部分基础知识的读者可以参考本系列的相关图书。

在传统的 Spring 框架开发中，如果要进行服务整合必然要编写大量的配置文件，但是 Spring Boot 将常规的开发操作进行了抽象，使得可以采用"零配置"的方式进行组件整合，即不再需要编写 XML 配置文件；开发者在使用 Spring Boot 开发时只需要将一些重要的服务信息定义在 profile 文件中，而后通过构建工具引入相关的组件模块，即可自动配置并提供相关类型的 Bean 对象，如图 1-8 所示，这样就进一步简化了框架的配置定义，提高了项目的开发效率。

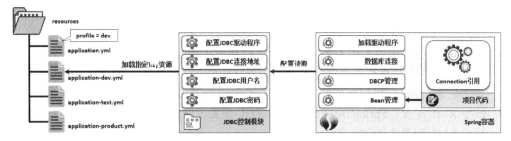

图 1-8 Spring Boot 零配置

> 💡 **提示**：Spring Boot 与微服务。
>
> 传统的项目架构设计会将所有的程序代码保存在同一个 war 中进行部署，这就会造成 Web 容器的执行压力过大，而后随着业务的不断完善，单台服务主机也无法承受大规模的并发访问，这样就需要将整体的服务拆分，形成一个个小型微服务，如图 1-9 所示。这样不仅可以提升性能，也可以进行有效的代码维护。
>
>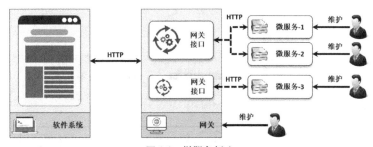
>
> 图 1-9 微服务拆分
>
> 微服务最早是 2014 年技术工程师马丁·福勒（Martin Fowler）（见图 1-10，著有《重构：改善既有代码的设计》一书）在一篇博客中提出的。这篇博客明确描述了微服务是一种软件架构风格，在进行项目开发时一个完整的应用由一组微服务组成，每个小型服务都运行在自己的进程内，多个不同的微服务之间使用 HTTP 进行通信。
>
>
>
> 图 1-10 Martin Fowler
>
> 在 Spring 开发框架中，Spring Cloud 开发框架进一步丰富了微服务的实现。该框架是以 Spring Boot 为基础的。本系列其他图书中有相应的知识讲解，读者可以依顺序向下学习。

Spring Boot 基于约定优于配置的思想，让开发人员不必在配置与逻辑业务之间进行思维的切换，可以全身心地投入逻辑业务的代码编写，从而大大提高项目开发效率。此外，Spring Boot 还拥有以下技术特点。

- 独立运行的 Spring 项目：Spring Boot 可以以 jar 包的形式直接运行在拥有 JDK 的主机上。

- 内嵌 Web 容器：Spring Boot 内嵌了 Tomcat、Jetty 与 Undertow 容器，从而可以不局限于 war 包的部署形式。
- 简化配置：在实际开发中都需要编写大量的 Maven/Gradle 依赖，Spring Boot 提供一系列使用 "starter" 的依赖配置来简化 maven 配置文件的定义。
- 自动配置 Spring：采用合理的项目组织结构可以使 Spring 的配置注解自动生效。
- 减少 XML 配置：Spring Boot 依然支持 XML 配置，但是也可以利用 Bean 和自动配置机制减少 XML 配置文件的定义。

如果想进行 Spring Boot 框架的学习，最佳的方式是直接打开 Spring 官方网站所提供的开发文档。通过官方首页找到所有的项目（Projects），而后选择 Spring Boot，即可打开 Spring Boot 的学习文档以及 API 手册，如图 1-11 所示。

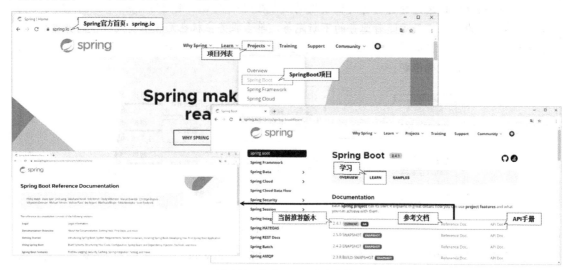

图 1-11　Spring Boot 官方文档

> **提示：选择推荐的 Spring Boot 版本。**
>
> Spring Boot 是一个长期维护的开发版本，可能在读者拿到本书时 Spring Boot 的版本又有了更新。在这里，笔者不建议开发者一直追求新的版本，选择一个稳定的 Spring Boot 2.x 版本即可。截至本书编写时，Spring Boot 推荐的最新版本为 "2.4.1"。

1.4　本 章 概 览

1．Spring Boot 是建立在 Spring 开发框架基础之上的新开发框架，可以极大地简化项目开发中配置过多的问题，提高项目编写的效率。

2．在 Spring Boot 中可以直接使用 Spring 开发框架中的各个概念，同时 Spring Boot 提供了更加丰富的运行方式。

3．Spring Boot 的开发一般都基于构建工具完成，可以使用 Maven 或 Gradle。本书将基于 Gradle 讲解 Spring Boot 开发。

第 2 章
Spring Boot 开发入门

本章学习目标
1. 掌握 Spring Boot 程序开发的基本流程，并可以编写第一个 Spring Boot 程序；
2. 掌握 Spring Boot 相关注解的使用方法；
3. 掌握 Spring Boot 程序的启动流程；
4. 掌握 Gradle 构建工具开发 Spring Boot 以及多模块拆分操作方法。

Spring Boot 开发需要在项目中进行相关依赖库的引用，而为了便于管理，可以直接使用 Gradle 构建工具搭建 Spring Boot 开发环境。本章将为读者讲解 Spring Boot 开发以及 Gradle 对 Spring Boot 依赖库的管理操作。

2.1 Spring Boot 开发起步

构建 Spring Boot 项目

视频名称　0201_【掌握】构建 Spring Boot 项目
视频简介　Spring Boot 项目的开发需要大量的第三方组件库，开发者可以直接基于 Gradle 构建工具进行开发实现。本视频通过 IDEA 实现了 Gradle 项目的构建以及依赖库配置。

Spring Boot 为了便于项目的编写与开发，往往会基于构建工具的形式进行项目所需的依赖库管理。本次开发考虑到项目结构扩展性的需要，将直接基于 Gradle 构建工具进行代码管理。

> 💡 **提示：也可以基于 Maven 构建。**
>
> 在早期的 Java 项目开发中被广泛使用的构建工具是 Maven，但是考虑到 Maven 的扩展性问题，在新的项目中，笔者强烈建议开发者使用 Gradle 进行构建。这样不仅扩展性强，而且处理性能更高。不熟悉 Gradle 的读者可以参阅本系列的其他书籍，如果想学习通过 Maven 构建 Spring Boot 项目，也可以参考笔者的另一本图书《名师讲坛——Java 微服务架构实战》自行学习。

为便于程序开发，本次将直接使用 IDEA 开发工具进行代码编写，首先进入模块管理工具，而后创建一个新的 Gradle 模块"microboot"（基于 JDK 11 开发版本），如图 2-1 所示。

Gradle 项目创建完成后会出现图 2-2 所示的项目核心结构。需要注意的是，在项目编写前需要将当前使用的 Gradle 工具版本设置为"gradle-6.5-bin"，而后还需要修改 build.gradle 配置文件，追加相关依赖定义。

范例：修改"build.gradle"配置依赖库

```
plugins {                              // 定义Gradle相关插件
    id 'java'                          // 默认提供Java相关任务
}
group 'com.yootk'                      // 项目所属组织
```

```
version '1.0.0'                                // 项目版本
sourceCompatibility = 11                       // 源代码版本
targetCompatibility = 11                       // 生成Class类版本
repositories {                                 // Maven仓库
    maven { url 'http://maven.aliyun.com/nexus/content/groups/public/' }
    mavenCentral()
}
dependencies {                                 // 依赖库配置
    testCompile group: 'junit', name: 'junit', version: '4.12'
    compile group: 'org.springframework.boot', name: 'spring-boot-starter-web', version: '2.4.1'
}
```

图 2-1 创建新的 Gradle 模块

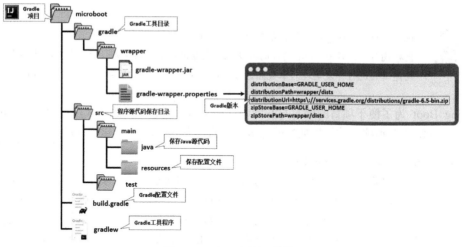

图 2-2 Gradle 项目核心结构

本程序在 build.gradle 配置文件中追加了"spring-boot-starter-web"依赖库，同时考虑到依赖库的下载速度，也配置了一个阿里云的镜像加速器。

2.1.1 第一个 Spring Boot 应用

第一个 Spring Boot 应用

视频名称　0202_【掌握】第一个 Spring Boot 应用

视频简介　Spring Boot 可以以 Java 程序的方式运行，而后会结合内置的 Tomcat 容器自动实现应用程序的部署。本视频通过具体代码讲解了第一个 Spring Boot 程序的开发。

2.1 Spring Boot 开发起步

Spring Boot 的程序开发与 Spring MVC 没有本质区别，所有的程序处理中依然需要编写 Action 程序类，而后需要在 Action 程序类中配置相关的业务处理方法。为了便于理解程序，本次直接在一个文件中实现程序开发。

范例：第一个 Spring Boot 程序

```
package com.yootk;
import org.springframework.boot.SpringApplication;
import org.springframework.boot.autoconfigure.EnableAutoConfiguration;
import org.springframework.boot.autoconfigure.Spring BootApplication;
import org.springframework.stereotype.Controller;
import org.springframework.web.bind.annotation.RequestMapping;
import org.springframework.web.bind.annotation.ResponseBody;
@Controller                                          // 控制器注解
@EnableAutoConfiguration                             // 启用自动配置
public class FirstSpring BootApplication {           // 程序执行类
    @RequestMapping("/")                             // 访问映射路径
    @ResponseBody                                    // rest返回形式
    public String home() {                           // 控制器方法
        return "沐言科技：www.yootk.com";              // 返回信息
    }
    public static void main(String[] args) {         // 主方法
        SpringApplication.run(FirstSpring BootApplication.class, args); // Spring Boot启动
    }
}
```

程序访问路径：

http://localhost:8080/

页面显示结果：

沐言科技：www.yootk.com

本程序实现了一个基础的 Spring Boot 程序开发。该程序为一个控制器程序类，这样就可以通过"@RequestMapping"注解定义控制层处理方法，而后在主方法中通过"SpringApplication.run()"启动该应用程序。这样就会自动运行一个 Tomcat 容器，开发者可以直接通过浏览器进行程序访问。

2.1.2 Spring Boot 注解分析

Spring Boot
注解分析

视频名称 0203_【理解】Spring Boot 注解分析
视频简介 Spring Boot 基于零配置实现了项目的配置管理，而实现零配置的关键就是注解与代码存储结构。本视频为读者分析了 Spring Boot 中相关注解的作用，并通过具体的程序结构拆分实现了项目代码的标准化管理。

Spring Boot 是基于 Spring MVC 的开发应用，所以在 Spring Boot 程序开发中可以大量使用 Spring 与 Spring MVC 中所提供的应用注解，此时所接触到的注解作用如表 2-1 所示。

表 2-1 Spring Boot 注解

序号	注解	说明
1	@Controller	控制器配置注解
2	@EnableAutoConfiguration	开启自动配置处理
3	@RequestMapping("/")	表示访问的映射路径，此时的路径为"/"，访问地址：http://localhost:8080/
4	@ResponseBody	在 Restful 架构中，该注解表示直接将返回的数据以字符串或 JSON 的形式获得
5	@RestController	"@Controller"与"@ResponseBody"结合注解，直接实现 Rest 结构返回

需要注意的是，在实际的项目开发过程中会存在大量的控制器程序类，所以最佳的做法是为所有的 Action 程序类创建一个统一的程序包，如"com.yootk.action"，而后定义一个主程序类，并通

9

过特定的注解实现所有程序类的自动装配，这样就可以实现清晰的程序结构划分。

由于 Spring Boot 采用了零配置的方式实现程序开发，所以需要注意程序文件的保存结构，程序的启动类必须放在与所有子包平级的目录中，才可以实现自动扫描配置。本次程序中的文件保存结构如图 2-3 所示。

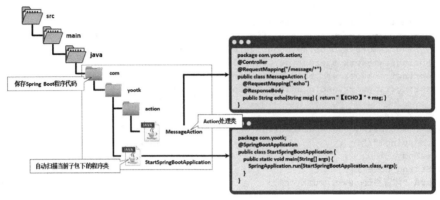

图 2-3　项目代码结构

范例：定义 Action 处理类

```
package com.yootk.action;                    // 程序包名称
@RestController                              // 控制器注解
@RequestMapping("/message/*")                // 父映射路径
public class MessageAction {                 // Action程序类
    private static final Logger LOGGER = LoggerFactory.getLogger(MessageAction.class);
    @RequestMapping("echo")                  // 子映射路径
    public String echo(String msg) {         // 业务处理方法
        LOGGER.info("msg = " + msg);         // 日志输出
        return "【ECHO】" + msg;              // 数据响应
    }
}
```

本程序实现了一个 Spring MVC 中的标准 Action 处理类，同时在该类中对用户的请求进行了日志记录，并利用"@ResponseBody"注解直接通过 echo()方法进行接收数据的回显处理。而要想让此 Action 程序类生效，则必须在根包下为其创建一个程序启动类。

范例：创建 Spring Boot 启动类

```
package com.yootk;                                                       // 保存在根包下
import org.springframework.boot.SpringApplication;
import org.springframework.boot.autoconfigure.Spring BootApplication;
@Spring BootApplication                                                  // Spring Boot启动注解
public class StartSpring BootApplication {
    public static void main(String[] args) {
        SpringApplication.run(StartSpring BootApplication.class, args);  // Spring Boot启动
    }
}
```

程序访问路径：

http://localhost:8080/message/echo?msg=沐言科技：www.yootk.com

程序日志输出：

INFO 1220 --- [nio-8080-exec-8] com.yootk.action.MessageAction: msg = 沐言科技：www. yootk.com

页面显示结果：

【ECHO】沐言科技：www.yootk.com

如果想实现 Spring Boot 程序的启动，则需要在程序启动类上配置"@Spring BootApplication"注解，同时需要在主方法中通过"SpringApplication.run()"方法进行程序的运行。这样将自动扫描

当前子包中的所有类并依据相应的注解实现特定的功能。

  提问：如何实现子包扫描？

在进行程序配置时，要求将所有的程序类放在主类的子包中，为什么直接使用"@Spring BootApplication"注解就可以实现扫描？

回答："@Spring BootApplication"注解包含包扫描功能。

在 Spring 开发框架中，如果想实现自动扫描处理，则一定要配置文件设置自动扫描包名称；而在 Spring Boot 中为了简化配置，在"@Spring BootApplication"注解中默认集成了扫描包注解，这一点可以通过该注解的源代码观察。

范例："@Spring BootApplication"注解定义

```
package org.springframework.boot.autoconfigure;
@Target(ElementType.TYPE)
@Retention(RetentionPolicy.RUNTIME)
@Documented
@Inherited
@Spring BootConfiguration
@EnableAutoConfiguration
@ComponentScan(excludeFilters = {
    @Filter(type = FilterType.CUSTOM,
        classes = TypeExcludeFilter.class),
    @Filter(type = FilterType.CUSTOM,
        classes = AutoConfigurationExcludeFilter.class) })
public @interface Spring BootApplication {}
```

通过此时的定义可以发现，该注解中包含"@ComponentScan"注解。该注解在程序运行时会自动进行子包程序类的扫描控制。

2.2 Gradle 构建管理

Gradle 针对 Spring Boot 开发提供了目前最佳的环境支持，可以极大地简化 Spring Boot 应用环境配置，提高项目搭建与开发效率。本节将会为读者详细讲解 Gradle 中对 Spring Boot 的相关支持，并通过具体的模块拆分模式构建适合于实际项目开发的 Spring Boot 开发环境。

2.2.1 dependency-management 插件

dependency-management 插件

视频名称　0204_【掌握】dependency-management 插件

视频简介　构建工具中的依赖版本是项目维护的重点。本视频为读者讲解如何基于 Gradle 插件实现 Spring Boot 依赖库定义，以及 Spring 初始化工具的使用。

在进行 Spring Boot 项目开发时，传统的做法是在 build.gradle 配置文件中引入"spring-boot-starter-web"依赖库，而在引入的同时还需要明确设置所需要的项目版本，如下所示：

```
compile group: 'org.springframework.boot', name: 'spring-boot-starter-web', version: '2.4.1'
```

而在 Gradle 标准化开发设计中，为了便于版本的管理，往往会将所需要的版本编号利用 Groovy 脚本语法进行单独定义，而后在使用时进行该版本编号的引入，代码如下所示。

范例：定义 Spring Boot 依赖库版本

```
def Spring BootStarterWebVersion = '2.4.1'            // 定义依赖库版本
dependencies {                                         // 依赖库配置
```

```
compile group: 'org.springframework.boot', name: 'spring-boot-starter-web',
        version: Spring BootStarterWebVersion
}
```

此程序将当前所使用的 Spring Boot 版本编号定义在了一个"Spring BootStarterWebVersion"变量中，而后在进行依赖库配置时直接引入该变量；如果要修改版本编号，也只需要直接修改变量的内容。除了这样的统一的版本编号管理方式外，Spring Boot 也提供一个"io.spring.dependency-management"插件，只要在项目中引入此插件，则 Spring Boot 的依赖库在进行配置时就可以避免重复的版本号定义。

范例：修改 build.gradle 引入插件

```
plugins {                                                              // 定义Gradle相关插件
    id 'org.springframework.boot' version '2.4.1'                      // 引入Spring Boot相关任务
    id 'io.spring.dependency-management' version '1.0.10.RELEASE'      // 引入依赖管理插件
    id 'java'                                                          // 默认提供Java相关任务
}                                                                      // 其他重复代码部分，略
dependencies {                                                         // 依赖库配置
    testCompile group: 'junit', name: 'junit', version: '4.12'
    compile 'org.springframework.boot:spring-boot-starter-web'         // 直接导入依赖库
}
```

此时由于在项目中通过"org.springframework.boot"插件定义了当前项目要使用的 Spring Boot 版本，因此可以利用"io.spring.dependency-management"插件对整个项目中的 Spring Boot 依赖库版本编号进行统一定义，从而简化了项目依赖管理配置。

> 💡 **提示**：使用 Spring 初始化工具构建项目。
>
> Spring 官方网站提供了一个 Spring Boot 项目的初始化构建工具，开发者打开此页之后就可以直接根据自己的需要创建基于 Gradle 或 Maven 的应用环境，也可以选择相应的软件开发语言，如图 2-4 所示。最终生成的效果与本次所讲解的结构相同。

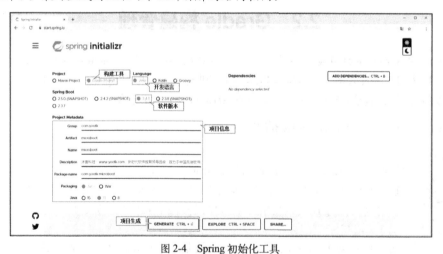

图 2-4 Spring 初始化工具

2.2.2 Spring Boot Plugin

视频名称　0205_【掌握】Spring Boot Plugin
视频简介　Gradle 对 Spring Boot 项目提供了良好的环境支持，为了便于程序开发提供了专属的 Spring Boot 插件。本视频讲解此插件的作用以及引入配置。

2.2 Gradle 构建管理

项目开发完成后往往需要对项目进行打包处理，为了便于将 Spring Boot 程序打包为可执行的 JAR 文件或者 Web 部署的 war 文件，可以在项目中引入"spring-boot-gradle-plugin"插件进行管理。

范例：引入 spring-boot-gradle-plugin 插件

```
buildscript {                                           // 定义脚本使用资源
    repositories {                                      // 脚本资源仓库
        maven { url 'https://repo.spring.io/libs-milestone' }
        // 如果使用以上Spring仓库发现无法进行正常连接与项目构建，可以将其更换为如下阿里云仓库
        // 备用: maven { url 'https://maven.aliyun.com/repository/public' }
    }
    dependencies {                                      // 依赖库
        classpath 'org.springframework.boot:spring-boot-gradle-plugin:2.4.1'
    }
}
plugins {                                               // 定义Gradle相关插件
    id 'java'                                           // 默认提供Java相关任务
}// 其他重复代码部分略
apply plugin: 'org.springframework.boot'                // 在此处引入Spring Boot插件
apply plugin: 'io.spring.dependency-management'         // 版本号管理
dependencies {                                          // 依赖库配置
    compile 'org.springframework.boot:spring-boot-starter-web'  // 直接导入依赖库
}
```

本配置在项目开始处引入了一个"spring-boot-gradle-plugin"插件，这样就可以自动实现相关任务的关联处理。由于该插件由 Spring 仓库维护，因此在"buildscript"配置中定义了相应的仓库地址。

> 提示：spring-boot-gradle-plugin 不影响项目任务。
>
> 需要注意的是，单独使用"spring-boot-gradle-plugin"插件对于整个项目是没有任何影响的，它只在与其他插件共同使用时才会修改相应的配置。例如，当将程序打包为一个 JAR 文件时，就会自动构建一个可执行的 JAR 文件。

2.2.3 多模块拆分

视频名称 0206_【掌握】多模块拆分
视频简介 一个良好的项目结构设计，需要依据功能实现子模块的拆分操作。本视频将基于 Gradle 工具的特性实现父模块的标准化结构定义以及子模块配置。

我们已经成功实现了一个单一模块的 Spring Boot 项目构建，但是在实际开发过程中，为了便于程序的管理，往往会将一个项目拆分为若干子模块，同时一个项目中除了 Spring Boot 相关依赖外也有可能引入其他依赖。为了便于项目依赖库版本的统一配置，应该创建一个公共的"dependencies.gradle"文件进行所有依赖库定义与维护，而后将项目的相关信息定义在"gradle.properties"文件中，同时针对所有子项目中的公共部分进行依赖配置，这样就可以得到图 2-5 所示的项目开发结构。为了便于读者理解，本次将采用分步方式对模块的创建进行配置。

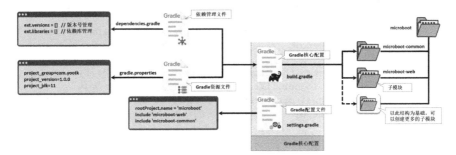

图 2-5 Gradle 多模块管理

(1)【Gradle 属性】定义 "gradle.properties" 资源文件,配置相关项目属性。

```
project_group=com.yootk              //项目组织名称
project_version=1.0.0                //项目版本信息
project_jdk=11                       //所使用的JDK版本编号
```

(2)【依赖配置】定义 "dependencies.gradle" 文件,配置项目所需要的依赖库。

```
ext.versions = [                     // 定义全部的依赖库版本号
    Spring Boot: '2.4.1'
]
ext.libraries = [                    // 依赖库引入配置
    'spring-boot-gradle-plugin':
        "org.springframework.boot:spring-boot-gradle-plugin:${versions.Spring Boot}"
]
```

(3)【Gradle 配置】在 build.gradle 配置文件中引入相关文件并进行所有子模块定义。

```
buildscript {                                                  // Gradle构建配置
    apply from: 'dependencies.gradle'                          // 引入依赖配置文件
    repositories {                                             // 构建仓库
        maven { url 'https://repo.spring.io/libs-milestone' }
        // 如果使用以上Spring仓库发现无法进行正常连接与项目构建,可以将其更换为如下阿里云仓库
        // 备用: maven { url 'https://maven.aliyun.com/repository/public' }
    }
    dependencies {                                             // 引入构建依赖
        classpath libraries.'spring-boot-gradle-plugin'        // 插件导入
    }
}
plugins {                                                      // 配置相关插件
    id 'java'                                                  // 默认使用java插件
}
group project_group                                            // 通过"gradle.properties"文件导入
version project_version                                        // 通过"gradle.properties"文件导入
apply from: 'dependencies.gradle'                              // 导入依赖配置
def env = System.getProperty("env") ?: 'dev'                   // 获取env环境属性
subprojects {                                                  // 配置子项目
    apply plugin: 'java'                                       // 子模块插件
    apply plugin: 'org.springframework.boot'  // 引入Spring Boot插件
    apply plugin: 'io.spring.dependency-management'            // 版本号管理
    sourceCompatibility = project_jdk                          // 源代码版本
    targetCompatibility = project_jdk                          // 生成类版本
    repositories {                                             // 配置Gradle仓库
        def ALIYUN_REPOSITORY_URL = 'http://maven.aliyun.com/nexus/content/groups/public'
        def ALIYUN_JCENTER_URL =
            'http://maven.aliyun.com/nexus/content/repositories/jcenter'
        all {
            ArtifactRepository repo ->
                if (repo instanceof MavenArtifactRepository) {
                    def url = repo.url.toString()
                    if (url.startsWith('https://repo1.maven.org/maven2')) {
                        project.logger.lifecycle
                            "Repository ${repo.url} replaced by $ALIYUN_REPOSITORY_URL."
                        remove repo
                    }
                    if (url.startsWith('https://jcenter.bintray.com/')) {
                        project.logger.lifecycle
                            "Repository ${repo.url} replaced by $ALIYUN_JCENTER_URL."
                        remove repo
                    }
                }
        }
        maven { url ALIYUN_REPOSITORY_URL }                    // 设置阿里云仓库
```

```groovy
        maven { url ALIYUN_JCENTER_URL }              // 设置阿里云仓库
    }
    dependencies {}                                    // 公共依赖库管理
    sourceSets {                                       // 源代码目录配置
        main {                                         // main及相关子目录配置
            java { srcDirs = ['src/main/java'] }
            resources { srcDirs = ['src/main/resources', "src/main/profiles/$env"] }
        }
        test {                                         // test及相关子目录配置
            java { srcDirs = ['src/test/java'] }
            resources { srcDirs = ['src/test/resources'] }
        }
    }
    test {                                             // 配置测试任务
        useJUnitPlatform()                             // 使用JUnit测试平台
    }
    // 最终生成的JAR文件名称: baseName-version-classifier.extension
    task sourceJar(type: Jar, dependsOn: classes) {    // 源代码的打包任务
        archiveClassifier = 'sources'                  // 设置文件的后缀
        from sourceSets.main.allSource                 // 所有源代码的读取路径
    }
    task javadocTask(type: Javadoc) {                  // javadoc文档打包任务
        options.encoding = 'UTF-8'                     // 设置文件编码
        source = sourceSets.main.allJava               // 定义所有的Java源代码
    }
    task javadocJar(type: Jar, dependsOn: javadocTask) { // 先生成JavaDoc再打包
        archiveClassifier = 'javadoc'                  // 文件标记类型
        from javadocTask.destinationDir                // 通过javadocTask任务找到目标路径
    }
    tasks.withType(Javadoc) {                          // 文档编码配置
        options.encoding = 'UTF-8'                     // 定义编码
    }
    tasks.withType(JavaCompile) {                      // 编译编码配置
        options.encoding = 'UTF-8'                     // 定义编码
    }
    artifacts {                                        // 最终的打包操作任务
        archives sourceJar                             // 源代码打包
        archives javadocJar                            // javadoc打包
    }
    gradle.taskGraph.whenReady {                       // 在所有的操作准备好后触发
        tasks.each { task ->                           // 找出所有的任务
            if (task.name.contains('test')) {          // 如果发现有test任务
                // 将enabled设置为true表示要执行测试任务，设置为false表示不执行测试任务
                task.enabled = true
            }
        }
    }
    [compileJava, compileTestJava, javadoc]*.options*.encoding = 'UTF-8'// 编码配置
}
project('microboot-common') {                          // 子模块
    dependencies {
        compileOnly('org.springframework.boot:spring-boot-starter-web')
    }                                                  // 配置子模块依赖
}
project('microboot-web') {                             // 子模块
    dependencies {                                     // 配置子模块依赖
        compile('org.springframework.boot:spring-boot-starter-web') // 依赖导入
        compile(project(':microboot-common'))          // 引入其他子模块
    }
}
```

本程序通过 apple 语法引入了"dependencies.gradle"配置文件的内容，而后就可以直接使用该文件中的配置项进行项目依赖库的配置。由于随着学习的需要项目中会有大量子模块出现，所以这里利用"subprojects"定义所有子模块需要的公共环境配置，包括公共依赖库、Gradle 任务环境以及子模块的目录结构，而后如果某些子模块需要进行额外的依赖库引入，则可以在各自的模块中自行配置。

> **提示：不再重复演示依赖拆分。**
>
> 本项目定义考虑到依赖管理问题，将一个 build.gradle 文件中的依赖管理部分单独提取出来，形成了"dependencies.gradle"文件。考虑到图书编写的需要，讲解时只简单列出所需要的依赖库，而具体结构拆分读者可以自行配置。如果有不理解的地方，可以参考视频进行学习。

（4）【子模块】在已有的"microboot"模块基础上创建两个子模块——microboot-common、microboot-web，这样两个模块就会按照既定的项目结构生成相应的程序目录，如图 2-6 所示。

图 2-6　创建子模块

（5）【Gradle 配置】所有的子模块信息全部都在"settings.gradle"文件中保存，该文件内容如下。

```
rootProject.name = 'microboot'
include 'microboot-common'
include 'microboot-web'
```

至此一个完整的 Spring Boot 项目结构创建完成。后面的课程讲解将以此结构为基础进行 Spring Boot 程序的实现，如果有需要也会进行新的子模块创建。

2.3　本章概览

1．Spring Boot 是基于 Spring MVC 应用结构的扩展，在 Spring Boot 中可以直接使用 Spring 与 Spring MVC 中的相关注解进行程序开发。

2．考虑到"零配置"的需要，Spring Boot 开发对程序文件的存储结构有着明确的要求，其中程序的主类要放在父包下，所有的注解配置类则需要在子包中进行定义。

3．Gradle 针对 Spring Boot 项目的开发提供了良好的配置支持，而对于实际的项目开发建议采用多模块拆分的形式进行管理。后续的课程讲解也将以当前的拆分结构为基础进行扩展。

4．Spring 官方提供了一个 Spring Boot 项目初始化工具，开发者可以登录后进行在线项目生成。

第 3 章
Spring Boot 环境配置

本章学习目标
1. 掌握 Spring Boot 与 Spring 配置文件的引入处理方法；
2. 掌握 Spring Boot 项目热部署环境配置方法；
3. 掌握 Spring Boot 的用例测试操作实现方法；
4. 掌握 Lombok 组件的配置方法，并可以依据此组件自动生成类结构以及进行相应处理操作；
5. 理解 Spring Boot 启动 Banner 生成与替换操作。

在项目开发中，Spring Boot 应用程序可以与 Spring 进行有效的开发结合。考虑到项目开发的效率问题，Spring Boot 也提供了完善的热部署应用。本章将在已有项目结构基础上继续进行 Spring Boot 的相关配置，为读者详细讲解 JUnit 测试、Spring Boot 启动 Banner 替换以及 Lombok 自动化组件的整合应用。

3.1 自定义启动 Banner

自定义启动 Banner

视频名称 0301_【理解】自定义启动 Banner
视频简介 Spring Boot 极大地满足了开发者的开发需求，可以通过配置文件实现自定义的 Banner，或者通过程序类在每次项目启动时设置不同的 Banner。本视频通过具体实例讲解 Banner 文本的生成以及动态 Banner 的实现。

每个 Spring Boot 程序启动时都会在控制台利用指定的结构生成 Spring 启动 Banner 信息，考虑到项目个性化的需要，也可以由使用者自定义启动 Banner。假设本次要定义图 3-1 所示的 Banner 信息。

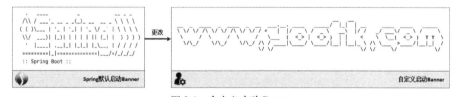

图 3-1 自定义启动 Banner

如果想实现自定义的 Banner，则需要采用特殊的字体转换形式，一般会借助已有的在线生成系统实现转换处理。本次将登录 patorjk 网站实现艺术字体的转换，如图 3-2 所示。而后将生成的 Banner 文本内容保存在 "src/main/resources/banner.txt" 目录中，再次启动项目就可以看见项目的启动 Banner 已经改变了。

除了使用固定文本的方式生成项目启动 Banner 外，也可以通过自定义 Banner 类的形式实现动态生成，那么此时就需要有一个专属的 Banner 接口的子类来实现自动生成的处理。

第 3 章 Spring Boot 环境配置

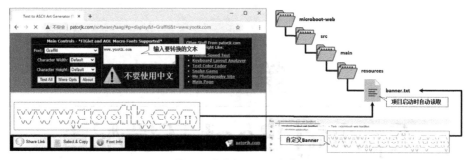

图 3-2 自定义 Banner 文本

范例：自定义 Banner 生成器

```
package com.yootk.banner;
import org.springframework.boot.Banner;
import org.springframework.core.env.Environment;
import java.io.PrintStream;
import java.util.Random;
public class YootkBanner implements Banner {                                    // 动态Banner
    // 定义三个要生成的Banner信息，为简化起见有两个定义为普通文本
    private static final String[] YOOTK_BANNER = {
       "  __   __  _____   _____   _____  __  __         _____   _____   __  __",
       "  \\ \\ / / |  _  | |  _  | |__   __| |  |/ /        / ____| |  _  | |  \\/  |",
       " \\ V /  | |_| | | |_| |    | |    | ' /   _____ | |      | |_| | | \\  / |",
       "  > <   |  _  | |  _  |    | |    |  <   |_____|| |      |  _  | | |\\/| |",
       " / . \\  | | | | | | | |    | |    | . \\          | |____  | | | | | |  | |",
       "/_/ \\_\\ |_| |_| |_| |_|    |_|    |_|\\_\\          \\_____| |_| |_| |_|  |_|"
    };
    private static final String MUYAN_BANNER = "沐言科技：www.yootk.com";
    private static final String EDU_YOOTK_BANNER = "李兴华编程训练营：edu.yootk.com";
    private static final Random RANDOM = new Random();                          // 随机生成
    @Override
    public void printBanner(Environment environment,
               Class<?> sourceClass, PrintStream out) {   // 输出Banner信息
        out.println();                                                          // 输出空行
        int num = RANDOM.nextInt(10);                                           // 生成一个随机数字
        if (num == 0) {                                                         // 生成Banner判断
            for (String line : YOOTK_BANNER) {                                  // 循环Banner定义
                out.println(line);                                              // 输出Banner内容
            }
        } else if(num % 2 == 1) {                                               // 生成Banner判断
            out.println(MUYAN_BANNER);                                          // 输出Banner内容
        } else {
            out.println(EDU_YOOTK_BANNER);                                      // 输出Banner内容
        }
        out.println();                                                          // 输出空行
        out.flush();                                                            // 刷新缓冲区
    }
}
```

本程序为了实现动态 Banner 的处理效果，定义了三个 Banner 信息，其中，艺术字体展示的 Banner 需要定义为字符串数组，而要想让此配置类生效，则需要先删除 "src/main/resources/banner.txt" 文件，再修改程序启动类。

范例：程序启动类配置动态 Banner

```
package com.yootk;                                                              // 保存在根包下
import com.yootk.banner.YootkBanner;
import org.springframework.boot.Banner;
import org.springframework.boot.SpringApplication;
```

```java
import org.springframework.boot.autoconfigure.SpringBootApplication;
import org.springframework.boot.builder.SpringApplicationBuilder;
@SpringBootApplication                                          // Spring Boot启动注解
public class StartSpringBootApplication {
    public static void main(String[] args) {
        SpringApplication springApplication = new SpringApplication(
                StartSpringBootApplication.class);              // 对象实例化
        springApplication.setBanner(new YootkBanner());         // 设置Banner生成类
        // 如果不需要显示Banner，则使用"Banner.Mode.OFF"枚举项配置
        springApplication.setBannerMode(Banner.Mode.CONSOLE);   // 定义Banner模式
        springApplication.run(args);                            // 程序运行
    }
}
```

这样在每次程序启动时，都会随机分配一个项目运行的 Banner，使开发者编写的程序拥有更多的展示风格，满足项目个性化定义需求。

3.2 导入 Spring 配置文件

导入Spring
配置文件

视频名称 0302_【掌握】导入 Spring 配置文件
视频简介 Spring Boot 提供了更加便捷的项目开发模式，这样就需要对已有的项目进行有效的支持，所以可以基于 XML 配置文件的方式实现配置。本视频通过 XML 文件的方式实现 Bean 定义，同时讲解"@ImportResource"注解的作用。

在传统的 Spring 开发框架中，可以直接将所有的 Bean 定义在专属的 XML 配置文件中，而在进行项目迁移时就可以考虑继续使用原始的 Spring 配置文件，所以 Spring Boot 提供"@ImportResource"注解实现 XML 配置文件的处理。下面通过传统的方式实现一个业务功能的 Bean 定义，操作步骤如下。

（1）【microboot-web】创建一个消息业务接口：IMessageService。

```java
package com.yootk.service;
public interface IMessageService {                              // 消息业务接口
    public String echo(String msg);                             // 消息回显
}
```

（2）【microboot-web】创建 MessageServiceImpl 子类并实现 echo()抽象方法。

```java
package com.yootk.service.impl;
import com.yootk.service.IMessageService;
public class MessageServiceImpl implements IMessageService {   // 业务实现子类
    @Override
    public String echo(String msg) {                            // 方法覆写
        return "【ECHO】" + msg;                                // 消息回显
    }
}
```

（3）【microboot-web】在"src/main/resourcs"源代码目录中创建"META-INF/spring/spring-service.xml"配置文件。

```xml
<?xml version="1.0" encoding="UTF-8"?>
<beans xmlns="http://www.springframework.org/schema/beans"
    xmlns:xsi="http://www.w3.org/2001/XMLSchema-instance"
    xsi:schemaLocation="http://www.springframework.org/schema/beans
        http://www.springframework.org/schema/beans/spring-beans.xsd">
    <!-- 为便于理解直接使用XML方式代替常用的Annotation注解配置 -->
    <bean id="message" class="com.yootk.service.impl.MessageServiceImpl"/>
</beans>
```

(4)【microboot-web】在 MessageAction 程序类中进行 IMessageService 业务接口的自动实例注入。

```
package com.yootk.action;                                    // 程序包名称
@RestController                                              // 控制器注解
@RequestMapping("/message/*")                                // 父映射路径
public class MessageAction {                                 // Action程序类
    private static final Logger LOGGER = LoggerFactory.getLogger(MessageAction.class);
    @Autowired                                               // 实例自动注入
    private IMessageService messageService;
    @RequestMapping("echo")                                  // 子映射路径
    public String echo(String msg) {                         // 业务处理方法
        LOGGER.info("接收用户访问信息,用户发送的参数为: msg = " + msg);  // 日志输出
        return this.messageService.echo(msg);                // 调用业务方法
    }
}
```

(5)【microboot-web】在程序启动类中明确导入 Spring 配置文件。

```
package com.yootk;
import org.springframework.boot.SpringApplication;
import org.springframework.boot.autoconfigure.SpringBootApplication;
import org.springframework.context.annotation.ImportResource;
@SpringBootApplication                                       // Spring Boot启动注解
// 导入Spring配置文件,在导入时可以继续使用Spring所提供的资源通配符
@ImportResource(locations = {"classpath:META-INF/spring/spring-*.xml"})
public class StartSpringBootApplication {
    public static void main(String[] args) {
        SpringApplication.run(StartSpringBootApplication.class, args);  // 程序启动
    }
}
```

程序访问路径:

http://localhost:8080/message/echo?msg=沐言科技: www.yootk.com

页面显示结果:

【ECHO】沐言科技: www.yootk.com

本程序在启动时会利用"@ImportResource"注解加载"META-INF/spring"下所有以"spring-"开头的 XML 配置文件,随后会将此配置文件中提供的 Bean 配置依据依赖定义注入 MessageAction,以实现业务方法的调用。本程序的执行结构如图 3-3 所示。

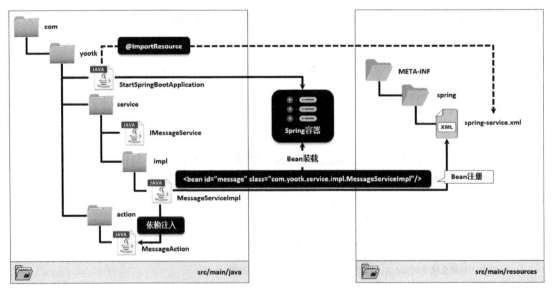

图 3-3 加载 Spring 配置文件

3.3 项目热部署

项目热部署

视频名称	0303_【掌握】项目热部署
视频简介	项目的功能开发需要不断进行代码的更新，而为了提高代码的开发效率可以采用热部署的形式实现动态更新。本视频为读者讲解 Spring Boot 的热部署处理以及相关的 IDEA 工具环境配置。

在 Spring Boot 项目开发中，要想获取每次代码更新后的结果往往需要重新启动项目，但是这样的方式在代码开发阶段并不友好。为了解决这一问题，Spring 提供了一个"spring-boot-devtools"热部署组件库，可以在项目运行期间动态加载更新后的 Java 程序类。

> 提示：spring-boot-devtools 实现原理。
>
> spring-boot-devtools 的基础实现原理在于代码更新后可以自动进行应用重启，这样比手工启停速度更快。而更深层次的原理在于"spring-boot-devtools"使用了两个不同的 ClassLoader，一个 ClassLoader 加载那些不会被改变的程序类（如 Jar 包中的类），另一个 ClassLoader 加载用户开发的程序类，操作结构如图 3-4 所示，而这个 ClassLoader 被称为"Restart ClassLoader"，它在有代码更改时会自动丢弃原始的"Restart ClassLoader"实例，随后重新创建一个新的"Restart ClassLoader"，由于动态加载类的数量相对较少，所以可以实现较快的重新启动（5s 以内）。
>
>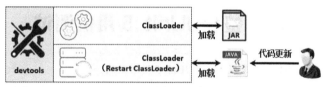
>
> 图 3-4 devtools 中的 ClassLoader
>
> 需要注意的是，在最终进行 Spring Boot 项目打包时，需要手工排除掉"spring-boot-devtools"模块，否则会带来不必要的性能损耗。

要想在项目中实现这样的热部署操作，除了要有相关的依赖库外，还需要在 IDEA 开发工具中进行配置，下面通过具体的步骤进行说明。

（1）【microboot】由于项目开发中存在热部署的需求，因此可以直接在父项目中的"build.gradle"文件中为所有的子模块添加"spring-boot-devtools"依赖。

```
dependencies {                                                          // 公共依赖库管理
    compile(
            'org.springframework.boot:spring-boot-devtools'             // 热部署依赖
    )
}
```

（2）【IDEA】配置程序热部署的实现还需要在 IDEA 中配置"Auto-Compile"环境，具体操作步骤：【Settings】→【Build, Execution, Deployment】→【Compiler】→勾选"Build project automatically"，如图 3-5 所示。

（3）【IDEA 配置注册】回到 IDEA 主界面，按"Shift"+"Ctrl"+"Alt"+"/"快捷键组合，进入 IDEA 维护界面，而后选择"Registry"，勾选"compiler.automake.allow.when.app.running"选项，如图 3-6 所示。

（4）【IDEA】配置完成后建议重新启动 IDEA 开发工具，而后就可以发现每次修改后的代码都能够自动更新。

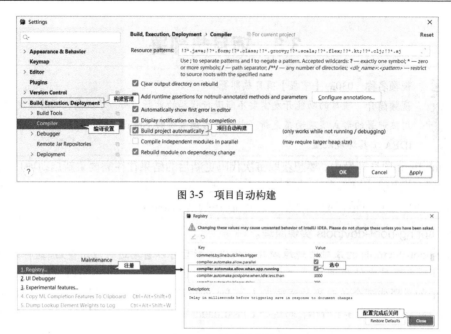

图 3-5　项目自动构建

图 3-6　自动部署操作注册

3.4　整合 JUnit 5 用例测试

整合 JUnit 5
用例测试

视频名称　0304_【掌握】整合 JUnit 5 用例测试
视频简介　为了保证项目功能的正确性，往往需要对代码的执行结果进行测试，实际项目中 JUnit 是比较常见的用例测试工具。本视频通过具体实例为读者讲解如何基于 JUnit 5 实现 Spring Boot 程序功能的测试。

Spring Boot 为了便于开发者进行测试，提供有专属的"spring-boot-starter-test"测试依赖库，但是在默认情况下该测试工具只支持 JUnit 4 版本的测试环境，而要想将 JUnit 工具版本更新为"JUnit 5"，则需要手工进行如下配置。

（1）【microboot】项目中的各个模块都有测试的需要，所以最佳的做法是针对所有子模块的依赖进行统一配置，修改项目中的"build.gradle"配置文件，添加"spring-boot-starter-test"以及 JUnit 5 的相关依赖包定义。

```
dependencies {                  // 公共依赖库管理
    compile(
            'org.springframework.boot:spring-boot-devtools'             // 热部署依赖
    )
    testCompile('org.springframework.boot:spring-boot-starter-test') {  // Spring Boot测试
        exclude group: 'junit', module: 'junit'                         // 排除JUnit 4.x依赖
    }
    testCompile(enforcedPlatform("org.junit:junit-bom:5.7.0"))           // 强制绑定JUnit 5
    testCompile group: 'org.junit.jupiter', name: 'junit-jupiter-api', version: '5.7.0'
    testCompile group: 'org.junit.vintage', name: 'junit-vintage-engine', version: '5.7.0'
    testCompile group: 'org.junit.jupiter', name: 'junit-jupiter-engine', version: '5.7.0'
    testCompile group: 'org.junit.platform', name: 'junit-platform-launcher', version: '1.7.0'
}
```

（2）【microboot-web】在"src/test/java"目录中创建"TestMessageAction"测试类，代码定义如下。

```
package com.yootk.test;
@ExtendWith(SpringExtension.class)                              // JUnit 5测试工具
@WebAppConfiguration                                            // 表示需要启动Web配置才可以进行测试
@SpringBootTest(classes = StartSpring BootApplication.class)    // 定义要测试的启动类
public class TestMessageAction {
    @Autowired
    private MessageAction messageAction;                        // 注入Action对象实例
    @BeforeAll
    public static void init() {                                 // 全部测试开始前执行
        System.out.println("【@BeforeAll】MessageAction测试开始。");
    }
    @AfterAll
    public static void after() {                                // 全部测试完成后执行
        System.out.println("【@AfterAll】MessageAction测试结束。");
    }
    @Test
    public void testEcho() {                                    // 编写测试方法
        String content = this.messageAction.echo("沐言科技：www.yootk.com");  // 方法调用
        System.out.println("【@Test】测试echo()方法返回值，当前返回结果为"" + content + """);
        Assertions.assertEquals(content, "【ECHO】沐言科技：www.yootk.com");   // 测试判断
    }
}
```

程序执行结果：

【@BeforeAll】MessageAction测试开始。
【@Test】测试echo()方法返回值，当前返回结果为"【ECHO】沐言科技：www.yootk.com"
【@AfterAll】MessageAction测试结束。

在进行测试类编写时，需要依据 SpringTest 测试包的标准在测试类上编写相应的注解，而后自动注入 MessageAction 类的对象，并对 echo() 方法的返回值进行验证。

3.5 Lombok 插件

Lombok
简介与配置

视频名称 0305_【掌握】Lombok 简介与配置
视频简介 Lombok 是在项目开发中非常著名的一款开发插件，可以帮助用户自动生成大量的程序代码，减少用户编码的重复操作。本视频为读者介绍了 Lombok 插件的作用，并在 IDEA 中实现了 Lombok 使用环境配置。

开发者在开发程序类时经常需要大量地编写构造方法、setter/getter 或 toString()、equals()等操作方法，而为了提高编写效率往往利用开发工具自动生成大量且功能重复的程序代码，从而显得每个程序类的结构都非常臃肿。为了解决此类开发问题，在实际项目开发中往往会借助 Lombok 插件，并结合表 3-1 所示的注解直接实现相关代码的生成，开发者只需要编写属性即可轻松实现大量的程序功能。

表 3-1 Lombok 支持的注解

序号	注解	描述
01	@Setter	为该类的属性提供 setter 属性设置方法
02	@Getter	为该类的属性提供 getter 属性获取方法
03	@ToString	提供 toString()方法
04	@EqualsAndHashCode	提供 equals()和 hashCode()方法
05	@NoArgsConstructor	无参构造
06	@AllArgsConstructor	全参构造
07	@RequiredArgsConstructor	指定参数构造

续表

序号	注解	描述
08	@Cleanup	注解需要放在流的声明上，实现 I/O 流资源关闭
09	@Data	相当于@ToString、@EqualsAndHashCode、@Getter 以及所有非 final 字段的@Setter、@RequiredArgsConstructor
10	@Builder	建造者模式
11	@NonNull	避免"NullPointerException"异常产生
12	@Value	用于注解 final 类
13	@SneakyThrows	异常处理
14	@Synchronized	同步方法安全的转化
15	@Log	支持各种 logger 对象，使用时用对应的注解，如@Log4j

如果想在项目中使用 Lombok 插件，除了进行 Gradle 依赖库的配置，还需要在 IDEA 中安装相应插件，读者可以按照以下操作步骤进行配置。

(1)【Gradle 依赖】项目中的每个模块都有可能用到 Lombok 插件，所以应修改父项目中的"build.gradle"配置文件，在"subprojects"配置项中引入相关依赖配置。需要注意的是，Lombok 插件仅仅在程序编译时有效，所以可以使用 compileOnly 范围。

```
dependencies {                                                      // 公共依赖库管理
    compileOnly('org.projectlombok:lombok:1.18.16')                 // Lombok依赖
    annotationProcessor 'org.projectlombok:lombok:1.18.16'          // 注解处理
    // 其他重复依赖配置不再列出，略
}
```

(2)【IDEA 配置】在 IDEA 中添加"Lombok"插件，如图 3-7 所示。

图 3-7 添加 Lombok 插件

(3)【IDEA 配置】在构建管理设置处选择"Enable annotation processing"，如图 3-8 所示。

图 3-8 启用注解处理

3.5.1 生成类操作结构

生成类
操作结构

视频名称　0306_【掌握】生成类操作结构

视频简介　简单 Java 类是在程序开发中最为常用的一种处理结构,在引入 Lombok 插件后,开发者可以极大地简化简单 Java 类的结构定义。本视频为读者分析 Lombok 提供的类结构生成注解的使用,并利用反编译工具实现生成代码的比对。

简单 Java 类定义的基本组成结构包含属性、setter、getter、无参构造、toString()、equals()、hashCode()等，但是在 Lombok 插件支持下开发者只需要在类中定义相关的属性即可实现其他类结构的自动生成。

范例：定义简单 Java 类

```
package com.yootk.vo;
import lombok.Data;
import java.util.Date;
@Data                          // Lombok注解，自动生成类结构
public class Message {         // 简单Java类
    private String title;      // 成员属性
    private Date pubdate;      // 成员属性
    private String content;    // 成员属性
}
```

本程序仅仅是在 Message 类中定义了所需要的属性内容，而由于存在 "@Data" 注解，所以最终生成的就是一个功能完整的程序类，如图 3-9 所示。

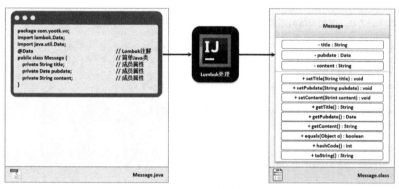

图 3-9　Lombok 转换结果

> 📖 **提问：如何查看转换结果？**
>
> 图 3-9 所示的转换处理结果只能通过程序的测试观察到，是否有其他方式帮助我们观察 Lombok 生成结果？

> 📝 **回答：使用 JD 工具查看。**
>
> 由于 Lombok 的处理结果全部体现在*.class 文件中，因此开发者要想获取生成的信息，可以简单地通过 Java 反编译工具 "JD"（Java Decompiler）来观察。开发者可以登录 GitHub 平台获取 "jd-gui.jar" 工具程序，而后双击启动并将生成的 Message.class 文件拖曳进去即可，如图 3-10 所示。

图 3-10　JD 反编译结果

在实际开发中，"@Data" 注解是 Lombok 中使用较为频繁的一个注解，但是在使用此注解时默认只会生成一个无参构造方法，而如果需要定义有参构造方法，则可以在属性声明处使用 "@NonNull" 注解进行定义。

范例：属性非空设置

```java
package com.yootk.vo;
import lombok.Data;
import lombok.NonNull;
import java.util.Date;
@Data                               // 自动生成类结构
@NoArgsConstructor                  // 生成无参构造
@AllArgsConstructor                 // 生成全参构造
public class Message {              // 简单Java类
    @NonNull                        // 该属性内容不允许为空
    private String title;           // 成员属性
    @NonNull                        // 该属性内容不允许为空
    private Date pubdate;           // 成员属性
    private String content;         // 成员属性
}
```

代码生成结果：

```java
public class Message {
    // 本次只列出构造方法，其他类结构定义略
    public Message() {}                              // 无参构造方法
    public Message(@NonNull String title, @NonNull Date pubdate,
        String content) {                            // 有参构造
        if (title == null)
            throw new NullPointerException("title …");
        if (pubdate == null)
            throw new NullPointerException("pubdate …");
        this.title = title;
        this.pubdate = pubdate;
        this.content = content;
    }
}
```

通过此时的生成结果可以发现，由于类在 title 和 pubdate 两个属性处使用了"@NonNull"注解，因此两个属性的内容在设置时不允许为空。同时通过"@AllArgsConstructor"注解自动生成了一个三参构造方法，在构造方法中如果发现设置的内容为空，则会直接抛出"NullPointerException"异常。

> **提示**：生成指定参数的构造。
>
> 如果在定义 Message 类时使用了"@RequiredArgsConstructor"注解，则程序会自动查找当前类中使用"@NonNull"注解定义的属性来配置构造方法。
>
> 范例：使用@RequiredArgsConstructor 注解。
>
> ```java
> package com.yootk.vo;
> @Data                               // 自动生成类结构
> @NoArgsConstructor                  // 生成无参构造
> @RequiredArgsConstructor            // 生成定参构造
> public class Message {              // 简单Java类
>     @NonNull                        // 该属性内容不允许为空
>     private String title;           // 成员属性
>     @NonNull                        // 该属性内容不允许为空
>     private Date pubdate;           // 成员属性
>     private String content;         // 成员属性
> }
> ```
>
> 代码生成结果：
>
> ```java
> public class Message {
>     public Message() {}
>     public Message(@NonNull String title,
>         @NonNull Date pubdate) {}
> }
> ```
>
> 由于此时 Message 类中的 title 与 pubdate 两个属性上使用了"@NonNull"注解，因此会生成一个双参构造方法来实现这两个属性的初始化操作。

3.5.2 Accessor

视频名称　0307_【理解】Accessor
视频简介　标准中对象的属性设置需要通过setter方法来完成，但是Java允许开发者根据自己的需要定义不同的属性操作方法，所以在Lombok插件中提供了属性访问器的注解。本视频通过具体代码分析属性访问器中的三种操作模式。

Accessor 是 Java 提供的一种属性访问器，可以基于代码链的形式实现对象中所有属性的设置操作，其在 Lombok 中提供了 "@Accessors" 注解，可以直接生成相应代码，而在生成时有三种模式——fluent、chain、prefix。下面通过具体的定义以及生成的代码结果来对这三种模式进行说明。

（1）【fluent 模式】将属性操作的 setter/getter 方法的名称全部更换为属性名称，这样在进行属性设置和属性获取时直接采用 "属性名称()" 的形式调用即可。

```java
package com.yootk.vo;
import lombok.Data;
import lombok.experimental.Accessors;
import java.util.Date;
@Data                                    // 自动生成类结构
@Accessors(fluent = true)                // 采用fluent模式
public class Message {                   // 简单Java类
    private String title;                // 成员属性
    private Date pubdate;                // 成员属性
    private String content;              // 成员属性
}
```

代码生成结果：

```java
public class Message {
    // 本次只列出属性操作方法（不再生成setter、getter），其他类结构定义略
    public Message title(String title) {        // 属性设置方法
        this.title = title;
        return this;
    }
    public Message pubdate(Date pubdate) {      // 属性设置方法
        this.pubdate = pubdate;
        return this;
    }
    public Message content(String content) {    // 属性设置方法
        this.content = content;
        return this;
    }
    public String title() { return this.title; }
    public Date pubdate() { return this.pubdate; }
    public String content() { return this.content; }
}
```

通过此时生成的代码可以清楚地观察到，类中不再提供传统的 "setter/getter" 方法，而是直接使用了属性名称作为内容设置和内容获取的方法名称。

（2）【chain 模式】类中正常生成传统的 "setter/getter" 方法，但是在生成 setter 方法时不再使用 void 作为返回值类型，而是直接返回当前对象实例，这样就可以采用代码链的方式实现对象属性设置。

```java
package com.yootk.vo;
@Data                                    // 自动生成类结构
@Accessors(chain = true)                 // 采用chain模式
public class Message {                   // 简单Java类
    private String title;                // 成员属性
    private Date pubdate;                // 成员属性
    private String content;              // 成员属性
}
```

代码生成结果：
```java
public class Message {
    // 本次只列出属性操作方法（setter及getter），其他类结构定义略
    public Message setTitle(String title) {        // 属性设置
        this.title = title;
        return this;
    }
    public Message setPubdate(Date pubdate) {      // 属性设置
        this.pubdate = pubdate;
        return this;
    }
    public Message setContent(String content) {    // 属性设置
        this.content = content;
        return this;
    }
    public String getTitle() { return this.title; }
    public Date getPubdate() { return this.pubdate; }
    public String getContent() { return this.content; }
}
```

此时的程序按照常规形式生成了属性操作的 setter 方法，而在每一个 setter 方法中都返回了当前的 Message 对象实例，这样开发者就可以采用"Message 对象.setXxx().setXxx()"的链式结构实现对象属性配置。

（3）【prefix 模式】在根据属性生成 setter/getter 方法时可以排除特定的名称前缀。
```java
package com.yootk.vo;
@Data                                              // 自动生成类结构
@Accessors(prefix = "yootk")                       // 采用prefix模式，注意驼峰命名
public class Message {                             // 简单Java类
    private String yootkTitle;                     // 成员属性，驼峰命名
    private Date yootkPubdate;                     // 成员属性，驼峰命名
    private String yootkContent;                   // 成员属性，驼峰命名
}
```

代码生成结果：
```java
public class Message {
    // 本次只列出属性以及属性操作方法（setter及getter），其他类结构定义略
    private String yootkTitle;                     // 属性名称有统一前缀
    private Date yootkPubdate;                     // 属性名称有统一前缀
    private String yootkContent;                   // 属性名称有统一前缀
    public void setTitle(String yootkTitle) {      // 方法名称没有前缀
        this.yootkTitle = yootkTitle;
    }
    public void setPubdate(Date yootkPubdate) {    // 方法名称没有前缀
        this.yootkPubdate = yootkPubdate;
    }
    public void setContent(String yootkContent) {  // 方法名称没有前缀
        this.yootkContent = yootkContent;
    }
    public String getTitle() { return this.yootkTitle; }
    public Date getPubdate() { return this.yootkPubdate; }
    public String getContent() { return this.yootkContent; }
}
```

此时由于已经定义了统一的匹配前缀，因此在最终生成 setter/getter 方法时就会自动将前缀取消，只保留核心结构。需要注意的是，"prefix"属性可以与"fluent"或"chain"属性共存，如"@Accessors(prefix = "yootk", fluent = true)"。

3.5.3 建造者模式

建造者模式

视频名称　0308_【理解】建造者模式
视频简介　建造者模式（又称构建者模式）可以将一个复杂对象的构建与表示进行分离。在 Lombok 中可以直接进行建造者模式的生成。本视频为读者分析建造者模式的意义以及 Lombok 建造者模式生成操作的实现。

由于不同的设计需要，在一个类中除了要提供用户操作的属性内容外，还可能有一系列非用户操作属性与烦琐的程序逻辑处理方法，为了简化开发者的处理难度，可以采用建造者模式，对烦琐的对象创建过程加以抽象，动态地创建复合属性的对象实例，同时与其他逻辑处理进行有效的结构分离。

范例：生成建造者模式代码

```java
package com.yootk.vo;
import lombok.Builder;
import lombok.Data;
import java.util.Date;
@Data                                                       // 自动生成类结构
@Builder                                                    // 建造者模式
public class Message {                                      // 简单Java类
    private String title;                                   // 成员属性
    private Date pubdate;                                   // 成员属性
    private String content;                                 // 成员属性
}
```

代码生成结果：

```java
public class Message {
    // 本类中的属性、setter/getter以及其他代码结构略
    Message(String title, Date pubdate, String content) {   // 全参构造
        this.title = title;                                 // 属性赋值
        this.pubdate = pubdate;                             // 属性赋值
        this.content = content;                             // 属性赋值
    }
    public static MessageBuilder builder() {                // 获取建造者实例
        return new MessageBuilder();                        // 返回内部类实例
    }
    public static class MessageBuilder {                    // 内部类
        private String title;                               // 建造者成员属性
        private Date pubdate;                               // 建造者成员属性
        private String content;                             // 建造者成员属性
        public MessageBuilder title(String title) {         // 属性设置
            this.title = title;
            return this;
        }
        public MessageBuilder pubdate(Date pubdate) {       // 属性设置
            this.pubdate = pubdate;
            return this;
        }
        public MessageBuilder content(String content) {     // 属性设置
            this.content = content;
            return this;
        }
        public Message build() {                            // 返回Message实例
            return new Message(this.title, this.pubdate, this.content);
        }
    }
}
```

通过此时的程序代码可以发现，在Message类的内部生成了一个MessageBuilder建造者内部类，开发者可以直接通过Message类提供的builder()方法来获取MessageBuilder对象实例，而后利用此类实例实现属性的设置，最终通过build()方法实现Message对象创建。

范例：使用建造者类创建对象实例

```java
package com.yootk.test.lombok;
import com.yootk.vo.Message;
import java.util.Date;
public class TestBuilder {
    public static void main(String[] args) {
        Message message = Message.builder().title("沐言科技").content("www.yootk.com")
```

```
        .pubdate(new Date()).build();           // 通过构建者类创建Message对象实例
    System.err.println(message);
}
```

程序执行结果：

```
Message(title=沐言科技, pubdate=Tue Jan 05 11:24:40 CST 2022, content=www.yootk.com)
```

本程序直接通过构建者类的对象实例设置了相关属性内容，随后利用这些属性内容创建了 Message 对象实例。本程序的执行结构如图 3-11 所示。

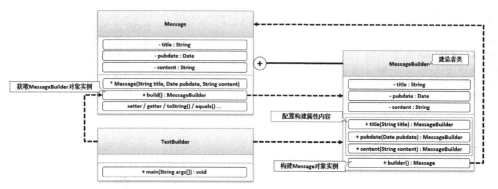

图 3-11　建造者模式

3.5.4　异常处理

视频名称　0309_【理解】异常处理

视频简介　在异常处理中需要到处使用"try...catch"的结构进行捕获，而为了简化异常处理操作，Lombok 也提供了异常代码自动生成的注解。本视频为读者分析异常的处理操作问题以及自动化异常处理的基本形式。

在 Java 代码开发过程中，经常需要进行大量的异常处理操作，这样就带来大量重复结构的程序代码。Lombok 提供了一个"@SneakyThrows"注解，可以自动实现方法调用中的异常捕获与处理。

范例：简化异常处理结构

```
package com.yootk.util;
import lombok.SneakyThrows;
public class MessageHandle {
    @SneakyThrows                                       // 自动异常处理
    public static void print(String message) {         // 有异常，非强制性处理
        if (message == null) {                          // 内容为空
            throw new Exception("message信息为空！");   // 手工抛出异常
        }
        System.out.println(message.toUpperCase());      // 消息输出
    }
}
```

代码生成结果：

```
public class MessageHandle {
    public static void print(String message) {
        try {
            if (message == null)
                throw new Exception("message信息为空！");
            System.out.println(message.toUpperCase());
        } catch (Throwable $ex) { throw $ex; }
    }
}
```

本程序在 MessageHandler.print()方法上使用了"@SneakyThrows"，这样在代码生成后会自动

对该方法中的方法体使用异常结构进行封装，简化了异常语句的重复定义。

3.5.5 I/O 流自动关闭

视频名称 0310_【理解】I/O 流自动关闭

视频简介 在 Java 中所有的资源操作完成后都需要手工调用 close()方法进行处理，而 Lombok 提供了资源自动释放的注解。本视频将通过实例为读者讲解该注解的使用。

在项目开发中经常需要调用一些文件或者网络资源，而为了服务处理的需要，在所有的操作完成后都必须手工调用 close()方法释放资源。为了简化这样的处理操作形式，Lombok 提供了"@Cleanup"注解，可以帮助用户在资源操作代码完成后自动调用 close()方法。

范例：自动关闭

```
package com.yootk.util;
@Data
public class MessageRead {                          // 生成类结构
    @NonNull
    private String filePath;                        // 访问路径
    @NonNull
    private String fileName;                        // 文件名称
    @SneakyThrows(IOException.class)                // 处理指定异常
    public String load() {                          // 读取文件信息
        @Cleanup InputStream input = new FileInputStream(new File(
            this.filePath, this.fileName));         // 获取输入流实例
        byte data[] = new byte[1024];               // 每次读取的总长度
        int len = input.read(data);                 // 数据读取
        return new String(data, 0, len);            // 返回读取内容
    }
}
```

代码生成结果：

```
public class MessageRead {
    // 类中的属性、setter/getter、构造方法等略
    public String load() {
        try {
            InputStream input = new FileInputStream(
                new File(this.filePath, this.fileName));
            try {
                byte[] data = new byte[1024];
                int len = input.read(data);
                return new String(data, 0, len);
            } finally {
                if (Collections.<InputStream>singletonList
                    (input).get(0) != null)
                    input.close();                  // 关闭输入流
            }
        } catch (IOException $ex) { throw $ex; }
    }
}
```

本程序在用 load()方法获取 InputStream 输入流对象时使用了"@Cleanup"注解，因此会自动在 I/O 操作结束后生成一个"close()"方法调用的语句以实现资源释放处理。

3.5.6 同步方法

视频名称 0311_【理解】同步方法

视频简介 多线程进行同一资源调用时需要进行同步处理，Lombok 提供了自动的同步化代码生成。本视频通过具体实例讲解了同步方法的生成定义。

在多线程开发中为了保证公共资源处理的正确性，往往需要使用 synchronized 关键字定义大量的同步代码块或同步方法，所以 Lombok 插件提供了"@Synchronized"注解来帮助用户自动生成同步代码块的定义。

范例：生成同步方法

```java
package com.yootk.util;
@Data                                               // 自动生成类结构
@AllArgsConstructor                                 // 生成全参构造
public class SaleTicket {
    private int ticket;                             // 出售总票数
    @SneakyThrows                                   // 异常自动处理
    @Synchronized                                   // 方法同步处理
    public void sale() {
        while (this.ticket > 0) {                   // 持续售票
            if (this.ticket > 0) {                  // 有剩余票
                TimeUnit.SECONDS.sleep(1);          // 延迟，会产生异常
                System.err.println("【" + Thread.currentThread().getName() +
                        "】售票, ticket = " + this.ticket--);
            }
        }
    }
}
```

代码生成结果：

```java
public class SaleTicket {
    // 类中的属性、setter/getter、构造方法等略
    private final Object $lock = new Object[0];     // 锁定对象
    public void sale() {
        synchronized (this.$lock) {                 // 同步代码块
            while (true) {
                try {                               // 自动异常处理
                    while (this.ticket > 0) {
                        if (this.ticket > 0) {
                            TimeUnit.SECONDS.sleep(1L);
                            System.err.println("【" + Thread.currentThread()
                                    .getName() + "】售票, ticket = " + this.ticket--);
                        }
                    }
                } catch (Throwable $ex) { throw $ex; }
                break;
            }
        }
    }
}
```

此时通过生成的代码可以发现，存在"@Synchronized"注解定义的方法体会自动使用同步代码块进行配置，同时也会自动在该类内部生成一个锁定对象。

3.6 本章概览

1．Spring Boot 开发中可以由使用者根据需要动态地更换启动 Banner。

2．Spring Boot 可以直接与原始的 Spring/Spring MVC 项目进行整合。利用"@ImportResource"注解可以实现已有的 XML 配置文件的导入。

3．为了提高项目的开发效率，Spring 官方提供了 devtools 插件，利用此插件可以自动加载更新后的项目代码，并实现快速的项目重新启动。

4．SpringBootTest 提供了方便的 Spring Boot 测试支持，开发者可以基于 JUnit 5 编写测试用例。

5．Lombok 可以极大地降低开发者定义程序类的烦琐程度，但是需要手工配置依赖库并在 IDEA 工具中配置相应插件后才能生效。

第 4 章

Spring Boot 数据处理

本章学习目标

1. 掌握 Spring Boot 中的对象转换方法，并可以使用日期转换器实现请求参数的接收；
2. 掌握 Spring Boot 返回 JSON、XML 内容的配置与处理操作方法；
3. 掌握 Spring Boot 中的数据注入处理以及自定义配置文件转换解析操作方法；
4. 掌握 Spring Boot 与 FastJSON 的整合方法，并可以利用 FastJSON 返回 Rest 数据信息；
5. 理解 Spring Boot 返回 PDF、Excel、图片、视频数据的操作实现。

Spring Boot 程序开发中可以像 Spring MVC 一样实现对象参数的接收，同时也可以使用 JSON/XML 的格式实现数据响应。本章为读者分析 Spring Boot 数据响应的几种处理形式，而后讲解如何与阿里巴巴公司的 FastJSON 组件整合操作，以及利用 Spring Boot 实现常见的数据内容输出操作，并利用 Spring Boot 配置文件实现对象与集合数据的注入。

4.1 对象转换处理

视频名称　0401_【掌握】对象转换处理
视频简介　Spring Boot 中的 Action 方法可以直接实现参数与对象的接收，也可以直接以 Rest 风格实现对象数据的返回。本视频通过具体的代码实例讲解此操作的实现，同时利用 Gradle 项目结构管理机制实现了代码的拆分与重用设计。

在进行用户请求时，除了可以单个接收请求参数外，也可以直接利用 Spring MVC 提供的转换机制将请求参数的内容设置到指定类型的对象实例中，同时在 Action 处理方法内部也可以利用"@ResponseBody"注解将指定的对象实例以 Rest 风格的形式进行数据输出，操作结构如图 4-1 所示。

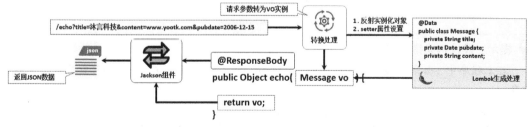

图 4-1　对象接收与 Rest 返回

Spring Boot 在进行请求参数接收时一般会传递日期或日期时间型的数据，按照 Spring MVC 的设计要求，此时应该在项目中设计一个 WebDataBinder 器进行转换处理。考虑到代码可重用的设计问题，可以在"microboot-common"子模块中定义一个 BaseAction 抽象父类，并在此父类中实现日期格式转换配置，而后所有需要转换的 Action 类直接继承此类即可实现字符串转日期的处理。

程序实现结构如图 4-2 所示，具体开发步骤如下。

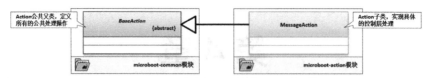

图 4-2　Action 类程序实现结构

（1）【microboot-common 模块】定义 Action 公共父类。

```
package com.yootk.util.action.abs;
public abstract class BaseAction {
    private static final DateTimeFormatter LOCAL_DATE_FORMAT = DateTimeFormatter
                .ofPattern("yyyy-MM-dd");                       // 定义日期转换格式
    @InitBinder
    public void initBinder(WebDataBinder binder) {              // 绑定转换处理
        binder.registerCustomEditor(java.util.Date.class, new PropertyEditorSupport() {
            @Override
            public void setAsText(String text) throws IllegalArgumentException {
                LocalDate localDate = LocalDate.parse(text, LOCAL_DATE_FORMAT);
                ZoneId zoneId = ZoneId.systemDefault();
                Instant instant = localDate.atStartOfDay().atZone(zoneId).toInstant();
                super.setValue(java.util.Date.from(instant));    // 字符串与日期转换
            }
        });
    }
}
```

（2）【microboot-common 模块】本模块是一个公共程序模块，各个模块都会根据需要进行本模块的引用，如图 4-3 所示。由于现在项目还处于开发阶段，所以在启动"microboot-web"项目前首先要进行模块的构建。

```
gradle clean build
```

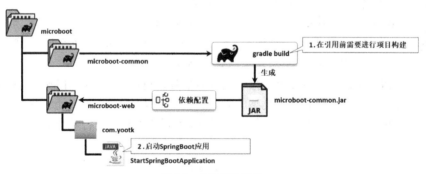

图 4-3　模块构建流程

> 💡 **提示：模块构建错误信息。**
>
> 在本程序中，如果直接在"microboot-common"模块中执行构建命令，有可能出现如下错误信息：
>
> ```
> Execution failed for task ':microboot-common:bootJar'.
> > Main class name has not been configured and it could not be resolved
> ```
>
> 该错误信息主要是提示在当前项目下不存在主程序类。之所以会出现这样的问题，主要是因为当前父项目的 build.gradle 文件引入了 "spring-boot-gradle-plugin" 插件，自动将 Spring Boot 程序打包与 build 关联在一起。考虑到 "microboot-common" 组件不需要直接运行，所以可以修改子模块中的 build.gradle 配置文件以关闭相关任务。

范例：关闭 microboot-common 子模块任务

```
jar { enabled = true }                  // 保留jar任务
javadocTask { enabled = false }         // 关闭javadoc任务
javadocJar { enabled = false }          // 关闭打包javadoc任务
bootJar { enabled = false }             // 关闭Spring Boot任务
```

相应的任务关闭后再次执行"gradle build"即可成功实现打包，这样在需要该模块的程序位置上就可以直接启动 Spring Boot 应用程序。

（3）【microboot-web 模块】最终的用户请求处理操作是在"microboot-web"模块中完成的，在父项目中已经明确定义了该模块会引用"microboot-common"模块，所以它可以直接继承 BaseAction 父类。

```
package com.yootk.action;                               // 程序包名称
@RestController                                         // Rest控制器注解
@RequestMapping("/message/*")                           // 父映射路径
public class MessageAction extends BaseAction {         // Action程序类
    @RequestMapping("echo")                             // 子映射路径
    public Object echo(Message vo) {                    // 业务处理方法
        vo.setTitle("【ECHO】" + vo.getTitle());        // 数据处理
        vo.setContent("【ECHO】" + vo.getContent());    // 数据处理
        return vo;                                      // 直接响应
    }
}
```

程序执行路径：

http://localhost:8080/message/echo?title=沐言科技&content=www.yootk.com&pubdate= 2006-12-15

页面显示结果：

{ "title": "【ECHO】沐言科技",
  "pubdate": "2006-12-14T16:00:00.000+00:00",
  "content": "【ECHO】www.yootk.com" }

本程序成功地将请求参数转换为了 Message 类对象中的属性，而后经过处理可以直接利用 Jackson 依赖的支持，将对象以 JSON 数据的形式输出。

4.1.1 整合 FastJSON 组件

整合 FastJSON 组件

视频名称　0402_【掌握】整合 FastJSON 组件
视频简介　FastJSON 是阿里巴巴公司推出的国内使用较为广泛的高性能 JSON 处理工具。本视频将通过具体的操作演示，将 FastJSON 整合到 Spring Boot 中，并用其生成 JSON 数据。

在 Spring MVC 开发框架中默认通过 Jackson 工具类实现输出对象与 JSON 数据之间的转换处理操作，但是现在国内使用较多的是阿里巴巴公司推出的 FastJSON 组件。开发者如果需要将默认的 Jackson 转换组件更换为 FastJSON 转换组件，则可以按照图 4-4 所示的流程进行处理。

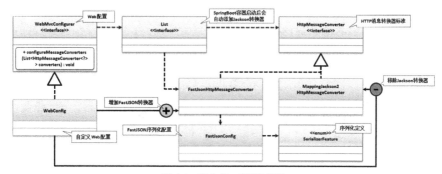

图 4-4　整合 FastJSON 组件

在 Spring Boot 中，要想修改已有的数据转换器，必须定义一个 Web 配置类，该类需要实现 WebMvcConfigurer 父接口，而后覆写该接口中的 configureMessageConverters() 方法，同时该方法会包含一个全部转换器的 List 集合，这样在进行转换器更改时首先需要移除已有的 Jackson 转换器，而后再添加 FastJSON 转换器，具体操作步骤如下。

(1)【microboot 模块】在父项目的 "build.gradle" 配置文件中为 "microboot-web" 子模块添加 FastJSON 依赖。

```groovy
project('microboot-web') {                                      // 子模块
    dependencies {                                              // 已经添加过的依赖库不再重复列出，代码略
        compile('com.alibaba:fastjson:1.2.75')                  // FastJSON依赖
    }
}
```

(2)【microboot-web 模块】定义 WebConfig 配置类，更换项目中的默认转换器。

```java
package com.yootk.config;                                       // 保存在项目的子包中
@Configuration                                                  // 自动扫描配置
public class WebConfig implements WebMvcConfigurer {            // 自定义Web配置类
    @Override
    public void configureMessageConverters(List<HttpMessageConverter<?>> converters) {
        // converters参数包含当前全部的转换器配置项，可以通过迭代查询所有转换器配置
        for (int i = converters.size() - 1; i >= 0; i--) {      // 获取原始的转换器列表
            // 判断当前是否存在Jackson转换器（HttpMessageConverter接口子类）
            if (converters.get(i) instanceof MappingJackson2HttpMessageConverter) {
                converters.remove(i);                           // 删除当前转换器
            }
        }
        FastJsonHttpMessageConverter fastJsonHttpMessageConverter =
                new FastJsonHttpMessageConverter();             // 实例化新FastJSON消息转换器
        FastJsonConfig config = new FastJsonConfig();           // FastJSON转换配置
        config.setSerializerFeatures(                           // 数据序列化管理
                SerializerFeature.WriteMapNullValue,            // 输出null字段信息
                SerializerFeature.WriteNullListAsEmpty,         // 将空集合转为"[]"输出
                SerializerFeature.WriteNullStringAsEmpty,       // 字符串null替换为空字符串("")
                SerializerFeature.WriteNullNumberAsZero,        // 数值类型的null替换为0
                SerializerFeature.WriteDateUseDateFormat,       // 日期数据格式化输出
                SerializerFeature.DisableCircularReferenceDetect);  // 禁用循环引用
        fastJsonHttpMessageConverter.setFastJsonConfig(config); // 配置转换类
        List<MediaType> fastMediaTypes = new ArrayList<>();
        fastMediaTypes.add(MediaType.APPLICATION_JSON);         // "application/json"类型
        fastJsonHttpMessageConverter.setSupportedMediaTypes(fastMediaTypes);
        converters.add(fastJsonHttpMessageConverter);           // 添加FastJSON转换器
    }
}
```

(3)【microboot-web 模块】考虑到日期格式化需求，可以根据自身需要在 Message 类中配置日期显示格式。

```java
package com.yootk.vo;
import com.alibaba.fastjson.annotation.JSONField;
import lombok.Data;
import java.util.Date;
@Data                                                           // Lombok自动生成类结构
public class Message {
    private String title;
    @JSONField(format = "yyyy年MM月dd日")                        // FastJSON格式化处理
    private Date pubdate;
    private String content;
}
```

配置完成后，当前项目通过 Action 方法直接返回的对象就会使用 FastJSON 组件实现序列化处

理,而在进行日期处理时如果指定的字段上提供有"@JSONField"格式化模板,则使用指定模板,如果不存在指定模板则使用默认方式显示。

4.1.2 返回 XML 数据

视频名称　0403_【理解】返回 XML 数据

视频简介　XML 是一种传统的数据交互格式,在 Spring Boot 程序设计中也可以直接基于 Jackson 依赖库实现 XML 数据响应。本视频通过具体代码实例分析了 XML 的作用,同时基于新的依赖组件实现了对象转换为 XML 数据的转换处理。

在现代项目开发中,对于 Web 接口设计来讲,返回的信息往往是基于 Rest 架构的 JSON 数据信息。以常见的前后端分离设计结构为例,前端项目使用特定的后端接口获取 JSON 数据并进行显示填充,如图 4-5 所示。但是在一些老旧的系统中依然是以 XML 方式实现数据交互的,如图 4-6 所示,所以在 Spring Boot 中有时也会根据项目设计的需要返回 XML 数据。

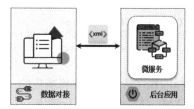

图 4-5　JSON 数据交互　　　　　　　图 4-6　XML 数据对接

在默认情况下,Spring Boot 本身仅仅整合了 Jackson 组件中与 JSON 有关的数据处理支持,如果想实现对象与 XML 数据之间的转换,则需要修改 microboot 父项目中的 build.gradle 配置文件,为 microboot-web 子模块添加新的依赖库。

范例:添加 XML 转换依赖库

```
project('microboot-web') {               // 子模块
    dependencies {                        // 已经添加过的依赖库不再重复列出,代码略
        // 添加Jackson组件中对于XML转换处理支持的依赖库
        compile('com.fasterxml.jackson.dataformat:jackson-dataformat-xml:2.12.0')
        compile('com.fasterxml.jackson.core:jackson-databind:2.12.0')
        compile('com.fasterxml.jackson.core:jackson-annotations:2.12.0')
    }
}
```

在最终转换时,按照 Jackson 组件的原始定义还需要在处理的目标类上使用特定的注解进行 XML 元素信息的标记,所以需要修改"Message.java"程序类。

范例:在 Message 类上追加转换注解

```
package com.yootk.vo;
@Data                                    // Lombok自动生成类结构
@XmlRootElement                          // XML根元素定义
public class Message {
    @XmlElement                          // XML子元素定义
    private String title;
    @XmlElement                          // XML子元素定义
    private Date pubdate;
    @XmlElement                          // XML子元素定义
    private String content;
}
```

此时在 MessageAction 类中就可以用原始方式进行返回,但是需要将当前 Action 处理方法的 MIME 类型修改为 XML,同时为了防止乱码出现,也应该明确地将其定义为"UTF-8"编码显示。

范例：定义 XML 返回类型

```
package com.yootk.action;                                              // 程序包名称
@RestController                                                         // Rest控制器注解
@RequestMapping("/message/*")                                           // 父映射路径
public class MessageAction extends BaseAction {                         // Action程序类
    @RequestMapping(value="echo",produces = {"text/xml;charset=UTF-8"}) // 子映射路径
    public Object echo(Message vo) {                                    // 业务处理方法
        vo.setTitle("【ECHO】" + vo.getTitle());                        // 数据处理
        vo.setContent("【ECHO】" + vo.getContent());                    // 数据处理
        return vo;                                                      // 直接响应
    }
}
```

程序执行路径：

http://localhost:8080/message/echo?title=沐言科技&content=www.yootk.com&pubdate= 2006-12-15

程序执行结果：

```
<Message>
    <title>【ECHO】沐言科技</title>
    <pubdate>2006-12-14T16:00:00.000+00:00</pubdate>
    <content>【ECHO】www.yootk.com</content>
</Message>
```

此时同样的程序结构只需要将响应的 MIME 类型更新为"text/xml"，最终就可以将对象自动转为标准的 XML 结构数据并进行输出。

4.2　Spring Boot 数据响应

Spring Boot 作为 Web 处理程序的简化形式，在实际项目中除了基础的文本或 XML 数据外，还可能有 PDF 文件、Excel 文件、Word 文件以及二进制流媒体等响应内容。本节将通过具体操作讲解这些数据的生成处理。

4.2.1　返回 PDF 数据

视频名称　0404_【理解】返回 PDF 数据

视频简介　为了便于文件的存储保存，在项目中文本信息往往会以 PDF 文件的形式返回。本视频通过实例讲解如何在 Spring Boot 项目中通过 itextpdf 组件生成 PDF 文件。

PDF（Portable Document Format，可携带文档格式）是一种与操作系统无关的电子文件格式，可以有效支持多媒体集成信息，将文字、格式以及图形图像封装在一个文件中，同时也支持特长文件的存储，避免了不同文本编辑器所造成的文本显示格式错乱问题。在 Java 项目中 itextpdf 组件是比较常见的 PDF 创建工具，本次演示将在 Spring Boot 项目中直接通过该工具创建 PDF 文件，修改 microboot 项目中的 build.gradle，引入相关依赖库。

范例：引入"itextpdf"依赖库

```
project('microboot-web') {                  // 子模块
    dependencies {                          // 已经添加过的依赖库不再重复列出，代码略
        compile('com.itextpdf:itextpdf:5.5.13.2')
    }
}
```

图 4-7 所示为本程序要创建的 PDF 文件，这个文件包含中文以及图片数据，而要想正确地实现中文数据的显示，需要引入中文字体库。本程序为了方便资源的操作直接将相关字体以及图像保存在了"src/main/resources"目录中，而后可以通过 Resource 接口获取该资源的完整路径。

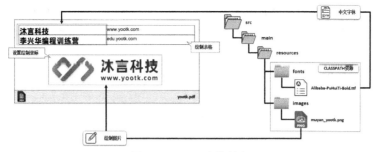

图 4-7 itextpdf 文件创建

范例：返回 PDF 文件

```
package com.yootk.action;
@Controller                                                              // 普通控制器
@RequestMapping("/data/*")
public class PDFAction {                                                 // PDF操作类
    @GetMapping("pdf")
    public void createPDFData(HttpServletResponse response) throws Exception {
        response.setHeader("content-Type", "application/pdf");           // 响应MIME类型
        response.setHeader("Content-Disposition",
                "attachment;filename=yootk.pdf");                        // 下载文件名称
        Document document = new Document(PageSize.A4, 10, 10, 50, 20);   // 定义PDF文档
        PdfWriter.getInstance(document, response.getOutputStream());     // 获取服务端输出流
        document.open();                                                 // 创建文档
        // 由于资源存储在CLASSPATH中，所以最方便的资源引入就是使用ClassPathResource子类
        Resource imageResource = new ClassPathResource(
                "/images/muyan_yootk.png");                              // 图片资源
        Image image = Image.getInstance(imageResource.getFile()
                .getAbsolutePath());                                     // 加载图片
        // 为了保证当前图片可以正常显示，对图片的大小进行定义
        image.scaleToFit(PageSize.A4.getWidth() / 2, PageSize.A4.getHeight());
        // 在进行图片绘制时需要首先获取绘制的起点坐标（X坐标与Y坐标）
        float pointX = (PageSize.A4.getWidth() - image.getScaledWidth()) / 2;
        float pointY = PageSize.A4.getHeight() - image.getHeight() - 100;
        image.setAbsolutePosition(pointX, pointY);                       // 设置图像坐标
        document.add(image);                                             // 添加图像
        document.add(new Paragraph("\n\n\n"));                           // 追加空行
        Resource fontResource = new ClassPathResource(
                "/fonts/Alibaba-PuHuiTi-Bold.ttf");                      // 加载本地字体
        BaseFont baseFont = BaseFont.createFont(fontResource.getFile().getAbsolutePath(),
                BaseFont.IDENTITY_H, BaseFont.NOT_EMBEDDED);             // 加载字体资源
        Font font = new Font(baseFont, 20, Font.NORMAL);                 // 定义字体
        String titles[] = new String[]{"沐言科技", "李兴华编程训练营"};    // 数组信息
        String contents[] = new String[]{"www.yootk.com", "edu.yootk.com"};
        for (int x = 0; x < titles.length; x++) {                        // 循环操作
            PdfPTable table = new PdfPTable(2);                          // 定义表格
            PdfPCell cell = new PdfPCell();                              // 创建单元格
            cell.setPhrase(new Paragraph(titles[x], font));              // 设置单元格文字
            table.addCell(cell);                                         // 追加单元格
            cell = new PdfPCell();                                       // 创建单元格
            cell.setPhrase(new Paragraph(contents[x]));                  // 设置单元格文字
            table.addCell(cell);                                         // 追加单元格
            document.add(table);                                         // 追加表格
        }
        document.close();                                                // 关闭文档
    }
}
```

程序访问路径：

`http://localhost:8080/data/pdf`

本程序通过 itextpdf 所提供的程序类创建了一个 PDF 文件，由于将响应 MIME 类型设置为"application/pdf"，因此用户执行后就会得到一个名称为"yootk.pdf"的文件，文件的内容如图 4-7 所示。

4.2.2 返回 Excel 数据

返回 Excel 数据

视频名称　0405_【理解】返回 Excel 数据
视频简介　为了满足项目中业务人员的数据统计需要，可以使用 Excel 实现数据的导出。本视频在 Spring Boot 项目中引入 EasyPOI 组件实现 Excel 文件生成与下载。

现代项目多是以数据为导向的业务开发设计，所以在项目运行中往往会对项目中的部分数据进行统计与汇总处理。考虑到项目数据的安全，可以将数据导出为 Excel 表格交由业务人员进行汇总统计，如图 4-8 所示。考虑到代码的简洁性，本次将利用 EasyPOI 组件方便地实现 Excel 数据的导出操作，同时 EasyPOI 也提供了 Spring Boot 集成支持，只需要在项目中导入"easypoi-spring-boot-starter"依赖库。

范例：导入 EasyPOI 依赖库

```
project('microboot-web') {            // 子模块
    dependencies {                    // 已经添加过的依赖库不再重复列出，代码略
        compile('cn.afterturn:easypoi-spring-boot-starter:4.2.0')
    }
}
```

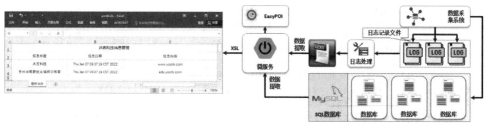

图 4-8　导出 Excel 文件

使用 EasyPOI 组件可以直接基于简单 Java 类中的属性进行数据生成，而为了方便数据列的相关配置，也需要开发者在每个属性中使用"@Excel"注解进行名称、顺序、长度等相关属性的配置。

范例：在类中配置 Excel 属性

```java
package com.yootk.vo;
import cn.afterturn.easypoi.excel.annotation.Excel;
import lombok.Data;
import java.util.Date;
@Data                                                       // Lombok自动生成类结构
public class Message {
    @Excel(name = "信息标题", orderNum = "0", width = 30)    // 配置Excel导出列
    private String title;
    @Excel(name = "信息日期", orderNum = "1", width = 30)    // 配置Excel导出列
    private Date pubdate;
    @Excel(name = "信息内容", orderNum = "2", width = 50)    // 配置Excel导出列
    private String content;
}
```

本次将直接通过 Action 程序类生成一个包含消息列表的 Excel 文件内容，在文件生成时需要将相应的数据保存在 List 集合中，而后 EasyPOI 组件就会自动根据 Message 类中定义的"@Excel"注解实现表格列数据的定义，最后再利用 ServletOutputStream 对象实例发送给请求客户端。

4.2 Spring Boot 数据响应

范例：定义 Action 导出 Excel 文件

```
package com.yootk.action;
@Controller
@RequestMapping("/data/*")
public class ExcelAction {                                              // PDF操作类
    @GetMapping("excel")
    public void createExcelData(HttpServletResponse response) throws Exception {
        response.setHeader("Content-Type",
                "application/vnd.openxmlformats-officedocument.spreadsheetml.sheet");
        response.setHeader("Content-Disposition", "attachment;filename=yootk.xls");
        String titles[] = new String[]{"沐言科技", "李兴华编程训练营"};      // 响应数据
        String contents[] = new String[]{"www.yootk.com", "edu.yootk.com"}; // 响应数据
        List<Message> messageList = new ArrayList<>();                   // 集合存储
        for (int x = 0; x < titles.length; x++) {                        // 集合填充
            Message message = new Message();                             // 实例化VO对象
            message.setTitle(titles[x]);                                 // 属性设置
            message.setContent(contents[x]);                             // 属性设置
            message.setPubdate(new Date());                              // 属性设置
            messageList.add(message);                                    // 集合数据保存
        }
        // HSSF: Excel"97-2003"版本，扩展名为.xls。一个sheet最大行数65536，最大列数256
        // XSSF: Excel"2007"版本开始，扩展名为.xlsx。一个sheet最大行数1048576，最大列数16384
        ExportParams exportParams = new ExportParams("沐言科技消息管理",
                "最新消息", ExcelType.XSSF);                              // 导出配置
        Workbook workbook = new XSSFWorkbook();                          // 创建工作薄
        new ExcelExportService().createSheet(workbook, exportParams,
                Message.class, messageList);                             // 创建表格
        workbook.write(response.getOutputStream());                      // 数据导出
    }
}
```

4.2.3 返回图像流

视频名称 0406_【理解】返回图像流
视频简介 服务端程序在开发中可以通过 MIME 响应的设置实现图像数据的返回，Spring Boot 对这一常用操作进行了简化处理。本视频通过具体实例为读者讲解图像响应操作的实现。

在 Web 项目运行中，除了返回 Web 中的静态图片资源外，也可以利用 Action 处理程序根据请求动态地加载指定目录中的图片或生成动态图片。为了便于图片数据的输出，可以将响应数据封装在 BufferedImage 类的对象实例中，而后利用 Action 类提供的业务处理方法进行图片响应。操作结构如图 4-9 所示。

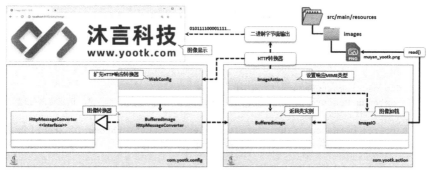

图 4-9 返回图像流

通过图4-9可以发现，为了简化最终图片的二进制输出操作，可以利用HTTP响应转换器的处理特点，在项目中扩充一个"BufferedImageHttpMessageConverter"，这样在Action方法直接返回BufferedImage类实例时即可自动转换。

范例：扩充HTTP转换器

```
package com.yootk.config;
@Configuration                                              // 自动扫描配置
public class WebConfig implements WebMvcConfigurer {        // 自定义Web配置类
    // 已有的其他配置代码不再重复列出，略
    @Override
    public void extendMessageConverters(
            List<HttpMessageConverter<?>> converters) {     // 扩充消息转换器
        converters.add(new BufferedImageHttpMessageConverter());  // 添加图片转换器
    }
}
```

此时Action类可以直接通过ImageIO工具类根据图片路径获取一个BufferedImage实例，而后只需要设置好响应的MIME类型，随后直接返回该实例即可实现图片响应。

范例：图片响应Action

```
package com.yootk.action;                                   // 程序包名称
@RestController                                             // Rest控制器注解
@RequestMapping("/data/*")                                  // 父映射路径
public class ImageAction {                                  // Action程序类
    @GetMapping(value = "image", produces = {MediaType.IMAGE_JPEG_VALUE,
            MediaType.IMAGE_GIF_VALUE, MediaType.IMAGE_PNG_VALUE})
    public BufferedImage createImageData() throws Exception {   // 业务处理方法
        Resource imageResource = new ClassPathResource("/images/muyan_yootk.png");
        return ImageIO.read(imageResource.getInputStream());    // 读取图片
    }
}
```

4.2.4 返回视频流

视频名称 0407_【理解】返回视频流
视频简介 随着现代项目的发展，页面中显示视频已经是常规操作，而Spring Boot中内置了非常方便的视频资源请求处理操作。本视频通过实例为读者讲解视频资源二进制传输的控制实现。

为方便实现视频控制功能，HTML5中提供了"<video>"标签，只要开发者设置正确的视频源链接即可实现视频的播放控制，而播放的视频可能是静态视频，也可能是经过程序处理后的动态视频。Spring Boot框架提供了方便的视频资源请求处理机制，开发者只需要继承"ResourceHttpRequestHandler"父类，随后根据请求设置正确的资源路径即可方便将服务端的视频资源以二进制数据流的形式发送给客户端浏览器。

范例：定义资源处理类

```
package com.yootk.handler;
@Component
public class VideoResourceHttpRequestHandler
            extends ResourceHttpRequestHandler {            // 请求资源处理
    @Override
    protected Resource getResource(HttpServletRequest request) throws IOException {
        return new ClassPathResource("/videos/muyan_yootk.mp4");  // 返回资源项
    }
}
```

为了便于操作，本次将"videos/muyan_yootk.mp4"的视频资源保存在了"src/main/resources"

源代码目录中，如图 4-10 所示，这样只需要将视频资源的对象实例交由 HttpRequestHandler 实例实现请求处理。

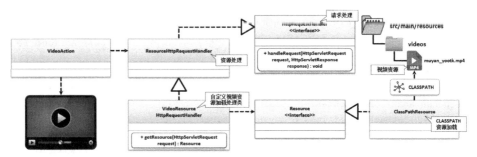

图 4-10 视频资源加载

范例：视频处理 Action

```
package com.yootk.action;                                              // 程序包名称
@RestController                                                        // Rest控制器注解
@RequestMapping("/data/*")                                             // 父映射路径
public class VideoAction {                                             // Action程序类
    @Autowired
    private VideoResourceHttpRequestHandler resourceHttpRequestHandler; // 资源处理器
    @GetMapping("video")
    public void createVideoData(HttpServletRequest request,
            HttpServletResponse response) throws Exception {
        this.resourceHttpRequestHandler.handleRequest(request, response); // 资源处理
    }
}
```

本程序在启动时注入了一个 VideoResourceHttpRequestHandler 对象实例，而后利用该类提供的 handleRequest()方法就可以将用户需要的资源直接输出。

4.2.5 文件下载

视频名称 0408_【理解】文件下载
视频简介 一个 Web 服务器中会存在丰富的资源，开发者为了资源的安全性，往往需要通过程序实现下载控制。本视频为读者讲解服务端文件下载操作的实现。

每个项目都可能会根据不同的业务保存大量的程序文件，这些文件不仅仅局限于图片与视频，还有可能是任意的二进制文件，这就需要根据用户的需求获取相应的资源并进行强制下载处理，如图 4-11 所示。

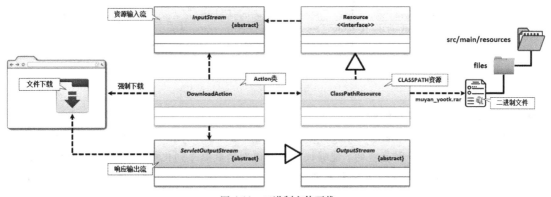

图 4-11 二进制文件下载

范例：强制下载资源

```java
package com.yootk.action;                                   // 程序包名称
@RestController                                             // Rest控制器注解
@RequestMapping("/data/*")                                  // 父映射路径
public class DownloadAction {                               // Action程序类
    @GetMapping("download")
    public void fileDownload(HttpServletResponse response) throws Exception {
        response.setContentType("application/force-download");       // 强制下载
        response.addHeader("Content-Disposition",
                "attachment;fileName=muyan_yootk.rar");               // 设置文件名
        Resource fileResource = new ClassPathResource("/files/muyan_yootk.rar");
        InputStream input = fileResource.getInputStream();            // 获取输入流
        byte data[] = new byte[1024];                                 // 每次读取字节数量
        int len = 0;                                                  // 读取长度
        while ((len = input.read(data)) != -1) {                      // 分批读取
            response.getOutputStream().write(data, 0, len);           // 分批输出
        }
    }
}
```

本程序直接将获取的资源内容通过 InputStream 读取，而后通过 ServletOutputStream 进行二进制批量输出。由于已经设置了 "application/force-download" 头信息，所以该请求执行时浏览器将直接进行下载处理。

4.3　属性注入管理

属性定义与注入

视频名称　0409_【掌握】属性定义与注入
视频简介　项目中经常会使用资源文件进行配置管理，在 Spring Boot 中开发者可以使用默认的 YAML 文件实现配置。本视频为读者分析 YAML 文件的基本格式，并通过实例讲解资源自动注入的操作实现。

在项目开发中，为了程序配置的方便，往往会通过资源文件的方式定义所需的程序属性内容，而在 Spring Boot 中开发者可以在 "src/main/resources" 目录中定义默认的资源文件 "application.yml"，并在里面编写相应的配置属性，随后就可以在程序中进行资源注入处理，如图 4-12 所示。

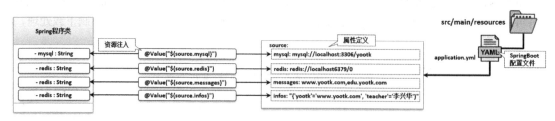

图 4-12　资源配置与注入

> 提示：关于 YAML 文件的解释。
>
> YAML（YAML Ain't Markup Language）配置文件通常以 ".yml" 为文件扩展名，其并不属于一种标记语言，而是一种直观的、能够被计算机识别的数据序列化格式，经常应用于程序或软件配置操作。在 Spring Boot 开发中开发者会大量利用相关组件依赖并结合 YAML 文件实现服务的整合配置。

4.3 属性注入管理

范例：定义资源文件

```yaml
source:                                              # 一级key名称
  mysql: mysql://localhost:3306/yootk                # 配置二级key名称以及属性内容
  redis: redis://localhost:6379/0                    # 配置二级key名称以及属性内容
  messages: 沐言科技、www.yootk.com、李兴华编程训练营：edu.yootk.com  # List集合
  infos: "{'yootk': 'www.yootk.com', 'teacher': '李兴华'}"         # Map集合
```

本程序配置了 4 个资源内容，对应的 key 分别为"source.mysql""source.redis""source.messages""source.infos"，这样就可以直接在程序中通过"@Value"注解并结合 SpEL 表达式实现资源注入。

范例：获取资源项

```java
package com.yootk.action;
@RestController
@RequestMapping("/source/*")
public class SourceAction {
    @Value("${source.mysql}")                        // 注入"source.mysql"资源
    private String mysql;                            // 保存资源内容
    @Value("${source.redis}")                        // 注入"source.redis"资源
    private String redis;                            // 保存资源内容
    @Value("${source.messages}")                     // 注入"source.messages"资源
    private List<String> messages;                   // 保存资源内容
    @Value("#{${source.infos}}")                     // 注入"source.infos"资源并处理
    private Map<String, String> infos;               // 保存资源内容
    @RequestMapping("show")
    public Object show() {
        Map<String, Object> info = new HashMap<>();  // 定义Map集合
        info.put("mysql", this.mysql);               // 数据存储
        info.put("redis", this.redis);               // 数据存储
        info.put("messages", this.messages);         // 数据存储
        info.put("infos", this.infos);               // 数据存储
        return info;                                 // 返回集合
    }
}
```

程序执行路径：

http://localhost:8080/source/show

页面显示结果：

```
{ "messages": [
    "沐言科技：www.yootk.com",
    "李兴华编程训练营：edu.yootk.com"
  ],
  "mysql": "mysql://localhost:3306/yootk",
  "redis": "redis://localhost:6379/0",
  "infos": {
    "yootk": "www.yootk.com",
    "teacher": "李兴华"
  }
}
```

本程序在 SourceAction 程序类中定义了 4 个属性，随后利用"@Value"注解将 application.yml 文件中相关配置项的内容赋值给了这两个属性。需要注意的是，在传统的 Spring 资源注入中如果想利用字符串注入 Map 集合，则必须通过 SpEL 表达式进行转换操作。

4.3.1 @ConfigurationProperties

@ConfigurationProperties

视频名称　0410_【掌握】@ConfigurationProperties
视频简介　为了方便地支持 YAML 注入的解析处理，Spring Boot 提供了新的注解。本视频为读者讲解"@ConfigurationProperties"注解的作用并实现 List 与 Map 集合注入。

Spring Boot 开发框架除了保留原始的 Spring 资源注入管理外，还针对 YAML 数据结构定义的需要扩充了新的支持，可以在一个类中利用"@ConfigurationProperties"注解实现资源名称的自动匹配以及内容注入操作，如图 4-13 所示。而在使用这样的注解时，对应的类也必须使用"@Component"或相关注解进行配置，具体编写步骤如下。

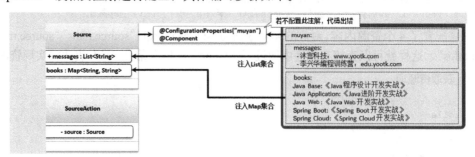

图 4-13　自动注解配置

（1）修改 application.yml 配置文件，追加 List 与 Map 数据配置。

```
muyan:                                  # 匹配key标记
  messages:                             # List集合
    - 沐言科技 www.yootk.com
    - 李兴华编程训练营 edu.yootk.com
  books:                                # Map集合
    Java Base: 《Java程序设计开发实战》
    Java Application: 《Java进阶开发实战》
    Java Web: 《Java Web开发实战》
    Spring Boot: 《Spring Boot开发实战》
    Spring Cloud: 《Spring Cloud开发实战》
```

（2）"@ConfigurationProperties"注解一般会和一个类绑定，在绑定时需要明确设置注入 key 的前缀标记（本次定义的前缀为"muyan"），而后将自动根据属性名称注入并转换对应的资源内容。

```
package com.yootk.vo;
@Data
@ConfigurationProperties("muyan")           // 定义前缀
@Component                                  // Bean管理
public class Source {
    private List<String> messages;          // 保存资源内容
    private Map<String, String> books;      // 保存资源内容
}
```

（3）在 Action 类中注入 Source 类实例，并利用业务处理方法以 Rest 形式返回 Source 数据。

```
package com.yootk.action;
@RestController
@RequestMapping("/source/*")
public class SourceAction {
    @Autowired
    private Source source;                  // 注入Source对象实例
    @RequestMapping("show")
    public Object show() {
        return this.source;                 // JSON转换输出
    }
}
```

程序执行结果：

```
{
  "books": {
    "Java Base": "《Java程序设计开发实战》",
    "Java Application": "《Java进阶开发实战》",
    "Java Web": "《Java Web开发实战》",
```

```
      "Spring Boot": "《Spring Boot开发实战》",
      "Spring Cloud": "《Spring Cloud开发实战》"
    },
    "messages": [
      "沐言科技: www.yootk.com",
      "李兴华编程训练营: edu.yootk.com" ]
}
```

通过此时的执行结果可以发现，对应的集合数据结构已经自动注入 Source 对象实例。由于项目的开发需要多种不同的组件整合定义，因此后续的 Spring Boot 组件整合讲解会大量采用如上方式修改 application.yml 配置文件，并进行相关的 List 以及 Map 数据配置。

4.3.2 注入对象数据

注入对象数据

视频名称 0411_【掌握】注入对象数据
视频简介 Java 项目中的一切数据皆为对象，开发者可以利用 Spring Boot 提供的 YAML 文件实现对象属性的配置。本视频讲解资源属性与类关联结构的定义。

使用"@ConfigurationProperties"注解进行注入时，可以方便地匹配属性名称，而后实现自动转型注入。在项目中也可以基于同样的机制实现自定义对象的注入管理。现在假设有图 4-14 所示的类结构图，其中关联的 VO 类结构中的属性内容都可以在"application.yml"文件中进行定义。

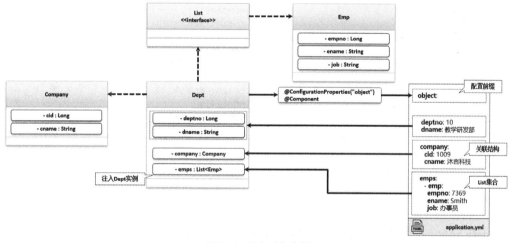

图 4-14 注入对象实例

范例：定义类关联结构

Company：

```
package com.yootk.vo;
import lombok.Data;
@Data
public class Company {
    private Long cid ;
    private String cname ;
}
```

Dept.java：

```
package com.yootk.vo;
@Data
@ConfigurationProperties(prefix = "object") // 前缀标记
@Component
public class Dept {
```

```java
    private Long deptno ;
    private String dname ;
    private Company company;
    private List<Emp> emps ;
}
```

Emp.java：

```java
package com.yootk.vo;
import lombok.Data;
@Data
public class Emp {
    private Long empno ;
    private String ename ;
    private String job;
}
```

本程序的关联结构是以 Dept 实例为配置类型的，这样就需要在 Dept 类中引入 "@Configuration Properties" 注解，随后就可以在 application.yml 配置文件中定义与 Dept 实例有关的属性内容。

范例：配置对象资源

配置方式一（推荐）：

```yaml
object:
  deptno: 10
  dname: 教学研发部
  company:
    cid: 1009
    cname: 沐言科技
  emps:
    - emp:
      empno: 7369
      ename: Smith
      job: 办事员
    - emp:
      empno: 7566
      ename: Allen
      job: 部门经理
    - emps:
      empno: 7839
      ename: King
      job: 董事长
```

配置方式二：

```yaml
object:
  deptno: 10
  dname: 教学研发部
  company:
    cid: 1009
    cname: 沐言科技
  emps[0]:
    empno: 7369
    ename: Smith
    job: 办事员
  emps[1]:
    empno: 7566
    ename: Allen
    job: 部门经理
  emps[2]:
    empno: 7839
    ename: King
    job: 董事长
```

由于在 Spring 中 List 集合与对象数组结构匹配，因此在 application.yml 文件定义时除了可以使用 Spring Boot 的定义结构外，也可以采用数组的方式进行配置。

范例：DeptAction 注入 Dept 实例

```java
package com.yootk.action;
@RestController
@RequestMapping("/dept/*")
public class DeptAction {
    @Autowired
    private Dept dept;                    // 注入Dept实例
    @RequestMapping("get")
    public Object show() {
        return this.dept;                 // Rest数据返回
    }
}
```

程序执行结果：

```
{
    "company": { "cid": 1009, "cname": "沐言科技" },
    "deptno": 10,
```

```
"dname": "教学研发部",
"emps": [
  { "empno": 7369, "ename": "Smith", "job": "办事员" },
  { "empno": 7566, "ename": "Allen", "job": "部门经理" },
  { "empno": 7839, "ename": "King", "job": "董事长" }
]
}
```

本程序直接注入了 Dept 对象实例，而后为了观察数据的内容，直接在 show()方法中以 Rest 的形式返回了数据内容。

4.3.3 自定义注入配置文件

视频名称 0412_【掌握】自定义注入配置文件
视频简介 在资源管理中为了避免过多资源配置导致 application.yml 文件的冗余，Spring Boot 提供资源文件的引入支持。本视频将实现资源的拆分以及注入管理。

在 Spring Boot 项目开发中，application.yml 是整个 Spring Boot 项目配置的核心文件，而如果将所有的对象注入信息全部配置在此文件中，则有可能造成配置文件过长的问题。在 Spring Boot 中可以继续使用 Spring 开发框架提供的资源注入管理操作机制，将所需要的注入属性定义在单独的"*.properties"文件中，而后只需要在类声明时使用"@PropertySource"注解引用即可，如图 4-15 所示。

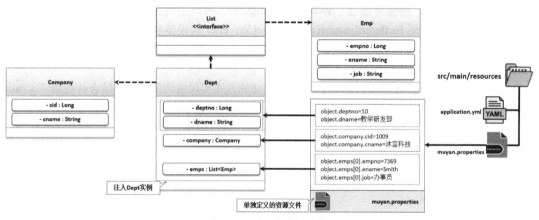

图 4-15 自定义资源文件

范例：定义 muyan.properties 资源文件

```
object.deptno=10
object.dname=教学研发部

object.company.cid=1009
object.company.cname=沐言科技

object.emps[0].empno=7369
object.emps[0].ename=Smith
object.emps[0].job=办事员
object.emps[1].empno=7566
object.emps[1].ename=Allen
object.emps[1].job=经理
object.emps[2].empno=7839
object.emps[2].ename=King
object.emps[2].job=首席执行官
```

由于此时的 muyan.properties 属于额外配置的资源文件,需要在配置类上使用"@PropertySourc"注解明确设置资源路径,因此可以结合"@ConfigurationProperties"注解实现注入管理。

范例：注入部门实例

```
package com.yootk.vo;
@Data
@PropertySource(value = "classpath:muyan.properties", encoding = "UTF-8")
@ConfigurationProperties(prefix = "object")    // 前缀标记为application.yml自定义
@Component                                      // 必须编写此注解,否则无效
public class Dept {
    private Long deptno;
    private String dname;
    private Company company;
    private List<Emp> emps;
}
```

此程序代码可以实现与前面相同的注入效果,同时将不同的资源配置分开,便于代码的编写维护。

4.4 本章概览

1．Spring Boot 可以直接进行数据响应,依靠的是 HttpMessageConverter 接口。在默认配置下,输出对象通过 Jackson 组件转为 JSON 数据内容。

2．在国内开发中较为常用的 JSON 转换组件是 FastJSON,如果想在 Spring Boot 中将 Jackson 组件更改为 FastJSON,则需要通过"WebMvcConfigurer"接口子类进行配置。

3．Spring Boot 利用 BufferedImageHttpMessageConverter 转换器实现图片的动态返回。

4．Spring Boot 可以像 Spring MVC 一样直接整合 iTextPDF 组件实现 PDF 内容返回,也可以通过 EasyPOI 组件实现 XSL 表格文件下载。

5．在 application.yml 配置文件中可以采用自定义的方式实现资源配置,并结合传统的"@Value"注解实现资源注入。

6．Spring Boot 中扩展了 YAML 格式的转换支持,可以使用"@ConfigurationProperties"注解实现配置注入与类型转换。

第 5 章
Spring Boot 与 Web 应用

本章学习目标
1. 掌握 Spring Boot 项目打包与运行方法，并可以通过 profile 配置不同的运行环境；
2. 掌握 Spring Boot 容器配置方法，并可以基于 Tomcat、Jetty、Undertow 运行 Spring Boot 程序；
3. 掌握 Spring Boot 中内置对象的使用方法；
4. 掌握资源文件的配置与读取处理方法，并可以实现国际化数据加载；
5. 掌握 Spring Boot 中的数据拦截与监听机制；
6. 掌握 Spring Boot 中的全局异常的定义处理方法；
7. 掌握请求数据验证操作的相关注解使用方法，并可以根据需要实现自定义数据验证器。

Spring Boot 是以 Web 方式运行的，在 Spring Boot 中可以直接使用 Java EE（或称为 "Jakarta EE"）中的内置对象实现用户请求与处理，也可以方便地将一个 Spring Boot 程序打包为一个独立的 Java 应用。本章将为读者全面分析 Spring Boot 中与 Web 开发有关的技术应用。

5.1 项目打包

视频名称　0501_【掌握】项目打包
视频简介　Spring Boot 提供了微服务构建的核心基础。本视频将基于 Gradle 任务管理实现 Spring Boot 项目可执行 JAR 文件的配置与生成操作。

Spring Boot 项目开发完成后一定需要进行打包上线的处理。虽然 Spring Boot 也是一种 Web 开发技术，但是其从设计之初所强调的就是微服务的实现，所以可以直接将 Spring Boot 打包为一个可运行 JAR 文件，这样开发者就减少了 Web 容器项目部署的烦琐操作。

Spring Boot 程序打包运行后会按照图 5-1 所示的结构保存程序代码与配置文件，并自动将项目中所配置的依赖库输出到 "BOOT-INF/lib" 目录中，同时还会自动在该程序包中生成一系列 Spring Boot 运行支持类。而对于最终生成的 JAR 文件的定义，可以直接通过 build.gradle 文件进行配置。

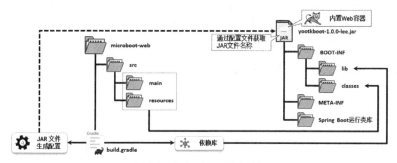

图 5-1　Spring Boot 程序打包

范例：修改 build.gradle 定义 bootJar 任务

```
bootJar {
    archiveClassifier = 'lee'                                   // 在打包文件后追加的信息
    archiveBaseName = 'yootkboot'                               // 打包文件
    archiveVersion = project_version                            // 打包版本
    mainClassName = 'com.yootk.StartSpring BootApplication'     // 运行主类（新版可以自动匹配）
}
```

由于本次只针对"microboot-web"项目进行打包操作，因此只需要修改该项目中的"build.gradle"文件。在该文件中配置一个"bootJar"打包任务，随后可以在该文件中定义打包文件的名称（包含版本以及后缀信息），最重要的是一定要为其设置主类的完整名称，这样就可以在执行时直接找到主类启动 Spring Boot 程序，随后使用如下命令生成打包文件。

```
gradle bootJar
```

程序打包完成后就可以得到一个可执行的 JAR 文件"yootkboot-1.0.0-lee.jar"，该文件可以直接通过 java 命令进行调用。

```
java -jar yootkboot-1.0.0-lee.jar
```

命令执行后程序就会自动找到该 JAR 文件中的主类，随后启动 Spring Boot 应用环境并提供相关 Web 服务支持。

5.1.1 调整 JVM 运行参数

调整 JVM
运行参数

视频名称　0502_【掌握】调整 JVM 运行参数
视频简介　JVM 是 Spring Boot 程序运行的核心，然而在默认情况下 JVM 并不能够很好地发挥服务主机的性能。本视频基于 Spring Boot 程序部署讲解了 JVM 核心参数配置操作。

所有的 Spring Boot 程序代码都运行在 JVM 中，但是在默认情况下，每个 JVM 进程都只会分配到当前物理内存的 1/4，同时还会根据内存的占用情况进行内存资源的动态分配，如图 5-2 所示。

图 5-2　默认 JVM 参数

> **提示：JVM 结构必须掌握。**
>
> Java 开发者必须深刻理解 Java 虚拟机的内存结构、内存的调整策略以及 GC 算法，这些不仅在面试中会经常被问到，也会经常出现在项目的部署操作中。对于这些还不清楚的读者可以参考本系列的《Java 程序设计开发实战（视频讲解版）》一书进行系统学习。

如果想观察当前程序的内存分配情况，可以通过 Runtime 类提供的方法来实现。为便于观察，本次将在 Spring Boot 项目中以 Rest 的形式获取 JVM 进程中的最大内存、默认初始化内存以及空闲内存信息。

范例：获取程序内存信息

```
package com.yootk.action;
@RestController
@RequestMapping("/jvm/*")
public class MemoryAction {
```

```
    @GetMapping("memory")
    public Object memory() {
        Runtime runtime = Runtime.getRuntime();          // 获取Runtime对象实例
        Map<String, Object> data = new HashMap<>();      // 创建Map集合
        data.put("MaxMemorty", runtime.maxMemory());     // 数据存储
        data.put("TotalMemory", runtime.totalMemory());  // 数据存储
        data.put("FreeMemory", runtime.freeMemory());    // 数据存储
        return data;
    }
}
```

程序执行结果：

```
{
    "MaxMemorty": 8568963072,      ➔ 最大内存为本机物理内存的"1/4"
    "TotalMemory": 77594624,       ➔ 初始化内存为本机物理内存的"1/64"
    "FreeMemory": 35996312         ➔ 当前空闲的内存大小
}
```

当前本机默认的物理内存为 32 GB，而通过所获取到的内存信息可以发现，最大的可用内存仅仅为物理内存的"1/4"，同时初始化内存为物理内存的"1/64"，所以其中就会存在大量的内存调整空间。频繁的内存空间调整必将带来 JVM 处理性能的下降，一般的做法是改变最大可用内存，同时将初始化的 TotalMemory 的大小设置为与最大内存相同的数值。表 5-1 给出了常用的 JVM 内存调整参数。

表 5-1 常用 JVM 内存调整参数

序号	参数名称	描述
01	-Xmx	设置 JVM 的最大可用内存（MaxMemory）
02	-Xms	设置 JVM 的初始化内存（TotalMemory）
03	-Xss	设置每个线程所占用的内存大小
04	-Xlog:gc	根据需要选择是否开启 GC 日志跟踪
05	-XX:+UseG1GC	使用 G1 回收策略

Spring Boot 的 JVM 调整参数可以直接在 Spring Boot 启动时进行配置。由于本书基于 IDEA 开发应用，所以可以根据图 5-3 所示的形式配置 JVM 启动参数。

图 5-3 配置 Spring Boot 程序所需的 JVM 参数

在大部分情况下，Spring Boot 项目都会以 JAR 文件的形式运行，这样就可以在 JAR 文件执行时动态地进行 JVM 初始化参数配置。将当前的应用程序打包并采用如下命令执行程序。

范例：配置 Spring Boot 内存参数

```
java -jar -Xms30g -Xss256k -Xlog:gc -XX:+UseG1GC -Xmx30g yootkboot-1.0.0-lee.jar
```

程序执行结果：

```
{
    "MaxMemorty": 32212254720,     ➔ 调整后的最大可用内存空间
    "TotalMemory": 32212254720,    ➔ 调整后的初始化JVM内存
    "FreeMemory": 32050074512
}
```

通过此时的运行结果可以发现，JVM 中的内存分配策略已经得到调整。利用 G1 收集器的特点可以更加高效地实现 GC 标记与处理，本书后续所有 Spring Boot 项目部署时都必须手工进行 JVM 参数配置。

5.1.2 配置 Web 环境

配置 Web 环境

视频名称　0503_【掌握】配置 Web 环境
视频简介　在 Web 开发中除了应用程序外，实际上还存在 Web 容器的配置。本视频为读者讲解如何修改 Tomcat 的监听端口以及相关配置属性的定义。

Spring Boot 会将所需要的容器自动打包在 Spring Boot 项目中，这样一来就需要设置相关的 Web 运行环境，如 HTTP 服务的监听端口、程序运行的上下文路径，而这些信息都可以在 application.yml 中进行配置。可以使用的配置项如表 5-2 所示。

表 5-2　Web 环境配置属性

序号	属性名称	属性内容
01	server.address	设置服务绑定地址
02	server.compression.enabled	是否开启压缩，默认为 false
03	server.compression.excluded-user-agents	设置不压缩的"user-agent"，默认的 MIME 类型包括"text/html" "text/xml" "text/plain" "text/css"
04	server.compression.mime-types	设置要进行压缩处理的 MIME 类型，多个设置用逗号分隔
05	server.compression.min-response-size	设置压缩阈值，默认为 2048
06	server.context-parameters.[paramName]	配置 ServletContext 参数
07	server.context-path	设置 ContextPath 属性
08	server.display-name	设置应用展示名称，默认为"application"
09	server.jsp-servlet.class-name	设置编译 JSP 文件所使用的 Servlet
10	server.jsp-servlet.init-parameters.[paramName]	设置 JSP/Servlet 初始化参数
11	server.jsp-servlet.registered	设置 JSP 是否注册到内嵌 Servlet 容器中，默认为 true
12	server.port	设置 HTTP 服务监听端口
13	server.servlet-path	设置 Servlet 监听路径，默认为"/"
14	server.session.cookie.comment	设置 Session Cookie 的 comment 属性
15	server.session.cookie.domain	设置 Session Cookie 的 domain 属性
16	server.session.cookie.http-only	设置是否开启 HttpOnly
17	server.session.cookie.max-age	设置 Session Cookie 的最长保存时间
18	server.session.cookie.name	设置 Session Cookie 的名称
19	server.session.cookie.path	设置 Session Cookie 的存储路径
20	server.session.cookie.secure	设置 Session Cookie 的 secure 属性
21	server.session.persistent	设置重启时是否持久化 Session，默认为 false
22	server.session.timeout	设置 Session 超时时间
23	server.session.tracking-modes	设置 Session 的追踪模式（cookie、url、ssl）
24	server.tomcat.access-log-enabled	设置是否开启 Access Log，默认为 false
25	server.tomcat.access-log-pattern	设置 Access Log 格式，默认为 common
26	server.tomcat.accesslog.directory	设置 Log 存储路径，默认为 logs
27	server.tomcat.accesslog.enabled	设置是否开启 Access Log，默认为 false

续表

序号	属性名称	属性内容
28	server.tomcat.accesslog.pattern	设置 Access Logs 的格式，默认为 common
29	server.tomcat.accesslog.prefix	设置 Log 文件的前缀，默认为 access_log
30	server.tomcat.accesslog.suffix	设置 Log 文件的后缀，默认为 ".log"
31	server.tomcat.background-processor-delay	设置后台处理线程的 Delay 大小，默认为 30
32	server.tomcat.basedir	设置 Tomcat 的 Base 配置目录
33	server.tomcat.internal-proxies	设置信任的正则表达式
34	server.tomcat.max-http-header-size	设置 HTTP 头信息的最小值，默认为 0
35	server.tomcat.max-threads	设置 Tomcat 的最大工作线程数，默认为 0
36	server.tomcat.port-header	设置 HttpHeader
37	server.tomcat.protocol-header	设置 Header 包含的协议
38	server.tomcat.protocol-header-https-value	设置使用 SSL 的头信息内容
39	server.tomcat.remote-ip-header	设置远程 IP 的头信息
40	server.tomcat.uri-encoding	设置 URI 的编码字符集

范例：配置 Web 运行环境

```yaml
server:
  port: 80                        # HTTP运行端口
  servlet:
    context-path: /yootk           # 上下文路径
```

此时的程序启动之后就会自动在 80 端口上提供服务监听，而在所有的服务访问前都需要加 "/yootk" 路径前缀。

> **提示：使用 "application.properties" 实现配置。**
>
> 在使用 Spring Boot 开发项目时，虽然大部分情况下都会通过 "application.yml" 进行配置，但也可以定义一个 "application.properties" 文件实现配置处理。以上面的 Web 配置环境为例。
>
> **范例：配置 Web 应用环境**
>
> ```
> server.port=80
> server.servlet.context-path=/yootk
> ```
>
> 此时实现了与前面相同的配置，但是需要注意的是，当项目中同时存在 "application.properties" 与 "application.yml" 配置文件时，对于相同的配置项 YAML 的配置优先级更高，如图 5-4 所示。

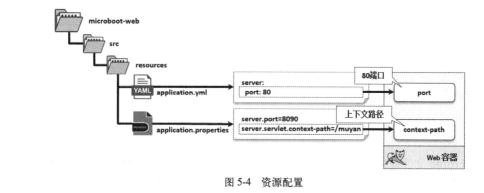

图 5-4　资源配置

5.1.3 profile 环境配置

profile 环境配置

视频名称 0504_【掌握】profile 环境配置
视频简介 profile 是项目开发环境的统一管理文件。Spring Boot 考虑到多开发环境的应用，提供了良好的 profile 处理支持。本视频通过具体代码为读者分析 profile 定义的两种形式，以及动态切换 profile 的操作。

项目的开发、测试以及上线都会面临不同的网络服务环境，所以在项目中需要为不同的运行环境设置不同的 profile 文件。一般来讲 profile 环境分为三种，分别是开发环境、测试环境、生产环境。为了解决这些环境的配置问题，Spring Boot 默认提供了良好的多 profile 配置环境，可以按照图 5-5 所示的结构以 "application-*.yml" 定义不同的 profile 文件，同时利用 "application.yml" 指派默认的 profile 环境。由于所有的 profile 环境配置文件最终都会打包到 Spring Boot 的可执行 JAR 文件中，因此也可以通过程序命令动态地进行 profile 切换。

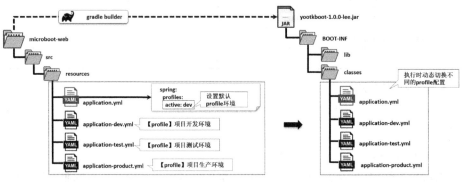

图 5-5 profile 动态切换

范例：定义 profile 文件

【开发环境】application-dev.yml：

```yaml
server:
  port: 8080                      # 项目运行端口
  servlet:
    context-path: /dev            # 项目运行上下文路径
```

【测试环境】application-test.yml：

```yaml
server:
  port: 8181                      # 项目运行端口
  servlet:
    context-path: /test           # 项目运行上下文路径
```

【生产环境】application-product.yml：

```yaml
server:
  port: 8282                      # 项目运行端口
  servlet:
    context-path: /product        # 项目运行上下文路径
```

【默认配置】application.yml：

```yaml
spring:
  profiles:
    active: dev                   # 默认激活dev环境
```

在进行 profile 文件配置时，一般会使用 "application.yml" 定义公共的配置项，而后与环境有关的配置项可以分别定义在不同的 profile 文件中。本程序共定义了三种环境的 profile 文件，并在 "application.yml" 文件中设置了默认启用的 profile 配置，随后将该程序通过 "gradle bootJar" 命令进行打包，最后就可以在 Spring Boot 程序启动时实现不同的 profile 环境切换处理。

范例：动态切换 profile

```
java -jar yootkboot-1.0.0-lee.jar --spring.profiles.active=product
```

启动日志输出：

```
Tomcat started on port(s): 8282 (http) with context path '/product'
```

本程序在 Spring Boot 应用启动时，通过 "--spring.profiles.active=product" 选项，采用 product 的 profile 配置文件进行启动配置。而如果在程序执行时未使用此配置选项，则会根据默认配置使用 "dev" 配置选项。

> 💡 **提示**：一个文件实现多个 profile 配置。
>
> 本程序实现的多 profile 应用环境中，采用了三个不同的 profile 配置项，而在 Spring Boot 开发中也可以直接在一个 application.yml 中定义多种 profile 环境。
>
> 范例：定义多 profile 配置
>
> ```yaml
> spring:
>   profiles:
>     active: dev                    // 默认激活dev环境
> ---
> spring:
>   profiles: dev                    // 【profile】dev环境名称
> server:
>   port: 9090                       // 项目运行端口
>   servlet:
>     context-path: /dev             // 项目运行上下文路径
> ---
> spring:
>   profiles: test                   // 【profile】test环境名称
> server:
>   port: 9191                       // 项目运行端口
>   servlet:
>     context-path: /test            // 项目运行上下文路径
> ---
> spring:
>   profiles: product                // 【profile】product环境名称
> server:
>   port: 9292                       // 项目运行端口
>   servlet:
>     context-path: /product         // 项目运行上下文路径
> ```
>
> 在同一个文件中定义多个 profile 时需要使用 "---" 进行不同配置的分隔，并分别指派名称，但是这样的编写方式会使 "application.yml" 文件过于庞大，所以最佳的做法还是分开定义。

5.2 Web 运行支持

打包 WAR 文件

视频名称 0505_【理解】打包 WAR 文件

视频简介 在 Spring Boot 项目运行中除了可以使用 JAR 文件结构外，还可以采用传统的 WAR 文件部署。本视频讲解了 WAR 文件的打包、程序类配置以及 Tomcat 应用部署操作。

在传统的 Web 项目开发中，往往基于容器的方式进行项目部署，这就要求将所编写的程序代码打包为一个 "*.war" 文件，随后将其部署到 Web 容器的指定目录中以实现发布。图 5-6 给出了 Tomcat 的部署操作结构。

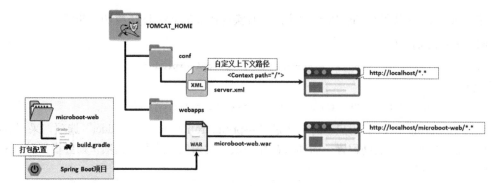

图 5-6 Tomcat 部署 WAR 文件

如果想将 Spring Boot 打包为一个 WAR 文件，那么首先需要扩充构建工具中的 WAR 插件。这样在该项目中就会自动引入一个"bootWar"项目实现 WAR 文件生成。

范例：修改 build.gradle 扩充插件类型

```
plugins {
    id 'java'          // 引入java插件，提供jar相关操作
    id 'war'           // 引入war插件，提供war相关操作
}
```

当使用 WAR 文件实现应用部署时，需要修改程序启动类，使其继承"Spring BootServletInitializer"父类，这样在 Spring Boot 程序启动时就可以直接使用外部 Web 容器运行 Spring 容器应用。

范例：修改 Spring Boot 启动类

```
package com.yootk;
@Spring BootApplication                                                 // Spring Boot启动注解
public class StartSpring BootApplication
        extends Spring BootServletInitializer {
    public static void main(String[] args) {
        SpringApplication.run(StartSpring BootApplication.class, args); // 程序启动
    }
}
```

启动类修改完成后可以直接通过"gradle bootWar"任务将当前项目打包为"microboot-web.war"部署文件，随后只需要将此文件部署到 Tomcat 容器中即可实现项目部署。

5.2.1 整合 Jetty 容器

整合 Jetty 容器

视频名称　0506_【理解】整合 Jetty 容器
视频简介　Jetty 是谷歌应用引擎（GAE）中被广泛使用的 Web 容器，也是世界上较为流行的一种 Web 容器。本视频为读者分析 Tomcat 与 Jetty 运行架构，并具体实现 Spring Boot 与 Jetty 的整合。

在进行 Java Web 开发时，一般需要使用一个 Web 容器来进行服务的部署，除了 Tomcat 之外还有一种更加小巧的 Jetty 服务器也被广泛使用。Jetty 是用 Java 语言编写的一个开源 Servlet 容器，为 JSP/Servlet 提供了运行环境支持，可以方便地为一些独立运行的 Java 应用提供 Web 连接。

Tomcat 和 Jetty 都支持标准的 Servlet 规范和 Java EE 规范，相比较而言，Jetty 的实现架构更加简单。Tomcat 架构是基于容器设计的，基于 Service 实现处理，每一个 Service 由一个 Container 和多个 Connector 组成，形成一个个独立且完整的处理单元，如图 5-7 所示。

Jetty 的核心是 Server，包含多个 Handler 及一个 Connector，如图 5-8 所示。Jetty 的实现架构比 Tomcat 更加简单，所有的扩展功能都可以基于 Handler 来实现。

5.2 Web 运行支持

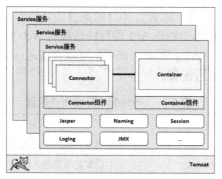

图 5-7 Tomcat 实现架构

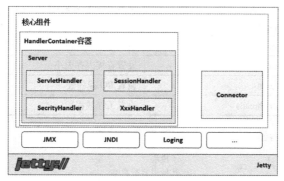

图 5-8 Jetty 实现架构

> 💡 提示：Tomcat 使用较为广泛。
>
> Tomcat 与 Jetty 并没有太大的差别，但是在并发量小且处理生命周期短的 Web 应用中，Tomcat 的总体执行性能会更高。而如果仅仅是处理静态资源，则 Jetty 的性能要比 Tomcat 的性能高。考虑到当今前后端分离设计的需要，在现阶段 Tomcat 的使用范围要远远大于 Jetty。

Spring Boot 对 Jetty 应用的支持较好，开发者只需要通过依赖配置的处理排除掉默认的 Tomcat 运行支持，并引入 Jetty 运行的相关依赖，即可成功进行切换。

范例：修改 microboot 中的 build.gradle 文件

```
project('microboot-web') {                    // 子模块
    dependencies {                            // 其他重复配置略
        compile('org.springframework.boot:spring-boot-starter-web') {
            exclude group: 'org.springframework.boot', module: 'spring-boot-starter-tomcat'
        }
        compile('org.springframework.boot:spring-boot-starter-jetty')
    }
}
```

此时变更了运行的 Web 容器后，程序再次启动就会使用 Jetty 相关信息来替代先前的 Tomcat 提示信息，例如，"Jetty started on port(s) 80 (http/1.1) with context path '/'"。

5.2.2 整合 Undertow 容器

整合 Undertow 容器

视频名称 0507_【理解】整合 Undertow 容器

视频简介 Undertow 是新一代 Web 容器。本视频为读者讲解了如何将 Spring Boot 以 Undertow 容器的配置实现。

Undertow 是由红帽公司开发的一款基于 NIO 的高性能处理的 Web 嵌入式服务器,在使用时不需要提供容器,只需要提供其内部的构建 API 即可快速搭建 Web 服务。Undertow 的生命周期完全由嵌入的应用程序进行控制,在 Spring Boot 依赖库中可以直接通过依赖管理实现 Undertow 的整合,也可以使用表 5-3 所示的属性进行配置。

表 5-3 Undertow 环境属性配置

序号	属性名称	属性内容
01	server.undertow.access-log-dir	设置 Access Log 目录,默认为 "logs"
02	server.undertow.access-log-enabled	设置是否开启 Access Log,默认为 false
03	server.undertow.access-log-pattern	设置 Access Logs 的格式,默认为 common
04	server.undertow.accesslog.dir	设置 Access Log 的存储目录
05	server.undertow.buffer-size	设置 Buffer 的大小
06	server.undertow.buffers-per-region	设置每个 Region 的 Buffer 大小
07	server.undertow.direct-buffers	设置直接内存大小
08	server.undertow.io-threads	设置 I/O 线程数
09	server.undertow.worker-threads	设置工作线程数

范例:更换 Undertow 容器

```
project('microboot-web') {                    // 子模块
    dependencies {                             // 其他重复配置略
        compile('org.springframework.boot:spring-boot-starter-web') {
            exclude group: 'org.springframework.boot', module: 'spring-boot-starter-tomcat'
        }
        compile('org.springframework.boot:spring-boot-starter-undertow')
    }
}
```

此时的项目实现了 Undertow 容器的引用,这样当项目启动时对应的提示信息也会进行相应的更换,新的内容为 "Undertow started on port(s) 80 (http)"。

5.3 获取 Web 内置对象

获取 Web 内置对象

视频名称 0508_【掌握】获取 Web 内置对象
视频简介 Java Web 的核心机制是围绕内置对象操作展开的。本视频为读者讲解 Spring Boot 中的内置对象获取机制。

在 Java Web 开发中,内置对象的获取与应用是程序的核心机制。在 Spring Boot 中可以直接使用 Spring MVC 提供的 ServletRequestAttributes 类获取 HttpServletRequest 和 HttpServletResponse 接口实例,如图 5-9 所示。

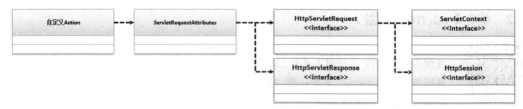

图 5-9 Spring Boot 获取内置对象

5.4 读取资源文件

范例:获取 Web 内置对象

```
package com.yootk.action;
@RestController
@RequestMapping("/web/*")
public class ObjectAction {
    // request与response两个内置对象,也可以在Action类的方法中直接进行接收
    // public Object show(HttpServletRequest request, HttpServletResponse response)
    @RequestMapping("inner")
    public Object show() {
        ServletRequestAttributes attributes = (ServletRequestAttributes)
                RequestContextHolder.getRequestAttributes();     // 获取请求属性
        HttpServletRequest request = attributes.getRequest();    // 获取Request
        HttpServletResponse response = attributes.getResponse(); // 获取Response
        Map<String, Object> map = new HashMap<>();               // 保存集合项
        map.put("【request】contextPath", request.getContextPath());
        map.put("【request】messageParam", request.getParameter("message"));
        map.put("【request】method", request.getMethod());
        map.put("【session】sessionId", request.getSession().getId());
        map.put("【application】realPath", request.getServletContext().getRealPath("/"));
        return map;
    }
}
```

程序执行路径:

`http://localhost/web/inner?message=沐言科技:www.yootk.com`

页面显示结果:

```
{ "【request】method": "GET",
  "【request】messageParam": "沐言科技:www.yootk.com",
  "【application】realPath": "C:\\Users\\tomcat-docbase.80.3\\",
  "【request】contextPath": "",
  "【session】sessionId": "16E46782DE0438B2278AD40B5E42AA6F" }
```

本程序首先通过 ServletRequestAttributes 类获取了 HttpServletRequest 和 HttpServletResponse 接口实例,随后利用 HttpServletRequest 获取了 ServletContext 和 HttpSession 接口实例,最后将所需要的内容保存在 Map 集合中并返回。

5.4 读取资源文件

读取资源文件

视频名称 0509_【掌握】读取资源文件
视频简介 项目中的资源文件可以实现公共文字项的配置,也可以轻松地实现代码的国际化运行机制。本视频为读者讲解资源文件的配置以及国际化数据读取操作。

在进行项目开发时,为了方便实现显示数据的维护处理操作,可以采用资源文件的方式实现文字内容的统一管理。利用资源文件并结合 Locale 类的对象实例也可以方便地实现文本国际化的处理操作。在 Spring Boot 中可以利用 application.yml 实现资源的引入,同时使用 MessageSource 接口实例根据指定的 key 获取对应的数据信息。程序的实现结构如图 5-10 所示。

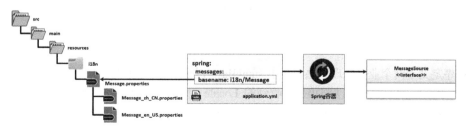

图 5-10 资源管理

在进行资源文件定义时,首先需要定义一个"BaseName",本例的 BaseName 内容为"i18n/Message",而后再根据不同的语言和国家标记定义不同的资源文件,例如,中文的资源文件名称为"i18n/Message_zh_CN.properties",英文的资源文件名称为"i18n/Message_en_US.properties"。

范例:定义 i18n/Message.properties 资源文件

```
yootk.message = 沐言科技
yootk.url = www.yootk.com
```

i18n/Message_zh_CN.properties:

```
yootk.message = 沐言科技(MuYan Technology)
yootk.url = 沐言优拓:www.yootk.com
```

i18n/Message_en_US.properties:

```
yootk.message = MuYan Technology
yootk.url = yootk : www.yootk.com
```

配置完成的资源文件如果想被 Spring Boot 引用,则需要在 application.yml 文件中进行配置。在配置时只需要写上资源文件的"BaseName"信息,如果有多个资源文件,则中间使用","进行分隔。

范例:修改 application.yml 增加资源引用

```
spring:
  messages:
    basename: i18n/Message              # 定义资源名称
```

资源引用完成后 Spring 容器会自动为开发者创建"MessageSource"接口对象实例,开发者可以直接利用接口中提供的方法并根据指定的 Locale 实例实现指定资源项的加载。

范例:创建 I18NAction 读取资源

```java
package com.yootk.action;
@RestController
@RequestMapping("/i18n/*")
public class I18NAction {
    @Autowired
    private MessageSource messageSource;                    // 资源注入
    @RequestMapping("base")
    public Object showBase() {                              // 显示默认资源
        Map<String, String> map = new HashMap<>();
        map.put("message", this.messageSource.getMessage("yootk.message", null,
                Locale.getDefault()));
        map.put("url", this.messageSource.getMessage("yootk.url", null,
                Locale.getDefault()));
        return map;
    }
    @RequestMapping("locale")
    public Object showLocale(Locale loc) {                  // 注入Locale实例
        Map<String, String> map = new HashMap<>();
        map.put("message", this.messageSource.getMessage("yootk.message", null, loc));
        map.put("url", this.messageSource.getMessage("yootk.url", null, loc));
        return map;
    }
}
```

本程序定义了两个业务处理方法,其中 showBase() 方法将使用默认的本地 Locale 对象实例实现资源加载,而 showLocale() 方法将根据接收到的 Locale 对象实例实现资源加载。需要注意的是,在 Spring Boot 中并不能直接实现字符串请求参数与 Locale 对象实例之间的转换,所以开发者需要按照图 5-11 所示的结构创建一个 LocaleResolver 接口的子类来实现具体的转换操作定义。

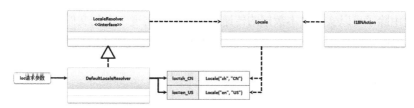

图 5-11 LocaleResolver 接口

范例：定义 Locale 转换器

```
package com.yootk.config;
import org.springframework.util.StringUtils;
import org.springframework.web.servlet.LocaleResolver;
@Configuration
public class DefaultLocaleResolver implements LocaleResolver {
    @Override
    public Locale resolveLocale(HttpServletRequest request) {
        String loc = request.getParameter("loc");        // 接收指定参数
        if (!StringUtils.hasLength(loc)) {                // 内容为空
            Locale locale = Locale.getDefault();          // 获取本地Locale实例
            return locale;
        } else {                                          // 内容不为空
            String[] split = loc.split("_");              // 字符串拆分
            return new Locale(split[0], split[1]);        // 实例化Locale
        }
    }
    @Override
    public void setLocale(HttpServletRequest request,
            HttpServletResponse response, Locale locale) {}
    @Bean
    public LocaleResolver localeResolver() {              // 进行Spring Bean配置
        return new DefaultLocaleResolver();
    }
}
```

本程序定义了 LocaleResolver 接口的实现子类，而后在该类中根据 loc 请求参数的内容将字符串转为 Locale 接口实例。而要想让此配置类生效，可以利用自动扫描配置处理操作，向 Spring 容器中注入 LocaleResolver 类对象实例。一切准备完成后，可以按照以下两种方式实现请求的发送。

（1）使用中文资源（当前系统的默认区域类型也是中文）。

```
http://localhost/i18n/base
http://localhost/i18n/locale?loc=zh_CN
```

页面执行结果：

```
{ "message": "沐言科技（MuYan Technology）",
  "url": "沐言优拓：www.yootk.com" }
```

（2）使用英文资源。

```
http://localhost/i18n/locale?loc=en_US
```

页面执行结果：

```
{ "message": "MuYan Technology",
  "url": "yootk : www.yootk.com" }
```

5.5 文 件 上 传

文件上传

视频名称 0510_【掌握】文件上传

视频简介 文件上传是 HTTP 中的常见应用。本视频通过实例代码讲解 FileUpload 组件在 Spring Boot 中的应用，并利用 curl 工具模拟文件上传操作的实现。

Web 开发中除了可以实现文本数据的传递外,还可以实现二进制文件的上传处理。在 Spring Boot 中可以直接通过封装完善的 FileUpload 组件实现上传处理,而在进行上传前需要在 application.yml 中进行相关环境配置。

范例:文件上传配置

```yaml
spring:
  servlet:
    multipart:                            # 文件上传配置
      enabled: true                       # 启用http上传
      max-file-size: 10MB                 # 设置支持的单个上传文件大小限制
      max-request-size: 20MB              # 设置最大的请求文件大小、总体文件大小
      file-size-threshold: 512KB          # 当上传文件达到指定阈值时,将文件内容写入磁盘
      location: /                         # 设置上传文件临时保存目录
```

在该配置中最重要的一项就是启用上传支持(spring.servlet.multipart.enabled=true),而后就可以在指定 Action 中通过 MultipartFile 类型实现文件的接收。

范例:接收上传文件

```java
package com.yootk.action;
@RestController
@RequestMapping("/form/*")
public class UploadAction extends BaseAction {
    @PostMapping("upload")                                          // 使用POST提交
    public Object uploadHandler(Message message, MultipartFile photo) {
        Map<String, Object> map = new HashMap<>();    // 获取Map集合
        map.put("message", message);
        map.put("photoName", photo.getName());
        map.put("photoOriginalFilename", photo.getOriginalFilename());
        map.put("photoContentType", photo.getContentType());
        map.put("photoSize", photo.getSize());
        return map;
    }
}
```

本程序的 uploadHandler()方法分别将请求的参数传递到了 Message 和 MultipartFile 接口的对象实例中,而后就可以通过 MultipartFile 接口提供的方法获取上传文件的相关信息。而为了文件上传测试方便,本次将直接通过 curl 命令实现 HTTP 请求发送,操作结构如图 5-12 所示。

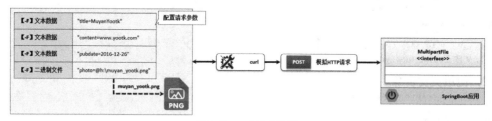

图 5-12 curl 请求发送

范例:通过 curl 上传

```
curl -X POST -F "photo=@h:\muyan_yootk.png" -F "title=MuyanYootk" -F "content=www.yootk.com" -F "pubdate=2016-12-26" http://localhost/form/upload
```

程序执行结果:

```
{ "photoSize": 860503,
  "message": {
    "content": "www.yootk.com",
    "pubdate": "2016-12-26 00:00:00",
    "title": "MuyanYootk"
  },
```

```
"photoName": "photo",
"photoOriginalFilename": "muyan_yootk.png",
"photoContentType": "application/octet-stream" }
```

此程序的 curl 命令采用了 POST 方式进行请求发送，随后利用 "-F" 设置了上传所需要的参数内容。服务端成功实现文件上传后，可以直接看见相应的请求信息。

5.6 请 求 拦 截

在实际项目开发中，开发者经常会遇到系统启动初始化控制、在线人数统计、敏感词汇检查、访问权限控制等业务辅助需求。这些操作与核心业务没有直接关联，所以可以利用过滤器、监听器、拦截器等来进行处理，如图 5-13 所示。本节将为读者讲解如何在 Spring Boot 中整合 Web 开发的拦截组件（过滤器和拦截器）、Spring 提供的 AOP 拦截机制以及 Spring MVC 所提供的请求拦截器操作。

图 5-13 Spring Boot 支持的请求拦截操作

5.6.1 整合 Web 过滤器

视频名称 0511_【掌握】整合 Web 过滤器
视频简介 过滤器是传统 Web 组件为保证请求安全而设计的，在 Spring 中可以基于 Bean 配置的形式实现过滤器的开发。本视频讲解 Web 过滤器定义的两种形式以及多个过滤器执行顺序的配置。

Web 中的过滤器组件可以针对用户配置请求路径实现自动过滤处理，如 session 登录判断或访问授权检测。在 Spring Boot 中可以像传统的 Web 开发一样通过 "@WebFilter" 注解实现过滤器的定义。

范例：定义过滤器

```
package com.yootk.filter;
@WebFilter("/*")
public class MessageFilter extends HttpFilter {
    @Override
    public void doFilter(HttpServletRequest request, HttpServletResponse response,
            FilterChain chain) throws IOException, ServletException {
        if ("/message/echo".equals(request.getRequestURI())) {    // 判断请求路径
            String title = request.getParameter("title");         // 获取指定请求参数
            if (StringUtils.hasLength(title)) {                   // 包含title参数
                System.out.println("【MessageFilter】title参数内容为：" + title);
            }
        }
        chain.doFilter(request, response);                        // 请求转发
    }
}
```

本过滤器实现了当前 Web 请求路径中的全部过滤处理，但是每当请求路径为 "/message/echo" 且 title 请求参数的内容为空时，则会直接输出当前 title 参数的内容。而要想让当前的过滤器生效，则必须修改 Spring Boot 启动类，添加 Servlet 扫描注解配置。

范例：Spring Boot 启动类

```
package com.yootk;
@Spring BootApplication              // Spring Boot启动注解
@ServletComponentScan                // Servlet组件扫描
```

```
public class StartSpring BootApplication {
    public static void main(String[] args) {}
}
```

本程序在已有的程序基础上添加了一个"@ServletComponentScan"注解,这样所有配置的 Servlet 注解就可以直接生效,过滤器也将自动根据匹配路径进行请求处理。

> **提示:过滤器顺序配置。**
>
> 在传统的 Web 开发中,可以根据过滤器的类名称实现多个过滤器执行顺序的配置,而在 Spring 框架中就必须利用特定的配置来实现多个过滤器的顺序定义。以下面的配置为例。
>
> **范例:项目中配置过滤器**
>
> ```
> package com.yootk.config;
> @Configuration
> public class WebFilterConfig {
>     @Bean
>     public FilterRegistrationBean getFirstFilterRegistrationBean() {
>         FilterRegistrationBean registration = new FilterRegistrationBean();
>         registration.setFilter(messageFilter());      // 添加过滤器
>         registration.setName("firstFilter");           // 过滤器名称
>         registration.addUrlPatterns("/*");             // 拦截路径
>         registration.setOrder(5);                      // 设置顺序
>         return registration;
>     }
>     @Bean
>     public Filter messageFilter() {
>         return new MessageFilter();                    // 过滤器执行类
>     }
> }
> ```
>
> 本程序使用了 Bean 的方式实现过滤器的配置,通过 FilterRegistrationBean 类实现了过滤器执行类的配置,实现结构如图 5-14 所示。在该类中还可以通过 setOrder()方法实现过滤器执行顺序的编排,数字小的过滤器将优先执行。
>
>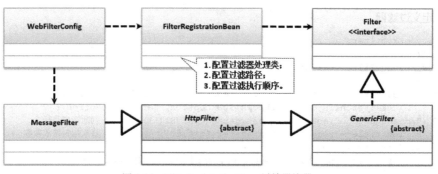
>
> 图 5-14 FilterRegistrationBean 过滤器注册
>
> 需要注意的是,一旦基于此种方式配置,则 MessageFilter 类中将不再需要使用"@WebFilter"注解配置,同时在 Spring Boot 启动类中也不再需要通过"@ServletComponentScan"注解配置。

5.6.2 整合 Web 监听器

整合 Web 监听器

视频名称　0512_【掌握】整合 Web 监听器
视频简介　监听是 Web 开发中的事件驱动型程序组件,在 Spring Boot 中也可以通过监听器实现各种状态的处理。本视频讲解 Spring Boot 下的 Web 监听器开发。

监听器是 Servlet 标准规范中定义的一种特殊类，用于实现 ServletContext、HttpSession、ServletRequest 等域对象的创建和销毁事件，同时也可以监听域对象属性发生的增加、修改以及删除操作。在 Spring Boot 中可以直接整合监听器组件，并基于原始的 Web 监听事件进行处理。

范例：定义 Web 监听器

```
package com.yootk.listener;
@WebListener
public class WebServerListener implements ServletContextListener {
    public void contextInitialized(ServletContextEvent sce) {
        System.out.println("Servlet初始化: " + sce.getServletContext().getServerInfo());
    }
}
```

本程序利用 ServletContextListener 接口实现了一个上下文初始化的事件监听处理操作，在 Servlet 容器启动后将直接获取当前的服务信息并打印，如图 5-15 所示。

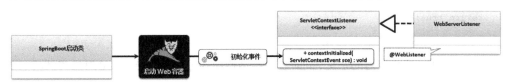

图 5-15　Web 监听器

范例：启动类扫描

```
package com.yootk;
@SpringBootApplication                              // Spring Boot启动注解
@ServletComponentScan({"com.yootk.listener"})       // 需要设置扫描包名称，否则过滤器会定义两次
public class StartSpringBootApplication { … }
```

Web 容器启动输出：

初始化Servlet上下文: Apache Tomcat/9.0.41

监听器的启用依然需要"@ServletComponentScan"注解的支持，在配置时如果要与其他 Web 组件配置分开，则可以设置具体的扫描包名称。

5.6.3　拦截器

视频名称　0513_【掌握】拦截器
视频简介　拦截器是 Spring MVC 所提供的扩展拦截组件，可以直接实现 Action 请求与响应的拦截处理。本视频基于 Spring Boot 实现一个拦截器的定义与配置操作。

除了 Web 组件提供的过滤器拦截外，Spring MVC 又根据自身业务需要提供了拦截器的概念，这样可以在控制器将请求分发到具体的 Action 之前或之后对请求或响应的操作实现拦截处理。Spring Boot 中拦截器配置如图 5-16 所示。

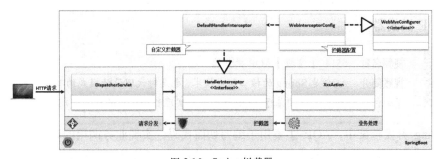

图 5-16　Spring 拦截器

Spring MVC 中的拦截器需要通过实现 HandlerInterceptor 接口来实现，同时可以根据自己的需要选择要覆写的拦截处理方法，例如，在 Action 处理之前拦截则需要覆写 preHandle()方法，而在方法中用户的所有请求信息都可以通过 HandlerMethod 类的对象实例获取。

范例：定义 Web 拦截器

```
package com.yootk.interceptor;
public class DefaultHandlerInterceptor
        implements HandlerInterceptor {                    // 自定义拦截器
    @Override
    public boolean preHandle(HttpServletRequest request,
        HttpServletResponse response, Object handler) throws Exception {
        if (handler instanceof HandlerMethod) {            // 是否为HandleMethod类的实例
            HandlerMethod handlerMethod = (HandlerMethod) handler ;    // 获取HandleMethod
            System.out.println("【Action对象】" + handlerMethod.getBean());
            System.out.println("【Action类型】" + handlerMethod.getBeanType());
            System.out.println("【Action方法】" + handlerMethod.getMethod());
        }
        return true;                                       // 请求交由Action处理
    }
}
```

本程序实现了一个拦截器的定义，同时在该拦截器中通过 HandlerMethod 对象实例获取了目标 Action 的相关信息。

由于在 Spring Boot 中不提倡编写 Spring 配置文件，因此拦截器的定义应该通过 Bean 的方式完成配置。可以创建一个 WebMvcConfigurer 接口子类，随后在该子类中覆写 addInterceptors()方法实现拦截器，以实现类的配置以及匹配路径的定义。

范例：配置 Web 拦截器

```
package com.yootk.config;
@Configuration
public class WebInterceptorConfig implements WebMvcConfigurer {
    @Override
    public void addInterceptors(InterceptorRegistry registry) {   // 拦截器注册
        registry.addInterceptor(this.getDefaultHandlerInterceptor())
                .addPathPatterns("/**");                         // 追加拦截器
    }
    @Bean
    public HandlerInterceptor getDefaultHandlerInterceptor() {   // 获取拦截器实例
        return new DefaultHandlerInterceptor();                  // 获取拦截器实例
    }
}
```

程序执行结果：

【Action对象】com.yootk.action.MessageAction@25c96d99
【Action类型】class com.yootk.action.MessageAction
【Action方法】public java.lang.Object com.yootk.action.MessageAction.echo(com.yootk.vo.Message)

本程序通过 Web 配置的 Bean 追加了一个 HandlerInterceptor 接口子类，同时配置其拦截路径为"/**"，这样当前系统中的所有访问路径都需要经过此拦截器处理。

5.6.4 AOP 拦截器

AOP 拦截器

视频名称　0514_【掌握】AOP 拦截器

视频简介　AOP 是 Spring 的核心组成技术，也是对代理设计模式的有效封装。本视频讲解了如何在 Spring Boot 中基于 AOP 切面形式实现程序调用的拦截处理。

在 Spring 开发框架中，AOP 主要用于编写切面代码，实现业务调用的切面拦截控制。利用 AspectJ 表达式在不使用任何侵入式代码编写方式的前提下，可以方便地实现代码切面代码的植入。

本次将通过 Spring Boot 实现一个业务层的切面处理,程序的实现结构如图 5-17 所示。

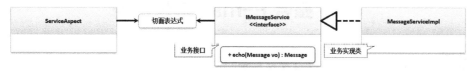

图 5-17 AOP 切面实现

如果想在 Spring Boot 中实现 AOP 切面拦截,则首先需要修改项目中的"build.gradle"配置文件(microboot 父项目中的配置文件),引入"org.springframework.boot:spring-boot-starter-aop"依赖库配置。

范例:引入 AOP 依赖库

```
project('microboot-web') {                // 子模块
    dependencies {                        // 已经添加过的依赖库不再重复列出,代码略
        compile('org.springframework.boot:spring-boot-starter-aop')
    }
}
```

依赖库引入完成后就可以在项目中编写一个独立的 AOP 处理程序类。在该类中可以根据需要定义前置通知、后置通知或环绕通知,并设置好切面表达式,对指定包中的程序类实现切面控制。

范例:定义 AOP 切面控制类

```
package com.yootk.aspect;
@Aspect                                                                   // AOP注解
@Component                                                                // Bean注册
public class ServiceAspect {
    @Around("execution(* com.yootk..service..*.*(..))")                   // 切面表达式
    public Object arroundInvoke(ProceedingJoinPoint point) throws Throwable {  // 环绕通知
        System.out.println("【ServiceInvokeBefore】执行参数:" +
                                    Arrays.toString(point.getArgs()));
        Object obj = point.proceed(point.getArgs());                      // 真实业务主题
        System.out.println("【ServiceInvokeAfter】返回结果:" + obj);
        return obj;
    }
}
```

本程序实现了一个 AOP 拦截器配置,在程序中定义了一个环绕通知的处理方法 arroundInvoke(),并使用"@Around"注解进行标记,这样只要调用的方法匹配当前的切面表达式,就会自动触发该程序的运行。为了便于说明,下面编写一个测试代码,对 IMessageService 接口功能进行测试。

范例:编写测试类

```
package com.yootk.test.aop;
@ExtendWith(SpringExtension.class)                                        // JUnit 5测试工具
@WebAppConfiguration                                                      // 启动Web配置进行测试
@SpringBootTest(classes = StartSpringBootApplication.class)// 定义要测试的启动类
public class TestMessageService {
    @Autowired
    private IMessageService messageService;
    @Test
    public void testMessageEcho() {
        System.out.println(this.messageService.echo("沐言科技:www.yootk.com"));
    }
}
```

程序执行结果:

【ServiceInvokeBefore】执行参数:[沐言科技:www.yootk.com]
【ServiceInvokeAfter】返回结果:【ECHO】沐言科技:www.yootk.com
【ECHO】沐言科技:www.yootk.com

本程序编写了一个 JUnit 5 的测试程序类,在该类中注入了 IMessageService 业务接口实例。当进行业务方法调用时,程序将自动在调用前后利用 AOP 提供的环绕通知处理方法进行拦截处理。

5.7 整合 E-mail 邮件服务

整合 E-mail
邮件服务

视频名称 0515_【理解】整合 E-mail 邮件服务
视频简介 Web 项目中经常需要与邮件系统进行整合，Spring Boot 也提供了方便的邮件整合机制。本视频将通过已有的邮件系统实现服务开通，并利用程序实现邮件发送操作。

E-mail 是一种在互联网上出现较早并且已经被广泛使用的 Web 服务，不同的编程语言针对 E-mail 的使用也都提供了各自的包装。Java 开发者可以通过 JavaMail 实现邮件系统的开发，而在进行 JavaMail 开发前需要提供一个"SMTP/POP3"邮件服务器，如图 5-18 所示，这样才可以实现邮件的发送与接收。

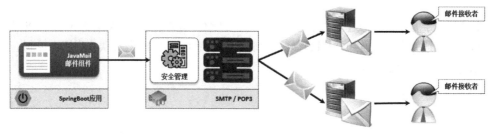

图 5-18 邮件发送与接收

在项目开发中，开发者可以搭建属于自己的邮件服务器，或者基于已有的邮件服务器进行整合。本次将通过 QQ 邮箱实现邮件服务器的开通，开通步骤：【设置】→【账户】→开启 POP3/SMTH 服务，如图 5-19 所示。

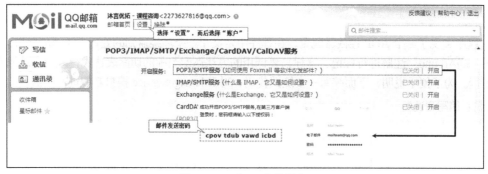

图 5-19 开启QQ邮箱服务

> 💡 **提示：关于 SMTP 与 POP3。**
>
> SMTP（Simple Mail Transfer Protocol，简单邮件传输协议）：一组用于从源地址到目的地址传输邮件的规范，可通过它来控制邮件的中转方式。SMTP 属于 TCP/IP 协议簇，它帮助每台计算机在发送或中转信件时找到下一个目的地。SMTP 服务器就是遵循 SMTP 的发送邮件服务器。
>
> POP3(Post Office Protocol 3,邮局协议的第 3 个版本):规定怎样将个人计算机连接到 Internet 的邮件服务器和下载电子邮件的电子协议，主要用于接收邮件内容。

Spring Boot 为了便于邮件服务的整合开发，提供了"spring-boot-starter-mail"依赖，该依赖库很好地实现了 JavaMail 服务的封装，同时提供了方便的邮件操作类。

范例：依赖库配置

```
project('microboot-web') {                    // 子模块
    dependencies {                             // 已经添加过的依赖库不再重复列出，代码略
        compile('org.springframework.boot:spring-boot-starter-mail')
    }
}
```

由于是通过 QQ 邮箱实现邮件服务，因此在进行开发前需要通过 application.yml 配置文件添加相关的邮件服务器地址以及用户认证信息。

范例：配置 SMTP 邮件服务

```
spring:
  mail:
    host: smtp.qq.com                         # SMTP主机地址
    username: 2273627816@qq.com               # 用户名
    password: cpovtdubvawdicbd                # 生成的密码（不是用户密码）
    properties:                               # JavaMail属性
      mail.smtp.auth: true                    # 取用认证
      mail.smtp.starttls.enabled: true        # 启用加密连接
      mail.smtp.starttls.required: true       # 启用加密连接
```

在进行邮件服务配置时，需要明确写出邮件服务器的地址、当前用户名以及开启服务时所生成的动态密码，而后依据这些配置项就可以在 Spring Boot 启动时获取 JavaMailSender 类的对象实例，从而实现邮件发送。为了便于操作，下面编写一个 JUnit 测试端代码，以实现邮件内容的发送。

范例：邮件发送

```
package com.yootk.test.mail;
@ExtendWith(SpringExtension.class)                                    // JUnit 5测试工具
@WebAppConfiguration                                                  // 启动Web配置进行测试
@SpringBootTest(classes = StartSpringBootApplication.class)           // 定义要测试的启动类
public class TestSendMail {
    @Autowired
    private JavaMailSender javaMailSender;                            // 发送邮件工具类
    @Test
    public void testSend() throws Exception {
        SimpleMailMessage message = new SimpleMailMessage();          // 建立简单消息
        message.setFrom("2273627816@qq.com");                         // 发送者邮箱
        message.setTo("784420216@qq.com");                            // 接收者邮箱
        message.setSubject("沐言科技");                                // 主题
        message.setText("沐言科技（www.yootk.com），新时代软件教育领先品牌"); // 邮件内容
        this.javaMailSender.send(message);                            // 邮件发送
    }
}
```

由于 JavaMail 已经由 Spring Boot 实现了良好的包装，所以在进行邮件发送时只需要将邮件的接收者、主题以及邮件内容包装在 SimpleMailMessage 类的对象实例中，即可通过 JavaMailSender 类实现邮件发送操作。

5.8 HTTPS 安全访问

HTTPS 安全访问

视频名称 0516_【理解】HTTPS 安全访问
视频简介 HTTPS 安全访问是当今的主流应用协议。本视频利用 Java 提供的 keytool 工具模拟证书的生成以及 Spring Boot 中对 https 启用的配置。

HTTPS(Hyper Text Transfer Protocol over Secure Socket Layer)是以安全为目标的 HTTP 传输通道,在已有的 HTTP 的基础上,通过传输加密和身份认证保证了传输过程的安全性。想实现 HTTPS 的传输,首先要通过 CA 机构获取一个官方认证的 HTTPS 证书,而如果开发者没有证书,也可以直接通过 Java 提供的 keytool 命令生成一个本地的模拟证书。

> **提示:也可以通过 OpenSSL 模拟 CA。**
>
> 本系列的《Java Web 开发实战(视频讲解版)》一书已经为读者详细分析了 HTTPS 与 OpenSSL 的证书签发操作。如果对这些基础概念不清楚,可以翻阅相关图书。

范例:生成本地模拟证书

```
keytool -genkey -alias yootkServer -storetype PKCS12 -keyalg RSA -keysize 2048 -keystore
 keystore.p12 -validity 3650 -dname "CN=YootkWebServer,OU=Yootk,O=MuyanYootk,L=BeiJing,S=BeiJing,
C=China" -storepass yootkjava
```

本程序通过 keytool 生成了一个"keystore.p12"格式的证书,同时定义该证书的别名为"yootkServer",证书的引用密码为"yootkjava"。而要想引用此证书,首先需要将此证书配置到项目的 CLASSPATH 路径中。为便于管理,本次将证书复制到 Spring Boot 项目中的"src/main/resources"路径中,如图 5-20 所示。

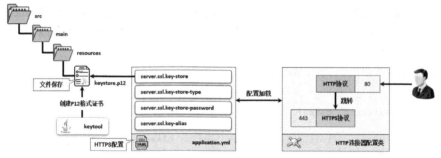

图 5-20 HTTPS 证书配置

通过图 5-20 所示的结构可以发现,如果想让该证书生效,则必须在 application.yml 配置文件中进行引入,而后才可以进行相关配置类的定义。application.yml 中与 HTTPS 证书配置有关的选项如表 5-4 所示。

表 5-4 配置 HTTPS

序号	属性名称	属性内容
01	server.ssl.ciphers	设置是否支持 SSL Ciphers
02	server.ssl.client-auth	设置 Client Authentication 是 Wanted 还是 Needed
03	server.ssl.enabled	设置是否开启 SSL
04	server.ssl.key-alias	设置 KeyStore 中 KEY 的别名
05	server.ssl.key-password	设置 KeyStore 中 KEY 的密码
06	server.ssl.key-store	设置 KeyStore 的路径
07	server.ssl.key-store-password	设置访问 KeyStore 的密码
08	server.ssl.key-store-provider	设置 KeyStore 提供者
09	server.ssl.key-store-type	设置 KeyStore 类型
10	server.ssl.protocol	设置 SSL 协议类型,默认为"TLS"
11	server.ssl.trust-store	设置持有 SSL Certificates 的 Trust Store
12	server.ssl.trust-store-password	设置访问 Trust Store 的密码
13	server.ssl.trust-store-provider	设置 Trust Store 提供者
14	server.ssl.trust-store-type	设置 Trust Store 类型

范例：配置 HTTPS 证书

```
server:
  port: 443                              # 启用HTTPS连接端口
  ssl:
    key-store: classpath:keystore.p12    # 证书路径
    key-store-type: PKCS12               # Keystore类型
    key-alias: yootkServer               # 设置别名
    key-password: yootkjava              # 访问密码
```

证书配置完成后还需要定义一个 HTTP 连接配置类，通过该类同时开启 80 和 443 两个连接端口，并强制性地将 80 端口的访问跳转到 443 端口。

范例：定义 HTTP 连接配置类

```
package com.yootk.config;
Configuration
public class HttpConnectorConfig {
    public Connector getHTTPConnector() {      // 同时启用HTTP（80）、HTTPS（443）两个端口
        Connector connector = new Connector("org.apache.coyote.http11.Http11NioProtocol");
        connector.setScheme("http");           // HTTP访问协议
        connector.setSecure(false);            // 非安全传输
        connector.setPort(80);                 // 80端口监听
        connector.setRedirectPort(443);        // 跳转到443端口
        return connector;
    }
    @Bean
    public TomcatServletWebServerFactory tomcatServletWebServerFactory() {
        TomcatServletWebServerFactory tomcat = new TomcatServletWebServerFactory() {
            @Override
            protected void postProcessContext(Context context) {
                SecurityConstraint securityConstraint = new SecurityConstraint();
                securityConstraint.setUserConstraint("CONFIDENTIAL");   // 设置用户约束
                SecurityCollection collection = new SecurityCollection();
                collection.addPattern("/*");                            // 匹配路径
                securityConstraint.addCollection(collection);           // 追加集合
                context.addConstraint(securityConstraint);              // 追加约束
            }
        };
        tomcat.addAdditionalTomcatConnectors(this.getHTTPConnector());  // 追加连接器配置
        return tomcat;
    }
}
```

程序启动信息：

```
Tomcat started on port(s): 443 (https) 80 (http) with context path ''
```

此时的程序通过 application.yml 配置了 443 访问端口，而后通过当前配置的 Bean 定义了 80 访问端口，且在访问 80 端口时会强制性地跳转到 443 端口进行访问。

5.9 全局错误页

视频名称 0517_【理解】全局错误页

视频简介 Web 开发中，考虑到可能出现的各种错误信息，最终都会定义统一的错误显示页。本视频通过实例讲解如何在 Spring Boot 项目中定义错误页以及 HTTP 状态码的匹配。

Spring Boot 在设计之初考虑到了项目中错误页的处理，一旦发生错误，会自动跳转到一个内置的错误页进行用户请求响应。但是该错误页所能描述的信息有限，而如果想在错误页中显示更多的信息，就需要开发者根据自身项目的业务需要进行错误页内容的配置，如图 5-21 所示。

第 5 章 Spring Boot 与 Web 应用

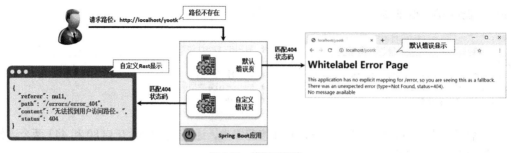

图 5-21 错误页配置

无论是默认的错误页还是自定义错误页，实际上都是根据 HTTP 状态码来决定最终的响应信息，而在开发中比较常见的错误状态码为 404 及 500，所以下面针对这两个状态码创建两个错误页。

范例：定义错误页信息

```java
package com.yootk.action;
@RestController
@RequestMapping("/errors/*")
public class ErrorPageAction {
    @RequestMapping("error_404")
    public Object errorCode404() {
        HttpServletRequest request = ((ServletRequestAttributes)
                RequestContextHolder.getRequestAttributes()).getRequest();
        Map<String, Object> map = new HashMap<>();
        map.put("status", 404);                                     // HTTP状态码
        map.put("content", "无法找到用户访问路径。");                      // 错误信息
        map.put("referer", request.getHeader("Referer"));           // 上一路径
        map.put("path", request.getRequestURI());                   // 出错路径
        return map;
    }
    @RequestMapping("error_500")
    public Object errorCode500() {
        HttpServletRequest request = ((ServletRequestAttributes)
                RequestContextHolder.getRequestAttributes()).getRequest();
        Map<String, Object> map = new HashMap<>();
        map.put("status", 500);                                     // HTTP状态码
        map.put("content", "服务端程序出错。");                          // 错误信息
        map.put("referer", request.getHeader("Referer"));           // 上一路径
        map.put("path", request.getRequestURI());                   // 出错路径
        return map;
    }
}
```

本程序定义了两个错误信息的显示路径，同时将所有的错误信息以 Rest 风格进行展示。而这两个错误页的显示最终需要与 HTTP 状态码进行匹配，这样就需要定义一个错误页配置类，进行错误显示路径的注册。

范例：错误页配置

```java
package com.yootk.config;
import org.springframework.boot.web.server.ErrorPage;
import org.springframework.boot.web.server.ErrorPageRegistrar;
import org.springframework.boot.web.server.ErrorPageRegistry;
import org.springframework.context.annotation.Configuration;
import org.springframework.http.HttpStatus;
@Configuration
public class ErrorPageConfig implements ErrorPageRegistrar {                  // 错误页注册
    @Override
    public void registerErrorPages(ErrorPageRegistry registry) {              // 页面注册
```

```
        // 通过ErrorPage对象实例包装错误页信息,需要设置好HTTP状态码以及错误页的显示路径
        ErrorPage errorPage404 = new ErrorPage(HttpStatus.NOT_FOUND, "/errors/error_404");
        ErrorPage errorPage500 = new ErrorPage(HttpStatus.INTERNAL_SERVER_ERROR,
                "/errors/error_500");
        registry.addErrorPages(errorPage404, errorPage500);     // 添加错误页
    }
}
```

此时的程序实现了一个错误页的配置,而配置类需要实现"ErrorPageRegistrar"接口,并在registerErrorPages()方法中根据不同的 HTTP 状态码匹配错误显示路径。在当前配置中,如果项目出现了错误状态码 404(HttpStatus.*NOT_FOUND*)或 500(HttpStatus.*INTERNAL_SERVER_ERROR*),则它们都有对应的跳转路径,同时所有的错误处理都需要通过 ErrorPage 对象实例进行封装,并通过 ErrorPageRegistry 接口的 addErrorPages()方法配置到 Spring Boot 应用中。本程序的定义结构如图 5-22 所示。

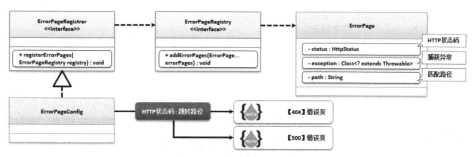

图 5-22 配置全局错误页

5.10 @ControllerAdvice

@ControllerAdvice 是由 Spring MVC 提供的一个增强型控制层注解,开发者可以通过这个注解实现三个处理功能:全局异常处理、全局数据绑定、全局数据预处理。

5.10.1 全局异常处理

视频名称 0518_【掌握】全局异常处理
视频简介 良好的程序开发需要有全面的异常处理操作,Spring Boot 提供了全局异常的处理操作响应支持。本视频通过代码讲解项目中统一异常的配置及数据响应。

在程序开发中无法保证所执行的代码不会产生异常信息,所以当出现异常时,最好可以对所有的异常进行统一的捕获与处理,同时可以将程序中产生的异常信息详细地发送给响应客户端,如图 5-23 所示。

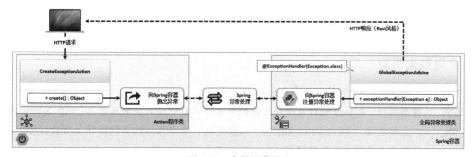

图 5-23 全局异常处理

如果想实现异常处理操作，那么首先需要定义一个异常处理类，同时该类中要使用"@ControllerAdvice"。在该类中可以由用户任意定义一个异常处理方法，但是需要明确通过"@ExceptionHandler"进行异常的处理声明。

范例：全局异常处理

```
package com.yootk.advice;
@ControllerAdvice
public class GlobalExceptionAdvice {
    @ExceptionHandler(Exception.class)                              // 捕获全部异常
    @ResponseBody
    public Object exceptionHandler(Exception e) {
        HttpServletRequest request = ((ServletRequestAttributes)
                RequestContextHolder.getRequestAttributes()).getRequest();
        Map<String, Object> map = new HashMap<>();
        map.put("message", e.getMessage());                         // 异常信息
        map.put("status", 500);                                     // HTTP状态码
        map.put("exception", e.getClass().getName());               // 异常类型
        map.put("content", "服务端程序出错。");                         // 错误信息
        map.put("path", request.getRequestURL());                   // 错误路径
        return map;
    }
}
```

本程序捕获的异常类型为 Exception，这样程序中产生的任何异常都可以自动匹配到该类中的 exceptionHandler()方法进行处理。该方法为产生异常的请求定义了统一的响应信息，会详细地告诉使用者异常的类型以及异常产生路径。为了验证本次操作，下面编写一个会产生异常的 Action 处理类。

范例：创建异常处理类

```
package com.yootk.action;
@RestController
@RequestMapping("/create/*")
public class CreateExceptionAction {
    @RequestMapping("exception")
    public Object create() {
        return 10 / 0;                                              // 产生算数异常
    }
}
```

程序执行结果：

```
{
"exception": "java.lang.ArithmeticException",
"path": "http://localhost/create/exception",
"message": "/ by zero",
"content": "服务端程序出错。",
"status": 500
}
```

本程序通过"10 / 0"的计算操作产生一个算数异常，异常产生后，Spring 容器将该响应的操作统一交给全局异常类进行处理。全局异常类会对异常的详细信息进行记录并通过 Rest 形式响应给客户端浏览器。

5.10.2 全局数据绑定

全局数据绑定

视频名称　0519_【掌握】全局数据绑定

视频简介　Action 进行请求处理时经常需要用到一些公共数据信息，而在 Spring Boot 中可以直接通过"@ControllerAdvice"处理完成。本视频通过实例讲解全局数据绑定的配置以及数据的两种注入处理模式。

5.10 @ControllerAdvice

用户每次发出请求时，有可能需要附带一些公共数据内容请求一起发送到指定的 Action 类中进行处理，考虑到该内容的可维护性，可以基于"@ControllerAdvice"实现全局数据绑定处理类。操作结构如图 5-24 所示。

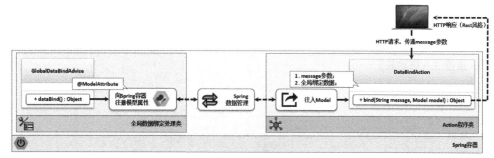

图 5-24 全局数据绑定

在进行全局数据绑定时需要设置一个数据绑定的处理方法，该方法可以使用"@ModelAttribute"注解进行定义，而具体的数据绑定类型则可以根据用户的需要进行配置。下面的程序实现了一个 Map 集合的绑定。

范例：全局数据绑定

```
package com.yootk.advice;
@ControllerAdvice
public class GlobalDataBindAdvice {
    @ModelAttribute(name = "bindMode")                  // 必须设置名称标记
    public Object dataBind() {                          // 数据绑定处理
        HashMap<String, Object> map = new HashMap<>();  // 定义绑定集合
        map.put("title", "沐言科技");                     // 内容绑定
        map.put("content", "www.yootk.com");            // 内容绑定
        return map;
    }
}
```

数据绑定成功后，开发者如果想获取数据绑定的具体内容，可以直接在 Action 类的业务处理方法中利用 Model 实例进行接收，而后通过 Model 实例实现数据的获取。

范例：获取全局数据绑定内容

```
package com.yootk.action;
@RestController
@RequestMapping("/data/*")
public class DataBindAction {
    @GetMapping("bind")
    public Object bind(String message, Model model) {
        // 全局绑定的内容会自动通过Model进行注入，利用asMap()方法获取绑定集合
        Map<String, Object> bind = (Map<String, Object>) model.asMap().get("bindMode");
        Map<String, Object> data = new HashMap<>();         // 创建Map集合
        data.put("title", bind.get("title"));               // 数据存储
        data.put("content", bind.get("content"));           // 数据存储
        data.put("message", message);                       // 数据存储
        return data;
    }
}
```

程序执行路径：

```
http://localhost/data/bind?message=李兴华编程训练营：edu.yootk.com
```

程序执行结果：

```
{ "title": "沐言科技",
  "message": "李兴华编程训练营：edu.yootk.com",
  "content": "www.yootk.com" }
```

本程序在 bind()方法中通过 Model 实现了绑定数据的接收，而后开发者可以通过 Model 类所提供的 asMap()方法获取绑定的 Map 集合数据，最终结合用户的请求 message 参数实现完整的数据响应。

> **提示：通过 "@ModelAttribute" 直接注入。**
>
> 　　除了通过 Model 方式实现注入操作外，也可以利用 "@ModelAttribute" 注解根据数据配置时的名称进行注入管理操作，实现代码如下。
>
> **范例：直接注入绑定数据**
>
> ```
> package com.yootk.action;
> @RestController
> @RequestMapping("/data/*")
> public class DataBindAction {
>     @GetMapping("bind")
>     public Object bind(String message,
>             @ModelAttribute("bindModle") Map<String, Object> data) {
>         data.put("message", message);    // 数据存储
>         return data;
>     }
> }
> ```
>
> 此时在 bind()方法中实现了 Map 集合的注入，在注入时只需要通过 "@ModelAttribute" 注解并匹配绑定的属性名称，即可实现数据内容的注入操作。

5.10.3　全局数据预处理

全局数据预处理

视频名称　0520_【掌握】全局数据预处理
视频简介　Action 类中的参数与对象转换是依靠名称的匹配机制完成的，但是开发的多样性中是有可能出现同名属性问题的。本视频为读者分析了同名属性对参数接收的影响，并利用全局预处理的形式基于标记前缀的方式解决了该问题。

在 Spring Boot 中，所有的 Action 业务处理方法都可以将请求参数自动设置到匹配的类属性中，但是在开发中却有可能出现不同类包含重名属性的问题。现在假设在项目中存在以下两个类：

Company.java：

```
package com.yootk.vo;
import lombok.Data;
@Data
public class Company {
    private Long cid ;
    private String name ;
}
```

Dept.java：

```
package com.yootk.vo;
import lombok.Data;
@Data
public class Dept {
    private Long deptno ;
    private String name ;
}
```

当前所提供的两个类中都存在 name 属性内容，按照传统的请求参数传递模式，在业务方法中需要同时进行 Company 与 Dept 两个类的对象参数转换接收，而如果此时传递了 name 名称的参数，就会造成属性设置的冲突。要想解决这样的参数名称冲突问题，可以通过 "@ControllerAdvice" 注

5.10 @ControllerAdvice

解实现数据匹配前缀的绑定操作,这样在传递参数时,如果遇到同名的参数,则可以通过前缀的方式进行区分,实现正确的属性设置。操作结构如图 5-25 所示。

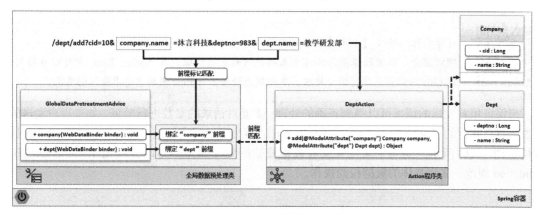

图 5-25 全局预处理

范例:全局数据预处理

```java
package com.yootk.advice;
@ControllerAdvice
public class GlobalDataPretreatmentAdvice {
    @InitBinder("company")                              // 绑定处理标记
    public void company(WebDataBinder binder) {
        binder.setFieldDefaultPrefix("company.");       // 标记前缀
    }
    @InitBinder("dept")                                 // 绑定处理标记
    public void dept(WebDataBinder binder) {
        binder.setFieldDefaultPrefix("dept.");          // 标记前缀
    }
}
```

本程序通过"@InitBinder"注解定义了两个不同前缀名称的数据绑定操作,而后在进行参数接收处理时就可以利用"@ModelAttribute"注解实现前缀与指定类之间的关联。

范例:前缀引用

```java
package com.yootk.action;
@RestController
@RequestMapping("/dept/*")
public class DeptAction {
    @RequestMapping("add")
    public Object add(@ModelAttribute("company") Company company,
                      @ModelAttribute("dept") Dept dept) {
        Map<String, Object> map = new HashMap<>();      // 定义Map集合
        map.put("company", company);                    // 数据保存
        map.put("dept", dept);                          // 数据保存
        return map;                                     // Rest数据返回
    }
}
```

程序执行路径:

http://localhost/dept/add?cid=10&**company.name**=沐言科技&deptno=983&**dept.name**=教学研发部

页面显示结果:

```
{ "company": { "cid": 10, "name": "沐言科技" },
  "dept": { "deptno": 983, "name": "教学研发部" } }
```

此时的程序虽然 Company 类和 Dept 类中都有 name 属性,但是最终凭借着不同的前缀标记(Company 类的 name 属性使用"**company.name**"参数内容,Dept 类的 name 属性使用"**dept.name**"参数内容),就可以实现类型的区分并正确地进行属性内容的配置。

5.11 请求数据验证

数据验证简介

视频名称　0521_【理解】数据验证简介
视频简介　数据验证是保证请求正确执行的关键步骤，在 Spring Boot 中可以直接引用 JSR303 验证规范进行验证处理。本视频为读者分析 Rest 架构中请求验证的意义。

想保证用户发送的请求可以得到正确的处理，需要对请求的参数进行验证。如果用户发送的请求数据符合既定的验证规则，则可以交由 Action 正确处理，反之则应该进行错误信息提示，执行结构如图 5-26 所示。而为了简化开发者数据校验的处理操作，可以直接使用"JSR303: Bean Validation 规范"实现具体的数据校验操作。

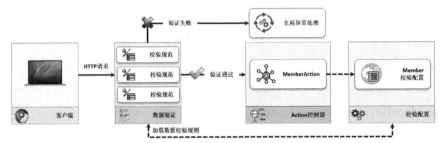

图 5-26　数据校验处理

5.11.1　JSR303 数据验证规范

JSR303 数据验证规范

视频名称　0522_【掌握】JSR303 数据验证规范
视频简介　本视频为读者讲解 JSR 验证规范的具体定义和 Hibernate 验证组件提供的扩展验证操作，并通过具体实例分析类验证规范以及普通参数验证的实现。

JSR303 仅仅提供了一个数据校验的规范，并没有做出具体的实现，而"hibernate-validator"组件包则实现了具体的验证规范处理，所以首先要在项目中引入此依赖库。

范例：修改 microboot 中的 build.gradle 文件引入验证依赖库

```
project('microboot-common') {                // 子模块
    dependencies {                            // 在公共模块中配置依赖
        compile('org.hibernate.validator:hibernate-validator:6.2.0.Final')
    }
}
```

为了便于后续的扩展操作，本程序直接在"microboot-common"模块中引入相关依赖。依赖库引入完成后，Spring Boot 项目就可以直接使用表 5-5 所示的注解进行具体验证规则的配置。需要注意的是，这些验证规则有一部分是通过"hibernate-validator"组件扩充定义的。

表 5-5　数据验证注解

序号	注解	归类	描述
01	@AssertTrue	javax.validation	用于 Boolean 数据，该数据只能为 true
02	@AssertFalse	javax.validation	用于 Boolean 数据，该数据只能为 false
03	@DecimalMax("数字")	javax.validation	小于或等于该值
04	@DecimalMin("数字")	javax.validation	大于或等于该值

续表

序号	注解	归类	描述
05	@Digits(integer=2, fraction=20)	javax.validation	检查是否为数字,其中 integer 定义整数位长度,fraction 定义小数位长度
06	@E-mail	javax.validation	检查该字段的数据是否为 E-mail
07	@Future	javax.validation	检查该字段的日期是否属于将来的日期
08	@Max(数值)	javax.validation	该字段的值只能小于或等于该值
09	@Min(数值)	javax.validation	该字段的值只能大于或等于该值
10	@NotNull	javax.validation	不能为 null,可以为空
11	@NotBlank	javax.validation	不能为空,忽略空格(trim()处理)
12	@NotEmpty	javax.validation	不能为空,长度大于 0
13	@Null	javax.validation	检查该字段为空
14	@Past	javax.validation	检查该字段的日期是否属于过去
15	@Size(min=数值, max=数值)	javax.validation	检查该字段的 size 是否在 min 和 max 之间
16	@CreditCardNumber	org.hibernate.validator	信用卡号验证
17	@Length(min=数值, max=数值)	org.hibernate.validator	检查所属字段的长度是否在 min 和 max 之间,只能用于字符串
18	@URL(protocol=, host, port)	org.hibernate.validator	检查是否为一个有效的 URL

范例:编写验证结构

```
package com.yootk.vo;
import lombok.Data;
import org.hibernate.validator.constraints.Length;
import org.hibernate.validator.constraints.URL;
import javax.validation.constraints.Digits;
import javax.validation.constraints.E-mail;
import javax.validation.constraints.NotBlank;
@Data
public class Member {
    @NotBlank                              // 该属性不允许为空
    private String name;
    @E-mail                                // 该属性必须满足E-mail格式
    @NotBlank                              // 该属性不允许为空
    private String E-mail;
    @Digits(integer = 3, fraction = 0)     // 最大整数位为3位,小数位为0位
    private Integer age;
    @Digits(integer = 10, fraction = 2)    // 最大整数位为10位,小数位为2位
    private Double salary;
    @URL                                   // 该属性必须满足URL地址格式
    @NotBlank                              // 该属性不允许为空
    private String home;
    @Length(min = 5, max = 15)             // 设置长度范围: 5 ~ 15
    @NotBlank                              // 该属性不允许为空
    private String password;
}
```

本程序直接在请求参数的接收上实现了验证注解的配置,在每一个需要接收参数的属性中根据各自的需要编写了相关验证规则,这样在进行请求接收时,如果违反了以上验证配置,就会产生相应的异常。

范例:请求处理 Action

```
package com.yootk.action;
@RestController
@RequestMapping("/member/*")
public class MemberAction {
    @RequestMapping("echo")
    public Object echo(@Valid Member member) {       // 请求验证
        return member;
```

```
    }
}
```

本程序在 Action 类中通过 Member 实现了请求参数的接收，由于在 Member 中已经配置了相关验证注解，所以在接收时直接使用 "@Valid" 注解即可激活验证操作。此时可以通过如下两个请求路径进行验证。

请求一：传递正确的请求参数。

```
http://localhost/member/echo?name=沐言科技&E-mail=muyan@yootk.com&age=25&salary=7650.78&password=yootkjava&home=http://www.yootk.com
```

程序执行结果：

```
{
  "age": 25,
  "E-mail": "muyan@yootk.com",
  "home": "http://www.yootk.com",
  "name": "沐言科技",
  "password": "yootkjava",
  "salary": 7650.78
}
```

请求二：未传递 E-mail 数据。

```
http://localhost/member/echo?name=沐言科技&age=25&salary=7650.78&home=http://www.yootk.com&password=yootkjava
```

程序执行结果：

```
{
  "exception": "org.springframework.validation.BindException",
  "path": "http://localhost/member/echo",
  "message": "org.springframework.validation.BeanPropertyBindingResult: 1 errors\nField error in object 'member' on field 'E-mail': rejected value [null]; codes [NotBlank.member.E-mail,NotBlank.E-mail,NotBlank.java.lang.String,NotBlank]; arguments [org.springframework.context.support.DefaultMessageSourceResolvable: codes [member.E-mail,E-mail]; arguments []; default message [E-mail]]; default message [不能为空]",
  "content": "服务端程序出错。",
  "status": 500
}
```

通过此时的执行结果可以发现，如果此处没有违反校验规则，则可以直接进行响应，而一旦违反校验规则会统一跳转到先前所配置的全局异常处理类中进行错误响应。

> **提示**：使用 "@Validated" 进行 Action 请求参数验证。
>
> 在使用 JSR303 校验标准时，最佳的做法是结合请求的 VO 类实现校验注解的配置。而如果现在需要针对 Action 类中的某个数据进行验证，则需要在控制器中使用 "@Validated" 注解进行标记。
>
> **范例**：验证单个请求参数
>
> ```java
> package com.yootk.action;
> @RestController
> @RequestMapping("/member/*")
> @Validated                          // 验证注解
> public class MemberAction {
>     @RequestMapping("get")
>     public Object get(@NotNull @Length(min=5, max=15) String id) {
>         return id;
>     }
> }
> ```
>
> 此时的程序实现了 id 请求参数的非空以及长度验证。如果用户输入的 id 参数违反了验证规范，则会统一跳转到全局错误页进行处理。

5.11.2 设置错误信息

视频名称　0523_【理解】设置错误信息
视频简介　为了维护方便，项目中往往会进行错误提示信息的统一管理，这样就可以基于资源文件实现错误信息的定义。本视频讲解了如何在注解中声明错误信息以及如何利用资源文件实现错误信息的加载处理。

在默认情况下如果数据校验失败，则会使用"hibernate-validator"组件中所提供的错误信息进行内容的响应。而如果用户有特殊的需求描述，则也可以在定义验证注解时利用 message 属性定义具体的内容项。

范例：使用自定义错误信息

```
package com.yootk.vo;
@Data
public class Member {
    @NotBlank(message = "用户名不允许为空！")
    private String name;
    @E-mail(message = "用户注册邮箱格式错误！")
    @NotBlank(message = "用户邮箱不允许为空！")
    private String E-mail;
    @Digits(integer = 3, fraction = 0, message = "用户年龄输入错误！")
    private Integer age;
    @Digits(integer = 10, fraction = 2, message = "用户月薪收入输入错误！")
    private Double salary;
    @URL(message = "用户主页地址输入错误！")
    @NotBlank(message = "用户主页地址不允许为空！")
    private String home;
    @Length(min = 5, max = 15, message = "用户登录密码长度范围是5 ~ 15位。")
    @NotBlank(message = "用户密码不允许为空！")
    private String password;
}
```

程序访问路径：

http://localhost/member/echo?name=沐言科技&age=25&salary=7650.78&home=http://www.yootk.com&password=yootkjava

程序执行结果：

```
{
  "exception": "org.springframework.validation.BindException",
  "path": "http://localhost/member/echo",
  "message": "…codes [member.E-mail,E-mail]; arguments []; default message [E-mail]]; default message [用户邮箱不允许为空！]",
  "content": "服务端程序出错。",
  "status": 500
}
```

通过此时的执行可以发现，所有的错误信息都已经变为自定义的提示信息。但是在实际的开发中，如果希望可以动态维护这些信息，那么最佳的做法就是定义一个 "ValidationMessages.properties" 资源文件进行统一管理，而后在程序类中通过消息 KEY 获取对应的消息 VALUE。操作结构如图 5-27 所示。

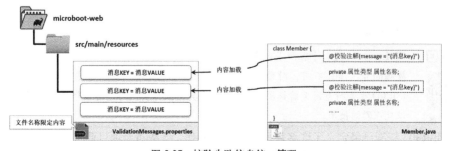

图 5-27　校验失败信息统一管理

范例：定义错误资源（src/main/resources/ValidationMessages.properties）

```
member.name.notblank.error=用户名不允许为空!
member.E-mail.notblank.error=用户邮箱不允许为空!
member.E-mail.E-mail.error=请输入正确的邮箱地址!
member.age.digits.error=年龄为整数必须设置合法年龄!
member.salary.digits.error=工资必须设置为数字!
member.home.notblank.error=个人首页地址不允许为空!
member.home.url.error=请设置正确的个人主页地址，例如：http://www.yootk.com!
member.password.notblank.error=用户密码不允许为空!
member.password.length.error=用户密码长度应为5～15位!
```

此时程序采用"类名称.属性名称.校验类型.error"的形式将所有 Member 类属性校验时所需要的错误信息统一定义在了资源文件中，而后只需要在 Member 类中通过 KEY 引用即可。

范例：类中引入资源 KEY

```
package com.yootk.vo;
@Data
public class Member {
    @NotBlank(message = "{member.name.notblank.error}")
    private String name;
    @E-mail(message = "{member.E-mail.E-mail.error}")
    @NotBlank(message = "{member.E-mail.notblank.error}")
    private String E-mail;
    @Digits(integer = 3, fraction = 0, message = "{member.age.digits.error}")
    private Integer age;
    @Digits(integer = 10, fraction = 2,message = "{member.salary.digits.error}")
    private Double salary;
    @URL(message = "{member.home.url.error}")
    @NotBlank(message = "{member.home.notblank.error}")
    private String home;
    @Length(min = 5, max = 15, message = "{member.password.length.error}")
    @NotBlank(message = "{member.password.notblank.error}")
    private String password;
}
```

程序执行结果：

```
{
 "exception": "org.springframework.validation.BindException",
 "path": "http://localhost/member/echo",
 "message": "org.springframework.validation.BeanPropertyBindingResult: 1 errors\nField error in object 'member' on field 'E-mail': rejected value [null]; codes [NotBlank.member.E-mail,NotBlank.E-mail,NotBlank.java.lang.String,NotBlank]; arguments [org.springframework.context.support.DefaultMessageSourceResolvable: codes [member.E-mail,E-mail]; arguments []; default message [E-mail]]; default message [用户邮箱不允许为空!]",
 "content": "服务端程序出错。",
 "status": 500
}
```

此时的程序类并没有定义具体的错误信息，而是在校验注解的 message 属性中采用"{资源KEY}"的形式做了一个资源加载。而通过输出的结果也可以清楚地发现，相关的错误信息已经成功显示。

5.11.3 自定义验证器

自定义验证器

视频名称 0524_【理解】自定义验证器

视频简介 项目不同，对数据验证的处理要求也是不同的。考虑到程序开发的扩展性，JSR303 也支持自定义验证器。本视频通过具体操作实例为读者讲解了自定义验证注解与验证处理器的使用。

虽然 JSR303 标准已经定义了许多数据校验处理操作，但是随着项目业务的扩展，可能会存在许多特殊的验证需求，这时开发者可以依据内置的校验器实现机制实现自定义校验器的定义。

5.11 请求数据验证

用户自定义验证器时,一般需要定义一个专属的验证器注解,同时还需要为该注解定义一个具体的验证处理类。考虑到该验证器有可能在多个项目中被用到,本次将在"microboot-common"模块中编写一个基于正则表达式实现的验证器。程序的实现结构如图 5-28 所示,具体实现步骤如下。

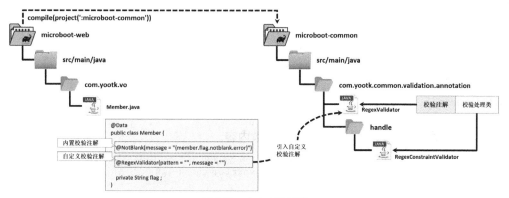

图 5-28 自定义验证器

(1)【microboot-common】创建一个正则的校验注解。

```
package com.yootk.common.validation.annotation;
import com.yootk.common.validation.annotation.handle.RegexConstraintValidator;
import javax.validation.Constraint;
import javax.validation.Payload;
import java.lang.annotation.*;
@Documented
@Retention(RetentionPolicy.RUNTIME)
@Target({ElementType.PARAMETER, ElementType.FIELD})
@Constraint(validatedBy = RegexConstraintValidator.class)     // 定义正则处理类
public @interface RegexValidator {                             // 正则验证器
    // 自定义注解中必须包含message、groups、payload三个属性内容
    String message() default "数据验证错误";                    // 默认信息
    String pattern();                                           // 设置匹配的正则表达式
    Class<?>[] groups() default {};                             // 验证分组
    Class<? extends Payload>[] payload() default {};            // 附加源数据信息
}
```

(2)【microboot-common】创建正则验证校验处理程序类。

```
package com.yootk.common.validation.annotation.handle;
import com.yootk.common.validation.annotation.RegexValidator;
import javax.validation.ConstraintValidator;
import javax.validation.ConstraintValidatorContext;
public class RegexConstraintValidator
        implements ConstraintValidator<RegexValidator, Object> {
    private String regexExpression;                             // 保存用户输入内容
    @Override
    public void initialize(RegexValidator constraintAnnotation) {
        this.regexExpression = constraintAnnotation.pattern();  // 获取配置表达式
    }
    @Override
    public boolean isValid(Object value, ConstraintValidatorContext context) {
        if (value == null) {                                    // 内容为空
            return false;                                       // 不需要校验
        }
        return value.toString().matches(this.regexExpression);  // 数据校验
    }
}
```

(3)【microboot-web】为便于错误信息的统一管理,在 ValidationMessages.properties 中追加配置资源。

```
member.flag.notblank.error=用户标记信息不允许为空!
member.flag.regex.error=用户标记正则匹配失败!
```

（4）【microboot-web】在 Member 类中扩展一个 flag 属性，该属性要求使用正则验证，参考结构为"yootk-001"。

```
    package com.yootk.vo;
@Data
public class Member {                 // 重复属性不再列出，略
    @NotBlank(message = "{member.flag.notblank.error}")
    @RegexValidator(pattern = "[a-zA-z]{1,5}-\\d{1,3}",
                    message = "{member.flag.regex.error}")
    private String flag ;
}
```

（5）【访问测试】通过浏览器输入正确的参数内容。

```
http://localhost/member/echo?name=沐言科技&E-mail=muyan@yootk.com&age=25&salary=7650.78
    &home=http://www.yootk.com&password=yootkjava&flag=yootk-110
```

程序执行结果：

```
{
  "age": 25,
  "E-mail": "muyan@yootk.com",
  "flag": "yootk-110",
  "home": "http://www.yootk.com",
  "name": "沐言科技",
  "password": "yootkjava",
  "salary": 7650.78
}
```

此时实现了一个正则验证器的定义以及引用，在使用时必须输入正确的 flag 数据，才可以通过当前的验证检测。利用这样的验证器机制，开发者就可以根据自身的需要随时进行验证功能的扩充。

5.12 本章概览

1．Spring Boot 程序可以直接打包为 JAR 文件运行，也可以打包为传统 WAR 文件部署到专属的 Web 容器中运行。

2．Spring Boot 程序需要根据物理主机的性能配置相应的 JVM 参数，才可以获得良好的运行性能。

3．Spring Boot 默认采用 Tomcat 作为运行容器，也可以通过依赖的方式配置 Jetty 或 Undertow 容器运行。

4．Spring Boot 中可以直接使用 JSP/Servlet 所提供的内置对象进行 Web 操作。

5．为了便于文本数据的管理，可以通过资源管理的方式进行内容加载，同时，利用 Locale 实例可以实现不同资源的切换。

6．Spring Boot 使用 FileUpload 组件实现上传，在进行文件上传时需要通过 application.yml 定义上传的相关配置，同时在 Action 内部通过 MultipartFile 实现上传文件的获取。

7．Spring Boot 中的拦截处理可以采用过滤器、监听器、拦截器以及 AOP 拦截器的方式进行管理。

8．如果要整合 E-mail 服务，则首先应该提供一个 SMTP 服务器，而后可以通过"spring-boot-starter-mail"依赖库提供的工具类实现邮件发送操作。

9．在 Spring Boot 中可以直接利用 PKCS12 格式的证书实现 HTTPS 访问配置。

10．Spring Boot 可以根据状态码实现错误页的匹配，这样就能够统一进行错误显示处理。

11．@ControllerAdvice 注解可以实现全局异常配置、全局数据绑定以及全局数据预处理操作。

第 6 章 Thymeleaf 模板

本章学习目标

1. 理解 Thymeleaf 模板的主要作用以及相关配置；
2. 理解 Thymeleaf 模板文件的存储结构；
3. 理解 Thymeleaf 的基本操作语法并实现对象内容输出；
4. 理解 Thymeleaf 模板中的资源读取处理；
5. 理解 Thymeleaf 模板语法，并可以实现页面的动态渲染处理。

传统 Web 程序开发中需要通过控制层携带数据交由显示层进行展示，而为了降低 JSP 程序开发的烦琐程度，开发者会大量使用模板技术进行替代，其中 Thymeleaf 是现在最为流行的模板开发技术。本章将为读者完整讲解 Thymeleaf 模板的语法以及与 Spring Boot 的整合应用。

6.1 Thymeleaf 基本使用

Thymeleaf 简介

视频名称 0601_【理解】Thymeleaf 简介
视频简介 单主机的项目需要实现动态数据的展示，Spring Boot 默认集成了 Thymeleaf 模板支持。本视频为读者讲解传统显示层开发的问题，以及 Thymeleaf 模板的特点。

传统的 Web 开发中主要依靠 JSP 实现显示层的开发，这样一来为了便于 JSP 中的代码编写就需要大量使用 EL、JSTL 并结合前端技术实现最终的页面展示，操作结构如图 6-1 所示。虽然最终可以实现良好的页面显示，但是前后端程序融合在一起，使得程序的可维护性非常差。

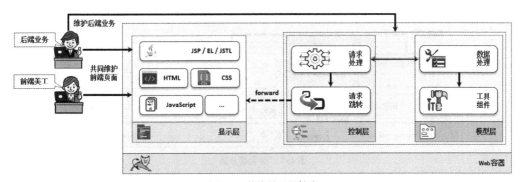

图 6-1 传统显示层输出

为了解决 JSP 代码过于臃肿的问题，Spring Boot 默认引入 Thymeleaf 模板程序。Thymeleaf 是一个 XML、XHTML、HTML5 模板引擎，利用该模板程序可以直接在静态文件中编写动态程序代码，以实现控制层数据传递的内容输出，但是这样的输出往往需要经过特定的处理转换才可以实现，如图 6-2 所示。

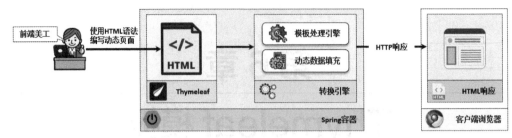

图 6-2 Thymeleaf 实现结构

 提问：为什么不直接使用 JSP 输出？

在 Java Web 所提供的官方 MVC 技术中，不是要通过 JSP 实现页面展示吗？为什么到了 Spring Boot 阶段不使用 JSP，而要去使用 Thymeleaf 模板呢？

 回答：Spring Boot 不推荐使用 JSP。

Spring Boot 本质上是可以使用 JSP 作为显示层的开发语言的，但是 JSP 程序要想正确执行，需要在 Web 容器的内部将 JSP 的代码转为字节码文件，而 Spring Boot 应用程序可以直接以 JAR 文件的方式运行，这样就需要强制性地存储生成的 Servlet 程序类文件，有可能导致安全上的漏洞。Spring Boot 推荐使用 Thymeleaf，因为其标签简单，还便于前端人员即时查看静态页面的执行效果，这一点要比其他模板语言（FreeMaker 或 Velocity）更加优秀。

Thymeleaf 的主要目标在于提供一种可被浏览器正确显示的、格式良好的模板创建方式，开发者可以通过它来创建经过验证的 XML 与 HTML 模板。相对于传统的逻辑程序代码，开发者只需将标签属性添加到模板中即可，而后这些标签属性就会在 DOM（文档对象模型）上执行预先制定好的逻辑，这样就极大地简化了显示层的程序逻辑代码。

💡 **提示：前后端分离技术的产生。**

在传统项目开发中，由于所有的前台显示代码都需要结合动态处理完成，因此代码的开发与维护过于困难。有了前后端分离技术，后端程序只负责处理服务端业务，而前端美工只实现前台显示业务的控制，如图 6-3 所示。

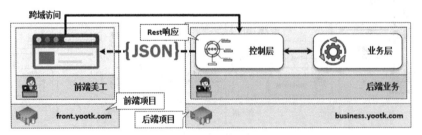

图 6-3 前后端分离

在实际开发中，使用 Thymeleaf 模板的项目大多在单容器环境下实现项目开发；而在前后端分离的项目设计中，前后端可能会提供各自的集群服务，但只要后端服务返回 Rest 结构的数据即可实现响应，在这样的项目中是不需要将页面交给 Thymeleaf 模板进行处理的。

6.1.1 Thymeleaf 编程起步

Thymeleaf
编程起步

视频名称　0602_【理解】Thymeleaf 编程起步
视频简介　Spring Boot 框架针对 Thymeleaf 模板提供了良好的支持。本视频为读者讲解 Thymeleaf 模板文件的保存结构，并通过具体代码实现了控制器与模板之间的跳转以及属性传递功能。

Thymeleaf 模板以 HTML 语法风格实现动态代码开发，这就需要项目中的控制器按照传统的 Web 方式跳转到指定的模板页面，而在跳转的同时也可以进行相关属性内容的传递，所以此时的控制器就不能再以传统的 Rest 方式进行输出。同时要对用户的跳转操作进行解析处理，这就需要在 Spring Boot 项目中引入"spring-boot-starter-thymeleaf"依赖库。为便于读者理解，本次的程序开发将按照以下步骤进行操作实现。

（1）【microboot 模块】在"microboot"父项目中创建新的项目模块"microboot-thymeleaf"。
（2）【microboot 模块】修改 build.gradle 配置文件，在"microboot-thymeleaf"模块中添加 Thymeleaf 依赖库。

```
project('microboot-thymeleaf') {                    // 子模块
    dependencies {  // 该依赖包含Thymeleaf模板依赖以及Spring Boot整合依赖
        compile('org.springframework.boot:spring-boot-starter-web')
        compile('org.springframework.boot:spring-boot-starter-thymeleaf')
    }
}
```

（3）【microboot-thymeleaf 模块】修改 build.gradle 文件，配置新的"src/main/view"源代码目录。该目录主要用于保存所有的 thymeleaf 模板页面文件。

```
sourceSets {                                        // 源代码目录配置
    main {                                          // main及相关子目录配置
        java { srcDirs = ['src/main/java'] }
        resources { srcDirs = ['src/main/resources', 'src/main/view'] }
    }
}
```

（4）【microboot-thymeleaf 模块】在 Spring Boot 整合 Thymeleaf 模板文件时，所有的模板程序默认都以".html"作为文件扩展名，同时模板文件需要保存在源代码目录的 templates 目录中（src/main/view/thymeleaf），如图 6-4 所示。

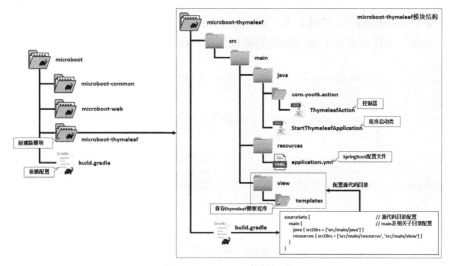

图 6-4　Thymeleaf 模板组成

(5)【microboot-thymeleaf 模块】创建一个控制器程序类,通过该类传递 request 属性,并设置跳转的模板页面名称。

```
package com.yootk.action;
@Controller                                           // 控制器
@RequestMapping("/thymeleaf/*")
public class ThymeleafAction {
    @RequestMapping("view")
    public ModelAndView view(String message) {
        // 设置跳转路径,该文件路径:src/main/view/templates/message/message_show.html
        ModelAndView mav = new ModelAndView("message/message_show");
        mav.addObject("message", message);            // 属性传递
        mav.addObject("title", "沐言科技");            // 属性传递
        mav.addObject("content", "www.yootk.com");    // 属性传递
        return mav;
    }
}
```

本控制器采用了传统的 Spring MVC 定义的方式,将所有要传递的属性内容通过 ModelAndView 对象实例进行封装。而在设置跳转路径时按照 Spring Boot 的定义要求是不需要编写文件后缀的。

> **提示:另一种形式的 Action 定义。**
>
> 如果开发者不习惯使用 ModelAndView 这种传统的操作方式进行跳转与属性操作的控制,那么也可以利用 Model 实现属性传递,并通过字符串定义跳转路径。
>
> **范例:跳转到模板页**
>
> ```
> package com.yootk.action;
> @Controller // 控制器
> @RequestMapping("/thymeleaf/*")
> public class ThymeleafAction {
>     @RequestMapping("view")
>     public String view(String message, Model model) {
>         model.addAttribute("message", message);            // 属性传递
>         model.addAttribute("title", "沐言科技");            // 属性传递
>         model.addAttribute("content", "www.yootk.com");    // 属性传递
>         return "message/message_show";                     // 跳转到模板页
>     }
> }
> ```
>
> 本程序在 view() 业务处理方法中传入了一个 Model,随后利用该类中提供的 addAttribute() 方法传递了三个属性到 "message/message_show.html" 页面中。

(6)【microboot-thymeleaf 模块】在 "src/main/view/templates" 目录下创建 "message/message_show.html" 页面,并在该页面中通过特定的模板语法实现属性内容的输出。

```
<!DOCTYPE HTML>
<html xmlns:th="http://www.thymeleaf.org">    <!-- 引入命名空间 -->
<head>
    <title>Thymeleaf模板渲染</title>
    <meta http-equiv="Content-Type" content="text/html;charset=UTF-8"/>
</head>
<body>
<p th:text="'title = ' + ${title}"/>           <!-- 输出title属性 -->
<p th:text="'content = ' + ${content}"/>       <!-- 输出content属性 -->
<p th:text="${message}"/>                      <!-- 输出message属性 -->
</body>
</html>
```

程序执行路径:

http://localhost/thymeleaf/view?message=李兴华编程训练营:edu.yootk.com

页面显示结果:

```
title = 沐言科技
content = www.yootk.com
李兴华编程训练营：edu.yootk.com
```

在进行模板程序开发前，首先需要引入"<html xmlns:th="http://www.thymeleaf.org">"命名空间，而后就可以在页面中使用 Thymeleaf 模板语法获取属性内容，在属性输出时也可以利用"+"进行内容连接。

6.1.2 Thymeleaf 环境配置

视频名称　0603_【理解】Thymeleaf 环境配置

视频简介　Spring Boot 对 Thymeleaf 有着良好的支持，同时也提供了很多配置参数。本视频为读者介绍相关配置参数的定义。

Spring Boot 为了降低开发者的使用难度，针对 Thymeleaf 组件的整合提供了默认的配置环境，例如，所有的代码保存在 templates 目录中，所有的文件必须保存为"*.html"。如果对这些配置不满意，也可以使用表 6-1 所示的配置在 application.yml 中进行修改。

表 6-1　Thymeleaf 配置参数

序号	配置参数	描述
01	spring.thymeleaf.cache	是否关闭 Thymeleaf 缓存
02	spring.thymeleaf.check-template	检查模板位置是否正确
03	spring.thymeleaf.check-template-location	检查模板是否存在，而后再渲染
04	spring.thymeleaf.enable-spring-el-compiler	是否启用 Spring 表达式编译模式
05	spring.thymeleaf.enabled	启用 Thymeleaf 模板
06	spring.thymeleaf.encoding	配置 Thymeleaf 编码
07	spring.thymeleaf.excluded-view-names	配置排除视图名称
08	spring.thymeleaf.mode	Thymeleaf 模板显示模式（HTML5）
09	spring.thymeleaf.prefix	Thymeleaf 模板文件名称前缀
10	spring.thymeleaf.servlet.content-type	定义模板的 MIME 类型
11	spring.thymeleaf.suffix	Thymeleaf 模板文件名称后缀
12	spring.thymeleaf.view-names	可以解析的视图名称，用逗号分隔

范例：修改 thymeleaf 配置。

```
spring:
  thymeleaf:
    suffix: .yootk                   // 模板文件名为*.yootk
    prefix: classpath:/muyan/        // 定义动态页面保存目录
```

本程序设置了 Thymeleaf 模板文件的前缀以及后缀，这样开发者就可以根据自己的需要进行模板页面的存储。但是考虑到开发标准化的问题，本书还是建议使用默认的 Thymeleaf 配置。

6.1.3 整合静态资源

视频名称　0604_【理解】整合静态资源

视频简介　Web 开发中为了便于显示，经常需要引入大量的静态资源。Thymeleaf 也对静态资源的引入进行了结构规定。本视频为读者讲解静态资源的存储、静态页面文件的定义以及相关资源的引入。

在 Web 开发中除了要进行动态页面的显示处理外，也需要引入一些静态资源，如图片、样式文件、脚本等，在 Thymeleaf 中这些静态资源需要定义在 static 路径中，同时可以直接进行资源引入,如图 6-5 所示。

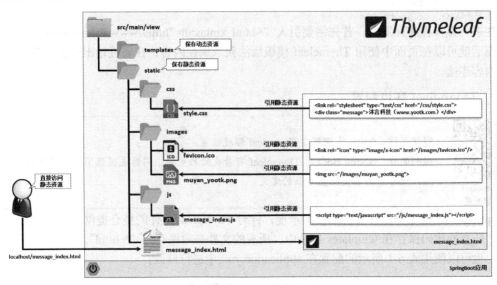

图 6-5 Thymeleaf 静态资源

范例:创建 Web 静态资源

src/main/view/static/css/style.css:

```
.message {
    background: gray;
    color: white;
    font-size: 22px;
    text-align: center;
}
```

src/main/view/static/js/message_index.js:

```
window.onload = function () {
    console.log("沐言科技: www.yootk.com");
}
```

此时的样式文件和 JS 脚本文件保存在了静态资源目录中,所有保存在 static 目录下的内容会直接保存在 Web 根路径中,这样在需要的页面处使用绝对路径的方式即可访问相关资源。

范例:定义静态模板页(页面名称:message_index.html)

```
<!DOCTYPE HTML>
<html xmlns:th="http://www.thymeleaf.org">          <!-- 引入命名空间 -->
<head>
    <title>Thymeleaf模板渲染</title>
    <meta http-equiv="Content-Type" content="text/html;charset=UTF-8"/> <!-- 页面编码 -->
    <link rel="icon" type="image/x-icon" href="/images/favicon.ico"/> <!-- 页面ICON -->
    <link rel="stylesheet" type="text/css" href="/css/style.css"> <!-- CSS样式 -->
    <script type="text/javascript" src="/js/message_index.js"></script> <!-- JS脚本文件 -->
</head>
<body>
<div><img src="/images/muyan_yootk.png"></div>
<div class="message">沐言科技(www.yootk.com)——新时代软件教育领先品牌</div>
</body>
</html>
```

程序访问路径:

```
http://localhost/message_index.html
```

本程序在模板页中直接通过各自的标签实现了 static 目录中相关静态资源的引入，这样就可以得到图 6-6 所示的页面显示效果以及浏览器控制台输出。

图 6-6 页面显示与控制台输出

6.2 路径访问支持

路径访问支持

视频名称　0605_【理解】路径访问支持
视频简介　程序开发中需要通过动态模板页面进行数据显示，同时也需要加载指定的静态资源，为此 Thymeleaf 提供了方便的资源定位符。本视频通过一个基本的请求跳转并结合资源定位符实现页面显示操作。

在 Web 项目开发中，因为需要经常性地进行页面跳转，所以准确地实现资源定位是保证页面显示最重要的一环。那么此时最佳的做法就是采用绝对定位的方式设置资源的加载路径。这就需要通过 HTML 所提供的"<base>"属性进行处理，并结合当前的访问协议、主机名称、端口号以及虚拟目录的名称实现动态配置。但是这些操作在 Thymeleaf 中彻底消失了，如果想进行资源定位，则需要采用"@{路径}"的形式。

> 提示：传统 Web 定位回顾。
>
> 在传统的 JSP 代码开发中，一般会通过 request 内置对象所提供的方法实现当前所请求资源的动态获取。
> ```
> <%
>     String basePath = request.getScheme() + "://" +
>         request.getServerName() + ":" + request.getServerPort() +
>         request.getContextPath() + "/" ;
> %>
> ```
> 而后再使用"<base>"元素（<base href="<%=basePath%>"/>）进行引用，以解决路径操作问题。而这样的操作代码形式在 Thymeleaf 中可以极为简化地实现处理。

本程序将通过一个控制层跳转到指定的 Thymeleaf 模板页，而后在模板页中进行资源加载时采用"@{static 子目录/资源名称}"的形式处理。操作流程如图 6-7 所示。

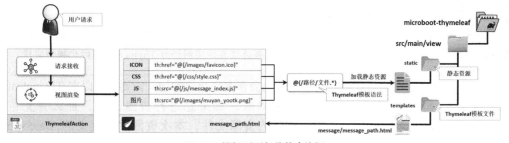

图 6-7 模板页面加载静态资源

范例：定义控制层业务处理方法

```
package com.yootk.action;
@Controller                                          // 控制器
@RequestMapping("/thymeleaf/*")
public class ThymeleafAction {
    @RequestMapping("path")
    public String path() {
        return "message/message_path";               // 跳转到模板页
    }
}
```

本程序在控制层中实现了一个模板页面的跳转操作，同时需要在"src/main/view/templates/message"目录下创建 message_path.html 文件，该文件定义如下。

范例：模板资源定位

```
<!DOCTYPE HTML>
<html xmlns:th="http://www.thymeleaf.org">           //引入命名空间
<head>
    <title>Thymeleaf模板渲染</title>
    <meta http-equiv="Content-Type" content="text/html;charset=UTF-8"/>
    <link rel="icon" type="image/x-icon" th:href="@{/images/favicon.ico}"/>
    <link rel="stylesheet" type="text/css" th:href="@{/css/style.css}">
    <script type="text/javascript" th:src="@{/js/message_index.js}"></script>
</head>
<body>
<div><img th:src="@{/images/muyan_yootk.png}"></div>
<div class="message">沐言科技（
    <a th:href="@{https://www.yootk.com}">www.yootk.com</a>）—— 新时代软件教育领先品牌</div>
</body>
</html>
```

本页面为一个动态的模板页面，在动态页面中可以直接利用"@{}"的形式从根路径下加载指定子目录中的资源信息，这样就可以得到图 6-8 所示的显示路径。

图 6-8 加载静态资源

6.3 读取资源文件

读取资源文件

视频名称 0606_【理解】读取资源文件

视频简介 Thymeleaf 中可以直接实现资源文件的内容加载，同时结合合理的 Locale 设置即可实现国际化的数据显示。本视频通过具体实例讲解 Thymeleaf 国际化操作实现。

Thymeleaf 作为页面显示模板，在开发中也会存在国际化的访问需要，所以在 Thymeleaf 中也可以直接实现 Spring Boot 中的资源文件读取。如果想进行资源读取，那么首先应该在"src/main/resources"源代码目录中定义相应的资源文件。本次资源文件定义的 BaseName 为"i18n.Message"。

6.3 读取资源文件

范例:定义资源文件

Message.properties:

```
yootk.message = 李兴华编程训练营
yootk.url = edu.yootk.com
yootk.welcome = 欢迎"{0}"光临本站点!
```

Message_zh_CN.properties:

```
yootk.message = 沐言科技(MuYan Technology)
yootk.url = 沐言优拓:www.yootk.com
yootk.welcome = 欢迎"{0}"访问沐言科技官方网站!
```

Message_en_US.properties:

```
yootk.message = MuYan Technology
yootk.url = yootk : www.yootk.com
yootk.welcome = Welcome "{0}" Access Site!
```

本次配置了中文(zh_CN)和英文(en_US)两个语言资源文件,而要想让资源文件生效,则需要在 application.yml 文件中进行资源配置,这样 Thymeleaf 模板才可以通过指定的语法实现内容读取,如图 6-9 所示。

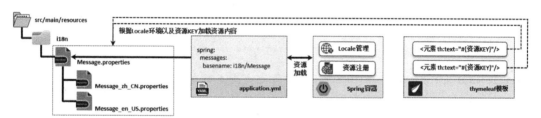

图 6-9 资源配置

范例:配置项目资源

```
spring:
  messages:                    // 定义资源文件,多个资源文件使用","分隔
    basename: i18n/Messages
```

此时 Spring Boot 中已经成功实现了资源的引用,而最终要想实现正确的资源文件引用,还需要在请求处理之前进行动态的 Locale 实例内容切换。切换可以通过用户传递的 lang 参数来实现,如果此时参数内容为"zh_CN",则使用中文资源,而如果此时参数内容为"en_US",则使用英文资源。这样在 Thymeleaf 模板中利用文本标记读取资源时,就可以通过当前的 Locale 实例指派正确的资源文件。程序的操作流程如图 6-10 所示。

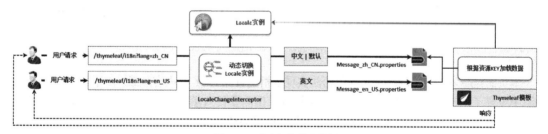

图 6-10 动态切换读取资源

如果想在项目中引入 LocaleChangeInterceptor 拦截器,则需要开发者创建一个专属的 Web 配置类,该类可以实现"WebMvcConfigurer"配置接口。随后在该类中设置 Locale 切换的参数名称(此处名称设置为 lang),同时也需要配置在默认情况下的 Locale 实例,本例将默认的 Locale 设置为中文环境。程序的实现结构如图 6-11 所示。

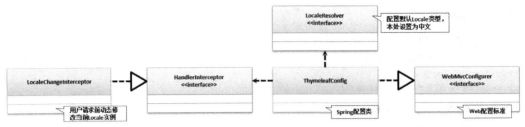

图 6-11 动态 Locale 拦截配置

范例：创建 Thymeleaf 配置类

```
package com.yootk.config;
@Configuration
public class ThymeleafConfig implements WebMvcConfigurer {          // MVC配置
    @Bean
    public LocaleResolver localeResolver() {                        // 定义默认Locale
        SessionLocaleResolver slr = new SessionLocaleResolver();
        slr.setDefaultLocale(Locale.SIMPLIFIED_CHINESE);            // 默认为中文区域
        return slr;
    }
    public LocaleChangeInterceptor localeChangeInterceptor() {
        LocaleChangeInterceptor lci = new LocaleChangeInterceptor();  // 拦截器
        lci.setParamName("lang");                                     // 参数名
        return lci;
    }
    @Override
    public void addInterceptors(InterceptorRegistry registry) {
        registry.addInterceptor(localeChangeInterceptor());           // 添加拦截器
    }
}
```

本程序通过 localeResolver()方法将当前的默认 Locale 环境定义为中文环境，而后又通过覆写"addInterceptors()"方法添加了一个"LocaleChangeInterceptor"拦截器实例，这样在通过 Thymeleaf 读取数据时就会自动根据当前请求的 Locale 进行不同资源的读取。

范例：Thymeleaf 资源读取（页面名称：message/message_i18n.html）

```
<!DOCTYPE HTML>
<html xmlns:th="http://www.thymeleaf.org">           //引入命名空间
<head>
    <title>Thymeleaf模板渲染</title>
    <meta http-equiv="Content-Type" content="text/html;charset=UTF-8"/>
    <link rel="icon" type="image/x-icon" href="/images/favicon.ico"/>  //页面ICON
</head>
<body>
<h2 th:text="'【资源】message = ' + #{yootk.message}"/>     // 读取资源文件
<h2 th:text="'【资源】url = ' + #{yootk.url}"/>             // 读取资源文件
<h2 th:text="'【资源】welcome = ' + #{yootk.welcome('李兴华')}"/>  // 读取资源文件
</body>
</html>
```

本页面程序采用"th:text"文本标签语法实现了指定资源 KEY 的内容加载。由于"yootk.welcome"资源中设置了动态处理参数，因此可以在调用时根据需要传入填充内容。而按照 MVC 标准开发要求，此时要想访问模板页面还需要编写一个控制器类实现跳转。

范例：定义模板跳转控制器

```
package com.yootk.action;
@Controller                                          // 控制器
@RequestMapping("/thymeleaf/*")
public class ThymeleafAction {
    @RequestMapping("i18n")
    public String i18n() {
```

```
        return "message/message_i18n";                    // 页面跳转
    }
}
```

程序开发完成后，所有的请求应该发送到该控制器，而后再进行页面展示，而对于此时的访问需要注意 lang 参数的传递。执行结果有以下两种形式。

形式一：加载中文资源文件（默认或者 lang=zh_CN）。

默认 Locale：

http://localhost/thymeleaf/i18n

中文 Locale：

http://localhost/thymeleaf/i18n?lang=zh_CN

程序执行结果：

【资源】message = 沐言科技（MuYan Technology）
【资源】url = 沐言优拓：www.yootk.com
【资源】welcome = 欢迎"李兴华"访问沐言科技官方网站！

形式二：加载英文资源文件（lang=en_US）。

http://localhost/thymeleaf/i18n?lang=en_US

程序执行结果：

【资源】message = MuYan Technology
【资源】url = yootk : www.yootk.com
【资源】welcome = Welcome "李兴华" Access Site!

通过执行结果可以发现，利用 lang 参数的内容可以实现不同资源的加载，使得程序的页面展示更加灵活。而通过拦截器的控制可以使页面国际化显示的操作结构更加清晰。

6.4 环境对象支持

环境对象支持

视频名称 0607_【理解】环境对象支持
视频简介 内置对象是 Java Web 开发的核心单元，在模板中可以直接在页面实现指定内置对象的获取。本视频为读者介绍 Thymeleaf 中的环境对象以及基本使用。

Thymeleaf 模板程序最终都是运行在 Web 容器之中的，为了便于用户调用 Java Web 功能，Spring Boot 提供了表 6-2 所示的环境对象。这样就可以在模板页面中直接进行 Java Web 内置对象的调用，也可以通过这些内置对象调用相关的处理方法。

表 6-2 Thymeleaf 环境对象

序号	环境对象	描述
1	${#ctx}	上下文对象，可以获取其他内置对象
2	${#vars}	获取上下文变量
3	${#locale}	获取当前的 Locale 设置
4	${#request}	获取 HttpServletRequest 对象实例
5	${#response}	获取 HttpServletResponse 对象实例
6	${#session}	获取 HttpSession 对象实例
7	${#servletContext}	获取 ServletContext 对象实例，或者使用"${#application}"

Action 控制器向模板页面进行属性传递时，如果处理不当，则可能产生传递同名属性的问题。例如，现在通过 Action 向 Thymeleaf 模板页面传递属性内容，而某些特殊的原因导致 request、session 和 application 上都设置了相同的属性名称，此时的模板页面就需要明确地通过"${属性范围.属性

名称}"的形式来实现属性的准确接收。

范例：通过 Action 设置属性内容

```
package com.yootk.action;
@Controller                                    // 控制器
@RequestMapping("/thymeleaf/*")
public class ThymeleafAction {
    @RequestMapping("attribute")
    public String attribute(HttpServletRequest request, HttpSession session) {
        request.setAttribute("message", "【REQUEST】沐言科技：www.yootk.com");        // 属性传递
        session.setAttribute("message", "【SESSION】沐言科技：www.yootk.com");        // 属性传递
        request.getServletContext().setAttribute("message",
                  "【APPLICATION】沐言科技：www.yootk.com");                          // 属性传递
        return "message/message_attribute";                                      // 页面跳转
    }
}
```

本程序在 Action 处理方法中设置了 3 个属性范围，将 3 个属性范围的名称统一定义为 message，这样在模板页面如果没有指明属性范围标记，则会按照属性保存范围的不同由小到大进行属性内容的查找。

范例：模板输出同名属性

```
<div th:text="'【REQUEST属性】message = ' + ${message}"/>
<div th:text="'【SESSION属性】message = ' + ${session.message}"/>
<div th:text="'【APPLICATION属性】message = ' + ${application.message}"/>
```

程序执行结果：

【REQUEST属性】message = 【REQUEST】沐言科技：www.yootk.com
【SESSION属性】message = 【SESSION】沐言科技：www.yootk.com
【APPLICATION属性】message = 【APPLICATION】沐言科技：www.yootk.com

在本程序中如果采用"${属性名称}"的形式进行调用，则只会找到当前保存范围最小的 request 属性内容，而在访问前追加范围名称就可以准确地获取指定范围的属性内容。

除了进行属性的精准访问外，还可以在 Thymeleaf 模板页面中使用 "#httpServletRequest" 和 "#httpSession" 调用 request 与 session 内置对象所提供的方法。

范例：内置对象处理

```
<div th:text="'【request内置对象】远程主机：' + ${#httpServletRequest.getRemoteAddr()}"/>
<div th:text="'【request内置对象】message属性：' +
              ${#httpServletRequest.getAttribute('message')}"/>
<div th:text="'【session内置对象】SessionID：' + ${#httpSession.getId()}"/>
<div th:text="'【application内置对象】虚拟服务名称：' +
${#httpServletRequest.getServletContext().
getVirtualServerName()}"/>
```

程序执行结果：

【request内置对象】远程主机：0:0:0:0:0:0:0:1
【request内置对象】message属性：【REQUEST】沐言科技：www.yootk.com
【session内置对象】SessionID：2A63DAF1E9439BE115AA0DF5F10E5742
【application内置对象】虚拟服务名称：Tomcat/localhost

本程序直接在 Thymeleaf 模板页面中利用 request 和 session 两个内置对象的形式实现客户端 IP 地址、属性、SessionID 以及虚拟服务名称的获取。

6.5 对象输出

对象输出

视频名称　0608_【理解】对象输出
视频简介　MVC 设计中是以对象实现数据传输处理的。在 Thymeleaf 中可以直接利用特定的语法实现对象属性的获取。本视频通过实例演示对象传递与属性输出的操作。

控制层在进行业务处理时，会将数据处理结果以对象的形式传递到模板页面，而后模板页面根据所传入的对象实现相应属性的获取，如图 6-12 所示。

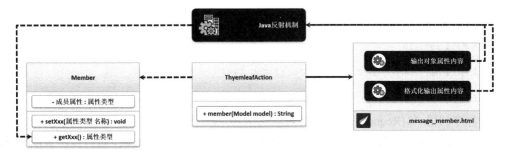

图 6-12 Thymeleaf 输出对象属性

范例：创建简单 Java 类

```java
package com.yootk.vo;
import lombok.AllArgsConstructor;
import lombok.Data;
import java.util.Date;
@Data
@AllArgsConstructor                              // 声明全参构造方法
public class Member {
    private String mid;                          // 用户ID
    private String name;                         // 用户姓名
    private Integer age;                         // 用户年龄
    private Double salary;                       // 用户工资
    private Date birthday;                       // 用户生日
}
```

本程序创建了一个基础的 VO 类，为了便于后续的数据处理，在类中提供有 salary 金额属性以及 birthday 日期时间属性内容，同时利用"@AllArgsConstructor"生成了一个全参构造方法。

范例：通过 Action 传递 Member 属性

```java
package com.yootk.action;
@Controller                                      // 控制器
@RequestMapping("/member/*")
public class ThymeleafAction {
    @RequestMapping("show")
    public String show(Model model) throws Exception {
        Member member = new Member("yootk", "李兴华", 16, 880.22,
            new SimpleDateFormat("yyyy-MM-dd hh:mm:ss").parse("1997-07-15 21:10:32"));
        model.addAttribute("member", member);    // 属性保存
        return "member/member_show";             // 跳转到模板页
    }
}
```

本程序利用业务方法中提供的 Model 对象实例实现了一个 request 属性的传递，随后跳转到 message_member.html 模板页面，而在该模板页面进行金额和日期时间显示时需要进行格式化处理。

范例：模板格式化显示

```html
<div th:text="'【Member对象属性】mid：' + ${member.mid}"/>
<div th:text="'【Member对象属性】name：' + ${member.name}"/>
<div th:text="'【Member对象属性】age：' + ${member.age}"/>
<div th:text="'【Member对象属性】salary：' + ${member.salary}"/>
<div th:text="'【Member对象属性】birthday：' + ${member.birthday}"/>
<div th:text="'【Thymeleaf格式化】格式化金钱数字：' +
                    ${#numbers.formatCurrency(member.salary)}"/>
```

```
<div th:text="'【Thymeleaf格式化】格式化日期时间：' +
                    ${#dates.format(member.birthday,'yyyy-MM-dd HH:mm:ss')}"/>
```

程序执行结果：

```
【Member对象属性】mid: yootk
【Member对象属性】name: 李兴华
【Member对象属性】age: 16
【Member对象属性】salary: 880.22
【Member对象属性】birthday: Tue Jul 15 21:10:32 CST 1997
【Thymeleaf格式化】格式化金钱数字：￥880.22
【Thymeleaf格式化】格式化日期时间：1997-07-15 21:10:32
```

此时程序利用"${Request 属性名称.对象属性名称}"的形式在页面中获取到了所传递的对象属性内容，而后如果有需要也可以利用 Thymeleaf 提供的内置格式化处理，进行显示金额和日期时间的格式化操作。

> 💡 **提示**：Thymeleaf 支持简化的对象输出处理。
>
> 在 Thymeleaf 模板页面中可以发现，默认支持的对象成员获取语法需要频繁使用属性名称，所以为了简化输出可以采用"th:object"标签处理。
>
> **范例**：简化对象输出
>
> ```
> <div th:object="${member}">
>     <div th:text="'【Member对象属性】mid: ' + *{mid}"/>
>     <div th:text="'【Member对象属性】name: ' + *{name}"/>
>     <div th:text="'【Member对象属性】age: ' + *{age}"/>
>     <div th:text="'【Member对象属性】salary: ' + *{salary}"/>
>     <div th:text="'【Member对象属性】birthday: ' + *{birthday}"/>
>     <div th:text="'【Thymeleaf格式化】格式化金钱数字：' +
>             *{#numbers.formatCurrency(salary)}"/>
>     <div th:text="'【Thymeleaf格式化】格式化日期时间：' +
>             *{#dates.format(birthday,'yyyy-MM-dd HH:mm:ss')}"/>
> </div>
> ```
>
> 本程序使用了一个"<div>"元素，并且在此元素中直接利用"th:object="${member}""将需要输出的对象信息定义在父元素上，而后在此元素中的所有子元素就可以利用"*{成员属性}"的形式获取对象中全部属性内容。
>
> 另外需要提醒读者的是，$访问完整对象信息，而*访问指定对象中的属性内容，如果访问的只是普通内容（如传递字符串信息），两者在使用效果上没有区别。

6.6 Thymeleaf 页面显示

一个完整的动态页面包含程序逻辑、循环迭代、数据包含以及相关的数据处理指令，Thymeleaf 规定的模板语法对这些有完整的支持。本节将为读者进行 Thymeleaf 页面显示语法的全面分析。

6.6.1 页面逻辑处理

页面逻辑处理

视频名称　0609_【理解】页面逻辑处理

视频简介　动态页面是根据传递的属性内容实现渲染的，在 Thymeleaf 中可以直接在页面中结合关系运算以及逻辑运算进行分支判断操作。本视频通过具体实例讲解 th:if、th:unless、th:switch 等语句的使用。

页面显示时往往需要对一个甚至多个数据项的内容进行关系判断（>或 gt、<或 lt、>=或 ge、<=或 le、==或 eq、!=或 ne），这样就需要通过逻辑运算符连接这些判断表达式。Thymeleaf 模板语法提供了基本的逻辑运算符：与运算（and）、或运算（or）。

范例：页面数据判断

```
<div th:object="${member}">
   <div th:if="*{age lt 18}">
      年轻人，踏踏实实学习好一门实用技术，才能获得你想要的未来！
   </div>
   <div th:unless="*{age le 18}">
      你已经是一个成年人了，需要担负起生活与家庭的重任，加油！青春因磨砺而出彩，人生因奋斗而升华！
   </div>
   <div th:if="*{mid eq 'yootk' and salary gt 800}">
      欢迎"<span th:text="*{name}"/>"光临访问，恭喜你有了人生的第一笔收入，金额
               "<span th:text="${#numbers.formatCurrency(member.salary)}"/>"
   </div>
</div>
```

程序执行结果：

年轻人，踏踏实实学习好一门实用技术，才能获得你想要的未来！
欢迎"李兴华"光临访问，恭喜你有了人生的第一笔收入，金额"￥880.22"。

本程序实现了两组判断，并且这两组判断都是对所传递的 member 对象的成员属性进行的。第一组判断了 age 属性的内容是否超过 18 岁，第二组判断了 mid 和 salary 的内容是否为指定数据。

> 💡 **提示**：Thymeleaf 支持三元运算符操作。
>
> 在使用 if...unless 判断处理时，如果仅仅是为了进行数据的显示，则也可以考虑通过三元运算符的方式进行处理。
>
> 范例：三元运算符支持
>
> ```
> <div th:object="${member}">
>    <div th:text="*{mid == 'yootk' ? '沐言科技' : '李兴华编程训练营'}"/>
> </div>
> ```
>
> 程序执行结果：
>
> 沐言科技
>
> 本程序判断了 member 对象中的 mid 属性是否为指定内容，这样就可以自动根据判断结果实现不同内容的输出，同时在 Thymeleaf 中也可以直接利用三元运算符的形式实现空值判断。
>
> 范例：空值判断
>
> ```
> <div th:object="${member}">
>    <div th:text="*{mid ?: '沐言科技'}"/>
> </div>
> ```
>
> 程序执行结果：
>
> yootk
>
> 本程序采用了 Groovy 表达式的处理形式，如果发现 mid 属性内容为空，则输出指定的内容；如果不为空，则输出 mid 属性的内容。

除了可以进行条件内容的判断处理外，也可以利用 "th: switch="属性名称"" 进行多数值内容的判断。该语句使用时需要结合 "th:case="内容"" 的形式判断具体的内容项，如果没有任何匹配的内容则可以使用 "*" 匹配。

范例：switch 多条件判断

```
<div th:object="${member}">
   <div th:switch="*{mid}">
      <span th:case="muyan">欢迎访问"李兴华编程训练营：edu.yootk.com"官方站点。</span>
      <span th:case="yootk">欢迎访问"沐言科技：www.yootk.com"官方站点。</span>
      <span th:case="*">请认真学习《Spring Boot开发实战》一书的内容。</span>
   </div>
</div>
```

程序执行结果：

欢迎访问"沐言科技：www.yootk.com"官方站点。

本程序对 message 对象中的 mid 内容进行了判断，如果有匹配的 case 内容，则会显示相应的数据，如果没有任何内容匹配则通过"*"处理。

6.6.2 数据迭代处理

数据迭代处理

视频名称　0610_【理解】数据迭代处理

视频简介　为了便于数据显示，控制层常常将内容保存在集合中。本视频讲解 Thymeleaf 模板语法中的 List 与 Map 集合接收与迭代输出操作。

动态列表显示是 Java Web 开发中较为常见的一项功能，开发者可以通过控制器传递 List 或 Map 集合到显示层，而后通过 Thymeleaf 提供的"th:each"语法实现迭代内容获取。

范例：传递集合属性

```java
package com.yootk.action;
@Controller
@RequestMapping("/member/*")                                    // 控制器
public class MemberAction {
    @RequestMapping("list")
    public String list(Model model) throws Exception {
        List<Member> memberList = new ArrayList<>();            // 创建List集合
        Map<String, Member> memberMap = new HashMap<>();        // 创建Map集合
        for (int x = 0; x < 5; x ++) {
            Member member = new Member("yootk", "李兴华", 16 + x,
                    880.22 + x * 100, new SimpleDateFormat("yyyy-MM-dd hh:mm:ss")
                            .parse("1997-08-13 15:39:32"));
            memberList.add(member);                             // 保存数据到List集合
            memberMap.put("yootk-" + x, member);                // 保存数据到Map集合
        }
        model.addAttribute("memberList", memberList);           // 属性保存
        model.addAttribute("memberMap", memberMap);             // 属性保存
        return "member/member_list";                            // 跳转到模板页
    }
}
```

本程序定义了一个 MemberAction，用来实现 Member 的相关业务处理，而后在 list()业务处理方法中传递了 List 和 Map 两项集合信息，并将此集合的属性传递到"member/member_list.html"页面进行显示。

范例：集合输出

```html
<div class="row">
    <div class="col-md-6">
        <table class="table table-hover">
            <tr>
                <th width="10%" class="text-center">No.</th>
                <th width="20%" class="text-center">编号</th>
                <th width="10%" class="text-center">姓名</th>
                <th width="10%" class="text-center">年龄</th>
                <th width="15%" class="text-center">月薪</th>
                <th width="20%" class="text-center">生日</th>
            </tr>
            <tr th:each="member,memberStat:${memberList}">      <!-- 输出List -->
                <td class="text-center" th:text="${memberStat.index + 1}"/>
                <td class="text-center" th:text="${member.mid}"/>
                <td class="text-center" th:text="${member.name}"/>
                <td class="text-center" th:text="${member.age}"/>
                <td class="text-center"
```

```
                th:text="${#numbers.formatCurrency(member.salary)}"/>
            <td class="text-center"
                th:text="${#dates.format(member.birthday,'yyyy-MM-dd')}"/>
        </tr>
    </table>
</div>
<div class="col-md-6">
    <table class="table table-hover">
        <tr>
            <th width="10%" class="text-center">No.</th>
            <th width="15%" class="text-center">KEY</th>
            <th width="20%" class="text-center">编号</th>
            <th width="10%" class="text-center">姓名</th>
            <th width="10%" class="text-center">年龄</th>
            <th width="15%" class="text-center">月薪</th>
            <th width="20%" class="text-center">生日</th>
        </tr>
        <tr th:each="memberEntry,memberStat:${memberMap}">  <!-- 输出Map -->
            <td class="text-center" th:text="${memberStat.index + 1}"/>
            <td class="text-center" th:text="${memberEntry.key}"/>
            <td class="text-center" th:text="${memberEntry.value.mid}"/>
            <td class="text-center" th:text="${memberEntry.value.name}"/>
            <td class="text-center" th:text="${memberEntry.value.age}"/>
            <td class="text-center"
                th:text="${#numbers.formatCurrency(memberEntry.value.salary)}"/>
            <td class="text-center"
                th:text="${#dates.format(memberEntry.value.birthday,'yyyy-MM-dd')}"/>
        </tr>
    </table>
</div>
</div>
```

为了便于集合的显示，本次直接通过表格迭代的形式进行了集合的输出。在迭代 List 集合时，可以通过"th:each"语法获取集合中的每一个 Member 对象实例，而在迭代 Map 集合时，就需要通过 Map.Entry 接口实例获取保存的数据实体，而后再进行 key 与 value 数据的获取。本页面的最终执行结果如图 6-13 所示。

Thymeleaf迭代输出

No.	编号	姓名	年龄	月薪	生日
1	yootk	李兴华	16	¥880.22	1997-08-13
2	yootk	李兴华	17	¥980.22	1997-08-13
3	yootk	李兴华	18	¥1,080.22	1997-08-13
4	yootk	李兴华	19	¥1,180.22	1997-08-13
5	yootk	李兴华	20	¥1,280.22	1997-08-13

No.	KEY	编号	姓名	年龄	月薪	生日
1	yootk-3	yootk	李兴华	19	¥1,180.22	1997-08-13
2	yootk-4	yootk	李兴华	20	¥1,280.22	1997-08-13
3	yootk-1	yootk	李兴华	17	¥980.22	1997-08-13
4	yootk-2	yootk	李兴华	18	¥1,080.22	1997-08-13
5	yootk-0	yootk	李兴华	16	¥880.22	1997-08-13

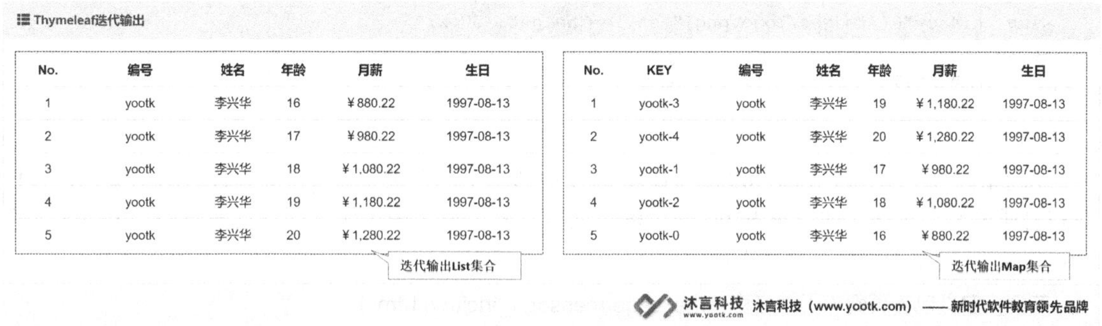

图 6-13　集合迭代输出

6.6.3　页面包含指令

页面包含指令

视频名称　0611_【理解】页面包含指令

视频简介　包含是实现页面程序可重用性的重要技术手段，在进行页面展示时可以实现功能程序的拆分。本视频通过实例为读者分析 Thymeleaf 提供的两种包含语法支持。

为了提高页面程序的可重用性，往往需要将一个完整的页面拆分为若干个不同的子页面，而后在需要时通过包含语句将代码合并为一个整体进行输出,如图6-14所示。Thymeleaf模板提供了页面的包含处理,并提供了以下两类实现语法。

(1) th:replace:使用标签进行替换,原始的宿主标签还在,但是包含标签不会出现。
(2) th:include:进行包含,原始的宿主标签消失,而保留包含标签。

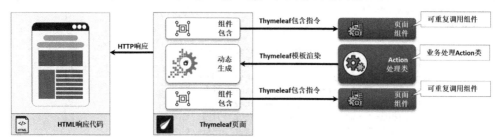

图6-14 页面包含处理

包含页面属于动态程序,所以在创建时需要将其保存在"src/main/view/templates"目录中,为方便管理,本次将在"commons"子目录中创建header.html和footer.html两个被包含文件。

范例:定义包含页面

commons/header.html:

```
<html xmlns:th="http://www.thymeleaf.org">
<meta http-equiv="Content-Type" content="text/html;charset=UTF-8"/>
<foot th:fragment="companyHeader(title, url)">
    <img th:src="@{/images/logo.png}" style="height: 30px;">
    <strong>
        <span th:text="${title}"/> (<span th:text="${url}"/>)
    </strong>
</foot>
```

commons/footer.html:

```
<html xmlns:th="http://www.thymeleaf.org">
<meta http-equiv="Content-Type" content="text/html;charset=UTF-8"/>
<foot th:fragment="companyInfo">
    <img th:src="@{/images/logo.png}" style="height: 30px;">
    <strong>
        <span th:text="${title}"/> (<span th:text="${url}"/>)
    </strong>
</foot>
```

为了便于展现两种包含语句的区别,本例分别创建了两个被包含文件,同时这两个被包含文件都需要通过包含页面传递title和url两个参数内容。由于包含操作属于动态页面语法,所以需要在"src/main/view/templates"目录下创建。

范例:定义包含页面(页面名称:message/message_include.html)

```
<!DOCTYPE HTML>
<html xmlns:th="http://www.thymeleaf.org">        <!-- 引入命名空间 -->
<head>
    <title>Thymeleaf模板渲染</title>
    <meta http-equiv="Content-Type" content="text/html;charset=UTF-8"/>
    <link rel="icon" type="image/x-icon" href="/images/favicon.ico"/>
</head>
<body>
<div th:replace="@{/commons/header} :: companyHeader('沐言科技', 'www.yootk.com')"/>
<div> </div>
<div th:include="@{/commons/footer} :: companyInfo"
     th:with="title=李兴华编程训练营, url=edu.yootk.com"/>
```

```
</body>
</html>
```
Action 控制类：
```
@Controller                                          // 控制器
@RequestMapping("/thymeleaf/*")
public class ThymeleafAction {
    @RequestMapping("include")
    public String include() throws Exception {
        return "message/message_include";           // 跳转到模板页
    }
}
```

此时的程序页面分别使用"th:replace"和"th:include"两种语句实现了包含处理，这样会自动将 title 和 url 属性传递到被包含页面，最终生成的整体页面效果如图 6-15 所示。而通过其生成的源代码可以发现，在使用"th:replace"包含时，原始的宿主标签"<foot>"会被保留下来，而在使用"th:include"包含时，原始宿主标签会被包含标签代替。

图 6-15 Thymeleaf 包含指令

6.6.4 页面数据处理

视频名称 0612_【理解】页面数据处理

视频简介 控制层传递的数据内容需要在前台进行处理，为了便于页面的显示，在 Thymeleaf 中可以直接通过数据处理对象实现字符串、List、Set、Map 的相关方法调用。本视频通过具体代码为读者演示这些数据处理操作的实现。

为了方便页面的信息处理，Thymeleaf 提供字符串、集合以及数组的相关处理对象，如表 6-3 所示。利用这些对象就可以调用对应类或接口中的方法进行处理。

表 6-3 数据处理对象

序号	数据处理对象	描述
1	#strings	字符串工具类
2	#lists	List 工具类
3	#arrays	数组工具类
4	#sets	Set 工具类
5	#maps	Map 工具类

表 6-3 所示的对象除了可以进行 Action 所传递的属性内容处理外，也可以应用于常量处理。在进行页面展示前要通过 Action 类传递一些属性内容到页面中。

范例：通过 Action 传递属性

```
package com.yootk.action;
@Controller                                          // 控制器
@RequestMapping("/thymeleaf/*")
public class ThymeleafAction {
    @RequestMapping("handle")
```

```
    public String handle(Model model) throws Exception {
        model.addAttribute("message", "www.YOOTK.com");
        model.addAttribute("language", Set.of("Java", "Python", "GoLang"));
        model.addAttribute("infos", Map.of("yootk", "yootk.com", "edu", "edu.yootk.com"));
        return "message/message_handle";         // 跳转到模板页
    }
}
```

范例：页面数据处理

```
<p th:text="${'字符串替换：' +
        #strings.replace('沐言优拓（www.yootk.com）','沐言优拓','沐言科技')}"/>
<p th:text="${'字符串替换：' + #strings.replace(message,'YOOTK.com','yootk.com')}"/>
<p th:text="${'字符串转大写：' + #strings.toUpperCase(message)}"/>
<p th:text="${'字符串截取：' + #strings.substring(message,4)}"/>
<p th:if="${#sets.contains(language, 'Java')}">"Java"是当今重要的软件编程语言！</p>
<p th:if="${#maps.containsKey(infos, 'yootk')}">
    可以发现KEY为"yootk"的信息，对应的内容为：<span th:text="${infos.edu}"/>
</p>
```

页面显示结果：

字符串替换：沐言科技（www.yootk.com）
字符串替换：www.yootk.com
字符串转大写：WWW.YOOTK.COM
字符串截取：YOOTK.com
"Java"是当今重要的软件编程语言！
可以发现KEY为"yootk"的信息，对应的内容为：edu.yootk.com

本程序在当前页面中使用了 Thymeleaf 提供的数据处理对象对传递的属性内容进行处理，而在处理时所用的方法也是其对应类型所提供的定义。

6.7 本章概览

1．Thymeleaf 主要应用于传统的单应用项目开发，可简化前台页面的显示处理以及分工协作。

2．Thymeleaf 采用特殊的转换引擎实现代码解释，这样开发者只需要按照静态 HTML 代码风格开发并结合特定的处理标记来实现页面展示。

3．Spring Boot 中如果要使用 Thymeleaf 模板，只需要在项目中引入"spring-boot-starter-thymeleaf"依赖库。

4．默认环境下所有的 Thymeleaf 动态页面需要保存在"templates"源代码目录中，静态资源保存在"static"源代码目录中，这样在进行静态资源引用时就可以直接使用"@{资源路径}"的形式匹配。

5．Thymeleaf 可以直接实现 Spring Boot 中的资源文件读取，也可以通过 Locale 的配置实现国际化信息展示。

6．Thymeleaf 可以直接实现对象的输出，也可以基于迭代的形式实现 List 或 Map 集合数据的输出。

7．利用包含指令可以实现页面的可重用设计。在处理包含时，如果使用了"th:replace"则可以保留宿主标签，而使用了"th:include"则会替换掉宿主标签。

第 7 章
Actuator 服务监控

本章学习目标

1. 掌握使用 Spring Boot 提供的 Actuator 服务监控接口的方法，并可以通过配置或 Bean 的形式定义监控信息；
2. 掌握常见的 Actuator 监控信息的作用与内容获取方法，并可以实现自定义 EndPoint 信息返回；
3. 掌握 Lombok 中@Slf4j 注解的使用方法，并可以实现日志信息的打印；
4. 掌握 Spring Boot 中的日志配置与日志格式定义，并可以结合 Logback 配置文件进行日志管理；
5. 掌握动态的日志级别配置，并可以通过 Actuator 获取所有的日志信息；
6. 掌握 Prometheus 监控工具的使用方法，并结合 Grafana 实现微服务监控信息可视化；
7. 掌握 AlterManager 服务警报以及服务器节点数据导出工具 NodeExporter 的使用方法。

一个良好的程序除了要完成其核心业务功能外，也需要提供完善的日志与监控服务。Spring Boot 提供良好的日志支持，结合 Lombok 可以有效地实现日志对象管理，而为了便于监控又提供了 Actuator 服务管理接口。本章将为读者讲解 Actuator 监控配置、日志管理，并使用 Prometheus 和 Grafana 实现微服务监控平台的搭建。

7.1 服 务 监 控

视频名称　0701_【掌握】Actuator 监控简介
视频简介　项目监控是保证服务稳定的重要手段，Spring Boot 提供了 Actuator 监控的管理。本视频为读者讲解微服务监控的意义，以及 Actuator 组件的配置及使用。

在实际项目开发中，利用微服务可以有效进行项目结构的拆分，将不同功能的微服务部署到不同的物理主机中，如图 7-1 所示。这样当某一个微服务出现问题时就很难进行准确的定位，所以 Spring Boot 提供了 Actuator 组件来实现每一个微服务的状态监控。要想使用 Actuator 组件，只需要在项目中引入 "spring-boot-starter-actuator" 依赖库。

范例：引入 Actuator 依赖

```
project('microboot-web') {                // 子模块
    dependencies {                         // 已经添加过的依赖库不再重复列出，代码略
        compile('org.springframework.boot:spring-boot-starter-actuator')
    }
}
```

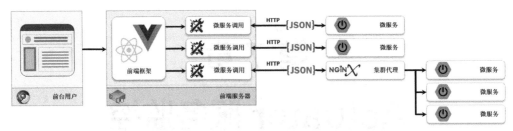

图 7-1 微服务开发与调用

Actuator 组件是 Spring Boot 所提供的原生监控模块，提供有许多监控端点（EndPoint）；每个端点代表不同的监控项，如应用配置信息、健康指标、度量指标等。这些信息都可以通过 HTTP 请求的形式获取。为了与数据操作接口区分，Actuator 组件一般会另外启动一个监控端口，如图 7-2 所示，而监控接口需要通过 application.yml 文件配置。

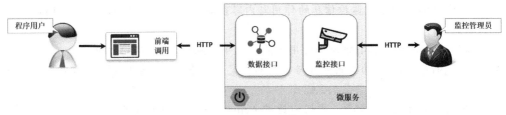

图 7-2 微服务监控

范例：配置 Actuator 监听服务

```
management:                        # Actuator监控配置
  server:
    port: 9090                     # 服务监听接口
  endpoints:                       # 监控端点
    web:
      exposure:
        include: "*"               # 默认值访问health、info端点
                                   # 访问全部端点
      base-path: /actuator         # 监控访问路径
```

在 Spring Boot 程序中，所有的监控服务都可以通过"management"配置项进行管理。本次将监控端口定义为 9090，同时使用"*"开启了全部监控终端。此时开发者就可以通过以下路径获取全部的监控终端项。

范例：访问监控路径

```
http://localhost:9090/actuator
```

程序执行结果：

```
{"_links":{
    "self":{"href":"http://localhost:9090/actuator","templated":false},
    "beans":{"href":"http://localhost:9090/actuator/beans","templated":false},
    "caches-cache":{"href":"http://localhost:9090/actuator/caches/{cache}","templated":true},
    "caches":{"href":"http://localhost:9090/actuator/caches","templated":false},
    "health":{"href":"http://localhost:9090/actuator/health","templated":false},
    "health-path":{"href":"http://localhost:9090/actuator/health/{*path}","templated":true},
    "info":{"href":"http://localhost:9090/actuator/info","templated":false},
    "conditions":{"href":"http://localhost:9090/actuator/conditions","templated":false},
    "configprops":{"href":"http://localhost:9090/actuator/configprops","templated":false},
    "env":{"href":"http://localhost:9090/actuator/env","templated":false},
    "env-toMatch":{"href":"http://localhost:9090/actuator/env/{toMatch}","templated":true},
    "loggers":{"href":"http://localhost:9090/actuator/loggers","templated":false},
```

```
"loggers-name":{"href":"http://localhost:9090/actuator/loggers/{name}","templated":true},
"heapdump":{"href":"http://localhost:9090/actuator/heapdump","templated":false},
"threaddump":{"href":"http://localhost:9090/actuator/threaddump","templated":false},
"metrics-requiredMetricName":{"href":"http://localhost:9090/actuator/metrics/{requiredMetricName}",
"templated":true},"metrics":{"href":"http://localhost:9090/actuator/metrics","templated":false},
"scheduledtasks":{"href":"http://localhost:9090/actuator/scheduledtasks","templated":false},
"mappings":{"href":"http://localhost:9090/actuator/mappings","templated":false}}}
```

由于当前配置已经打开全部监控端点，所以直接通过"/actuator"访问就可以得到全部的 Spring Boot 原生端点。开发者可以通过这些原生端点提供的信息获取程序运行时的内部状态。这些原生端点可以分为以下三类。

（1）应用配置类：查看微服务应用在运行期间的相关静态信息（自动配置、Beans、环境、映射等）。

（2）度量指标类：获取微服务运行期间的动态信息（堆栈、请求链、健康）。

（3）操作控制类：对微服务应用进行远程控制（如关闭）。

> 提示：监控接口信息可以动态扩充。
>
> 此时所列出的监控信息路径仅仅是当前默认情况下 Spring Boot 所提供的监控路径，而在引入其他相关组件后，也有可能追加新的监控路径，这时就可以根据组件的相关文档进行查看。

7.1.1 Actuator 接口访问

视频名称　0702_【掌握】Actuator 接口访问

视频简介　Actuator 由一系列服务接口组成。本视频为读者宏观地介绍常见的监控端口功能，同时演示 mappings、beans 监控信息的获取。

Actuator 提供了一系列 Web 监听接口，当用户通过"/actuator"路径进行访问时，会返回所有接口信息的链接地址，每一个链接地址打开后显示不同的终端信息。这些终端的作用如表 7-1 所示。

表 7-1　Actuator 默认终端

序号	请求模式	路径	描述
01	GET	/beans	获取当前应用程序中的全部 Bean 对象以及它们之间的关系
02	GET	/caches	获取当前应用程序中全部的缓存信息
03	GET	/health	获取当前应用程序的健康状态（是否存活）
04	GET	/info	获取当前微服务信息，该信息需要开发者手工配置
05	GET	/conditions	获取所有自动配置生效的条件情况
06	GET	/configprops	获取所有的配置属性
07	GET	/env	获取当前应用的环境信息
08	GET	/loggers	显示和修改当前的日志信息
09	GET	/heapdump	获取一份当前应用程序的 JVM 堆信息
10	GET	/threaddump	获取一份当前应用程序活动的线程快照
11	GET	/metrics	获取各种程序的度量报告，如内存使用量或 HTTP 请求计数等
12	GET	/scheduledtasks	获取当前应用中的全部定时任务
13	POST	/shutdown	关闭应用程序，需要进行额外配置后才可启用

在 Spring Boot 中，用户响应都是需要通过 Action 类完成的，同时在 Action 类定义时也需要明

确地为其配置相关的访问映射路径,而此时就可以通过"/mappings"获取全部映射信息。

范例:获取全部映射信息

```
http://localhost:9090/actuator/mappings
```

程序执行结果(抽取部分数据):

```
{
  "handler": "com.yootk.action.MessageAction#echo(String)",
  "predicate": "{ [/message/echo]}",
  "details": {
    "handlerMethod": {
      "className": "com.yootk.action.MessageAction",
      "name": "echo",
      "descriptor": "(Ljava/lang/String;)Ljava/lang/Object;"
    }
  }
}
"servlets": [
  {
    "mappings": [ "/" ],
    "name": "dispatcherServlet",
    "className": "org.springframework.web.servlet.DispatcherServlet"
  }
]
```

该路径会返回当前 Spring 容器中的全部映射信息,为了便于观察,本次只抽取了两个映射信息:一个是用户自定义的 MessageAction 映射;另一个是 Spring MVC 中的 DispatcherServlet 访问映射。

所有在 Spring Boot 中的映射都对应具体的程序类,而每一个程序类的对象也都会由 Spring Boot 统一管理。这样开发者就可以通过"/beans"路径获取全部 Bean 对象。

范例:获取全部 Bean 对象

```
http://localhost:9090/actuator/beans
```

程序执行结果(抽取部分数据):

```
"messageAction": {
  "aliases": [],
  "scope": "singleton",
  "type": "com.yootk.action.MessageAction",
  "resource": "file [muyan_boot\\microboot\\microboot-web\\build\\
      classes\\java\\main\\com\\yootk\\action\\MessageAction.class]",
  "dependencies": []
}
```

此时可见,当前程序项目中所提供的 MessageAction 实例信息(包括依赖)都可以完整地返回,这样在进行错误排查时就可以依据这些数据进行分析。

7.1.2 heapdump 信息

视频名称　0703_【理解】heapdump 信息

视频简介　为了便于代码性能的调整,开发者可以通过 Actuator 工具中提供的 heapdump 堆内存快照信息进行分析。本视频讲解 heapdump 文件的下载以及内存信息查看。

在 Actuator 提供的监控服务中可以直接通过"/heapdump"的路径获取当前 Spring Boot 运行的 JVM 堆内存信息,所有的信息内容都会以一个"heapdump"二进制文件的形式下载,如图 7-3 所示。

heapdump 文件包含对象信息、类信息、JVM 可达对象、线程栈以及本地变量。随后开发者就可以利用 JDK 所提供的"VisualVM"工具进行堆内存使用分析,如图 7-4 所示,从而方便地找到内存泄漏的原因、重复引用的 JAR 文件或类程序、分析集合的使用以及类加载器的使用等信息。这样就可以清楚地掌握应用程序所使用的内存情况，从而更加合理地使用 JVM 内存空间。通过 VisualVM 工具打开 heapdump 的信息展示如图 7-4 所示。

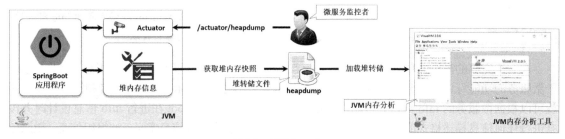

图 7-3　获取 heapdump

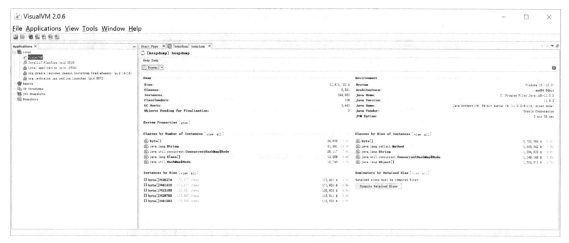

图 7-4　VisualVM 内存分析

> 💡 **提示：获取 VisualVM 工具。**
>
> 　　JDK 9 之后不再默认提供 VisualVM 开发工具（JDK 1.8 默认提供），因此需要开发者到官方提供的工具下载地址进行工具的下载，如图 7-5 所示。

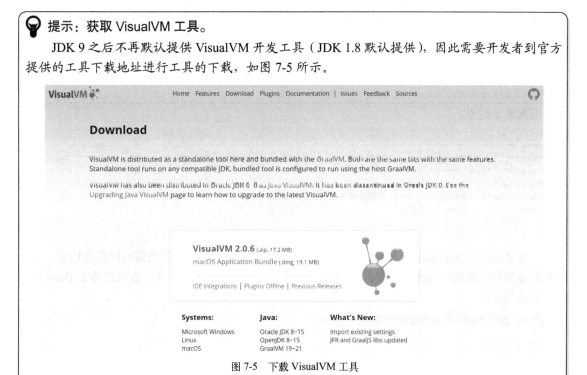

图 7-5　下载 VisualVM 工具

7.1.3 info 服务信息

视频名称　0704_【理解】info 服务信息
视频简介　项目中的微服务需要有明确的功能标准，所以 Actuator 提供完善的 info 服务监控。本视频通过实例讲解 info 配置的两种形式以及信息内容的获取。

在一个完善的微服务项目中，需要根据业务结构进行大量的微服务数据处理拆分，因此为了便于微服务的功能标记就需要明确进行 info 信息的填充，如图 7-6 所示。这样开发者和微服务管理员就可以根据微服务的 info 信息进行功能调用与代码维护。Spring Boot 在进行 info 信息设计时并没有进行任何信息描述格式的定义，开发者可以依据自己的需要进行信息定义，如组织信息、微服务描述、开发者姓名、职位等。

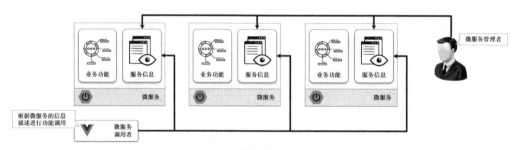

图 7-6　微服务 info 信息

范例：在 application.yml 中定义 info 信息

```
info:                                                      # 定义info信息
  app:                                                     # 【自定义】应用信息
    name: 沐言科技-Spring Boot微服务                        # 【自定义】应用名称
    group: com.yootk                                       # 【自定义】组织名称
    version: 2.4.2.RELEASE                                 # 【自定义】版本号
    describe: 基于Spring Boot实现微服务定义，用于实现XX功能  # 【自定义】应用描述
    creator:                                               # 【自定义】开发者
      name: 李兴华                                         # 【自定义】姓名
      position: 教学总监                                    # 【自定义】职位
```

程序执行路径：

http://localhost:9090/actuator/info

页面显示结果：

```
{
  "app": {
    "name": "沐言科技-Spring Boot微服务",
    "group": "com.yootk",
    "version": "2.4.2.RELEASE",
    "describe": "基于Spring Boot实现微服务定义，用于实现XX功能",
    "creator": { "name": "李兴华", "position": "教学总监" }
  }
}
```

开发者修改完 application.yml 文件再次查询 "/info" 路径就可以看到当前的微服务信息，同时所有的信息格式也都可以由开发者自行定义。而除了采用以上方式定义外，也可以基于 Bean 组件的形式进行定义。

范例：通过 Bean 配置微服务信息

```
package com.yootk.actuator;
import org.springframework.boot.actuate.info.Info;
import org.springframework.boot.actuate.info.InfoContributor;
```

```
import org.springframework.stereotype.Component;
@Component                                                    // 自动注册Bean实例
public class MicroServiceInfoContributor implements InfoContributor {
    @Override
    public void contribute(Info.Builder builder) {
        builder.withDetail("company.name", "muyan-yootk");   // 添加info项
        builder.withDetail("company.url", "www.yootk.com");  // 添加info项
    }
}
```

程序执行路径：

http://localhost:9090/actuator/info

页面显示结果：

```
{
  "app": {
    "name": "沐言科技-Spring Boot微服务",
    "group": "com.yootk",
    "version": "2.4.2.RELEASE",
    "describe": "基于Spring Boot实现微服务定义,用于实现XX功能",
    "creator": { "name": "李兴华", "position": "教学总监" }
  },
  "company.name": "muyan-yootk",
  "company.url": "www.yootk.com"
}
```

此时可以发现，当程序类中存在 application.yml 和 Bean 配置的 info 信息时，两者内容可以共存。这样就可以将一些公共内容通过 Bean 的形式配置，而每个微服务的特定内容单独通过 application.yml 进行配置。

7.1.4 health 服务信息

视频名称	0705_【理解】health 服务信息
视频简介	微服务能否持续提供稳定的服务，决定了项目能否持续运行。Actuator 提供了健康状态监控支持。本视频为读者讲解 "/health" 返回信息控制以及自定义健康状态检测类的使用。

使用微服务概念进行项目拆分后，开发者必须随时监控每一个微服务的健康状态。当某一个微服务出现故障时，需要及时将故障信息反馈给微服务管理者，所以 Actuator 提供了 "/health" 健康状态查询。

范例：查询 health 信息

http://localhost:9090/actuator/health

页面显示结果：

`{ "status": "UP" }`

因为当前微服务没有引入任何其他服务组件，所以此时默认返回的微服务状态信息为 "UP"（如果存在故障则返回 "DOWN"）。但是一个微服务项目经常会引入大量的其他服务组件，如 Redis 缓存组件、MySQL 数据库服务或消息组件等，实际上这些服务组件健康与否也直接影响到微服务的健康状态，如图 7-7 所示。

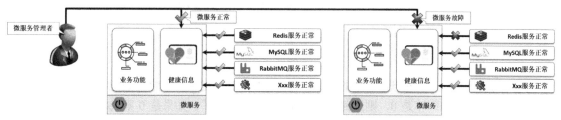

图 7-7 微服务健康监控

Actuator 为了可以方便地监控所有服务组件的健康状态,定义了一个"HealthIndicator"健康检测接口标准,在该接口中明确定义了健康状态的排查方法。HealthIndicator 接口定义如下。

```
package org.springframework.boot.actuate.health;
@FunctionalInterface                                              // 函数式接口
public interface HealthIndicator extends HealthContributor {
    default Health getHealth(boolean includeDetails) {            // 获取健康状态
        Health health = health();
        return includeDetails ? health : health.withoutDetails();
    }
    Health health();                                              // 健康判断
}
```

Spring Boot 的应用项目如果引入了 Redis 数据库、MySQL 数据库组件以及 RabbitMQ 消息组件,实际上都会自动引入相关健康检查类,这些类会自动帮助用户实现服务的健康排查,如图 7-8 所示。这样一旦某一个服务出现问题,就会自动在健康状态上反映出来。

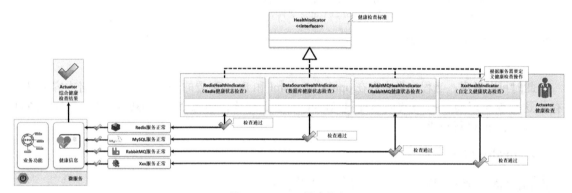

图 7-8 Actuator 健康检查

通过图 7-8 可以发现,除了各个服务组件内部所提供的健康检查类外,开发者也可以根据项目需要定义专属的健康检查类,该类只需要实现 HealthIndicator 父接口。

范例:自定义健康检查类

```
package com.yootk.actuator;
import org.springframework.boot.actuate.health.Health;
import org.springframework.boot.actuate.health.HealthIndicator;
import org.springframework.stereotype.Component;
@Component
public class MicroHealthIndicator implements HealthIndicator {
    @Override
    public Health health() {                                      // 获取健康状态
        int errorCode = 100;                                      // 这个信息是通过其他程序获得的
        if (errorCode != 0) {                                     // 错误触发条件
            return Health.down().withDetail("MicroServiceErrorCode", errorCode)
                    .withException(new Exception("服务故障!")).build();// 微服务故障
        }
        return Health.up().build();                               // 微服务健康
    }
}
```

此时的程序模拟了一个状态检查操作,在状态检查中会依据项目中定义的错误码进行状态的返回。如果错误的状态码不是 0,则返回的健康状态为"DOWN";如果是 0 则表示服务健康,返回的健康状态为"UP"。

提问：如何获取详细信息？

每次通过"/health"进行微服务故障排查时，只会返回"UP"或"DOWN"，如果一个微服务需要整合更多的服务应用组件，某一个组件出现错误时该如何排查错误？

回答：可以开启健康详细信息。

在默认情况下返回的状态信息是一个综合结果，而在状态信息出现"DOWN"的情况下，如果想找出具体的错误项，则可以通过application.yml开启健康信息的详细显示。

范例：显示详细健康信息

```yaml
management:                        # actuator监控配置
  endpoint:
    health:                        # 健康监控信息
      show-details: always         # 显示详细信息
      show-components: always      # 显示组件信息
```

程序执行结果：

```
{ "status": "DOWN",
  "components": {
    "diskSpace": {
      "status": "UP", "details": {...}
    },
    "micro": {
      "status": "DOWN",            ➜ 微服务状态
      "details": {                 ➜ 微服务详情
        "MicroServiceErrorCode": 100,
        "error": "java.lang.Exception:服务故障！"
      }
    },
    "ping": { "status": "UP" }
  }
}
```

通过此时的执行结果可以发现，综合的健康状态为"DOWN"，但是当前微服务可以正常PING通，同时磁盘空间正常提供服务，但是micro服务无法提供。

7.1.5 远程关闭

远程关闭

视频名称　0706_【理解】远程关闭

视频简介　Actuator 除了提供状态监控功能外，也可以实现远程服务关闭的操作。本视频通过实例分析讲解远程关闭的启用以及命令发送操作。

微服务编写完成后，常规的做法是将其打包为*.jar 文件，或者将其放在指定的容器中运行，这样往往要通过外部的命令进行微服务的启动与关闭，如图 7-9 所示。

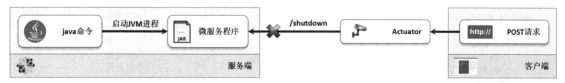

图 7-9　远程关闭

Actuator 除了提供监控功能支持外，实际上还提供远程关闭微服务的功能，开发者可以直接通过"/shutdown"路径进行微服务关闭处理。而在默认情况下该项功能是处于关闭状态的，所以要想使用，则需要手工开启 endpoint 配置。

范例：启用远程关闭

```yaml
management:                              # actuator监控配置
  endpoint:                              # 配置Endpoint
    shutdown:                            # 远程关闭
      enabled: true                      # 启用
```

此时的配置项将开启远程关闭功能，而要想调用"/shutdown"路径进行关闭处理，需要发送一个 POST 请求。为了便于操作，本次将通过 curl 命令进行请求模拟。

范例：curl 发送 POST 请求

```
curl -X POST "http://localhost:9090/actuator/shutdown"
```

程序执行结果：

```
{ "message": "Shutting down, bye..." }
```

本命令模拟了 POST 请求发送，访问"/shutdown"路径后，当前的微服务应用会自动结束，同时会返回一个 message 的提示信息。

> **提示：不建议开启远程关闭。**
>
> 开启远程微服务关闭可能会造成一些安全隐患，所以常规的做法是通过操作系统的命令完成微服务管理，或者将微服务打包到容器（如 Docker）中进行管理。

7.1.6 自定义 Endpoint

自定义 Endpoint

视频名称　0707_【理解】自定义 Endpoint
视频简介　项目监控扩展可以采用自定义 EndPoint 处理形式完成。本视频通过实例讲解自定义 EndPoint 工具类，并实现数据参数的传递。

在引入 Actuator 模块后，除了可以通过内置 EndPoint 获取数据信息外，开发者也可以根据需要配置自己的 EndPoint 处理类，而此类需要利用"@Endpoint"注解来配置访问路径。对应监控数据的操作形式还有三种不同的注解，如表 7-2 所示。

表 7-2　数据操作注解

序号	操作注解	HTTP 请求模式	描述
01	@ReadOperation	GET	通过 EndPoint 获取数据
02	@WriteOperation	POST	向 EndPoint 写入数据
03	@DeleteOperation	DELETE	删除 EndPoint 内容

范例：自定义终端

```java
package com.yootk.endpoint;
@Configuration
@Endpoint(id = "muyan-endpoint")                                         // 终端路径
public class YootkEndpoint {
    @ReadOperation                                                        // 通过get请求获取
    public Map<String, Object> endpoint(@Selector String select) {       // 获取参数
        Map<String, Object> map = new HashMap<>(16);
        map.put("author", "李兴华");                                       // 数据设置
        map.put("message", "沐言科技：www.yootk.com");                    // 数据设置
        map.put("select", select);                                         // 数据设置
        return map;
    }
}
```

程序执行路径：

```
http://localhost:9090/actuator/muyan-endpoint/lee
```

页面显示结果：

```
{"select": "lee", "author": "李兴华", "message": "沐言科技：www.yootk.com"}
```

此时的程序类实现了一个自定义 EndPoint，在获取数据时通过"@Selector"注解实现了请求数据的接收，随后将所有需要返回的信息以 Map 集合的形式保存并返回。

7.2 日志处理

视频名称　0708_【掌握】Lombok 日志注解
视频简介　日志是项目中的常规功能，Spring Boot 已经自动实现了日志组件的依赖配置。本视频讲解传统日志的处理操作，并结合 Lombok 日志注解实现日志输出。

在传统的项目开发中，如果想进行日志管理，可以直接在项目中引入 SLF4J（Simple Logging Facade for Java）日志处理标准，随后再引入日志实现的具体组件（如 Log4j、Logback），这样就可以在项目程序类中采用如下语法形式获取指定的日志对象实例：

```
private static final Logger LOGGER = LoggerFactory.getLogger(MessageAction.class);
```

而如果在开发中引入了 Lombok 插件，就可以通过"@Slf4j"注解实现日志对象"log"的注入，避免每个类中重复日志对象实例化的操作。随后就可以使用表 7-3 所示的方法实现不同级别日志数据的输出。

表 7-3　日志输出级别

序号	方法	类型	描述
01	public void trace(String msg)	普通	输出"TRACE"级别日志
02	public void trace(String format, Object... arguments)	普通	输出"TRACE"级别日志，并设置占位符数据
03	public void debug(String msg)	普通	输出"DEBUG"级别日志
04	public void debug(String format, Object... arguments)	普通	输出"DEBUG"级别日志，并设置占位符数据
05	public void info(String msg)	普通	输出"INFO"级别日志
06	public void info(String format, Object... arguments)	普通	输出"INFO"级别日志，并设置占位符数据
07	public void warn(String msg)	普通	输出"WARN"级别日志
08	public void warn(String format, Object... arguments)	普通	输出"WARN"级别日志，并设置占位符数据
09	public void error(String msg)	普通	输出"ERROR"级别日志
10	public void error(String format, Object... arguments)	普通	输出"ERROR"级别日志，并设置占位符数据

范例：使用 Lombok 日志注解

```
package com.yootk.action;                              // 程序包名称
import com.yootk.common.util.action.abs.BaseAction;
import lombok.extern.slf4j.Slf4j;
import org.springframework.web.bind.annotation.RequestMapping;
import org.springframework.web.bind.annotation.RestController;
@RestController                                        // Rest控制器注解
@RequestMapping("/message/*")                          // 父映射路径
@Slf4j
public class MessageAction extends BaseAction {        // Action程序类
    @RequestMapping("echo")                            // 子映射路径
    public Object echo(String msg) {                   // 业务处理方法
        log.info("请求参数，msg = {}", msg);            // 日志输出
        return "【ECHO】" + msg;                        // 直接响应
    }
}
```

程序访问路径：

```
http://localhost/message/echo?msg=www.yootk.com
```

日志信息输出：

```
INFO 1128 --- [p-nio-80-exec-5] com.yootk.action.MessageAction: 请求参数，msg = www.yootk.com
```

网页信息显示：

【ECHO】沐言科技：www.yootk.com

因为在引入 Spring Boot 依赖库时已经自动引入相关的日志组件，所以此时就可以直接在类中通过"@Slf4j"获取一个 log 的实例化对象，随后调用 info()方法实现日志信息打印。

> 提示：Spring Boot 默认采用了"SLF4J 和 Logback"日志组合。
>
> 在 Spring Boot 程序中，开发者只要引入了"spring-boot-starter-web"依赖组件，就可以发现该组件会自动引入"spring-boot-starter-logging"依赖，而在该依赖中存在"slf4j"和"logback"依赖组合，如图 7-10 所示。

图 7-10 Spring Boot 依赖组件

7.2.1 Spring Boot 日志配置

视频名称　0709_【掌握】Spring Boot 日志配置
视频简介　为了便于日志管理，往往需要设置不同的日志级别。本视频为读者分析默认的日志级别，同时通过具体实例讲解如何基于 application.yml 实现日志级别的配置。

Spring Boot 进行日志信息输出时一般会存在 4 种日志级别，按照由高到低的顺序为 ERROR（错误）、WARN（警告）、INFO（信息）、DEBUG（调试）。不同级别日志的输出需要调用不同的处理方法。

范例：定义多种级别的日志输出

```java
package com.yootk.action;                              // 程序包名称
@RestController                                        // Rest控制器注解
@RequestMapping("/message/*")                          // 父映射路径
@Slf4j
public class MessageAction extends BaseAction {        // Action程序类
    @RequestMapping("echo")                            // 子映射路径
    public Object echo(String msg) {                   // 业务处理方法
        log.error("请求参数，msg = {}", msg);           // 输出ERROR级别日志
        log.warn("请求参数，msg = {}", msg);            // 输出WARN级别日志
        log.info("请求参数，msg = {}", msg);            // 输出INFO级别日志
        log.debug("请求参数，msg = {}", msg);           // 输出DEBUG级别日志
        return "【ECHO】" + msg;                        // 直接响应
    }
}
```

程序访问路径：

```
http://localhost/message/echo?msg=www.yootk.com
```

程序执行结果：

```
ERROR 5076 --- [p-nio-80-exec-2] com.yootk.action.MessageAction    :请求参数，msg = www.yootk.com
WARN  5076 --- [p-nio-80-exec-2] com.yootk.action.MessageAction    :请求参数，msg = www.yootk.com
INFO  5076 --- [p-nio-80-exec-2] com.yootk.action.MessageAction    :请求参数，msg = www.yootk.com
```

此程序在 echo() 方法中分别使用 4 种不同的日志级别实现了内容的输出，而通过最终执行的结果可以发现，默认情况下可以输出 ERROR、WARN、INFO 三种级别的日志信息。

实际上 Spring Boot 可以支持的日志级别有 6 种，按照由低到高的顺序分别为 TRACE（跟踪）、DEBUG（调试）、INFO（信息）、WARN（警告）、ERROR（错误）、FATAL（致命）。默认情况下 Spring Boot 中所采用的日志级别为 "INFO"，所以无法显示 DEBUG 级别的日志信息。要想修改日志级别，可以通过 application.yml 文件进行配置。

范例：Spring Boot 日志配置

```
logging:
  level:
    root: info                                                      # 全局日志级别
    com.yootk: debug                                                # 局部日志级别
  file:
    path: muyan-logs                                                # 定义日志保存路径
  pattern:
    file: "%d{yyyy-MM-dd HH:mm:ss} [%thread] %-5level [%logger] %msg%n"     # 文件格式
    console: "%d{yyyy-MM-dd HH:mm:ss} [%thread] %-5level [%logger] %msg%n"  # 控制台格式
```

日志格式说明：

1. "%d{yyyy-MM-dd HH:mm:ss}"：日志记录的日期时间
2. "%thread"：输出日志的线程名称
3. "%-5level"：日志级别，长度为5，靠左对齐
4. "%logger"：日志输出者名称
5. "%msg"：日志消息
6. "%n"：换行符

本程序实现了 Spring Boot 日志管理配置，实现了全局日志级别（logging.level.root）、局部日志级别（logging.level.包名称）的配置，同时又定义了日志文件的存储目录以及日志信息输出格式。这样程序运行后就可以在控制台显示如下日志输出信息。

```
2022-01-23 12:36:22 [http-nio-80-exec-3] ERROR [com.yootk.action.MessageAction] - 请求参数，
msg = www.yootk.com
2022-01-23 12:36:22 [http-nio-80-exec-3] WARN  [com.yootk.action.MessageAction] - 请求参数，
msg = www.yootk.com
2022-01-23 12:36:22 [http-nio-80-exec-3] INFO  [com.yootk.action.MessageAction] - 请求参数，
msg = www.yootk.com
2022-01-23 12:36:22 [http-nio-80-exec-3] DEBUG [com.yootk.action.MessageAction] - 请求参数，
msg = www.yootk.com
```

此时已经可以成功地显示出 DEBUG 级别的信息，同时在项目的路径下自动创建了一个 "muyan-logs" 日志目录，将相关日志保存在 "spring.log" 文件中。

7.2.2 整合 Logback 日志配置文件

整合 Logback
日志配置文件

视频名称　0710_【掌握】整合 Logback 日志配置文件

视频简介　Spring Boot 中的日志除了可以通过 YAML 文件配置外，也可以单独进行日志配置文件的引入。本视频为读者定义 Logback 日志配置文件，并实现日志的归类管理。

Spring Boot 默认使用 Logback 组件进行日志管理，虽然可以通过 application.yml 进行日志的配置，但是一些更加细致的日志配置是无法通过 application.yml 进行的（如按天进行日志归档、自动

删除等），所以在实际开发中较为常见的做法是编写具体的日志配置文件。在 Spring Boot 中默认的日志文件名称为"logback-spring.xml"，程序的定义结构如图 7-11 所示。

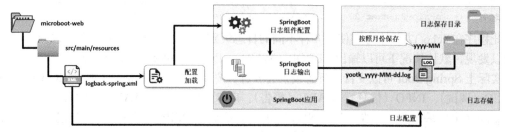

图 7-11 Spring Boot 日志配置

范例：定义 logback-spring.xml 配置文件

```xml
<?xml version="1.0" encoding="UTF-8"?>
<configuration scan="true" scanPeriod="60 seconds" debug="false">
    <contextName>logback</contextName>
    <!-- 定义控制台输出匹配格式 -->
    <substitutionProperty name="logging.pattern.console"
        value="%clr(%d{${LOG_DATEFORMAT_PATTERN:-yyyy-MM-dd HH:mm:ss.SSS}}){faint}
        %clr(${LOG_LEVEL_PATTERN:-%5p}) %clr(${PID:- }){magenta} %clr(---){faint}
        %clr([%15.15t]){faint} %clr(%-40.40logger{39}){cyan} %clr(:){faint}
        %m%n${LOG_EXCEPTION_CONVERSION_WORD:-%ewtpc}"/>
    <!-- 定义日志文件输出匹配格式 -->
    <substitutionProperty name="logging.pattern.file"
        value="%d{${LOG_DATEFORMAT_PATTERN:-yyyy-MM-dd HH:mm:ss.SSS}}
        ${LOG_LEVEL_PATTERN:-%5p} ${PID:- } --- [%t] %-40.40logger{39} : %m%n
        ${LOG_EXCEPTION_CONVERSION_WORD:-%ewtpc}"/>
    <conversionRule conversionWord="clr"
        converterClass="org.springframework.boot.logging.logback.ColorConverter"/>
    <conversionRule conversionWord="wtpc"
    converterClass="org.springframework.boot.logging.logback.
                        WhitespaceThrowableProxyConverter"/>
    <conversionRule conversionWord="ewtpc"
    converterClass="org.springframework.boot.logging.logback.
                        ExtendedWhitespaceThrowableProxyConverter"/>
    <appender name="console"
                class="ch.qos.logback.core.ConsoleAppender">     <!-- 控制台输出 -->
        <layout class="ch.qos.logback.classic.PatternLayout">
            <pattern>${logging.pattern.console}</pattern>        <!-- 格式引用 -->
        </layout>
    </appender>
    <!-- 将每天生成的日志保存在一个文件之中 -->
    <appender name="file" class="ch.qos.logback.core.rolling.RollingFileAppender">
        <Prudent>true</Prudent>
        <rollingPolicy class="ch.qos.logback.core.rolling.TimeBasedRollingPolicy">
            <!-- 设置日志保存路径，本次按照月份创建日志目录，而后每天的文件归档到一组 -->
            <FileNamePattern>
                muyan-logs/%d{yyyy-MM}/yootk_%d{yyyy-MM-dd}.log
            </FileNamePattern>
            <MaxHistory>365</MaxHistory>                 <!-- 删除超过365天的日志文件 -->
        </rollingPolicy>
        <filter class="ch.qos.logback.classic.filter.ThresholdFilter">
            <level>ERROR</level>                   <!-- 保存ERROR及以上级别的日志 -->
        </filter>
        <encoder>
            <Pattern>${logging.pattern.file}</Pattern>           <!-- 格式引用 -->
        </encoder>
    </appender>
    <logger name="com.yootk" level="TRACE" additivity="true"/>   <!-- 局部日志级别 -->
    <root level="INFO">                             <!-- 全局日志级别 -->
        <appender-ref ref="console"/>               <!-- 控制台输出 -->
        <appender-ref ref="file"/>                  <!-- 文件输出 -->
```

```
    </root>
</configuration>
```

此时的程序实现了 Logback 日志文件的配置,只要将此文件配置到项目中,Spring Boot 就会自动对其进行读取,而后保存在文件中的日志会根据月份归档,每天的日志会保存在不同的日志文件中。

7.2.3 动态修改日志级别

视频名称 0711_【掌握】动态修改日志级别
视频简介 Spring Boot 结合 Actuator 监控管理可以实现日志级别的动态控制。本视频通过具体实例讲解动态日志实现所需要的相关配置以及修改的实现。

项目中引入日志的目的是便于程序的执行监控,这样在程序出现问题时可以通过日志记录准确地进行错误定位。而为了避免产生过多无用的日志信息,一般可以将日志等级调高,例如,调整到 WARN 级别,如图 7-12 所示。

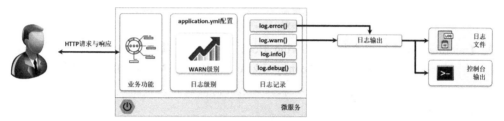

图 7-12 项目运行时的日志级别

但是随着项目业务逻辑的不断完善,仅仅依靠错误日志信息实际上很难准确发现具体的错误位置,而为了获取更多的错误信息,就需要手工将日志级别调整到"DEBUG"或"TRACE",而后再继续等待错误的出现并解决它。这样一来对于程序的开发人员来讲,工作就会非常烦琐。为了简化代码调试步骤,从 Spring Boot 1.5 版本开始,开发者可以直接通过 Actuator 监控模块在不重启服务的情况下实现日志级别的动态修改,如图 7-13 所示。

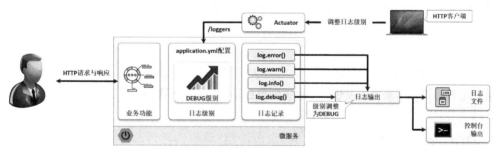

图 7-13 动态调整日志级别

在 Spring Boot 中,日志级别一般分为全局日志级别和局部日志级别。而要想获取所有的日志配置,在 Spring Boot Actuator 监控模块中可以通过"/loggers"终端(对应类型"org.springframework.boot.actuate.logging.LoggersEndpoint")进行查看,而如果想查看或修改某一个 Bean 对象的日志级别,则可以使用"/loggers/{Action 名称}"的形式进行处理。为了便于读者观察,下面通过具体的操作步骤演示日志信息的查询与修改操作。

(1)【microboot】日志信息的修改要通过 Actuator 组件完成。修改 build.gradle 引入相关模块。

```
project('microboot-web') {                    // 子模块
    dependencies {                            // 已经添加过的依赖库不再重复列出,代码略
        compile('org.springframework.boot:spring-boot-starter-actuator')
```

    }
}

(2)【microboot-web】修改 application.yml 配置文件，启用 Actuator 的全部终端并设置默认的控制台日志输出级别。

Actuator 配置：

```yaml
management:                              # Actuator监控配置
  server:
    port: 9090                           # 服务监听接口
  endpoints:                             # 监控端点
    web:
      exposure:
        include: "*"                     # 默认值访问health、info端点
                                         # 访问全部端点，也可以只开放"loggers"
      base-path: /actuator               # 监控访问路径
```

日志级别配置：

```yaml
logging:
  level:
    root: info                           # 全局日志级别
    com.yootk: warn                      # 局部日志级别
```

(3)【microboot-web】启动当前的 Spring Boot 应用后就可以通过"/loggers"获取全部日志级别配置。为了便于观察，本次将查询"com.yootk.action.MessageAction"的日志级别。

```
http://localhost:9090/actuator/loggers/com.yootk.action.MessageAction
```

程序执行结果：

```
{ "configuredLevel": null, "effectiveLevel": "WARN" }
```

(4)【HTTP 客户端】如果想修改"com.yootk.action.MessageAction"的日志级别，则可以利用 curl 命令发送一个 HTTP 请求。需要注意的是，该请求必须为 POST 请求模式，同时传输的数据类型必须为 JSON。

```
curl -X POST http://localhost:9090/actuator/loggers/com.yootk.action.MessageAction -H "Content-Type: application/json" --data "{\"configuredLevel\": \"DEBUG\"}"
```

(5)【microboot-web】日志级别修改完成后，再次查询微服务中的日志配置。

```
http://localhost:9090/actuator/loggers/com.yootk.action.MessageAction
```

程序执行结果：

```
{ "configuredLevel":"DEBUG","effectiveLevel":"DEBUG" }
```

通过此时的执行结果可以发现，日志级别已经动态改变。再次执行日志输出时会发现控制台中已经可以输出 DEBUG 及以上级别的日志信息。

7.2.4 MDC 全链路跟踪

MDC 全链路跟踪

视频名称　　0712_【掌握】MDC 全链路跟踪
视频简介　　良好的日志记录需要详细保存用户线程的每一步操作信息，所以 Spring Boot 在 Slf4j 中提供了 MDC 全链路跟踪日志。本视频为读者分析传统日志记录中的问题，同时通过具体实例讲解 MDC 全链路跟踪的程序实现。

一个完整的用户请求处理一般包含控制层、业务层和数据层，而完善的日志处理需要清楚地记录不同层的操作状态。但是如果按照先前所讲解的形式，假设有多个用户进行并发访问，那么最终所能记录下来的只有不同层之间的操作信息，如图 7-14 所示。至于某一个日志是由哪个线程发出的，以及与该线程有关的操作日志信息，就很难体现出来。这样在进行最终问题排查时依然很难通过日志进行正确的分析。

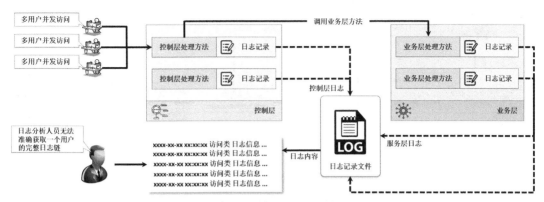

图 7-14 传统日志处理形式

为了更加清楚地实现用户记录的日志处理，良好的日志系统在设计时一般会使用 MDC（Mapped Diagnostic Context，映射调试上下文）全链路跟踪日志，在日志记录中保留有一个线程的唯一请求标记（本次假设该标记为"requestId"），与该用户请求相关的所有日志都要准确地记录下这个 requestId，这样在最终进行日志分析时就可以依据这个 requestId 进行用户操作链路的完整跟踪，如图 7-15 所示。

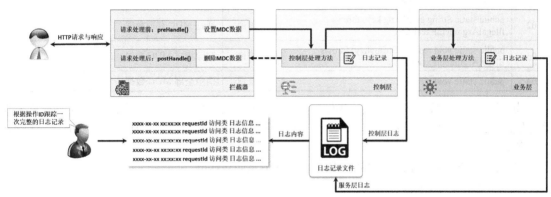

图 7-15 MDC 日志记录

MDC 全链路跟踪实现的关键在于为每个访问线程设置唯一的 requestId 数据内容，而要想实现该数据的设置需要通过 HandlerInterceptor 拦截器进行 requestId 的维护。在用户请求提交到控制层之前，首先在拦截器中为当前请求线程设置一个 requestId，这样所有与该线程有关的日志记录中就都会存在唯一的 requestId。同时考虑到程序性能的问题，一般需要在用户请求处理完毕后移除该 requestId 数据。

> **提示：通过 UUID 生成 requestId。**
>
> 在拦截器中生成的 requestId 数据一定要保证唯一性，所以常规的做法是通过 UUID 随机生成一个数据，这样可以避免重复的问题。
>
> 同时读者还需要记住，不要使用线程名称作为 reuqestId。因为在整个 Web 容器中，所有的线程都被线程池管理，所以使用线程名称进行标记一定会有重复数据。

为了便于用户实现 MDC 全链路跟踪，SLF4J 标准提供了"org.slf4j.MDC"程序类。MDC 相当于一个当前线程与 Map 的绑定集合，可以在其中为当前线程添加相应的键值对，这样在进行相关操作处理时就可依据当前线程获取指定 key 的数据项，从而实现日志记录，如图 7-16 所示。

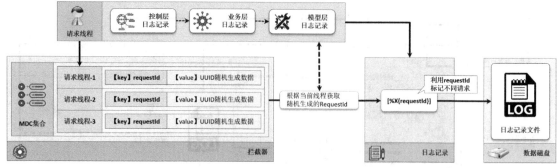

图 7-16 MDC 集合操作

在 MDC 中所保存的数据项，可以直接在日志模板文件（logback-spring.xml）中根据指定的 key 获取，而所有获取到的内容可以通过程序进行设置。开发者可以利用表 7-4 所提供的方法进行 MDC 相关数据操作。

表 7-4 MDC 类处理方法

序号	方法	类型	描述
01	public static void put(String key, String val) throws IllegalArgumentException	普通	向 MDC 集合中保存数据
02	public static String get(String key) throws IllegalArgumentException	普通	通过 MDC 获取数据
03	public static void remove(String key) throws IllegalArgumentException	普通	删除指定 MDC 数据
04	public static void clear()	普通	清空全部 MDC 数据

为了便于读者理解 MDC 的具体操作实现，下面通过具体程序代码进行说明。为了便于读者观察全链路日志的记录，本次操作将在拦截器、控制层以及业务层中进行完整的日志记录，具体的开发步骤如下。

(1)【microboot-web】创建业务层接口，定义消息回应标准。

```
package com.yootk.service;
public interface IMessageService {
    public String echo(String msg);                              // 消息处理
}
```

(2)【microboot-web】创建业务层接口实现子类，并通过注解进行 Bean 注册。

```
package com.yootk.service.impl;
@Service
@Slf4j
public class MessageServiceImpl implements IMessageService {    // 业务层子类
    @Override
    public String echo(String msg) {
        log.info("业务层处理, msg = {}", msg);                   // 日志记录
        return "【ECHO】" + msg;
    }
}
```

(3)【microboot-web】创建控制层处理类，注入业务层接口实例并进行业务方法调用。

```
package com.yootk.action;                                       // 程序包名称
@RestController                                                 // Rest控制器注解
@RequestMapping("/message/*")                                   // 父映射路径
@Slf4j
public class MessageAction extends BaseAction {                 // Action程序类
    @Autowired
```

```
    private IMessageService messageService;                // 注入业务接口实例
    @RequestMapping("echo")                                 // 子映射路径
    public Object echo(String msg) {                        // 业务处理方法
        log.info("控制层处理, msg = {}", msg);              // 日志记录
        return this.messageService.echo(msg);               // 调用业务方法
    }
}
```

（4）【microboot-web】创建拦截器，实现 MDC 数据操作。为了便于读者观察 requestId 数据的生成以及 MDC 数据的删除，程序在拦截器中的相应方法上也进行了日志输出，而在实际开发中可以根据项目需要取舍。

```
package com.yootk.interceptor;
@Slf4j
public class MDCInterceptor implements HandlerInterceptor {
    private final static String REQUEST_ID = "requestId";  // KEY名称
    @Override
    public boolean preHandle(HttpServletRequest httpServletRequest,
            HttpServletResponse httpServletResponse, Object o) throws Exception {
        String xForwardedForHeader = httpServletRequest
                .getHeader("X-Forwarded-For");              // 客户端原始地址
        String clientIp = httpServletRequest.getRemoteAddr(); // 远程主机地址
        String uuid = UUID.randomUUID().toString();         // 随机生成UUID
        log.info("MDC操作记录开始: requestId = {}", uuid);  // 日志输出
        log.info("requestId = {}, clientIp = {}, X-Forwarded-For = {}",
                uuid, clientIp, xForwardedForHeader);       // 日志输出
        MDC.put(REQUEST_ID, uuid);                          // 保存MDC数据
        return true;
    }
    @Override
    public void postHandle(HttpServletRequest httpServletRequest,
    HttpServletResponse httpServletResponse, Object o,
    ModelAndView modelAndView) throws Exception {
        String uuid = MDC.get(REQUEST_ID);                  // 获取MDC数据
        log.info("MDC操作记录结束 requestId = {}", uuid);   // 日志记录
        MDC.remove(REQUEST_ID);                             // 删除MDC数据
    }
}
```

（5）【microboot】定义 Web 程序配置类，并进行拦截器的注册以及拦截路径配置。

```
package com.yootk.config;
@Configuration
public class WebInterceptorConfig implements WebMvcConfigurer {  // Web配置类
    @Override
    public void addInterceptors(InterceptorRegistry registry) {  // 拦截器注册
        registry.addInterceptor(this.getInterceptor())
                .addPathPatterns("/**");                         // 追加拦截器
    }
    @Bean
    public HandlerInterceptor getInterceptor() {                 // 获取拦截器实例
        return new MDCInterceptor();                             // 获取拦截器实例
    }
}
```

（6）【microboot-web】修改日志模板文件（logback-spring.xml），在输出格式上追加 "requestId" 标记。

```
<!-- 定义控制台输出匹配格式 -->
<substitutionProperty name="logging.pattern.console"
        value="%clr(%d{${LOG_DATEFORMAT_PATTERN:-yyyy-MM-dd HH:mm:ss.SSS}}){faint}
```

```
       %clr(${LOG_LEVEL_PATTERN:-%5p}) %clr([%X{requestId}])
       %clr(${PID:- }){magenta} %clr(---){faint} %clr([%15.15t]){faint}
       %clr(%-40.40logger{39}){cyan} %clr(:){faint}
       %m%n${LOG_EXCEPTION_CONVERSION_WORD:-%ewtpc}"/>
<!-- 定义日志文件输出匹配格式 -->
<substitutionProperty name="logging.pattern.file"
       value="%d{${LOG_DATEFORMAT_PATTERN:-yyyy-MM-dd HH:mm:ss.SSS}}
       ${LOG_LEVEL_PATTERN:-%5p} %clr([%X{requestId}]) ${PID:- } ---
       [%t] %-40.40logger{39} : %m%n${LOG_EXCEPTION_CONVERSION_WORD:-%ewtpc}"/>
```

（7）【microboot-web】修改 application.yml 配置文件，将日志级别调整为"INFO"。

```
logging:
  level:
    root: info                    # 全局日志级别
    com.yootk: info               # 局部日志级别
```

（8）【Web 客户端】通过浏览器输入控制器的访问地址，随后观察日志内容。

http://localhost/message/**echo?msg=www.yootk.com**

拦截器日志：

```
2022-01-26 16:59:57.135  INFO []  8600 --- [p-nio-80-exec-1] com.yootk.interceptor.MDCInterceptor:
MDC操作记录开始: requestId = a481f8fc-a474-447d-8422-f581a9ef0726
2022-01-26 16:59:57.135  INFO []  8600 --- [p-nio-80-exec-1] com.yootk.interceptor.MDCInterceptor:
requestId = a481f8fc-a474-447d-8422-f581a9ef0726, clientIp = 0:0:0:0:0:0:0:1, X-Forwarded-For = null
```

控制层日志：

```
2022-01-26 16:59:57.176  INFO [a481f8fc-a474-447d-8422-f581a9ef0726] 8600 --- [p-nio-80-exec-1]
com.yootk.action.MessageAction        : 控制层处理, msg = www.yootk.com
```

业务层日志：

```
2022-01-26 16:59:57.176  INFO [a481f8fc-a474-447d-8422-f581a9ef0726] 8600 --- [p-nio-80-exec-1]
c.yootk.service.impl.MessageServiceImpl  : 业务层处理, msg = www.yootk.com
```

拦截器日志：

```
2022-01-26 16:59:57.203  INFO [a481f8fc-a474-447d-8422-f581a9ef0726] 8600 --- [p-nio-80-exec-1]
com.yootk.interceptor.MDCInterceptor       : MDC 操作记录结束 requestId = a481f8fc-a474-447d-8422-
f581a9ef0726
```

为了方便读者浏览，本次将日志信息归类显示。可以发现，在控制层和业务层中进行日志记录时，日志会自动通过 requestId 进行标记，这样开发者就可以直接依据该标记进行详细的日志分析。

7.3 Actuator 可视化监控

Actuator 可视化监控简介

视频名称 0713_【理解】Actuator 可视化监控简介

视频简介 合理的微服务监控是保证项目正确运行的关键，这就需要对 Actuator 提供的监控数据进行有效的整理。本视频为读者讲解监控数据可视化的意义，并介绍在可视化监控操作中常见的服务组件的作用；同时为了便于读者清楚地理解每项服务的作用，利用虚拟机实现一个监控集群的服务主机配置。

Actuator 虽然可以为管理者提供完整的 Spring Boot 环境监控数据，但是用户所能获取的数据内容仅仅是当前的服务状态，无法进行系统性的可视化监控。所以当某一个微服务执行性能下降时很难通过当前状态直观地发现微服务存在问题。最佳的做法是对这些监控数据进行持续的记录，并以监控图示的方式展现给用户，如图 7-17 所示。

在实际的项目管理中，一般监控数据会由两部分组成：微服务监控数据（Actuator）与服务主

7.3 Actuator 可视化监控

机数据（NodeExporter）。所以被监控的主机就需要通过相应的服务进行配置，而所有捕获到的数据项可以按照获取的时间顺序存储在 Prometheus 数据文件中，最终再结合 Prometheus 提供的 Web 控制台实现监控数据的可视化显示。如果想获取更加丰富的数据可视化形式，则可以借助 Gragana 工具。除了监控数据的显示之外，最重要的就是服务的预警功能，例如，当微服务突然中断或者服务器资源占用超标时，都应该及时将警告信息发送给运维人员，以便进行及时调整。

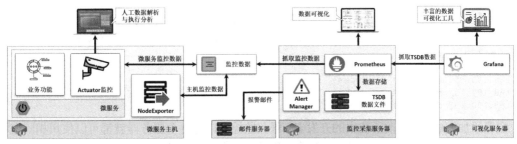

图 7-17 Actuator 数据可视化

本次的实现结构中有监控数据的提供者、数据消费者以及监控数据的可视化显示。为了便于读者区分每项服务的作用，表 7-5 列出了本次所使用的服务主机。对这些服务主机基本使用环境的配置步骤如下。

表 7-5 监控服务主机列表

序号	主机名称	IP 地址	运行服务
01	microboot-producer	192.168.190.151	PrometheusActuator、NodeExporter
02	microboot-prometheus	192.168.190.152	Prometheus、AlterManager
03	microboot-grafana	192.168.190.153	Grafana

（1）【microboot-*】打开 hostname 主机名称配置文件，根据表 7-5 定义的配置项定义各主机名称，并在配置完成后重新启动当前虚拟机使配置生效。

打开 hostname 配置文件：
```
vi /etc/hostname
```

重新启动虚拟机：
```
reboot
```

（2）【microboot-*】当前的虚拟机环境采用静态 IP 地址的方式进行配置，根据表 7-5 修改主机的 IP 地址。

打开网卡配置文件：
```
vi /etc/sysconfig/network-scripts/ifcfg-ens33
```

microboot-producer：
```
IPADDR=192.168.190.151
```

microboot-prometheus：
```
IPADDR=192.168.190.152
```

microboot-grafana：
```
IPADDR=192.168.190.153
```

（3）【microboot-*】重新启动网卡使当前配置的静态 IP 生效。
```
ifdown ens33 && ifup ens33
```

（4）【microboot-*】修改主机 hosts 配置文件，在每台主机中追加主机名称与 IP 地址的映射信息。

打开 hosts 配置文件:

```
vi /etc/hosts
```

添加主机映射项:

```
192.168.190.151 microboot-producer
192.168.190.152 microboot-prometheus
192.168.190.153 microboot-grafana
```

(5)【使用者主机】为便于后续的信息展开,建议在使用者的计算机中也进行相关服务主机的配置。本次的开发主机使用 Windows 系统,所以在 "C:\Windows\System32\drivers\etc\hosts" 配置文件中添加以下配置。

```
192.168.190.151 microboot-producer
192.168.190.152 microboot-prometheus
192.168.190.153 microboot-grafana
```

配置添加完成后,当前系统中的开发者、服务监控者以及各个服务器就都可以使用相同主机名称进行访问了。这样就可以得到图 7-18 所示的项目开发与监控结构。

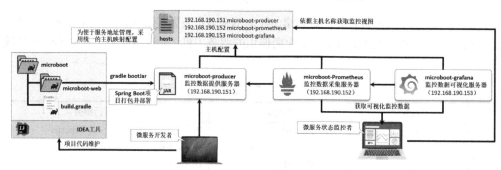

图 7-18 项目开发与监控结构

7.3.1 NodeExporter

视频名称　0714_【理解】NodeExporter

视频简介　NodeExporter 是一个由 Prometheus 提供的服务插件,其主要目的是获取当前应用主机的监控信息。本视频为读者讲解 NodeExporter 组件的获取以及环境配置。

项目生产环境中,需要将微服务部署到相应的服务主机中。此时除了要进行微服务自身的状态监控外,实际上也需要准确地获取当前服务主机的状态信息,如 CPU 使用率、内存使用率、网络使用率、缓存使用率、磁盘使用率等。可以通过 NodeExporter 组件获取这些信息,同时这些信息也与 Prometheus 无缝衔接,如图 7-19 所示。

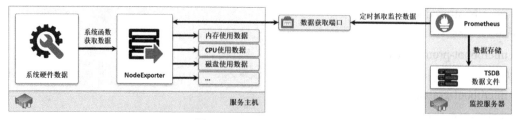

图 7-19 NodeExporter 组件

NodeExporter 是由 Prometheus 提供的系统监控服务,开发者可以通过网络获取 node_export 组件,如图 7-20 所示;而后根据当前的操作系统版本下载对应的工具包。本次下载的是 Linux 标准版的开发包,名称为 "node_exporter-1.0.1.linux-amd64.tar.gz"。随后可以按照以下步骤进行组件配置。

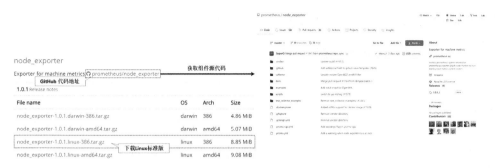

图 7-20 获取 node_exporter 工具包

（1）【microboot-producer 主机】通过 wget 或将下载完成的组件包保存到"/var/ftp"目录之中。
```
wget https://github.com/prometheus/node_exporter/releases/download/v1.0.1/node_exporter-1.0.1.linux-amd64.tar.gz
```

（2）【microboot-producer 主机】解压缩"node_exporter"组件到"/usr/local"目录中。
```
tar xzvf /var/ftp/node_exporter-1.0.1.linux-amd64.tar.gz -C /usr/local/
```

（3）【microboot-producer 主机】为便于管理将解压缩后的目录更名。
```
mv /usr/local/node_exporter-1.0.1.linux-amd64/ /usr/local/node_exporter
```

（4）【microboot-producer 主机】为方便 NodeExporter 服务管理，将此组件设置为系统服务，创建服务配置文件。
```
vi /lib/systemd/system/node_exporter.service
```
服务配置文件：
```
[Unit]
Description=Node_Exporter Service

[Service]
User=root
ExecStart=/usr/local/node_exporter/node_exporter
TimeoutStopSec=10
Restart=on-failure
RestartSec=5

[Install]
WantedBy=multi-user.target
```

（5）【microboot-producer 主机】服务文件添加完成后可以利用 systemctl 加载新的服务配置文件。
```
systemctl daemon-reload
```

（6）【microboot-producer 主机】服务项加载完成后，可以根据自己的需要使用以下命令进行服务操作。

服务随系统启动：
```
systemctl enable node_exporter.service
```
关闭服务自启动：
```
systemctl disable node_exporter.service
```
手工服务启动：
```
systemctl start node_exporter.service
```
手工服务关闭：
```
systemctl stop node_exporter.service
```
服务状态查询：
```
systemctl status node_exporter.service
```

（7）【microboot-producer 主机】NodeExporter 默认会占用 9100 端口，需要为本机的防火墙添加访问规则。

开放 9100 端口：

```
firewall-cmd --zone=public --add-port=9100/tcp --permanent
```

重新加载配置：

```
firewall-cmd --reload
```

（8）【Web 浏览器】服务启动后可以通过浏览器获取监控数据，得到当前主机中相关硬件的状态信息。

7.3.2 Prometheus 监控数据

视频名称　0715_【理解】Prometheus 监控数据
视频简介　基于 Actuator 的处理机制可以在项目中与 Prometheus 监控工具有效整合。本视频通过实例讲解如何实现"/prometheus"监控终端的启用。

如果想将当前的微服务程序与 Prometheus 进行整合，那么微服务必须提供符合 Prometheus 标准的监控数据信息，这样就需要在项目中引入"micrometer-registry-prometheus"依赖库。在当前的微服务中提供一个名称为"/prometheus"的新的 Actuator 监控终端，监控者可以从该终端获取当前微服务运行下的 JVM、日志、Tomcat 等监控数据，如图 7-21 所示。为了便于读者理解，下面通过具体步骤讲解 Prometheus 监控数据的获取。

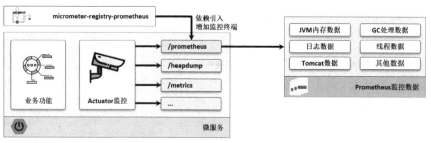

图 7-21　获取 Prometheus 监控信息

（1）【microboot 项目】修改"build.gradle"配置文件，引入相关依赖库。

```
project('microboot-web') {                  // 子模块
    dependencies {                          // 已经添加过的依赖库不再重复列出，代码略
        compile('org.springframework.boot:spring-boot-starter-actuator')
        compile('io.micrometer:micrometer-registry-prometheus:1.6.3')
    }
}
```

（2）【microboot-web 模块】修改项目中的 application.yml 配置文件，进行 Actuator 访问终端配置，用户可以选择只开放一个"/prometueus"终端，或者使用"*"开放全部终端。

```
management:                                 # Actuator监控配置
  server:
    port: 9090                              # 服务监听接口
  endpoints:                                # 监控端点
    web:
      exposure:
        include: "*"                        # 开放全部端点
      base-path: /actuator                  # 监控访问路径
```

（3）【microboot-web 模块】启动微服务，随后访问"/actuator/prometheus"服务终端，可以直

7.3 Actuator 可视化监控

接通过该路径观察到访问时刻的微服务相关监控数据。

（4）【microboot-web 模块】项目开发完成后需要将项目打包并部署到"microboot-producer"服务主机中。直接在此模块中通过"gradle bootJar"打包，随后得到一个"yootkboot-1.0.0-lee.jar"程序文件。

（5）【microboot-web 模块】打包生成的 Spring Boot 项目代码，上传到"/var/ftp"目录中，随后启动该程序。为便于操作，本次将采用后台启动的方式运行 Spring Boot 程序，同时将其输出的日志保存在"/usr/local/yootk.log"文件中。

```
nohup java -jar /var/ftp/yootkboot-1.0.0-lee.jar > /usr/local/yootk.log 2>&1 &
```

（6）【Linux】由于此时 Actuator 服务的应用端口为 9090，微服务端口为 80，所以需要在防火墙中开启对应端口。

添加防火墙端口：

```
firewall-cmd --zone=public --add-port=80/tcp --permanent
firewall-cmd --zone=public --add-port=9999/tcp --permanent
```

重新加载防火墙配置：

```
firewall-cmd --reload
```

（7）【Web 浏览器】服务部署完成后利用浏览器访问 Actuator 路径：microboot-producer:9090/actuator/prometheus。

> 提示：Actuator 底层为 Micrometer 实现。
>
> 从 Spring Boot 2.x 版本开始，Spring Boot Actuator 监控服务将其底层实现变更为 Micrometer，提供了更强大、更灵活的服务状态监控能力。
>
> Micrometer 是基于 JVM 的应用程序的 metrics 工具库，是一个为服务监控而提供的技术标准（可以理解为监控界的 SLF4J），可通过极低的系统消耗获取指定的监控数据，也可以方便地对接各种监控系统。

7.3.3 Prometheus 服务搭建

视频名称 0716_【理解】Prometheus 服务搭建
视频简介 Prometheus 是一个开源工具，可以方便地被所有开发者使用。本视频为读者讲解 Prometheus 工具的下载，并在 Linux 系统上进行实现工具的安装与配置。

Prometheus 是由 SoundCloud 公司开发的开源监控报警系统和时序列数据库（Time Series Database，TSDB）。Prometheus 基于 Golang 语言开发，是 Google BorgMon 监控系统的开源版本，开发者可以直接登录 Prometheus 官方网站获取相关的服务组件，如图 7-22 所示。

图 7-22 下载 Prometheus 工具包

本次使用的是 Linux 标准版工具包，名称为"prometheus-2.24.1.linux-amd64.tar.gz"，具体的服务配置将通过 Linux 系统完成（使用 microboot-prometheus 主机），配置步骤如下。

（1）【microboot-prometheus 主机】开发者可以直接在 Linux 系统中通过 wget 命令进行 Prometheus

工具的下载，或者通过相关工具将下载完成的软件包上传到系统中。本次将工具包保存在"/var/ftp"目录中。

(2)【microboot-prometheus 主机】将 prometheus 工具包解压缩到"/usr/local"目录中。

```
tar xzvf /var/ftp/prometheus-2.24.1.linux-amd64.tar.gz -C /usr/local/
```

(3)【microboot-prometheus 主机】为便于管理，本次将解压缩后的目录更名为"prometheus"。

```
mv /usr/local/prometheus-2.24.1.linux-amd64/ /usr/local/prometheus
```

(4)【microboot-prometheus 主机】打开 Prometheus 配置文件。

```
vi /usr/local/prometheus/prometheus.yml
```

(5)【microboot-prometheus 主机】在"prometheus.yml"文件中明确定义要监控的微服务主机地址以及监控路径。

```
global:                                       //数据抓取全局参数
  scrape_interval: 15s                        //数据抓取间隔为15s（默认为1min）
  evaluation_interval: 15s                    //规则评估间隔为15s（默认为1min）
scrape_configs:                               //数据抓取配置
- job_name: 'prometheus'                      //定义数据抓取作业并设置抓取目标（target）名称
    static_configs:                           //配置抓取主机列表
      - targets: ['microboot-prometheus:9999']  //抓取Prometheus监控数据
- job_name: 'node'                            //定义数据抓取作业并设置抓取目标（target）名称
    static_configs:                           //配置抓取主机列表
      - targets: ['microboot-producer:9100']  //抓取NodeExporter监控数据
        labels:                               //作业标签（可选）
          instance: microboot-producer-node   //标签名称（可选）
- job_name: 'microboot'                       //定义数据抓取作业并设置抓取目标（target）名称
    scrape_interval: 10s                      //每隔10s抓取一次（局部配置生效）
    scrape_timeout: 5s                        //每次抓取超时时间
    metrics_path: '/actuator/prometheus'      //数据抓取路径
    static_configs:                           //配置抓取主机列表
      - targets: ['microboot-producer:9090']  //抓取Actuator监控数据
```

(6)【microboot-prometheus 主机】配置完成后通过 promtool 检查配置是否正确。

```
/usr/local/rometheus/promtool check config /usr/local/rometheus/rometheus.yml
```

程序执行结果：

```
Checking /usr/local/prometheus/prometheus.yml
  SUCCESS: 0 rule files found
```

(7)【microboot-prometheus 主机】为便于 Prometheus 服务管理，可以将其交由 Systemctl 管理，创建一个服务配置文件。

创建配置文件：

```
vi /usr/lib/systemd/system/prometheus.service
```

配置文件定义：

```
[Unit]
Description=Prometheus Service

[Service]
User=root
ExecStart=/usr/local/prometheus/prometheus \
        --config.file=/usr/local/prometheus/prometheus.yml \
        --storage.tsdb.path=/usr/local/prometheus/data \
        --web.listen-address=0.0.0.0:9999 --web.enable-lifecycle
TimeoutStopSec=10
Restart=on-failure
RestartSec=5

[Install]
WantedBy=multi-user.target
```

程序启动参数：

--config.file="/usr/local/prometheus/prometheus.yml"：指定"prometheus.yml"配置文件路径
--web.listen-address=":9999"：设置监控端口（默认端口为9090）
--storage.tsdb.path="/usr/local/prometheus/data/"：设置TSDB数据存储路径
--web.enable-lifecycle：配置远程加载（命令：curl -XPOST http://microboot-prometheus:9999/-/reload）

（8）【microboot-prometheus 主机】加载新的 Systemctl 服务配置文件。
`systemctl daemon-reload`

（9）【microboot-prometheus 主机】将 Prometheus 服务设置为开机自启动。
`systemctl enable prometheus`

（10）【microboot-prometheus 主机】启动 Prometheus 服务。
`systemctl start prometheus`

（11）【microboot-prometheus 主机】由于此时 Prometheus 服务的应用端口为 9999，所以需要在防火墙中开启对应端口。

添加防火墙端口：
`firewall-cmd --zone=public --add-port=9999/tcp --permanent`

重新加载防火墙配置：
`firewall-cmd --reload`

（12）【Web 控制台】通过 Web 浏览器访问 Prometheus 提供的 Web 控制台。页面打开后可以看见图 7-23 所示的监控界面。

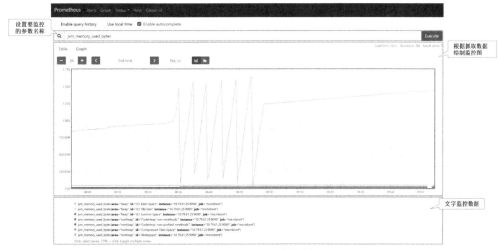

图 7-23 Prometheus 监控数据

（13）【Web 控制台】在当前给出的 Prometheus 控制台中可以通过"Status"查看所有状态。单击"Targets"就可以查看当前所有可以被抓取的数据监控节点，如图 7-24 所示。

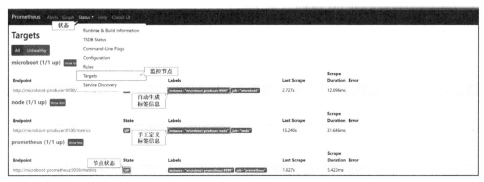

图 7-24 获取监控节点信息

7.3.4 Grafana 可视化

视频名称　0717_【理解】Grafana 可视化
视频简介　为了实现更加丰富的可视化效果,微服务监控往往会通过 Grafana 组件进行处理。本视频为读者讲解 Grafana 组件的安装以及与 Prometheus 的整合操作。

虽然 Prometheus 提供了数据可视化的监控界面,但是其本身的数据可视化能力相对较弱,所以在实际的项目开发中开发者都会基于 Prometheus 进行数据采集,而后再利用 Grafana 实现更友好、更贴近生产环境的监控数据可视化水平。开发者可以直接通过 Grafana 官网下载所需要的组件,如图 7-25 所示。

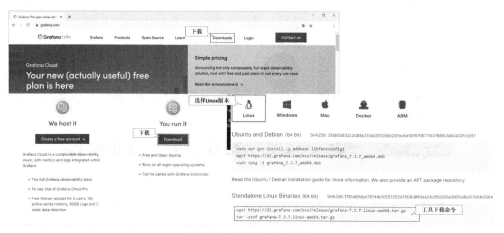

图 7-25　下载 Grafana 工具

通过图 7-25 所示的下载界面可以发现,Grafana 是一个全平台的可视化监控工具。本次将直接使用 Linux 系统实现 Grafana 服务的配置,具体的安装与配置步骤如下。

(1)【microboot-grafana 主机】通过官网提供的下载命令获取 Grafana 工具,或者直接将下载好的组件上传到 Linux 系统中。本次将工具包保存在"/var/ftp"目录中。

(2)【microboot-grafana 主机】Grafana 工具是以压缩包的形式给出的,通过 tar 命令将其解压缩到"/usr/local"目录中。

```
tar xzvf /var/ftp/grafana-7.3.7.linux-amd64.tar.gz -C /usr/local/
```

(3)【microboot-grafana 主机】为方便配置,将解压缩后的 Grafana 目录更名。

```
mv /usr/local/grafana-7.3.7/ /usr/local/grafana
```

(4)【microboot-grafana 主机】为便于 Grafana 服务管理,可以将其交由 Systemctl 管理,创建一个服务配置文件。

创建配置文件:
```
vi /usr/lib/systemd/system/grafana.service
```

配置文件定义:
```
[Unit]
Description=Grafana Service

[Service]
User=root
ExecStart=/usr/local/grafana/bin/grafana-server \
    -config /usr/local/grafana/conf/defaults.ini -homepath /usr/local/grafana
TimeoutStopSec=10
```

```
Restart=on-failure
RestartSec=5

[Install]
WantedBy=multi-user.target
```

(5)【microboot-grafana 主机】加载新的 Systemctl 服务配置文件。
```
systemctl daemon-reload
```
(6)【microboot-grafana 主机】将 Grafana 服务设置为开机自启动。
```
systemctl enable grafana
```
(7)【microboot-grafana 主机】启动 Grafana 服务。
```
systemctl start grafana
```

Grafana 服务启动后会自动开启 3000 端口，同时默认的管理账户为"admin/admin"。如果开发者需要修改，则可以通过"defaults.ini"中的相关参数进行配置。

(8)【microboot-grafana 主机】修改防火墙规则，开通 3000 端口访问。

添加防火墙端口：
```
firewall-cmd --zone=public --add-port=3000/tcp --permanent
```
重新加载防火墙配置：
```
firewall-cmd --reload
```

(9)【Web 浏览器】打开 Web 浏览器，输入"http://microboot-grafana:3000"打开 Grafana 控制台，如图 7-26 所示。

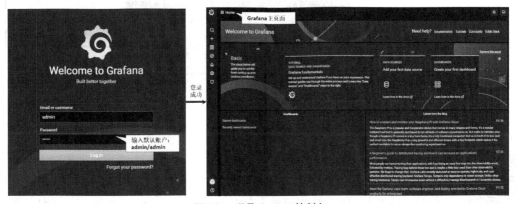

图 7-26　登录 Grafana 控制台

(10)【Grafana 控制台】如果想实现 Prometheus 中的可视化显示，则需要在 Grafana 控制台中添加 Prometheus 数据源配置。选择设置按钮进行配置，如图 7-27 所示。

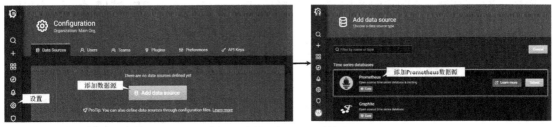

图 7-27　添加 Prometheus 数据源

(11)【Grafana 控制台】在配置 Prometheus 数据源时需要明确设置具体的服务地址，保存配置时会自动进行测试，如果测试通过则会出现图 7-28 所示的界面。

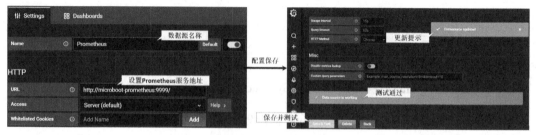

图 7-28 配置数据源信息

（12）【Grafana 控制台】如果想进行服务数据的监控，则需要创建一个面板（Dashboard）。可以直接通过工具栏创建新的面板，随后设置该面板相应的监控参数，如图 7-29 所示。

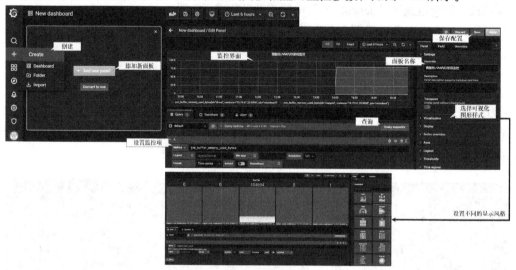

图 7-29 显示监控数据

7.3.5 监控警报

视频名称 0718_【理解】监控警报

视频简介 为了保证生产环境下的服务处于正确的运行状态，必须对可能存在的问题设置有效的预警机制。Prometheus 提供了 AlterManager 警报管理。本视频将利用 QQ 邮箱实现警报邮件的发送，并根据监控参数定义报警规则。

在 Prometheus 工具中不只可以进行监控数据的存储，实际上它还提供了服务的报警支持。利用获取到的监控参数进行相应的计算与判断，就可以在服务发生问题时或将要发生问题时获取相应的预警信息，这样就可以将问题及时反馈给运维人员或项目开发人员，以便及时修复。基本操作流程如图 7-30 所示。

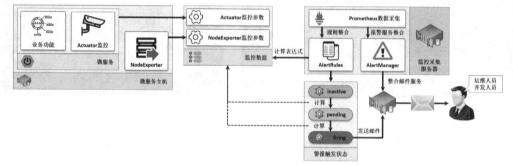

图 7-30 项目警报管理

Prometheus 提供了 AlertManager 的服务组件，该组件是一个独立的服务进程，定义了警报的具体处理机制。本次为了方便将通过邮件向管理员发送警报信息，而与邮件整合的部分就需要通过 AlertManager 进行配置。所有的警报触发规则以及 AlertManager 服务都需要在 Prometheus 中整合，这样就可以根据当前抓取到的监控数据进行实时计算，以获得不同的触发状态，来决定是否进行警报数据的发送。本次配置的具体操作步骤如下。

（1）【microboot-prometheus 主机】通过网络下载 "alertmanager" 组件包，并将其保存在 "/var/ftp" 目录中。

```
wget https://github.com/prometheus/alertmanager/releases/download/v0.21.0/alertmanager-0.21.0.linux-amd64.tar.gz
```

（2）【microboot-prometheus 主机】将 alertmanager 工具解压缩到 "/usr/local" 目录下。

```
tar xzvf /var/ftp/alertmanager-0.21.0.linux-amd64.tar.gz -C /usr/local/
```

（3）【microboot-prometheus 主机】为便于管理，将解压缩后的目录更名。

```
mv /usr/local/alertmanager-0.21.0.linux-amd64/ /usr/local/alertmanager
```

（4）【microboot-prometheus 主机】打开 alertmanager.yml 配置文件。

```
vi /usr/local/alertmanager/ alertmanager.yml
```

（5）【microboot-prometheus 主机】编辑 alertmanager.yml 文件，配置邮件报警（使用 QQ 邮箱配置）。

```
global:                                           //全局配置
  resolve_timeout: 5m                             //解析超时配置
  smtp_smarthost: 'smtp.qq.com:25'                //SMTP服务地址
  smtp_from: '1083825415@qq.com'                  //邮件来源
  smtp_auth_username: '1083825415@qq.com'         //SMTP登录用户名
  smtp_auth_password: 'cpovtdubvawdicbd'          //SMTP登录密码（为申请的授权码）
  smtp_require_tls: false                         //不使用TLS加密
route:                                            //数据路由配置
  group_by: ['alertname]                          //数据分组
  group_wait: 10s                                 //等待时间
  group_interval: 10s                             //分组间隔
  repeat_interval: 3m                             //邮件重复发送间隔
  receiver: 'mail'                                //警告发送媒体类型为邮件
receivers:                                        //警告接收者配置
- name: 'mail'                                    //接收者类型，与媒体类型配置相同
  email_configs:                                  //邮件接收列表
  - to: '1083825415@qq.com'                       //接收邮箱
```

（6）【microboot-prometheus 主机】检查当前的配置是否正确。

```
/usr/local/alertmanager/amtool check-config /usr/local/alertmanager/alertmanager.yml
```

程序执行结果：

```
Checking '/usr/local/alertmanager/alertmanager.yml'  SUCCESS
Found:
 - global config
 - route
 - 0 inhibit rules
 - 1 receivers
 - 0 templates
```

（7）【microboot-prometheus 主机】为便于警告服务的管理，将 AlertManager 加入 Systemctl 进行管理。

创建配置文件：

```
vi /usr/lib/systemd/system/alertmanager.service
```

配置文件定义：

```
[Unit]
Description=AlertManager Service

[Service]
User=root
ExecStart=/usr/local/alertmanager/alertmanager \
    --config.file=/usr/local/alertmanager/alertmanager.yml
TimeoutStopSec=10
Restart=on-failure
RestartSec=5

[Install]
WantedBy=multi-user.target
```

（8）【microboot-prometheus 主机】加载新的 Systemctl 服务配置文件。

```
systemctl daemon-reload
```

（9）【microboot-prometheus 主机】将 Grafana 服务设置为开机自启动。

```
systemctl enable alertmanager
```

（10）【microboot-prometheus 主机】启动 Grafana 服务

```
systemctl start alertmanager
```

（11）【microboot-prometheus 主机】AlertManager 服务启动后会自动占用 9093 与 9094 端口，修改防火墙规则开放端口。

开放 9093 端口：

```
firewall-cmd --zone=public --add-port=9093/tcp --permanent
```

开放 9094 端口：

```
firewall-cmd --zone=public --add-port=9094/tcp --permanent
```

重新加载配置：

```
firewall-cmd --reload
```

（12）【microboot-prometheus 主机】打开 Prometheus 配置文件。

```
vi /usr/local/prometheus/ prometheus.yml
```

（13）【microboot-prometheus 主机】在 prometheus.yml 配置文件中添加报警规则以及 AlertManager 服务地址。

```
alerting:                            //报警服务
  alertmanagers:                     //报警服务配置
  - static_configs:                  //配置服务列表
    - targets:                       //服务主机
      - microboot-prometheus:9093    //AlertManager进程所在的主机地址及端口
  rule_files:                        //报警规则配置列表
    - "rules/*.yml"                  //加载报警文件，所有的报警文件保存在"/usr/local/prometheus/rules"目录中
```

（14）【microboot-prometheus 主机】创建警告规则保存目录。

```
mkdir -p /usr/local/prometheus/rules
```

（15）【microboot-prometheus 主机】创建微服务状态报警文件。

```
vi /usr/local/prometheus/rules/ microboot-actuator-rule.yml
```

（16）【microboot-prometheus 主机】编辑 microboot-actuator-rule.yml 文件，在微服务关闭后发出报警信息。

```
groups:                              //警告分组配置
- name: microboot.actuator.rules     //分组名称
```

```
  rules:                                                    //报警规则
  - alert: MicrobootInstanceDown                            //规则名称
    expr: up{job="microboot"} == 0                          //表达式
    for: 1m                                                 //警告时间为1min
    labels:                                                 //标签
      severity: warning                                     //警告等级
    annotations:                                            //警告注解
      description: "微服务 {{ $labels.instance }} 关闭"      //警告描述
      summary: "运行在 {{ $labels.instance }} 主机中的 {{ $labels.job }} 微服务已经关闭了!" //警告摘要
```

(17)【microboot-prometheus 主机】创建主机状态报警文件。

vi /usr/local/prometheus/rules/ microboot-node.yml

(18)【microboot-prometheus 主机】编辑 microboot-node.yml 文件，在主机 CPU、内存或文件资源不足时发出报警信息。

```
groups:
- name: microboot.node.rules
  rules:
  - alert: NodeCPUUsage
    expr: 100 - (avg(irate(node_cpu_seconds_total{mode="idle"}[5m])) by (instance) * 100) > 80
    for: 2m
    labels:
      severity: warning
    annotations:
      summary: "微服务运行主机 {{ $labels.instance }} 中的CPU使用率过高"
      description: "微服务运行主机 {{ $labels.instance }} 中的CPU使用率大于80%,当前值: "{{ $value }}""
  - alert: NodeMemoryUsage
    expr: 100 - (node_memory_MemFree_bytes+node_memory_Cached_bytes+node_memory_Buffers_bytes)/node_memory_MemTotal_bytes * 100 > 80
    for: 2m
    labels:
      severity: warning
    annotations:
      summary: "微服务运行主机 {{ $labels.instance }} 中的内存使用率过高"
      description: "微服务运行主机 {{ $labels.instance }} 中的内存使用率大于80%,当前值: {{ $value }}"
  - alert: NodeFilesystemUsage
    expr: 100 - (node_filesystem_free_bytes{fstype=~"ext4|xfs"} / node_filesystem_size_bytes{fstype=~"ext4|xfs"} * 100) > 90
    for: 2m
    labels:
      severity: warning
    annotations:
      summary: "微服务运行主机 {{ $labels.instance }}中的"{{ $labels.mountpoint }}" 分区使用过高"
      description: "微服务运行主机 {{ $labels.instance }} 中 {{ $labels.mountpoint }} 的分区使用率大于80%,当前值: {{ $value }}"
```

(19)【microboot-prometheus 主机】利用 Prometheus 提供的工具检查当前配置是否正确。

/usr/local/prometheus/promtool check config /usr/local/prometheus/prometheus.yml

程序执行结果：

```
Checking /usr/local/prometheus/prometheus.yml
  SUCCESS: 2 rule files found

Checking /usr/local/prometheus/rules/microboot-actuator-rule.yml
  SUCCESS: 1 rules found

Checking /usr/local/prometheus/rules/microboot-node.yml
  SUCCESS: 3 rules found
```

(20)【microboot-prometheus 主机】重新启动 Prometheus 服务。

```
systemctl restart prometheus
```

(21)【Web 控制台】进入 Promethes 提供的 Web 控制台就可以在 "Alerts" 警告信息中看见图 7-31 所示的配置。

图 7-31　服务警报配置

7.3.6　警报触发测试

视频名称　0719_【理解】警报触发测试
视频简介　Prometheus 中的报警数据是实时获取的。为了帮助读者观察到监控状态，并接收到警告信息，本视频会通过 stress 工具实现测试操作。

本次进行的警报触发测试实际上分为 Spring Boot 实例状态监控和其所处宿主主机的状态监控。为了可以观察到最终的警报处理变化，本次将通过微服务的启停以及主机压力测试工具完成操作，具体步骤如下。

（1）【microboot-producer 主机】关闭当前系统中运行的 Spring Boot 应用，此时会触发 "MicrobootInstanceDown" 报警配置，稍等片刻后可以在 Prometheus 控制台中发现警报已经处于 "pending" 状态，如果在此期间问题始终没有解决，则警报状态会继续升级，最终当警报处于 "firing" 状态时就会自动向绑定邮箱发送邮件，如图 7-32 所示。

图 7-32　微服务状态警报

（2）【microboot-producer 主机】在 Linux 系统中如果想对服务器进行压力测试，可以通过 stress 工具完成。此工具需要开发者通过 rpm 进行安装。首先通过 wget 命令获取组件包，或者单独下载后上传到服务器中，保存路径为 "/var/ftp"。

```
wget https://download-ib01.fedoraproject.org/pub/epel/7/x86_64/Packages/s/stress-1.0.4-16.el7.x86_64.rpm
```

(3)【microboot-producer 主机】通过 rpm 命令安装 stress 组件。

```
rpm -ivh /var/ftp/stress- 1.0.4-16.el7.x86_64.rpm
```

(4)【microboot-producer 主机】测试 CPU 占用率。本次将产生 24 个进程，在其执行 600 s 后退出。

```
stress -c 12 --timeout 600
```

(5)【Prometheus 控制台】在 stress 测试启动的过程中，打开 Web 控制台，可以发现当前的 CPU 警报状态发生了改变，如图 7-33 所示。

(6)【microboot-producer 主机】测试内存占用率。本次将启动 12 个进程，每个进程占用 2000 MB 内存空间。测试启动后可以在 Prometheus 控制台看见图 7-34 所示的界面。

```
stress -m 12 --vm-bytes 2000M
```

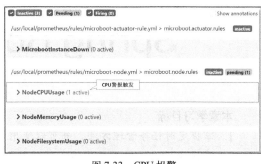

图 7-33　CPU 报警

(7)【microboot-producer 主机】测试数据写入。本次产生 20 个执行写入的进程，每个进程写入数据 2 GB（默认为 1GB，通过 "--hdd-bytes" 参数设置），这样就可以在 Prometheus 控制台中观察到磁盘空间占用的情况，如图 7-35 所示。

```
stress -d 20 --hdd-bytes 2g
```

图 7-34　内存报警

图 7-35　磁盘报警

7.4　本章概览

1．Spring Boot 为了便于用户监控微服务的运行状态，提供了 Actuator 监控服务终端。开发者可以利用相关接口获取当前服务以及运行环境数据信息。

2．Actuator 是一个监控操作的实现标准，开发者可以通过 "@Endpoint" 注解实现自定义监控终端。

3．Spring Boot 默认使用了 Logback 作为日志组件，可以通过 application.yml 进行配置。要想实现更加方便的日志管理，则可以通过 "logback-spring.xml" 配置文件进行定义。

4．利用 Actuator 服务可以实现日志级别的动态修改，这样在代码出现错误后可以在不重新启动应用的情况下实现级别切换，以获取更多的日志项。

5．为了方便地实现一个用户的请求跟踪，可以采用 MDC 全链路跟踪模式，在其访问前追加一个标记 ID。

6．微服务运行在 JVM 进程中，而 JVM 运行在一个系统主机中，完整的服务监控应同时监控微服务以及服务主机的状态，获取到的监控数据可以进行完整的保存，出现问题后应该可以及时进行服务报警。在项目开发中可以基于 Spring BootActuator + NodeExporter + Prometheus + Grafana + AlterManager 实现监控数据采集、监控数据可视化以及监控警报的管理。

第 8 章 Spring Boot 与服务整合

本章学习目标

1. 掌握定时任务管理方法,并可以使用 ShedLock 实现分布式定时任务开发与动态配置;
2. 掌握 Spring Boot 事件发布与监听配置方法;
3. 理解 Web Service 的开发与配置,并可以结合 Spring Boot 实现 Web Service 程序开发;
4. 理解 WebSocket 的开发与配置,并可以结合 Spring Boot 实现 WebSocket 程序应用。

Spring Boot 中除了可以实现核心的 Web 开发外,还可以进行各种服务的整合处理。本章为读者讲解如何基于 Spring Boot 开发框架实现分布式定时任务管理、自定义事件管理、Web Service 以及 WebSocket 程序开发。

8.1 定时任务管理

Spring 定时任务

视频名称　0801_【理解】Spring 定时任务
视频简介　Spring Boot 可以直接通过 SpringTask 实现定时任务的定义。本视频将通过间隔任务调度和 CRON 任务调度两种模式实现定时任务,并阐述定时任务与线程池之间的关联。

在项目中经常需要在某一时刻由系统自动实现一些任务的处理(如定时数据抓取、零点进行数据处理),这样的机制称为任务调度。Spring 开发框架提供了 SpringTask 工具组件,用于实现定时任务的开发需求,如图 8-1 所示。

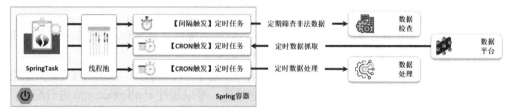

图 8-1　Spring 定时任务

在一个系统中可能会存在多个定时任务,为了保证多个定时任务的并行执行,就需要在 Spring 容器中进行线程池的配置,线程池的大小决定了可以并行执行定时任务的数量。下面通过具体的操作讲解定时任务的使用。

(1)【microboot-web】创建一个任务处理类,在该类中分别定义间隔任务与定时任务。为了便于观察,两个任务都输出当前的日期时间数据。

```
package com.yootk.task;
@Component
@Slf4j
```

```java
public class YootkScheduleTask {
    @Scheduled(fixedRate = 2000)                // 采用间隔调度,每2s执行一次
    public void runJobA() {                     // 定义一个要执行的任务
        log.info("【RATE任务】{}", new SimpleDateFormat("yyyy-MM-dd HH:mm:ss.SSS")
                .format(new Date()));            // 输出日期时间数据
    }
    @Scheduled(cron = "* * * * ?")              // 每1s调用一次
    public void runJobB() {
        log.info("【CRON任务】{}", new SimpleDateFormat("yyyy-MM-dd HH:mm:ss.SSS")
                .format(new Date()));            // 输出日期时间数据
    }
}
```

(2)【microboot-web】此时存在两个任务,要想让这两个任务同时运行,必须创建相应的线程池,而线程池的配置类必须实现 SchedulingConfigurer 父接口,并覆写 configureTasks()方法。

```java
package com.yootk.config;
@Configuration
public class ScheduleConfig implements SchedulingConfigurer {         // 调度配置
    @Override
    public void configureTasks(ScheduledTaskRegistrar taskRegistrar) { // 任务线程池
        taskRegistrar.setScheduler(Executors.newScheduledThreadPool(2)); // 2个线程池
    }
}
```

(3)【microboot-web】在程序启动类添加任务调度注解"@EnableScheduling",用于启动定时任务。

```java
package com.yootk;
@SpringBootApplication                                      // Spring Boot启动注解
@EnableScheduling                                           // 启用调度
public class StartSpringBootApplication {
    public static void main(String[] args) {
        SpringApplication.run(StartSpringBootApplication.class, args); // 程序启动
    }
}
```

此时的程序在项目中配置了两个定时任务,所以必须在 ScheduleConfig 配置类中将线程池大小定义为 2,这样在程序启动后,所有的定时任务将在后台自动运行。

8.1.1 ShedLock 分布式定时任务

ShedLock 分布式
定时任务

视频名称 0802_【掌握】ShedLock 分布式定时任务
视频简介 为了便于集群中的定时任务管理,在 Spring Boot 中可以利用 ShedLock 实现分布式定时任务调度。本视频为读者分析集群节点定时任务的重复执行问题,并结合 Redis 数据库实现分布式定时任务锁的管理。

ShedLock 是一个在分布式应用环境下使用的定时任务管理框架,主要目的是解决分布式环境中多个实例相同定时任务在同一时间点的重复执行问题,如图 8-2 所示。

图 8-2 分布式任务调度

图 8-2 展示了项目集群部署的环境。在实际生产环境中为了保证项目的处理性能,往往会将一

个项目部署到不同的服务器节点中，在没有进行任何处理的情况下，就会出现某一个定时任务重复执行的问题。要想解决此类问题就需要在项目中追加一个分布式调度器（本质上就是一个分布式锁），这样就可以保证在同一个时间点只有第一个执行的定时任务会被正确执行，而其他集群节点定时任务不会重复执行。

由于所有的定时任务分布在集群中的不同节点中，因此需要有一个专属的数据存储空间用于清楚地记录下每个定时任务的名称以及当前执行任务的主机与任务执行时间。而后在集群中不同的节点执行任务前首先查看数据存储中是否存在指定的任务记录，如果没有相应数据则可以启动该节点任务；反之，如果已经保存此任务的相关信息，则代表当前的任务正在执行，应跳过该节点的定时任务。操作结构如图 8-3 所示。

图 8-3　分布式定时任务管理操作结构

ShedLock 中可以将任务的执行数据保存在 Redis、ZooKeeper 或 SQL 数据库中。考虑到程序的性能问题，本次将直接使用 Redis 实现数据存储。具体的实现步骤如下。

(1)【microboot 项目】修改 build.gradle 配置文件，为 microboot-web 模块添加 Redis 的相关依赖库。

```
project('microboot-web') {                    // 子模块
    dependencies {                            // 已经添加过的依赖库不再重复列出，代码略
        compile('net.javacrumbs.shedlock:shedlock-spring:4.20.0')
        compile('net.javacrumbs.shedlock:shedlock-provider-redis-spring:4.20.0')
        compile('org.springframework.boot:spring-boot-starter-data-redis:2.4.2')
        compile('org.apache.commons:commons-pool2:2.9.0')
    }
}
```

(2)【microboot-web 模块】修改 application.yml 配置文件，添加 Lettuce 数据库连接池。

```
spring:
  profiles:
    active: env                              # 定义一个配置环境，用于操作记录
  redis:                                     # Redis相关配置
    host: redis.yootk.com                    # Redis服务器地址
    port: 6379                               # Redis服务器连接端口
    password: hello                          # Redis服务器连接密码
    database: 0                              # Redis数据库索引（默认为0）
    connect-timeout: 200                     # 连接超时时间，不能设置为0
    lettuce:                                 # 配置Lettuce
      pool:                                  # 配置连接池
        max-active: 100                      # 连接池最大连接数（使用负值表示没有限制）
        max-idle: 29                         # 连接池中的最大空闲连接
        min-idle: 10                         # 连接池中的最小空闲连接
        max-wait: 1000                       # 连接池最大阻塞等待时间（使用负值表示没有限制）
        time-between-eviction-runs: 2000     # 每2s回收一次空闲连接
```

(3)【microboot-web 模块】创建一个 ShedLock 组件配置类配置定时任务。

```
package com.yootk.task;
@Component
@Slf4j
public class YootkScheduleTask {
    @Scheduled(cron = "*/2 * * * * ?")        // 每2s调用一次
```

```
    @SchedulerLock(name="yootk-task", lockAtLeastFor = "5000")
    public void task() {
        log.info("【ShedLock任务】{}", new SimpleDateFormat("yyyy-MM-dd HH:mm:ss.SSS")
                .format(new Date()));         // 输出日期时间数据
    }
}
```

ShedLock 任务需要通过"@SchedulerLock"注解进行配置,在该注解中定义有表 8-1 所示的属性内容。

表 8-1 @SchedulerLock 注解

序号	属性	描述
01	name	任务名称,是数据存储 KEY 的重要组成部分
02	lockAtLeastFor	成功执行定时任务的节点所能拥有独占锁的最短时间,单位 ms
03	lockAtMostFor	成功执行定时任务的节点所能拥有独占锁的最长时间,单位 ms

本次配置中的"lockAtLeastFor = "5000""表示在每个任务执行完成 5s 后才可以开启下一次定时任务。在实际项目中 lockAtLeastFor 设置的时间一般要大于定时任务的执行时间,这样可以避免当前任务未执行完下个任务又启动的问题。

(4)【microboot-web 模块】创建一个 ShedLock 配置类。

```
package com.yootk.config;
@Configuration                                                  // 配置类注解
@EnableScheduling                                               // 启用定时任务
// 分布式任务调度如果锁被强制霸占,那么其他节点的任务是无法访问的,所以需要设置一个保护机制
@EnableSchedulerLock(defaultLockAtMostFor = "PT30S")            // 30s强制释放锁
public class ShedLockRedisConfig {
    @Value("${spring.profiles.active}")                         // 采用默认的环境
    private String env;                                         // 当前应用环境
    @Bean
    public LockProvider lockProvider(RedisConnectionFactory connectionFactory) {
        return new RedisLockProvider(connectionFactory, this.env);
    }
}
```

(5)【Redis 客户端】程序启动后定时任务就会开始执行,同时会在 Redis 数据库中提供相关任务记录。为了便于数据查询,直接通过 redis-cli 命令登录 Redis 服务端。

```
/usr/local/redis/bin/redis-cli -h redis-single -a hello -p 6379
```

程序执行结果:
```
/usr/local/redis/bin/redis-cli -h dl.yootk.com -a hello -p 6379
```

(6)【Redis 客户端】查看指定 KEY 的数据内容。

```
get "job-lock:dev:yootk-task"
```

程序执行结果:
```
"ADDED:2022-01-30T01:44:58.020Z@DESKTOP-O838165"
```

所有的任务执行数据 KEY 组成格式为"job-lock:Profile 名称:任务名称",对应的内容就是当前任务执行的时间戳以及执行主机的信息,而此数据会在每次任务执行完毕后自动删除。

8.1.2 动态配置任务触发表达式

ShedLock
动态任务管理

视频名称　0803_【掌握】ShedLock 动态任务管理

视频简介　定时任务的实现关键在于触发时间的配置,而使用 ShedLock 组件可以实现 CRON 表达式的动态配置。本视频为读者讲解如何实现任务触发的动态管理。

随着时间的推移，每个项目都有可能出现定时任务触发表达式变更的需求。管理员需要根据实际的项目运行环境，动态地修改定时任务的配置表达式，如图 8-4 所示。那么这时就需要进行定时任务的动态配置管理。

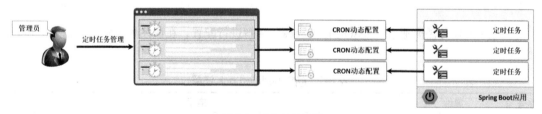

图 8-4　动态任务管理

动态任务管理的核心在于所有的任务需要通过 SchedulingConfigurer 接口实例进行动态配置。在配置时可以明确定义要执行的任务处理方法以及任务触发表达式（本次基于 CRON 表达式管理），同时为了便于触发表达式的管理，可以将其设置到专属的数据存储空间（如 SQL 数据库）中。这样管理员只需要对 CRON 表达式的内容进行修改就可以自动实现任务的配置管理。操作结构如图 8-5 所示。具体的代码实现步骤如下。

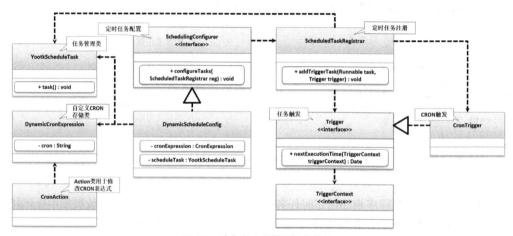

图 8-5　动态表达式管理操作结构

（1）【microboot-web 模块】为便于任务触发表达式的管理，创建一个 DynamicCronExpression 类，并提供一个 cron 属性以及相应的 setter、getter 方法。在实际开发中该数据可以依靠数据库进行加载。

```
package com.yootk.task;
@Data
@Component
public class DynamicCronExpression {
    private String cron = "*/2 * * * * ?" ;          // CRON表达式
}
```

（2）【microboot-web 模块】此时的任务若需要动态注册，就要修改 YootkScheduleTask 任务类，删除 "@Scheduled" 注解。

```
package com.yootk.task;
@Component
@Slf4j
public class YootkScheduleTask {
    @Scheduled(cron = "*/2 * * * * ?")               // 删除此注解
    @SchedulerLock(name = "task", lockAtLeastFor = "1000")
```

```java
public void task() {
    log.info("【ShedLock任务】{}", new SimpleDateFormat("yyyy-MM-dd HH:mm:ss.SSS")
            .format(new Date()));                    // 输出日期时间数据
}
}
```

(3)【microboot-web 模块】定义一个动态调度配置类，该类要实现 SchedulingConfigurer 接口，并覆写 configureTasks()任务配置方法，在其中追加处理任务以及 DynamicCronExpression 所定义的 CRON 表达式。

```java
package com.yootk.config;
@Configuration
@Slf4j
public class DynamicScheduleConfig implements SchedulingConfigurer {
    @Autowired
    private DynamicCronExpression cronExpression;           // 注入CRON表达式
    @Autowired
    private YootkScheduleTask scheduleTask;                 // 注入定时任务，因为需要动态变更
    @Override
    public void configureTasks(ScheduledTaskRegistrar taskRegistrar) {
        taskRegistrar.addTriggerTask(
                () -> scheduleTask.task(),                  // 添加任务内容
                triggerContext -> {                         // 设置任务触发表达式
                    log.info("设置当前的CRON表达式：{}", cronExpression.getCron());
                    String cron = cronExpression.getCron(); // 获取执行周期
                    return new CronTrigger(cron)
                            .nextExecutionTime(triggerContext);  // 定义新的触发器
                }
        );
    }
}
```

(4)【microboot-web 模块】为了方便 CRON 的修改创建一个 Action 程序类。

```java
package com.yootk.action;
@RestController                                           // Rest响应
@RequestMapping("/cron/*")                                // 映射父路径
@Slf4j
public class CronAction {
    @Autowired
    private DynamicCronExpression cronExpression ;        // 动态CRON表达式
    @GetMapping("set")                                    // 映射子路径
    public Object setCron(String cron) {                  // 设置新的CRON表达式
        log.info("动态修改CRON配置：{}", cron);              // 日志输出
        this.cronExpression.setCron(cron);                // 动态修改CRON内容
        return true;
    }
}
```

(5)【Web 测试】动态修改 CRON 表达式。

每 5 秒调度：

http://localhost:8080/cron/set?cron=*/5 * * * * ?

每秒调度：

http://localhost:8080/cron/set?cron=* * * * * ?

此时的程序可以直接通过 Action 提供的业务处理方法修改 DynamicCronExpression 对象实例中的 CRON 表达式定义，这样就可以实现任务触发的动态配置。

8.2 事件发布与监听

视频名称　0804_【理解】自定义事件概述

视频简介　项目开发中,各种业务处理的强大逻辑关系会造成业务功能代码的耦合加剧,为了实现解耦合就需要基于事件方式进行配置。本视频总结 Java 中的事件管理机制实现问题,并分析 Spring 中的事件实现机制。

在完善的项目分层设计结构中,常规做法是将项目中所需要的大量业务处理逻辑直接定义在业务层中,这样一来随着业务的不断完善,业务层中对应的程序代码也将越来越多。例如,用户注册完成后需要向其对应的注册邮箱或手机发送验证信息,如果将这类操作放在业务层中,就会造成代码结构上的混乱,毕竟这些都只是辅助功能。最佳做法是发布一个用户注册的事件,而后具体的信息发送由事件的处理类去完成,这样就可以成功实现业务解耦合操作,如图 8-6 所示。

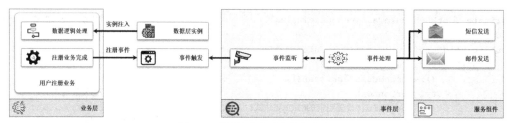

图 8-6　通过事件实现业务解耦合

原生 Java 提供了 java.util.EventListener 事件监听接口以及 java.util.EventObject 事件类,这样开发者就可以直接依据图 8-7 所示的类结构进行自定义事件处理操作。

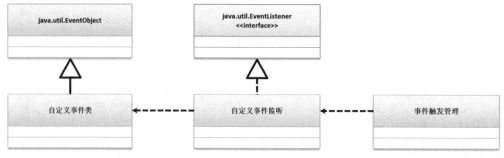

图 8-7　传统 Java 事件处理

而使用纯粹的 Java 事件管理功能进行事件开发与维护操作过于烦琐,所以 Spring 3.x 开发框架基于 Spring 框架已有的特点,更加方便地实现了事件的注册与管理功能;而 Spring Boot 继承了 Spring 框架的已有功能,这样在 Spring Boot 开发中也可以使用已有的机制实现事件的监听与处理操作。

8.2.1　自定义事件处理

视频名称　0805_【掌握】自定义事件处理

视频简介　Spring 对已有的事件机制进行了扩充。本视频为读者分析了 Spring 中的事件实现结构,并利用给定的程序类实现了事件触发与处理操作。

Spring 中的事件处理实际上是对已有 Java 事件机制的一种延续,为了便于实现事件操作,Spring 在已有的 EventObject 事件类基础上扩充了 ApplicationEvent 抽象事件类,同时又在 EventListener

监听接口基础上扩充了 ApplicationListener 子接口。开发者如果要进行事件的监听注册,只需要将 ApplicationListener 接口子类实例进行 Bean 定义,则会自动在 Spring 容器中完成注册,所有的事件注册都通过 ApplicationEventPublisher 接口实现,这样在产生指定类型的事件对象实例后就可以自动匹配事件监听并进行处理。程序的实现结构如图 8-8 所示,具体实现步骤如下。

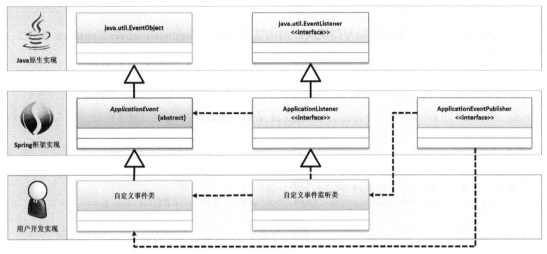

图 8-8　Spring 自定义事件

(1)【microboot-web 模块】创建一个 Message 类结构。

```
package com.yootk.vo;
@Data                                    // 生成基本类结构方法
@NoArgsConstructor                       // 无参构造方法
@AllArgsConstructor                      // 全参构造方法
public class Message {
    private String title;                // 定义类属性
    private String url;                  // 定义类属性
}
```

(2)【microboot-web 模块】创建一个新的事件类,该类需要继承 ApplicationEvent 父类。

```
package com.yootk.event;
@Slf4j
@Getter
public class YootkEvent extends ApplicationEvent {      // 事件类
    private Message message;                            // 信息保存
    public YootkEvent(Object source, Message message) {
        super(source);                                  // 保存事件源
        this.message = message;                         // 保存数据
    }
    public void fire() {                                // 事件处理
        log.info("message = {}", this.message);         // 日志输出
    }
}
```

(3)【microboot-web 模块】创建一个监听处理类,该类需要实现 ApplicationListener 接口。

```
package com.yootk.event.listener;
import com.yootk.event.YootkEvent;
import lombok.extern.slf4j.Slf4j;
import org.springframework.context.ApplicationListener;
import org.springframework.stereotype.Component;
@Component
@Slf4j
```

```java
public class YootkListener implements ApplicationListener<YootkEvent> {    // 事件监听
    @Override
    public void onApplicationEvent(YootkEvent event) {                      // 处理应用事件
        log.info("事件处理：{}", event);                                     // 输出事件信息
        event.fire();                                                        // 调用事件处理
    }
}
```

(4)【microboot-web 模块】编写测试类。向测试端类注入 ApplicationEventPublisher 实例，实现事件触发。

```java
package com.yootk.test.event;
@ExtendWith(SpringExtension.class)                                           // JUnit 5测试工具
@WebAppConfiguration
@SpringBootTest(classes = StartSpringBootApplication.class)                  // 定义启动类
public class TestYootkEvent {
    @Autowired
    private ApplicationEventPublisher eventPublisher;                        // 事件注册管理
    @Test
    public void testEvent() throws Exception {
        this.eventPublisher.publishEvent(new YootkEvent(this, "沐言科技：www.yootk.com"));
    }
}
```

程序执行结果：

```
com.yootk.event.listener.YootkListener       : 事件处理：
    com.yootk.event.YootkEvent[source=com.yootk.test.event.TestYootkEvent@343727b5]
com.yootk.event.YootkEvent                   : message = Message(title=沐言科技, url=www.yootk.com)
```

此时的程序通过测试端注入了 ApplicationEventPublisher 接口实例，随后利用该接口中提供的 publishEvent()方法发布了一个 YootkEvent 对象实例，这样就会自动找到与该事件匹配的 YootkListener 事件处理类进行事件处理操作。

> 💡 **提示：基于 application.yml 配置事件监听器。**
>
> 监听器除了可以使用 "@Component" 注解定义外，也可以在 application.yml 配置文件中进行配置：
>
> ```yaml
> context:                                                 # 上下文配置
>   listener:                                              # 监听器
>     classes: com.yootk.event.listener.YootkListener      # 监听类
> ```
>
> 此时利用配置文件将 YootkListener 对象实例注册到了 Spring 事件管理器中，随后只需要按照先前的方式，通过 publishEvent()方法实现事件触发。

8.2.2 @EventListener 注解

@EventListener 注解

视频名称　0806_【掌握】@EventListener 注解

视频简介　为了进一步优化自定义事件的处理操作形式，Spring 提供了@EventListener 注解。本视频为读者分析传统 Spring 事件处理机制的实现问题，同时通过具体的代码实例讲解如何通过事件配置类实现相关事件处理。

传统的事件监听处理往往需要配置一个专属的监听程序类，同时在该类中必须明确地实现 ApplicationListener 父接口，这样对程序开发的灵活性就有了一定的限制。为了进一步帮助开发者简化事件监听的处理模型，在 Spring 中可以直接通过一个配置类和 "@EventListener" 注解定义事件监听处理方法，同时多个监听操作方法还可以自动根据传递参数的类型判断执行，如

图 8-9 所示。

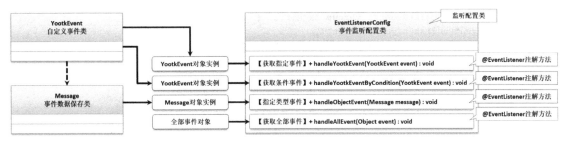

图 8-9 自定义监听处理方法

通过图 8-9 可以清楚地发现，此时的事件处理类强制性地实现结构上的要求，同时可以在 Spring Boot 程序启动时基于"@Configuration"注解实现自动配置。这样所有使用"@EventListener"注解配置的监听方法就会自动进行注册。为了便于理解，下面通过具体的程序代码进行该操作的实现。

（1）【microboot-web 模块】创建事件监听类，并定义监听处理方法。在此处配置的监听方法参数是进行事件匹配处理的关键所在，可以配置为具体的事件类型，也可以配置为具体的对象实例。需要注意的是，如果此时的事件参数类型为 Object，则代表可以监听所有的处理事件（包括自定义事件以及 Spring 内置事件）。

```
package com.yootk.config;
@Configuration                                                      // 自动配置
@Slf4j
public class EventListenerConfig {
    @EventListener
    public void handleAllEvent(Object event) {
        log.info("【handleAllEvent()】{}", event);                   // 监听所有事件
    }
    @EventListener
    public void handleYootkEvent(YootkEvent event) {                // 监听YootkEvent事件
        log.info("【handleYootkEvent】{}", event.getMessage());
    }
    @EventListener(condition="#event.message.title == 'yootk'")     // 条件监听
    public void handleYootkEventByCondition(YootkEvent event) {     // 监听YootkEvent事件
        log.info("【handleYootkEventByCondition()】匹配"yootk"事件：{}", event.getMessage());
    }
    @EventListener
    public void handleObjectEvent(Message message) {                // 监听Message类型
        log.info("【handleObjectEvent()】{}", message);
    }
}
```

（2）【microboot-web】编写事件监听测试类。为便于不同监听方法的处理，本次将定义多个测试方法。

```
package com.yootk.test.event;
@ExtendWith(SpringExtension.class)                                  // JUnit 5测试
@WebAppConfiguration                                                // Web环境配置
@SpringBootTest(classes=StartSpringBootApplication.class)           // 测试启动类
public class TestYootkEvent {
    @Autowired
    private ApplicationEventPublisher eventPublisher;
    @Test
    public void testEvent() throws Exception {
        this.eventPublisher.publishEvent(new YootkEvent(this,
            new Message("1、沐言科技", "www.yootk.com")));
    }
```

```
    }
    @Test
    public void testObjectEvent() throws Exception {
        this.eventPublisher.publishEvent(
                new Message("2、李兴华编程训练营", "edu.yootk.com"));
    }
    @Test
    public void testConditionEvent() throws Exception {
        this.eventPublisher.publishEvent(new YootkEvent(this,
                new Message("yootk", "新时代软件教育领先品牌")));
    }
}
```

（3）【测试结果】此时不同的代码会触发不同的监听处理，下面给出了不同测试方法的执行结果。

① "testEvent()"测试：该操作会传递一个 YootkEvent 事件类对象，并在该事件类对象中绑定具体的数据内容，这样就会触发 EventListenerConfig.handleYootkEvent()监听方法进行处理，得到如下输出信息。

```
【handleYootkEvent】Message(title=1、沐言科技, url=www.yootk.com)
【handleAllEvent()】com.yootk.event.YootkEvent[source=com.yootk.test.event.TestYootkEvent@2d172c7]
```

② "testObjectEvent()"测试：该操作直接传递一个 Message 对象实例（没有使用 YootkEvent 类实例包装）。

```
【handleObjectEvent()】Message(title=2、李兴华编程训练营, url=edu.yootk.com)
【handleAllEvent()】Message(title=2、李兴华编程训练营, url=edu.yootk.com)
```

③ "testConditionEvent()"测试：该操作需要通过 YootkEvent 事件类包装 Message 对象实例，并且 Message 实例中的 title 属性必须为 "yootk" 才可以触发 EventListenerConfig.handleYootkEventByCondition()处理方法。

```
【handleYootkEvent】Message(title=yootk, url=新时代软件教育领先品牌)
【handleYootkEventByCondition()】匹配"yootk"事件：Message(title=yootk, url=新时代软件教育领先品牌)
【handleAllEvent()】com.yootk.event.YootkEvent[source=com.yootk.test.event.TestYootkEvent@56a09a5c]
```

通过以上程序的输出结果可以发现，在事件类型匹配时实际上可以由开发者自行定义匹配的参数类型，并且在每次测试执行时都会触发 EventListenerConfig.handleAllEvent()方法。因为此方法可以监听全部的事件处理，而返回的信息中除了自定义事件外，还会有一些系统事件。

8.3 Web Service

Web Service
简介

视频名称　0807_【理解】Web Service 简介
视频简介　Web Service 是一种传统的服务整合架构。本视频为读者分析 Web Service 技术的主要作用，并介绍与 Web Service 相关的技术概念。

Web Service 是一种传统的 SOA 技术架构，它不依赖于任何编程语言，也不依赖于任何技术平台，可以直接基于 HTTP 实现网络应用间的数据交互，如图 8-10 所示。

Web Service 组成结构依然采用了传统的 "C/S" 模型，如果某个平台需要对外暴露操作接口，就可以直接通过 WSDL（Web Services Description Language，Web 服务描述语言）对要公布的接口进行描述，如接口名称、参数的配置等，这些描述信息都是基于 XML 文件结构定义的。最终所有的数据交互处理操作全部都基于 SOAP（Simple Object Access Protocol，简单对象存取协议）进行处理。

8.3 Web Service

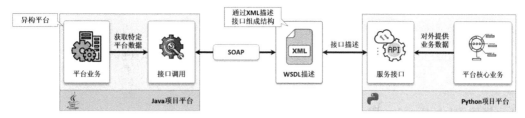

图 8-10　Web Service 技术架构

> **提示：Web Service 的早期发展与应用现状。**
>
> Web Service 最初产生是为了解决不同编程语言之间的服务整合处理，而早期的企业平台搭建是以 Java EE 和.NET 为主的，所以这两类平台的服务整合中就会大量用到 Web Service。虽然 Web Service 提供了较好的跨平台性，但是因为其采用了 XML 处理，随着 SOAP 的不断完善其 XML 结构越来越烦琐，所以性能相对较差。
>
> 虽然 Web Service 架构与流行的 Restful 服务相比性能较差，但是许多传统的技术平台还在大量通过 Web Service 技术对外提供服务，这就要求开发者必须掌握服务的整合调用处理。

本次所讲解的 Web Service 程序将基于 JDK11 实现。为便于程序结构的管理，采用图 8-11 所示的结构进行开发，将项目分为三个模块：公共（microboot-webservice-common）模块、服务端（microboot-webservice-server）模块、客户端（microboot-webservice-client）模块。所有相关的依赖库可以直接在 "microboot-webservice-common" 模块中配置。

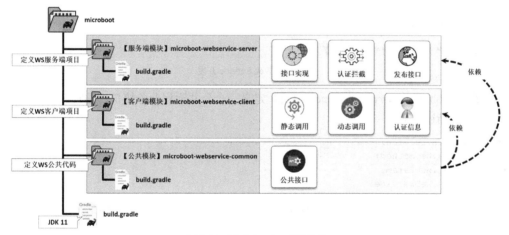

图 8-11　Web Service 项目结构

范例：修改 microboot 项目中的 build.gradle 配置文件进行依赖配置

```
project('microboot-webservice-common') {                           // 子模块
    dependencies {
        compile('com.sun.xml.ws:jaxws-ri:2.3.3')
        compile('org.hibernate.validator:hibernate-validator:6.2.0.Final')
        compile('org.springframework.boot:spring-boot-starter-web')
        compile('org.springframework.boot:spring-boot-starter-web-services')
        compile('org.apache.cxf:cxf-spring-boot-starter-jaxws:3.4.2')
        compile('org.apache.cxf:cxf-rt-transports-http:3.4.2')
    }
}
project('microboot-webservice-server') {                           // 子模块
    dependencies {
        compile(project(':microboot-webservice-common'))           // 引入其他子模块
    }
}
```

```
}
project('microboot-webservice-client') {                    // 子模块
    dependencies {
        compile(project(':microboot-webservice-common'))    // 引入其他子模块
    }
}
```

8.3.1 搭建 Web Service 服务端

搭建 Web Service
服务端

视频名称 0808_【理解】搭建 Web Service 服务端
视频简介 Java 为了便于 Web Service 开发提供了专属的 JWS 程序包,同时可以在 Spring Boot 中结合 CXF 开发框架实现服务的发布。本视频通过具体的程序实例,讲解 Web 服务的开发以及发布处理。

Web Service 开发中最为重要的一个组成结构就是服务接口的描述,开发者可以直接利用 JWS 所提供的注解定义接口名称、处理方法以及处理参数,随后就可以利用 CXF 框架所提供的工具类进行服务注册以及访问路径的配置,开发结构如图 8-12 所示。

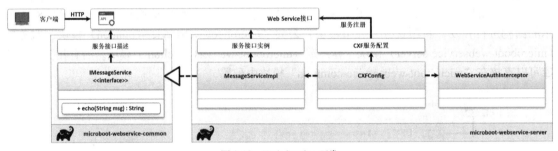

图 8-12　Web Service 开发

（1）【microboot-webservice-common 模块】定义一个公共远程业务接口,同时在该接口中进行 Web Service 的描述定义。

```
package com.yootk.service;
import javax.jws.WebMethod;
import javax.jws.WebParam;
import javax.jws.WebService;
@WebService(name = "MessageService",                       //服务名称
            targetNamespace = "http://service.yootk.com/") // 命名空间，一般是包名倒序
)
public interface IMessageService {                         // 业务接口
    @WebMethod
    public String echo(@WebParam String msg);              // 业务方法
}
```

（2）【microboot-webservice-server 模块】定义业务接口实现子类。

```
package com.yootk.service.impl;
import com.yootk.service.IMessageService;
import javax.jws.WebService;
import org.springframework.stereotype.Service;
@WebService(serviceName = "MessageService",                // 与接口指定name一致
    targetNamespace = "http://service.yootk.com/",         // 与接口命名空间一致
    endpointInterface = "com.yootk.service.IMessageService") // 接口地址
)
@Service
public class MessageServiceImpl implements IMessageService {  // 接口子类
    @Override
```

```java
    public String echo(String msg) {
        return "沐言科技:www.yootk.com";
    }
}
```

(3)【microboot-webservice-server 模块】为了保证 Web 服务的访问安全,可以创建一个拦截器,利用头信息的形式实现服务接口的认证信息传递。为了简化应用本次将配置固定的服务认证信息。

```java
package com.yootk.interceptor;
@Component
@Slf4j
public class WebServiceAuthInterceptor
        extends AbstractPhaseInterceptor<SoapMessage> {                 // Web认证配置
    private SAAJInInterceptor saa = new SAAJInInterceptor();            // 定义拦截器
    private String USER_NAME = "muyan";                                 // 默认用户
    private String USER_PASSWORD = "yootk.com";                         // 默认密码
    public WebServiceAuthInterceptor() {
        super(Phase.PRE_PROTOCOL);
        super.getAfter().add(SAAJInInterceptor.class.getName());        // 添加拦截器
    }
    @Override
    public void handleMessage(SoapMessage message) throws Fault {       // 认证处理
        SOAPMessage soapMessage = message.getContent(SOAPMessage.class); // 获取SOAP信息
        if (soapMessage == null) {
            this.saa.handleMessage(message);                            // 处理SOAP内容
            soapMessage = message.getContent(SOAPMessage.class);
        }
        SOAPHeader header = null;
        try {
            header = soapMessage.getSOAPHeader();                       // 获取SOAP头信息
        } catch (SOAPException e) { }
        if (header == null) {                                           // 异常提示
            throw new Fault(new IllegalAccessException("找不到Header,无法验证用户信息"));
        }
        NodeList username = header.getElementsByTagName("username");    // 获取DOM元素
        NodeList password = header.getElementsByTagName("password");    // 获取DOM元素
        if (username.getLength() < 1) {
            throw new Fault(new IllegalAccessException("找不到Header,无法验证用户信息"));
        }
        if (password.getLength() < 1) {
            throw new Fault(new IllegalAccessException("找不到Header,无法验证用户信息"));
        }
        String userName = username.item(0).getTextContent().trim();     // 获取数据
        String passWord = password.item(0).getTextContent().trim();     // 获取数据
        if (USER_NAME.equals(userName) && USER_PASSWORD.equals(passWord)) { // 数据验证
            log.debug("服务端用户认证成功!");
        } else {                                                        // 验证失败
            SOAPException soapException = new SOAPException("认证错误");
            log.debug("服务端用户认证失败!");
            throw new Fault(soapException);                             // 抛出异常
        }
    }
}
```

(4)【microboot-webservice-server 模块】当前项目是基于 CXF 框架实现的,定义一个服务注册配置类。

```java
package com.yootk.config;
@Configuration
public class CXFConfig {
    @Autowired
```

```
    private Bus bus;                                                    // 注入Bus接口实例
    @Autowired
    private IMessageService messageService;                             // 注入接口实例
    @Autowired
    private WebServiceAuthInterceptor webServiceAuthInterceptor;        // 服务端拦截器
    @Bean
    public ServletRegistrationBean getRegistrationBean() {              // 获取服务地址
        return new ServletRegistrationBean(new CXFServlet(), "/services/*"); // 设置映射路径
    }
    @Bean
    public Endpoint messageEndpoint() {                                 // 配置终端
        EndpointImpl endpoint = new EndpointImpl(this.bus, this.messageService);
        endpoint.publish("/MessageService");                            // 服务终端
        endpoint.getInInterceptors().add(this.webServiceAuthInterceptor); // 追加拦截器
        return endpoint;
    }
}
```

（5）【microboot-webservice-server 模块】定义 Web Service 服务启动类。

```
package com.yootk;
import org.springframework.boot.SpringApplication;
import org.springframework.boot.autoconfigure.SpringBootApplication;
@SpringBootApplication
public class StartSpringBootWebService {
    public static void main(String[] args) {
        SpringApplication.run(StartSpringBootWebService.class, args);
    }
}
```

（6）【Web 浏览器】打开浏览器访问 "localhost:8080/services/" 路径，可以得到图 8-13 所示的内容。

图 8-13　Web 服务接口

8.3.2　开发 Web Service 客户端

视频名称　0809_【理解】开发 Web Service 客户端

视频简介　Web Service 客户端需要依据 SOAP 模式进行调用，而通过 CXF 可以降低客户端调用的代码烦琐度。本视频为读者讲解客户端的静态与动态调用模式。

在传统的 Web Service 客户端调用过程中，一般需要依据接口所提供的 WSDL 描述文件定义结构，在本地生成相应的服务接口以及相关伪代码，如图 8-14 所示。这样开发者在进行 Web Service

服务调用前，往往需要借助于 JDK 中所提供的相关工具进行转换处理，而每次 Web Service 服务接口修改后，也需要重新生成对应的程序代码。

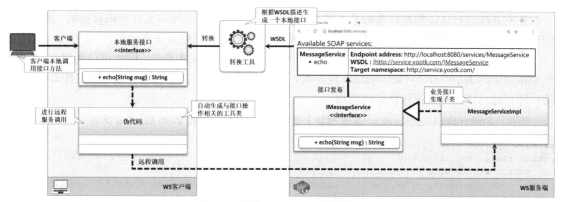

图 8-14 传统 Web Service 服务调用

在使用 CXF 后就可以直接利用框架中所提供的程序类，根据 WSDL 访问地址实现服务调用。由于服务端已经添加了认证管理操作，因此客户端传递正确的认证信息后才可以进行接口调用，如图 8-15 所示。如果没有按照指定的格式传递认证头信息或传递信息错误，则会产生调用异常。

图 8-15 Web Service 客户端访问

服务端接收的认证信息是直接通过 SOAP 头信息传递的。这样就需要定义一个客户端认证拦截器处理类，明确地在头信息中包含"username"以及"password"节点数据。

范例：【microboot-webservice-client 模块】定义客户端登录拦截器

```java
package com.yootk.ws.util;
public class ClientLoginInterceptor
        extends AbstractPhaseInterceptor<SoapMessage> {           // 登录认证
    private String username;                                       // 用户名
    private String password;                                       // 密码
    public ClientLoginInterceptor(String username, String password) { // 保存认证信息
        super(Phase.PREPARE_SEND);
        this.username = username;
        this.password = password;
    }
    @Override
    public void handleMessage(SoapMessage soap) throws Fault {
        List<Header> headers = soap.getHeaders();
        Document doc = DOMUtils.createDocument();                  // DOM处理
        Element auth = doc.createElement("authority");             // 创建元素
        Element username = doc.createElement("username");          // 创建元素
        Element password = doc.createElement("password");          // 创建元素
        username.setTextContent(this.username);                    // 设置元素内容
        password.setTextContent(this.password);                    // 设置元素内容
        auth.appendChild(username);                                // 追加元素节点
        auth.appendChild(password);                                // 追加元素节点
```

```
            headers.add(0, new Header(new QName("authority"), auth));     // 添加头信息
        }
}
```

在服务端进行认证信息获取时是直接依靠 XML 元素名称获取用户名和密码数据的,所以此时的节点关系可以由开发者自行定义,而认证的具体内容是由调用处负责传递的。

Web Service 进行服务调用的基本模式是通过服务接口的方式实现的,因此可以利用 CXF 开发框架所提供的 JaxWsProxyFactoryBean 程序类,将相关的 WSDL 文件数据转化为指定接口的实例,随后即可通过该接口实现远程方法调用。

范例:【microboot-webservice-client 模块】通过服务代理模式实现 Web Service 调用

```java
package com.yootk.ws.client;
public class CXFClientProxy {
    public static void main(String[] args) {
        String address = "http://localhost:8080/services/MessageService?wsdl";   // 接口地址
        JaxWsProxyFactoryBean jaxWsProxyFactoryBean =
                new JaxWsProxyFactoryBean();                                      // 代理工厂
        jaxWsProxyFactoryBean.setAddress(address);                                // 代理地址
        jaxWsProxyFactoryBean.setServiceClass(IMessageService.class);             // 接口类型
        jaxWsProxyFactoryBean.getOutInterceptors().add(
                new ClientLoginInterceptor("muyan", "yootk.com"));
        IMessageService messageService = (IMessageService)
                jaxWsProxyFactoryBean.create();                                   // 创建代理接口实现
        String message = "沐言科技:www.yootk.com";                                  // 请求参数
        String result = messageService.echo(message);                             // 调用接口方法
        System.out.println("【服务处理结果】" + result);
    }
}
```

程序执行结果:

【服务处理结果】沐言科技:www.yootk.com

本程序通过 JaxWsProxyFactoryBean 对象接口实例设置了要访问的 Web Service 地址以及登录拦截器,随后通过 create()方法获取了 IMessageService 接口实例。这样在本地调用业务接口方法时会自动实现远程服务端的方法调用。

以上处理操作属于 Web Service 服务的静态调用,由于 Web Service 是基于 XML 文档形式实现的远程服务描述,因此也可以直接基于 SOAP 形式在不引入接口实例的情况下通过方法名称实现调用。

范例:【microboot-webservice-client 模块】通过动态模式实现 Web Service 调用

```java
package com.yootk.ws.client;
public class CXFClientDynamic {
    public static void main(String[] args) throws Exception {
        String address = "http://localhost:8080/services/MessageService?wsdl";
        JaxWsDynamicClientFactory dcf = JaxWsDynamicClientFactory.newInstance();
        Client client = dcf.createClient(address);
        client.getOutInterceptors().add(
                new ClientLoginInterceptor("muyan", "yootk.com"));                // 登录认证
        Object[] objects = client.invoke("echo", "沐言科技:www.yootk.com");        // 服务调用
        System.out.println("【服务处理结果】" + objects[0]);
    }
}
```

程序执行结果:

【服务处理结果】沐言科技:www.yootk.com

本程序通过 JaxWsDynamicClientFactory 程序类创建了一个动态调用对象,根据所传递的 WSDL 服务地址获取 Client 对象实例,随后就可以利用该类对象实例,通过指定的方法名称实现远程服务调用。

8.4 WebSocket

视频名称 0810_【掌握】WebSocket 简介
视频简介 WebSocket 是 HTML5 所提供的重要通信组件。本视频为读者讲解 WebSocket 与 Ajax 操作的区别，以及 WebSocket 的通信机制。

在 Web 开发中 Ajax 异步数据加载是很多项目都会用到的技术，而每次使用 Ajax 进行异步请求处理时，都需要与服务端建立一个新的请求连接，而后在每次请求处理完成后服务端会自动关闭该连接，如图 8-16 所示。这样一来在频繁的 Ajax 数据交互过程中就会产生严重的性能问题。随着 HTML5 技术的推出，在 Web 开发中又出现了一种新的 WebSocket 通信技术，使用该技术可以在单个 TCP 连接中实现全双工通信协议，同时客户端与服务端之间只需要建立一次握手连接，就可以创建持久性的连接，并实现双向实时数据传输的功能，如图 8-17 所示。相比较 Ajax 的轮询模式，WebSocket 的通信形式可以更好地节约服务器资源和网络带宽。

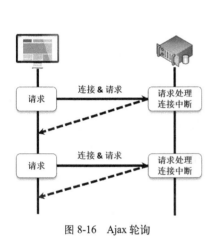

图 8-16 Ajax 轮询

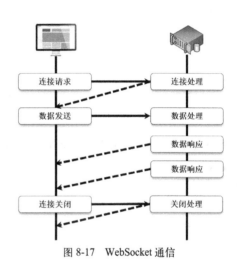

图 8-17 WebSocket 通信

8.4.1 开发 WebSocket 服务端

视频名称 0811_【理解】开发 WebSocket 服务端
视频简介 Spring Boot 提供了方便的 WebSocket 开发支持。本视频为读者通过实例讲解 WebSocket 程序开发实现。

WebSocket 是基于事件方式实现的通信操作，所以需要创建一个专属的 WebSocket 处理类，而后分别定义连接处理方法（使用"@OnOpen"注解）、通信处理方法（使用"@OnMessage"注解）、错误处理方法（使用"@OnError"注解）、关闭处理方法（使用"@OnClose"注解）。这样在用户请求发送后就可以根据不同的请求状态进行处理，如图 8-18 所示，同时所有通过 WebSocket 发出请求的用户都可以通过 Session 获取相应的用户状态。

Java Web 本身不包含 WebSocket 开发支持，所以一般需要引入第三方组件包，而 Spring Boot 为了简化 WebSocket 的开发，提供了相关的支持，读者可以通过如下步骤实现 WebSocket 程序开发。

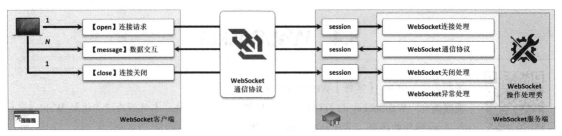

图 8-18 WebSocket 处理机制

（1）【microboot 项目】修改 build.gradle 配置文件，引入 websocket 相关依赖。

```
project('microboot-web') {                  // 子模块
    dependencies {                          // 已经添加过的依赖库不再重复列出，代码略
        compile('org.springframework.boot:spring-boot-starter-websocket')
    }
}
```

（2）【microboot-web 模块】创建一个 WebSocket 配置类。

```
package com.yootk.config;
@Configuration
@EnableWebSocket
public class WebSocketConfig {
    @Bean
    public ServerEndpointExporter serverEndpointExporter() { // 启用服务终端
        return new ServerEndpointExporter();
    }
}
```

（3）【microboot-web 模块】配置 WebSocket 监听处理程序类。

```
package com.yootk.websocket;
@ServerEndpoint("/websocket/{token}")                        // 定义访问路径
@Component
@Slf4j
public class WebSocketHandler {
    @OnOpen
    public void openHandler(Session session,
            @PathParam("token") String token) throws Exception {
        // 此处模拟了一个WebSocket请求处理的验证操作，用户需要传入申请的Token信息
        if (token == null || "".equals(token)) {
            this.sendMessage(session, "【ERROR】客户端Token错误，连接失败！");
        }
        log.info("客户端创建WebSocket连接，SessionID = {}", session.getId()); // 日志输出
        // 在后续的课程讲解中可以结合JWT进行该数据的有效性检测
        this.sendMessage(session, UUID.randomUUID().toString());   // 随机生成一个UUID
    }
    @OnClose
    public void closeHandler(Session session) {                    // 关闭处理
        log.info("客户端断开WebSocket连接，SessionID = {}",
                session.getId());                                  // 日志输出
    }
    @OnError
    public void errorHandler(Session session, Throwable throwable) { // 错误处理
        log.error("程序出现了错误：{}", throwable);                    // 日志输出
    }
    @OnMessage
    public void messageHandler(Session session, String message) {  // 信息处理
        log.info("【{}】用户发送请求，message内容为：{}",
                session.getId(), message);                         // 日志输出
```

```
            this.sendMessage(session, "【ECHO】" + message);              // 信息响应
    }
    private void sendMessage(Session session, String message) {          // 信息响应
        if (session != null) {
            synchronized (session) {
                try {
                    session.getBasicRemote().sendText(message);          // 信息发送
                } catch (IOException e) {}
            }
        }
    }
}
```

此时 WebSocket 服务端开发完成，而后启动 Spring Boot 应用，等待客户端连接与通信即可。

8.4.2 开发 WebSocket 客户端

开发 WebSocket
客户端

视频名称 0812_【理解】开发 WebSocket 客户端
视频简介 WebSocket 客户端不受服务器的限制，只要提供正确的 WebSocket 连接地址即可访问。本视频通过原生的 JavaScript 实现 WebSocket 通信操作。

WebSocket 服务开启后，客户端通过 "ws://主机地址:端口" 的形式即可直接进行访问。JavaScript 前端提供了 WebSocket 工具类，开发者直接实例化此类即可使用不同的状态处理方法进行通信操作控制。

范例：与 WebSocket 程序进行交互

```html
<script type="text/javascript">
    url = "ws://localhost/websocket/yootk-token";              // WebSocket服务器的连接地址
    window.onload = function() {
        webSocket = new WebSocket(url);                         // 创建WebSocket连接
        webSocket.onopen = function (ev) {
            document.getElementById("messageDiv").innerHTML +=
                    "<p>服务器连接成功，开始进行消息的交互处理！</p>";
        }
        webSocket.onclose = function () {
            document.getElementById("messageDiv").innerHTML +=
                    "<p>消息交互完毕，关闭连接通道！</p>";
        }
        document.getElementById("send").addEventListener("click",function(){
            inputMessage = document.getElementById("msg").value;    // 获取输入的消息内容
            webSocket.send(inputMessage);                           // 将输入消息发送到WebSocket服务端
            webSocket.onmessage = function (obj) {
                document.getElementById("messageDiv").innerHTML +=
                        "<p>" + obj.data + "</p>";
                document.getElementById("msg").value = "";
            }
        },false);
        document.getElementById("close").addEventListener("click",function(){
            webSocket.close(inputMessage);                          // 关闭WebSocket通道
        },false);
    }
</script>
<div id="inputDiv">
    <form class="form-horizontal" id="messageform">
        <div class="form-group" id="midDiv">
            <label class="col-md-2 control-label">输入信息：</label>
            <div class="col-md-7">
```

```
                <input type="text" id="msg" name="msg" class="form-control"
                    placeholder="请输入交互信息...">
            </div>
            <div class="col-md-3">
                <button type="button" class="btn btn-primary btn-sm" id="send">发送</button>
                <button type="button" class="btn btn-primary btn-sm" id="close">关闭</button>
        </div>
        </div>
    </form>
</div>
<div id="messageDiv"></div>
```

此时的程序在页面加载时将直接通过指定的地址连接 WebSocket 服务端，随后相应的连接处理会触发"onopen"回调操作函数。在连接建立后，用户可以持续性地与服务端程序进行交互，而连接关闭后就会触发"onclose"回调函数。本程序的执行结果如图 8-19 所示。

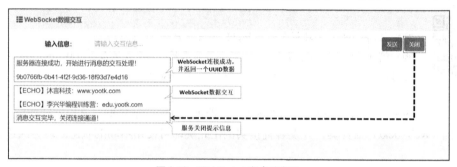

图 8-19　WebSocket 客户端交互

8.5　本章概览

1．Spring Boot 中可以使用 SpringTask 方便地实现单机任务管理，但是如果想在集群环境下管理不同节点的相同定时任务，就需要通过 ShedLock 组件进行任务调度，这样可以避免相同任务在同一时间点的重复执行。

2．项目应用中需要根据不同的应用场景动态配置任务触发机制，在 Spring Boot 中可以使用 SchedulingConfigurer 接口实现任务的动态配置操作。

3．利用事件触发与处理的形式可以直接实现业务的解耦合操作，而 Spring Boot 中可以通过"@EventListener"注解简化事件处理的操作。

4．Web Service 可以方便地实现异构系统的服务整合开发。Web Service 基于 SOAP 传输并使用 XML 实现数据交换。

5．为了提高页面的异步处理操作性能，可以使用 WebSocket 在一次连接后实现多次传输处理。相较于 Ajax 的轮询模式，WebSocket 拥有更高的处理性能。

第 9 章

Spring Boot 异步编程

本章学习目标

1. 掌握 Spring Boot 异步调用实现机制，并可以结合 WebAsyncTask、DeferredResult 实现异步线程管理；
2. 理解 Reactive Streams、Reactor 以及 Spring WebFlux 之间的关联；
3. 理解 WebFlux 终端编程与注解编程的实现形式，并可以通过 Mono 与 Flux 实现响应数据返回；
4. 理解 RSocket 协议的特点，并可以区分 RSocket 协议与 HTTP 的区别；
5. 理解 RSocket 结构的基本实现，并可以结合 Spring Boot 实现 RSocket 相关程序开发。

异步编程是提升项目处理性能的重要实现技术。在 Spring Boot 中可以进行异步编程，也可以基于 Reactive Streams 标准实现响应式编程，同时 Spring Boot 又提供了最新的 RSocket 通信协议整合处理。本章将全面为读者分析 Spring Boot 中的异步编程概念以及具体实现。

9.1 Spring Boot 异步处理

视频名称　0901_【掌握】Spring Boot 异步处理简介
视频简介　多线程技术是 Java 的核心话题，也是提升服务器处理性能的重要技术手段。本视频为读者分析 Spring Boot 中异步线程的作用，并介绍与之相关的工具类的作用。

在实际项目开发中，如果想提升 Web 应用的访问处理性能，最佳的做法就是启动若干个异步处理线程，而后分别由每个线程完成部分业务处理，最终将若干个线程的执行结果汇总在一起后进行响应，如图 9-1 所示。这样的操作机制可以有效地提高程序的执行性能。同时，为了保证线程的数量在可控范围内，可以基于线程池进行线程管理。

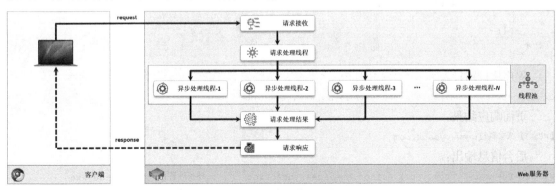

图 9-1　多线程并发处理

第 9 章 Spring Boot 异步编程

Spring Boot 提供了非常方便的多线程实现机制，开发者可以直接在控制器中以多线程的方式进行用户的请求响应。同时为了便于异步线程的管理，Spring Boot 还提供 WebAsyncTask、DeferredResult 线程管理类，以及良好的异步任务支持。

9.1.1 Callable 实现异步处理

Callable
实现异步处理

| **视频名称** 0902_【掌握】Callable 实现异步处理
视频简介 Spring Boot 基于 Java 的线程池管理提供了异步任务线程池的概念。本视频为读者分析工作线程池与异步任务线程池的区别，同时利用自定义配置类的方式实现异步线程池的定义。

Spring Boot 应用程序运行在 Java 虚拟机中，这样在进行用户请求处理时，就可以采用 Java 所提供的多线程机制，直接创建一个新的异步线程并进行处理。在 Spring Boot 中也可以直接进行该线程类对象的响应，这样就可以在线程处理完成后直接由异步线程进行用户请求响应，操作结构如图 9-2 所示。

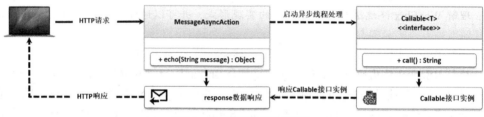

图 9-2 异步线程处理操作结构

由于此时需要通过异步线程直接进行响应处理，因此最佳的做法是通过 Callable 接口对象实例进行响应。下面的程序演示了在 Spring Boot 控制器类中直接响应 Callable 实例的操作。

范例：采用异步线程响应请求

```
package com.yootk.action;
@RestController                                                         // Rest结构响应
@RequestMapping("/async/*")                                             // 映射路径
@Slf4j                                                                  // 日志注解
public class MessageAsyncAction {
    @RequestMapping("callable")
    public Object echo(String message) {
        log.info("外部线程: {}", Thread.currentThread().getName());      // 获取线程名称
        return new Callable<String>() {                                 // Callable回调
            @Override
            public String call() throws Exception {                     // 线程处理方法
                log.info("内部线程: {}", Thread.currentThread().getName());  // 获取线程名称
                return "【ECHO】" + message;                            // 请求响应
            }
        };
    }
}
```

程序执行路径：

localhost/async/callable?message=沐言科技：www.yootk.com

页面响应结果：

【ECHO】沐言科技：www.yootk.com

后台信息输出：

```
[p-nio-80-exec-1] com.yootk.action.MessageAsyncAction      : 外部线程: http-nio-80-exec-1
[         task-1] com.yootk.action.MessageAsyncAction      : 内部线程: task-1
```

在本程序定义的 echo() 方法中，直接返回了一个 Callable 接口实例，这样在 call() 方法执行完毕后就可以直接通过 return 返回本次响应的结果。通过日志输出的信息也可以发现，控制器与当前创建的异步线程分别被两种不同的线程池所管理，如图 9-3 所示。

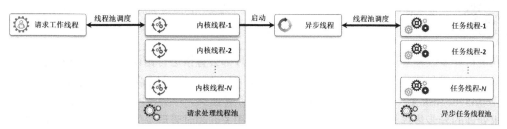

图 9-3 异步任务线程池

从控制台可以看出，异步响应使用的是名为"task-1"的线程；再次访问时，就是"task-2"了。若采用默认设置，则会使用默认的线程池进行处理。而有些时候为了提升服务器的性能，可以对线程池进行调整，此时可以直接实现 WebMvcConfiguer 接口自定义异步线程池的相关配置。

范例：配置异步线程池

```
package com.yootk.config;
@Configuration
public class CustomAsyncPoolConfig
        implements WebMvcConfigurer {                         // 自定义异步线程池
    @Override
    public void configureAsyncSupport(AsyncSupportConfigurer configurer) {
        configurer.setDefaultTimeout(1000);                   // 配置超时时间
        configurer.registerCallableInterceptors(
                this.getTimeoutInterceptor());                // 设置Callable拦截器
        configurer.setTaskExecutor(
                this.getAsyncThreadPoolTaskExecutor());       // 设置异步线程池
    }
    @Bean(name = "asyncPoolTaskExecutor")
    public ThreadPoolTaskExecutor getAsyncThreadPoolTaskExecutor() {      // 异步线程池配置
        ThreadPoolTaskExecutor taskExecutor = new ThreadPoolTaskExecutor();   // 线程池
        taskExecutor.setCorePoolSize(20);                     // 内核线程数量
        taskExecutor.setMaxPoolSize(200);                     // 最大线程数
        taskExecutor.setQueueCapacity(25);                    // 延迟队列长度
        // 线程池中的线程数量超出内核线程时的空闲状态保持时间，如果超过此时间则会退出
        taskExecutor.setKeepAliveSeconds(200);
        taskExecutor.setThreadNamePrefix("yootk - ");         // 线程名称前缀
        // 线程池拒绝任务处理策略，目前只支持AbortPolicy、CallerRunsPolicy，默认为后者
        taskExecutor.setRejectedExecutionHandler(
                new ThreadPoolExecutor.CallerRunsPolicy());
        taskExecutor.initialize();                            // 线程池初始化
        return taskExecutor;                                  // 返回线程池实例
    }
    @Bean
    public TimeoutCallableProcessingInterceptor getTimeoutInterceptor() {
        return new TimeoutCallableProcessingInterceptor();    // 超时配置
    }
}
```

程序执行结果：

```
[p-nio-80-exec-3] com.yootk.action.MessageAsyncAction       : 外部线程：http-nio-80-exec-3
[      yootk - 1] com.yootk.action.MessageAsyncAction       : 内部线程：yootk - 1
```

配置类定义完成后，再次执行当前程序，就可以通过后台观察到当前异步线程池的配置。由于此程序在进行异步线程池配置时设置了异步线程执行的超时时间，因此超过了此时间程序会给出异常信息提示。

9.1.2 WebAsyncTask

视频名称　0903_【掌握】WebAsyncTask
视频简介　为了方便异步线程的管理，开发者可以通过 Spring 所提供的 WebAsyncTask 任务类进行处理。本视频为读者讲解局部异步线程配置的作用以及具体实现。

在进行异步线程管理时，每当异步请求线程超时都会直接进行错误处理，虽然此时可以基于全局异常的方式进行控制，但是开发者依然可以通过 WebAsyncTask 来实现一个超时线程的管理。

WebAsyncTask 是一个由 Spring 提供的异步任务管理类，开发者可以直接在此类中配置要执行的请求处理的异步线程，同时也可以配置一个与之相关的超时管理及处理线程。这样在程序出现超时问题后，可以启动另外一个线程进行处理。WebAsyncTask 的程序实现结构如图 9-4 所示。

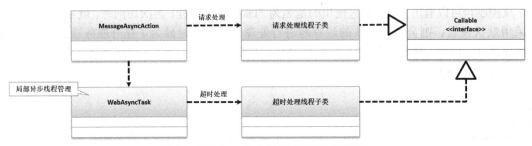

图 9-4　WebAsyncTask 局部线程管理实现结构

范例：使用 WebAsyncTask 处理异步线程

```
package com.yootk.action;
@RestController                                                      // Rest结构响应
@RequestMapping("/async/*")                                          // 映射路径
@Slf4j                                                               // 日志注解
public class MessageAsyncAction {
    @RequestMapping("callable")
    public Object echo(String message) {
        log.info("外部线程：" + Thread.currentThread().getName());      // 获取线程名称
        Callable<String> callable = new Callable<String>() {          // Callable回调
            @Override
            public String call() throws Exception {                   // 线程处理方法
                log.info("内部线程：{}", Thread.currentThread().getName()); // 获取线程名称
                TimeUnit.SECONDS.sleep(1);                            // 延迟时间1s（超过允许范围）
                return "【ECHO】" + message;                           // 请求响应
            }
        };
        WebAsyncTask<String> task = new WebAsyncTask(200,
                callable);                                            // 设置200ms超时
        task.onTimeout(new Callable<String>() {                       // 请求超时处理线程
            @Override
            public String call() throws Exception {
                log.info("线程超时：{}", Thread.currentThread().getName());
            }
        });
        return task;
    }
}
```

程序执行结果：

```
[p-nio-80-exec-1] com.yootk.action.MessageAsyncAction        : 外部线程：http-nio-80-exec-1
[          task-1] com.yootk.action.MessageAsyncAction        : 内部线程：task-1
[p-nio-80-exec-3] com.yootk.action.MessageAsyncAction        : 线程超时：http-nio-80-exec-3
```

9.1 Spring Boot 异步处理

本程序在用户请求时设置了一个 Callable 异步处理线程，而随后将此线程交由 WebAsyncTask 类进行管理。当线程可以正常执行时，则会启用一个异步任务进行处理；而如果异步处理线程超时，则会启动一个超时处理线程进行响应。

9.1.3 DeferredResult

视频名称	0904_【理解】DeferredResult
视频简介	Java 中的线程执行存在 Runnable 与 Callable 两种机制。本视频主要为读者分析 Runnable 实现的异步线程中所存在的问题，并使用 DeferredResult 工具类保证 Runnable 线程的正常执行。

使用 Callable 接口实现的异步线程处理结构，可以直接利用 call()方法实现异步等待返回。而除了此种形式外，Java 还支持 Runnable 接口实现的异步线程处理。由于 Runnable 没有异步返回的处理支持，因此为了保证该线程能正常执行完毕，可以基于 DeferredResult 类实现异步线程管理。

DeferredResult 也是一个实现异步线程的处理结构。开发者可以直接将异步处理线程的执行结果保存在 DeferredResult 对象实例中，也可以使用 DeferredResult 中提供的状态监听方法对执行超时以及执行完成的状态设置不同的处理线程。DeferredResult 的基本使用结构如图 9-5 所示。

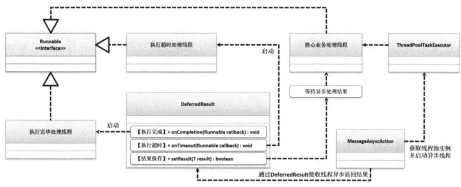

图 9-5　DeferredResult 的基本使用结构

范例：通过 DeferredResult 控制线程

```
package com.yootk.action;
@RestController                                                 // Rest结构响应
@RequestMapping("/async/*")                                     // 映射路径
@Slf4j                                                          // 日志注解
public class MessageAsyncAction {
    @Autowired                                                  // Spring Boot容器提供实例
    private ThreadPoolTaskExecutor threadPoolTaskExecutor;      // 线程池
    @RequestMapping("runnable")
    public Object echo(String message) {
        log.info("外部线程：{}", Thread.currentThread().getName());   // 获取线程名称
        HttpServletRequest request = ((ServletRequestAttributes)
            RequestContextHolder.getRequestAttributes()).getRequest();
        DeferredResult<String> result = new DeferredResult(6000L);   // 设置超时时间
        result.onTimeout(new Runnable() {                            // 超时处理
            @Override
            public void run() {                                      // 超时后启动新的线程
                log.info("超时线程：{}", Thread.currentThread().getName());
                result.setResult("【请求超时】" + request.getRequestURL());  // 数据返回
            }
        });
        result.onCompletion(new Runnable() {                         // 线程执行完毕
            @Override
```

```java
    public void run() {
        log.info("完成线程: {}", Thread.currentThread().getName());
    }
});
this.threadPoolTaskExecutor.execute(new Runnable() {        // 线程池启动异步线程
    @Override
    public void run() {
        log.info("内部线程: {}", Thread.currentThread().getName());
        try {
            TimeUnit.SECONDS.sleep(2);                      // 模拟延迟
        } catch (InterruptedException e) {}
        result.setResult("【ECHO】" + message);              // 最终响应
    }
});
return result;
}
```

程序执行结果：

```
[p-nio-80-exec-1] com.yootk.action.MessageAsyncAction     : 外部线程: http-nio-80-exec-1
[      yootk - 1] com.yootk.action.MessageAsyncAction     : 内部线程: yootk - 1
[p-nio-80-exec-2] com.yootk.action.MessageAsyncAction     : 完成线程: http-nio-80-exec-2
```

此程序通过 Runnable 接口实现了异步线程的创建，而后为了保证该线程可以正常执行，将此线程的执行交由 DeferredResult 类的实例进行控制。由于此时的控制层方法直接返回 DeferredResult 对象实例，因此需要等待返回结果被正确设置后才会结束该线程的调用，并且在执行中可以针对不同的状态启动相关线程进行处理。

9.1.4 Spring Boot 异步任务

Spring Boot
异步任务

视频名称　　0905_【掌握】Spring Boot 异步任务
视频简介　　异步任务是一种在后台运行的线程结构，可以在不影响用户响应的情况下执行某些后台处理。本视频为读者分析异步请求与异步任务的区别，并通过具体的程序代码实现异步任务的开发与使用。

在异步编程中，除了可以使用异步线程进行用户请求响应外，也可以开启一个新的异步任务执行某些耗时操作，同时此任务与用户的响应无关，并且在用户响应完成后还有可能继续执行，如图 9-6 所示。

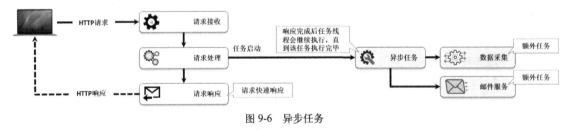

图 9-6 异步任务

> **提示：异步请求与异步任务的区别。**
> 　　异步请求用于解决并发情况下对服务器造成的访问压力，可以提高服务器的处理性能。在进行异步请求处理时，所有的响应都要等待异步线程处理完成后再进行处理。
> 　　异步任务是一个单独的运行线程，此时服务请求及响应已经完成，但是异步任务还会继续在后台执行，例如，可以调用 Kafka 进行数据采集，或者调用其他平台实现数据交互。

如果想在项目中开启异步处理任务，那么需要定义专属的任务处理线程池，同时要向 Spring 容器中注册一个专属的任务处理 Bean 对象。该任务类中所提供的任务处理方法必须使用"@Async"注解定义，这样就可以在需要的位置直接调用此任务方法进行异步处理。下面通过具体步骤讲解。

（1）【microboot-web 模块】配置异步任务管理线程池。

```java
package com.yootk.config;
@Configuration
@EnableAsync
public class DefaultThreadPoolConfig implements AsyncConfigurer {        // 异步配置
    @Override
    public Executor getAsyncExecutor() {
        ThreadPoolTaskExecutor executor = new ThreadPoolTaskExecutor();  // 线程池
        executor.setCorePoolSize(10);                                    // 核心线程数
        executor.setMaxPoolSize(20);                                     // 最大线程数量
        executor.setQueueCapacity(100);                                  // 线程池队列
        executor.setThreadNamePrefix("muyan-");                          // 线程名称前缀
        executor.initialize();                                           // 线程池初始化
        return executor;
    }
    @Override
    public AsyncUncaughtExceptionHandler getAsyncUncaughtExceptionHandler() {  // 异常处理
        return new SimpleAsyncUncaughtExceptionHandler();
    }
}
```

（2）【microboot-web 模块】定义异步线程任务处理类。

```java
package com.yootk.task;
@Component                                      // Bean注册
@Slf4j
public class YootkThreadTask {
    @Async
    public void startTaskHandle() {
        log.info("【异步线程】开启，执行线程：{}", Thread.currentThread().getName());
        try {
            TimeUnit.SECONDS.sleep(5);          // 模拟延迟
        } catch (InterruptedException e) {}
        log.info("【异步线程】结束，执行线程：{}", Thread.currentThread().getName());
    }
}
```

（3）【microboot-web 模块】在控制层启动异步任务。

```java
package com.yootk.action;
@RestController                                         // Rest结构响应
@RequestMapping("/async/*")                             // 映射路径
@Slf4j                                                  // 日志注解
public class MessageAsyncAction {
    @Autowired
    private YootkThreadTask threadTask ;
    @RequestMapping("task")
    public Object echo(String message) {
        log.info("外部线程：{}", Thread.currentThread().getName());  // 获取线程名称
        this.threadTask.startTaskHandle();              // 开启异步任务
        return "【ECHO】" + message;
    }
}
```

后台日志输出：

```
[p-nio-80-exec-1] com.yootk.action.MessageAsyncAction     : 外部线程：http-nio-80-exec-1
[p-nio-80-exec-1] o.s.s.concurrent.ThreadPoolTaskExecutor : Initializing ExecutorService
[     yootk - 1] com.yootk.task.YootkThreadTask          : 【异步线程】开启，执行线程：muyan-1
[     yootk - 1] com.yootk.task.YootkThreadTask          : 【异步线程】结束，执行线程：muyan-1
```

通过此时的执行结果可以发现，用户发出请求后会很快在页面中获取响应内容，而此时所启动的异步任务并不会消失，而是在后台依据自身的需要运行。

9.2 WebFlux

响应式编程简介

视频名称　0906_【掌握】响应式编程简介

视频简介　JDK 9 开始支持 Reactive Streams 响应式编程，随后 Spring 也提供了 Reactor 编程模型，Spring Boot 又推出了 WebFlux。本视频为读者分析响应式编程的发展历史，同时通过对比给出 Spring MVC 与 WebFlux 实现的区别。

在 Servlet 3.0 标准出现之前，每个 Servlet 都是采用"Thread-Per-Request"（每个请求对应一个处理线程）的方式进行请求处理的，即每次的 HTTP 请求都由某一个容器的工作线程从头负责到尾。如果该请求线程执行了某些有高延时操作的代码（如数据库访问、第三方接口调用等），如图 9-7 所示，那么其所对应的线程也将持续等待，这样容器将无法及时回收工作线程，而这在并发量增大的情况下将会带来严重的性能问题。

Servlet 3.0 标准为了解决此类问题，提供了异步响应的支持。在异步响应处理结构中，可以将耗时的操作部分交由一个专属的异步线程进行响应处理，同时请求线程资源被释放，并将该线程回收到线程池中，以供其他用户使用。这样的操作机制极大地提升程序的并发处理性能。程序的执行结构如图 9-8 所示。

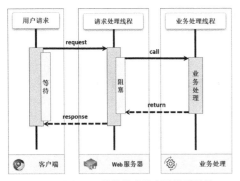

图 9-7　传统请求处理的执行结构

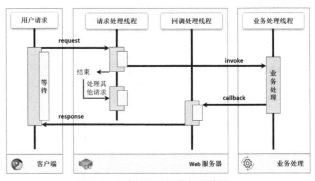

图 9-8　异步请求处理的执行结构

> 提示：Servlet 异步请求实现。
>
> Servlet 3.0 标准之后的异步请求处理，是直接通过 HttpServletRequest 接口获取 AsyncContext 异步上下文实例，随后在该异步上下文中进行用户请求的处理以及响应操作。如果对此操作流程不清楚，可以翻阅本系列的《Java Web 开发实战（视频讲解版）》一书进行学习。

为了简化传统 Servlet 程序的开发，在 Servlet 类库标准上形成了 Spring MVC 开发框架，而所有基于 Spring MVC 开发框架编写的项目都要运行在 Servlet 容器中。考虑到对 Servlet 的支持情况，在 Spring MVC 中所采用的处理形式是同步阻塞 I/O 架构，每个请求都会提供一个专属的处理线程。

要想在 Spring 中实现响应式编程，则需要用到 Spring WebFlux，如图 9-9 所示。该组件是一个重新构建的且基于 Reactive Streams 标准实现的异步非阻塞 Web 开发框架，它以 Reactor 开发框架为基础，更加容易实现高并发访问下的请求处理模型。Spring Boot 2.x 版本提供了"spring-webflux"依赖模块，该模块中有两种编程模型实现：一种基于功能性端点方式；另一种基于 Spring MVC 注解方式。下面来学习具体的代码实现。

9.2 WebFlux

图 9-9　Spring WebFlux 与 Spring MVC

> 提示：Reactive Streams。
>
> 　　本系列的《Java 进阶开发实战（视频讲解版）》一书中的 J.U.C 部分为读者讲解了 Reactive Streams（响应式流）的相关概念，该操作是 JVM 提供的面向流的操作库与操作标准。如果对此概念不清楚，请自行参考相关书籍。

9.2.1　Reactor 终端响应

WebFlux 终端响应

视频名称　0907_【理解】WebFlux 终端响应
视频简介　WebFlux 基于 Reactor 技术实现，在开发中可以直接以启动一个运行终端进行请求处理。本视频通过具体的开发步骤，讲解 Spring Boot 项目引入 Webflux 依赖以及 Reactor 程序的开发与运行。

　　Spring WebFlux 模块基于 Reactor 开发框架实现，在进行具体请求处理前，需要首先配置一个请求终端，而后依据路由匹配的地址找到指定终端类中提供的处理方法进行操作，如图 9-10 所示。

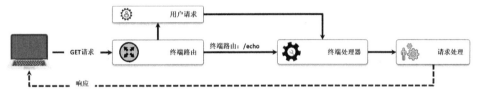

图 9-10　WebFlux 处理终端

　　前面的分析已经明确说明 Spring WebFlux 的运行机制与 Spring MVC 有所不同，所以在进行具体代码开发时不要导入"spring-boot-starter-web"开发模块。本程序将通过 WebFlux 处理终端返回一个普通的文本信息，具体开发步骤如下所示。

　　（1）【microboot 项目】创建一个新的"microboot-webflux"模块，随后修改 build.gradle 配置文件，追加 webflux 依赖库。需要注意的是，此时不要再导入"spring-boot-starter-web"依赖库，否则将无法正常运行 WebFlux 应用程序。

```
project('microboot-webflux') {                 // 子模块
    dependencies {                             // 已经添加过的依赖库不再重复列出，代码略
        // 注意：不要导入"'org.springframework.boot:spring-boot-starter-web'"依赖库
        compile('org.springframework.boot:spring-boot-starter-webflux')
    }
}
```

　　（2）【microboot-webflux 子模块】创建一个请求处理器操作类，在该类中需要给出响应的状态码、头信息与数据。

```
package com.yootk.webflux.handler;
@Component
public class MessageHandler {
    public Mono<ServerResponse> echoHandler(ServerRequest request) {    // 响应处理
        return ServerResponse.ok()                                      // 响应成功
```

```
                    .header("Content-Type", "text/html;charset=UTF-8")     // 响应头信息
                    .body(BodyInserters.fromValue("沐言科技：www.yootk.com"));    // 数据信息
    }
}
```

（3）【microboot-webflux 子模块】创建一个消息路由的程序类。在进行路由配置时，每个路由地址都可以通过一个具体方法进行配置。在进行路由时除了定义路由地址外，还需要配置终端处理方法。

```
package com.yootk.webflux.router;
@Configuration
public class MessageRouter {
    @Bean
    public RouterFunction<ServerResponse> routeEcho(MessageHandler messageHandler) {
        return RouterFunctions
                .route(RequestPredicates.GET("/echo")
                        .and(RequestPredicates.accept(MediaType.TEXT_PLAIN)),
                        messageHandler::echoHandler);        // 设置处理方法
    }
}
```

（4）【microboot-webflux 子模块】此时的 Spring WebFlux 程序依然基于 Spring Boot 管理，需要定义 Spring Boot 启动类。

```
package com.yootk;
import org.springframework.boot.SpringApplication;
import org.springframework.boot.autoconfigure.SpringBootApplication;
@SpringBootApplication                                      // Spring Boot启动注解
public class StartWebFluxApplication {                       // 李兴华编程训练营
    public static void main(String[] args) {                 // 沐言科技：www.yootk.com
        SpringApplication.run(StartWebFluxApplication.class, args);  // 程序启动
    }
}
```

程序启动日志：

[restartedMain] o.s.b.web.embedded.netty.NettyWebServer   : Netty started on port(s): 8080

程序执行路径：

http://localhost:8080/echo

页面显示结果：

沐言科技：www.yootk.com

程序启动后会出现一个 Netty 启动的信息。用户输入 "/echo" 路由地址后，会由 MessageHandler 终端进行 Reactor 异步请求处理。

9.2.2 Spring Boot 整合 Reactor

Spring Boot 整合 WebFlux

视频名称 0908_【理解】Spring Boot 整合 WebFlux
视频简介 Spring Boot 为了便于异步处理，提供了更加方便的 WebFlux 整合支持。本视频通过具体的程序代码讲解 Action 与 WebFlux 的整合操作。

在 Spring Boot 中，为了更加方便地实现 WebFlux 程序开发，可以直接基于已有的 Action 运行模式，通过 Action 类的处理方法返回响应内容。而如果响应内容是单数据内容，则可以通过 Reactor 框架提供 Mono 类实例进行处理。下面通过具体的步骤讲解操作实现。

（1）【microboot-webflux 子模块】创建一个 Message 程序类，保存用户请求与响应信息。

```
package com.yootk.vo;
@Data
public class Message {
    private String title;
    private Date pubdate;
```

```
    private String content;
}
```

（2）【microboot-webflux】创建消息处理类，在该类中将需要响应的数据通过 Mono 类进行处理，这样就可以直接通过 Reactor 进行响应式处理。

```
package com.yootk.webflux.handler;
@Component
@Slf4j
public class MessageHandler {
    public Mono<Message> echoHandler(Message message) {       // 响应处理
        log.info("【{}】业务层接收处理数据：{}", Thread.currentThread().getName(), message);
        message.setTitle("【" + Thread.currentThread().getName() + "】" + message.getTitle());
        message.setContent("【" + Thread.currentThread().getName() + "】" +
                message.getContent());
        return Mono.create(monoSink -> monoSink.success(message));
    }
}
```

（3）【microboot-webflux】建立 Action 程序类，通过消息处理类进行请求处理。

```
package com.yootk.action;
@RestController                                                     // Rest 响应
@RequestMapping("/message/*")                                       // Action 父路径
@Slf4j                                                              // 日志注解
public class MessageAction extends BaseAction {                     // 方便日期处理
    @Autowired
    private MessageHandler messageHandler ;                         // 注入消息处理类实例
    @RequestMapping("echo")
    public Object echo(Message message) {
        log.info("接收用户访问信息，用户发送的参数为：msg = " + message);
        return this.messageHandler.echoHandler(message) ;           // 异步处理
    }
}
```

程序执行路径：

http://localhost:8080/message/echo?title=沐言科技&content=www.yootk.com&pubdate=2020-09-19

页面显示结果：

```
{ "title": "【reactor-http-nio-3】沐言科技",
  "pubdate": "2020-09-18T16:00:00.000+00:00",
  "content": "【reactor-http-nio-3】www.yootk.com" }
```

本程序采用了传统的 Spring Boot 开发模式，通过注入的 MessageHandler 类实例实现了用户请求处理，而在 MessageHandler 类中则会通过 Mono 创建一个异步响应，随后该响应会返回处理后的 Message 对象实例。

9.2.3 Flux 返回集合数据

Flux 返回集合数据

视频名称 0909_【理解】Flux 返回集合数据

视频简介 Mono 与 Flux 是 Reactor 开发框架所提供的两种返回处理操作类。本视频为读者分析这两个类的区别，并通过实例讲解如何基于 Flux 结构返回 List 与 Map 集合。

在 Reactor 程序处理中，异步非阻塞响应处理操作可以利用 Mono 和 Flux 两个响应处理类。这两个处理类都是 org.reactivestreams.Publisher 接口的子类，其中 Mono 类用于单个对象响应处理，而 Flux 类用于集合对象响应处理。下面修改先前的程序，在 MessageHandler 类中实现 List 和 Map 数据的异步处理，具体实现步骤如下。

（1）【microboot-webflux 模块】修改 MessageHandler 程序类，追加集合数据返回。

```
package com.yootk.webflux.handler;
@Service
```

```
@Slf4j
public class MessageHandler {
    // echoHandler()方法实现相同,代码略
    public Flux<Message> list(Message message) {                     // 返回集合数据
        List<Message> messageList = new ArrayList<>();               // 创建List集合
        for (int x = 0; x < 10; x++) {                               // 循环生成数据
            Message msg = new Message();                             // 实例化VO对象
            msg.setTitle("【" + x + "】" + message.getTitle());       // 属性设置
            msg.setPubdate(message.getPubdate());                    // 属性设置
            msg.setContent("【" + x + "】" + message.getContent());   // 属性设置
            messageList.add(msg);                                    // 数据保存
        }
        return Flux.fromIterable(messageList);                       // 返回List集合
    }
    public Flux<Map.Entry<String, Message>> map(Message message) {   // 返回集合数据
        Map<String, Message> map = new HashMap<>();                  // 创建Map集合
        for (int x = 0; x < 10; x++) {                               // 循环生成数据
            Message msg = new Message();                             // 实例化VO对象
            msg.setTitle("【" + x + "】" + message.getTitle());       // 属性设置
            msg.setPubdate(message.getPubdate());                    // 属性设置
            msg.setContent("【" + x + "】" + message.getContent());   // 属性设置
            map.put("yootk - " + x, msg);                            // 数据保存
        }
        return Flux.fromIterable(map.entrySet());                    // 返回Map集合
    }
}
```

(2)【microboot-webflux 子模块】在 MessageAction 类中追加业务处理方法。

```
package com.yootk.action;
@RestController                                          // Rest响应
@RequestMapping("/message/*")                            // Action父路径
@Slf4j                                                   // 日志注解
public class MessageAction extends BaseAction {
    // echo()方法以及MessageHandler类实例注入实现相同,代码略
    @RequestMapping("list")
    public Object list(Message message) {                // 返回List集合
        log.info("接收用户访问信息,用户发送的参数为: msg = " + message);
        return this.messageHandler.list(message) ;       // 数据返回
    }
    @RequestMapping("map")
    public Object map(Message message) {                 // 返回Map集合
        log.info("接收用户访问信息,用户发送的参数为: msg = " + message);
        return this.messageHandler.map(message) ;        // 数据返回
    }
}
```

程序执行路径:

【List】localhost:8080/message/list?title=沐言科技&content=www.yootk.com&pubdate=2020-09-19

程序执行路径:

【Map】localhost:8080/message/map?title=沐言科技&content=www.yootk.com&pubdate=2020-09-19

此程序通过 Flux 实现了异步响应线程的启用,而后在异步线程中实现了 List 或 Map 集合的信息输出,最终也是以 Rest 数据的形式返回。

9.2.4 WebSocket 处理支持

WebSocket
处理支持

视频名称　0910_【理解】WebSocket 处理支持

视频简介　Spring Boot 提供了 WebSocket 异步处理支持。本视频结合 WebSocket 客户端实现 Reactor 中的 WebSocket 程序数据交互。

WebSocket 可以有效地解决 Ajax 轮询所带来的处理性能问题,避免重复的 TCP 连接与断开操

作。而 Reactor 也提供了专属的 WebSocket 开发支持，可以基于异步非阻塞的模式进行请求处理。具体实现步骤如下。

(1)【microboot-webflux 子模块】创建 WebSocket 处理终端。

```java
package com.yootk.webflux.websocket;
import lombok.extern.slf4j.Slf4j;
import org.springframework.stereotype.Component;
import org.springframework.web.reactive.socket.WebSocketHandler;
import org.springframework.web.reactive.socket.WebSocketSession;
import reactor.core.publisher.Mono;
@Component
@Slf4j
public class EchoHandler implements WebSocketHandler {            // WebSocket处理类
    @Override
    public Mono<Void> handle(WebSocketSession session) {          // 异步响应
        log.info("WebSocket客户端握手信息：{}", session.getHandshakeInfo().getUri());
        return session.send(                                       // 信息响应
                session.receive()                                  // 接收请求数据
                        .map(msg -> session.textMessage(           // 数据处理
                                "【ECHO】" + msg.getPayloadAsText())));
    }
}
```

(2)【microboot-webflux 子模块】创建 WebSocket 处理映射类，为 EchoHandler 类追加映射路径。

```java
package com.yootk.config;
@Configuration
public class WebSocketConfig {                                                  // WebSocket配置类
    @Bean
    public HandlerMapping websocketMapping(
                @Autowired EchoHandler echoHandler) {                           // 映射路径配置
        Map<String, WebSocketHandler> map = new HashMap<>();                    // 配置映射集合
        map.put("/websocket/{token}", echoHandler);                             // 追加映射路径
        SimpleUrlHandlerMapping mapping = new SimpleUrlHandlerMapping();        // 映射处理
        mapping.setOrder(Ordered.HIGHEST_PRECEDENCE);                           // 配置映射级别
        mapping.setUrlMap(map);                                                 // 设置映射路径
        return mapping;                                                         // 返回映射配置
    }
    @Bean
    public WebSocketHandlerAdapter handlerAdapter() {                           // WebSocket适配器
        return new WebSocketHandlerAdapter();
    }
}
```

程序启动后就会自动启动 WebSocket 终端，开发者可以直接使用已有的 WebSocket 客户端的访问程序进行访问，实现消息交互处理。

9.3 RSocket

RSocket 简介

视频名称 0911_【理解】RSocket 简介
视频简介 RSocket 是一种新型的通信协议。本视频为读者分析传统 HTTP 存在的问题，并讲解 RSocket 协议的主要特点。

在当今项目应用环境中，通过 Spring Boot 开发框架可以直接基于 JSON 数据响应形式方便地实现 Rest 处理架构，同时为了减小服务的体积，往往会将一个完整的服务拆分为若干个微服务，每个微服务提供不同的业务逻辑，同时微服务也可以互相调用，如图 9-11 所示。

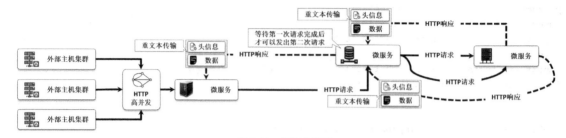

图 9-11　微服务调用

Rest 是一个简单并且容易使用的异构处理架构，对于浏览器有着非常友好的支持，同时也便于开发者进行测试。然而，当前所采用的 Rest 架构大多是基于 HTTP/1.1 实现的，它存在以下问题。

（1）HTTP/1.1 采用的是重文本传输，有时会给微服务的交互带来巨大的负荷。

（2）HTTP 属于无状态协议，对一些附加头信息往往只能采用非压缩的方式进行传输。

（3）HTTP/1.1 协议属于一元操作，所以用户每发送一个请求才可以得到一个响应，在未接收到响应之前不能发送其他请求。

（4）HTTP/1.1 基于 TCP 完成，所以需要采用三次握手的方式以保证可靠连接。这样的操作会非常耗时，从而影响到微服务的整体设计性能。

虽然在浏览器和后端之间使用 Rest 是最佳做法，但是为了避免以上问题，需要采用一些比 Rest 更好的方式来实现微服务之间的通信处理。在这样的背景下，一些公司的工程师开发了新的 RSocket 通信协议，该协议采用二进制点对点数据传输，主要应用于分布式架构，是一种基于 Reactive Streams 规范实现的新的网络通信第七层（应用层）协议。随着响应式编程技术的不断普及，RSocket 协议在网络通信（特别是移动通信）中显示出良好的发展前景。

RSocket 协议具有多路复用（Multiplexed）、双向流（Bidirectional Streaming）、流控（Flow Control）、连接恢复（Socket Resumption）、异步消息传递（Asynchronous Message Passing）、传输层解耦合（Transport independent）等主要特点。

> 💡 提示：RSocket 的协议细节。
>
> 本书的重点在于 Spring Boot 与 RSocket 操作的整合，重点为读者分析 RSocket 与 TCP、HTTP 的区别，而对于 RSocket、TCP 以及 HTTP 的具体细节并没有过多涉及。有兴趣的读者可以查询维基百科获取，也可以访问 RSocket 的官方网站进行深入研究。

1. 多路复用二进制协议

在 HTTP/3.0 以前，所有的 HTTP 都是基于 TCP 实现的，所以在 HTTP/1.0 中每次用户发出请求都需要对服务端创建一个新的 TCP 连接（3 次握手与 4 次挥手）。为了解决 TCP 性能的问题，HTTP/1.1 提出了 TCP 连接复用支持，但是此时的连接复用每次只允许对一个用户的请求进行处理，在该请求处理完成后才允许其他请求继续使用此 TCP 连接进行请求处理，如果某个请求的处理操作非常耗时，则会导致后续请求处理性能下降。为了进一步解决请求处理性能的问题，HTTP/2.0 对连接操作进行了进一步改进，允许一个 TCP 连接同时实现多个客户端的请求处理，这样即便某个请求操作耗时，也不会影响整体的处理性能，如图 9-12 所示。但是基于 TCP 实现的 HTTP 始终存在性能问题，所以 HTTP/3.0 使用 QUIC 协议作为新的传输层协议。QUIC 协议基于 UDP 实现，同时自带多路复用结构。

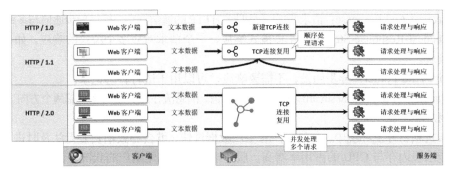

图 9-12　HTTP 处理

> 提示：QUIC 协议。
>
> 　　QUIC（Quick UDP Internet Connection）协议是谷歌公司制定的一种基于 UDP 的低时延互联网传输层协议。2016 年 11 月国际互联网工程任务组（IETF）召开了第一次 QUIC 工作组会议，受到业界的广泛关注。这也意味着 QUIC 协议开始了它的标准化过程，成为新一代传输层协议。
>
> 　　QUIC 协议很好地满足了当今传输层和应用层面临的各种需求，包括处理更多的连接、安全性，以及低延迟。QUIC 协议融合了 TCP、TLS、HTTP/2 等协议的特性。

　　HTTP/2.0 重点解决了 TCP 连接多路复用的问题，但是在 HTTP 中一切数据都以文本的形式进行传输，所以在实际开发中就会存在数据传输量过大以及传输结构受限的问题。而 RSocket 是一个二进制协议，可以方便地进行各种数据的传输，同时没有数据格式的限制，用户也可以根据自身的需要进行压缩处理。

　　RSocket 协议中的数据传输以二进制数据为主，为了方便一些中间程序对数据进行解读以及监控处理，RSocket 将消息体分为数据（data）和元数据（metadata）两个组成部分，如图 9-13 所示，这样可以保证在高速数据传输下依然可以对外暴露少量元数据给其他服务使用。

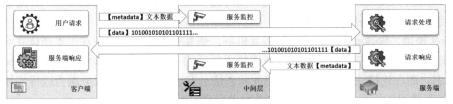

图 9-13　RSocket 传输

2．双向流

　　RSocket 实现了双向流通信支持。利用双向流（Bidirectional Streaming）可以实现服务端与客户端之间的通信处理，这样在请求与响应的处理过程中，客户端可以向服务端发送请求，服务端也可以向客户端发送请求，如图 9-14 所示。

图 9-14　RSocket 双向流

　　但是考虑到实际通信中的业务环境不同，RSocket 对数据的通信支持并不局限于长连接下的双向通道，而是分为以下 4 种数据交互模式。

（1）Request-And-Response：请求/响应，类似于 HTTP 的通信特点，提供异步通信与多路复用支持。

（2）Request-Response-Stream：请求/流式响应，一个请求对应多个流式的响应，如获取视频列表或产品列表。

（3）Fire-And-Forget：异步触发，不需要响应，可以用于进行日志记录。

（4）Channel (bi-directional streams)：双向异步通信，消息流在服务端与客户端两个方向上异步流动。

3. 流控

在分布式项目开发环境中，如果生产者生产数据过快，就会导致消费者无法及时进行处理，最终就有可能出现内存与 CPU 的占用率增高。服务端或客户端无响应的状况。而如果没有进行良好的实现控制，就有可能因雪崩导致整个应用集群瘫痪（服务假死），如图 9-15 所示。为了避免这样的情况出现，就需要有一套流控（Flow Control）机制来协调生产者与消费者的处理速度。

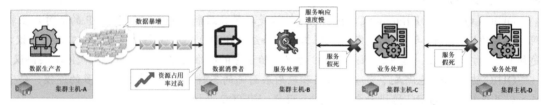

图 9-15 服务假死

RSocket 提供了 Stream Level 流量控制。RSocket 作为一个应用层协议，采取的并不是基于字节的网络层实现流控，而是基于应用层帧数的流量控制（控制生产者生产的消息数量）。

4. 连接恢复

由于移动网络的兴起，网络连接的稳定性面临较大挑战。当网络出现故障时应及时进行连接恢复。RSocket 提供有连接恢复（Connection Resumption）功能，同时为了简化用户的处理操作，在连接恢复成功时用户不会有任何感知，而在连接恢复失败时才会通过 onError 事件触发相应的回调函数，这样在进行 Stream 时可以保持响应，同时减少重复数据信息的传输——在多路复用的结构中，重复传输意味着网络压力的增加。

RSocket 提供"Socket Resumption"恢复机制，恢复实现的核心原理在于重新建立网络连接后不从头处理用户请求，客户端和服务端在连接中断后的一段时间内自动保存该 Connection 上的 Stream 状态，而在连接恢复后，客户端将此状态信息发送给服务端，服务端会进行恢复判断，如果成功恢复则继续先前的 Stream 操作。操作结构如图 9-16 所示。

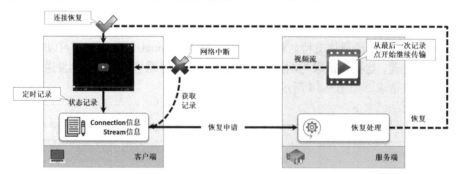

图 9-16 RSocket 连接恢复

5. 异步消息传递

RSocket 协议在进行数据传输时采用的是异步消息传递（Asynchronous Message Passing）的形式，所传输的内容为 Frame（应用层帧，如 FrameHeader、RESUME 等）。同时 RSocket 传输并不像 HTTP 那样包含明确的目标访问路径，所有的访问全部由路由模块负责实现。

9.3 RSocket

  提示：RSocket 中的帧。

RSocket 协议在数据传输时是使用帧来进行封装的，每个帧可能是请求内容、响应内容或与协议相关的数据信息，而一个应用消息可能被切分为多个不同的片段以保存在一个帧中。

6. 传输层解耦合

RSocket 协议是一个应用层的面向连接协议，不依赖于传输层协议，所以可以由用户自由选择不同的应用场景，例如，在进行数据中心构建时可以使用 TCP 处理，而在进行浏览器异步交互时可以使用 WebSocket 处理，在进行 HTTP 服务时可以使用 HTTP / 2.0 处理。

9.3.1 RSocket 基础开发

视频名称 0912_【理解】RSocket 基础开发
视频简介 RSocket 提供了多种编程技术的实现方案。本视频通过一个 Java 程序完整地分析 RSocket 程序的基本开发，同时分析 4 种数据处理操作方法的使用。

Spring Boot 对 RSocket 编程提供了良好的支持，开发者直接在项目中引入 "spring-boot-starter-rsocket" 依赖库，即可实现 RSocket 程序开发。本次将根据图 9-17 所示的结构，利用 Java 原生结构实现 RSocket 中 4 种数据交互模式的开发。具体开发步骤如下。

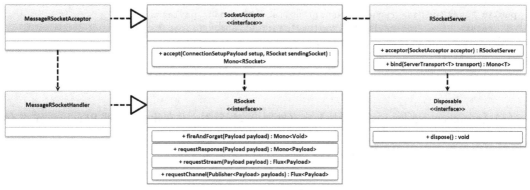

图 9-17 RSocket 程序开发

（1）【microboot 项目】创建一个新的 "microboot-rsocket-base" 子模块，同时修改 build.gradle 配置该模块依赖。

```
project('microboot-rsocket-base') {                    // 子模块
    dependencies {
        compile('org.springframework.boot:spring-boot-starter-web')
        compile('org.springframework.boot:spring-boot-starter-rsocket')
    }
}
```

（2）【microboot-rsocket-base 子模块】定义 RSocket 处理类。该类需要实现 RSocket 接口，在该接口中针对 4 种数据交互模式提供对应的抽象方法。本例为了便于读者理解，在 MessageRSocketHandler 子类中覆写全部数据交互方法。

```
package com.yootk.rsocket.server.handler;
import io.rsocket.Payload;                              // RSocket程序类
import io.rsocket.RSocket;                              // RSocket程序类
import io.rsocket.util.DefaultPayload;                  // RSocket程序类
import lombok.extern.slf4j.Slf4j;
import org.reactivestreams.Publisher;
```

```java
import reactor.core.publisher.Flux;                                          // Reactor程序类
import reactor.core.publisher.Mono;                                          // Reactor程序类
@Slf4j
public class MessageRSocketHandler implements RSocket {
    @Override
    public Mono<Void> fireAndForget(Payload payload) {                       // 无响应
        String message = payload.getDataUtf8();                              // 获取数据
        log.info("【FireAndForget】接收请求数据:{}", message);                 // 日志输出
        return Mono.empty();                                                 // 返回空信息
    }
    @Override
    public Mono<Payload> requestResponse(Payload payload) {                  // 处理请求与响应
        String message = payload.getDataUtf8();                              // 获取数据
        log.info("【RequestAndResponse】接收请求数据:{}", message);            // 日志输出
        return Mono.just(DefaultPayload.create("【ECHO】" + message));        // 数据响应
    }
    @Override
    public Flux<Payload> requestStream(Payload payload) {                    // 处理数据流
        String message = payload.getDataUtf8();                              // 获取数据
        log.info("【RequestStream】接收请求数据:{}", message);                 // 日志输出
        return Flux.fromStream(message.chars()                               // 字符串转字符
                .mapToObj(c -> Character.toUpperCase((char) c)))             // 响应字符大写
                .map(Object::toString)                                       // 字符转为字符串
                .map(DefaultPayload::create);                                // 数据响应
    }
    @Override
    public Flux<Payload> requestChannel(Publisher<Payload> payloads) {
        return Flux.from(payloads).map(Payload::getDataUtf8).map(msg -> {    // 接收请求数据
            log.info("【RequestChannel】接收请求数据:{}", msg);                // 日志输出
            return msg;                                                      // 返回数据
        }).map(DefaultPayload::create);
    }
}
```

(3)【microboot-rsocket-base 子模块】定义处理接收配置类,并在此类中注册 RSocket 接口实例。

```java
package com.yootk.rsocket.server.acceptor;
import com.yootk.rsocket.server.handler.MessageRSocketHandler;
import io.rsocket.ConnectionSetupPayload;
import io.rsocket.RSocket;
import io.rsocket.SocketAcceptor;
import reactor.core.publisher.Mono;
public class MessageRSocketAcceptor implements SocketAcceptor {              // 处理接收者
    @Override
    public Mono<RSocket> accept(ConnectionSetupPayload setup,
                                 RSocket sendingSocket) {                    // 连接处理
        return Mono.just(new MessageRSocketHandler());                       // RSocket处理类
    }
}
```

(4)【microboot-rsocket-base 子模块】为方便服务管理,创建一个服务的启动与关闭控制类。

```java
package com.yootk.rsocket.server;
import com.yootk.rsocket.server.acceptor.MessageRSocketAcceptor;
import io.rsocket.core.RSocketServer;
import io.rsocket.frame.decoder.PayloadDecoder;
import io.rsocket.transport.netty.server.TcpServerTransport;
import reactor.core.Disposable;
public class MessageServer {
    private static Disposable disposable;                                    // 用于释放任务
    public static void start() {                                             // 服务开启
        RSocketServer rSocketServer = RSocketServer.create();                // 创建RSocket服务端
        rSocketServer.acceptor(new MessageRSocketAcceptor());                // 绑定服务接收者
```

```java
        rSocketServer.payloadDecoder(PayloadDecoder.ZERO_COPY);      // 采用零拷贝技术
        disposable = rSocketServer.bind(TcpServerTransport.create(6565))  // 绑定端口
                .subscribe();                                         // 开启订阅
    }
    public static void stop() {
        disposable.dispose();                                         // 释放任务
    }
}
```

（5）【microboot-rsocket-base 子模块】编写测试类，通过 MessageServer 公布的监听端口连接 RSocket 服务端，而后通过返回的 RSocket 接口实例进行数据处理。

```java
package com.yootk.test.rsocket;
@TestMethodOrder(MethodOrderer.OrderAnnotation.class)
public class TestMessageServer {
    private static RSocket rSocket;                                   // RSocket接口实例
    @BeforeAll                                                        // 测试方法启动前执行
    public static void setUpClient() {
        MessageServer.start();                                        // 服务启动
        rSocket = RSocketConnector.connectWith(
                TcpClientTransport.create(6565)).block();             // 连接RSocket服务
    }
    @Test
    public void testFireAndForget() {
        this.getRequestPayload()
                .flatMap(payload -> rSocket.fireAndForget(payload))   // 数据交互测试
                .blockLast(Duration.ofMinutes(1));
    }
    @Test
    public void testRequestAndResponse() {
        this.getRequestPayload()
                .flatMap(payload -> rSocket.requestResponse(payload)) // 数据交互测试
                .doOnNext(response -> System.out.println(
                        "【RSocket测试类】接收服务端响应数据：" + response.getDataUtf8()))
                .blockLast(Duration.ofMinutes(1));
    }
    @Test
    public void testRequestStream() {
        this.getRequestPayload()
                .flatMap(payload -> rSocket.requestStream(payload))   // 数据交互测试
                .doOnNext(response -> System.out.println(
                        "【RSocket测试类】接收服务端响应数据：" + response.getDataUtf8()))
                .blockLast(Duration.ofMinutes(1));
    }
    @Test
    public void testRequestChannel() {
        rSocket.requestChannel(this.getRequestPayload())              // 数据交互测试
                .doOnNext(response -> System.out.println(
                        "【RSocket测试类】接收服务端响应数据：" + response.getDataUtf8()))
                .blockLast(Duration.ofMinutes(1));;
    }
    private static Flux<Payload> getRequestPayload() {
        return Flux.just("yootk.com", "java", "springboot",
                        "springcloud", "redis", "elasticsearch")
                .delayElements(Duration.ofSeconds(1))
                .map(DefaultPayload::create);
    }
    @AfterClass                                                       // 最后执行
    public static void testStopServer() {
        MessageServer.stop();                                         // 服务关闭
    }
}
```

本程序通过 JUnit 编写了具体的测试操作，并且在测试用例启动前都会调用 setUpClient()方法连接 RSocket 服务器，随后通过 RSocketConnector.connectWith()方法获取 RSocket 接口实例，这样就可以根据需要调用相关数据处理方法进行数据的交互操作。图 9-18 给出了 testRequestAndResponse()方法的测试结果，其他测试结果读者可以运行程序自行观察。

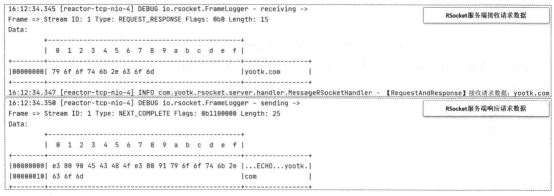

图 9-18　testRequestAndResponse()测试结果

9.3.2　搭建 RSocket 服务端

视频名称　0913_【理解】搭建 RSocket 服务端
视频简介　RSocket 需要进行各种数据处理，基于 Spring Boot 可以方便地实现 RSocket 服务开发。本视频结合常用的业务处理操作，为读者通过实例分析 RSocket 服务的搭建。

在实际项目开发中一般需要搭建专属的 RSocket 服务，每个服务都是一个控制层处理，需要有与之匹配的业务层提供业务处理支持。而控制层中的方法可以根据需要实现不同的 RSocket 数据交互处理，并且所有的控制层方法必须通过"@MessageMapping"注解进行配置才可以对外提供服务，如图 9-19 所示。

图 9-19　RSocket 服务端

在本次的项目开发中，考虑到项目结构的完整性，会使用 3 个模块整合服务的搭建：microboot-rsocket-common 子模块（RSocket 公共模块）、microboot-rsocket-server 子模块（RSocket 服务端）、microboot-rsocket-client（RSocket 客户端）。开发结构如图 9-20 所示。

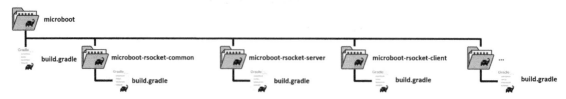

图 9-20　RSocket 开发结构

同时，为了简化程序的开发，本次将直接定义业务类（不再进行数据层定义），并通过模拟操作实现数据的相关处理。服务端程序的具体开发步骤如下。

(1)【microboot 项目】创建 RSocket 公共子模块"microboot-rsocket-common"，并在 build.gradle 文件中进行子模块定义，同时在"microboot-rsocket-server"模块中配置该模块依赖。

```
project('microboot-rsocket-common') {                          // 子模块
    dependencies {}
}
project('microboot-rsocket-server') {                          // 子模块
    dependencies {
        compile('org.springframework.boot:spring-boot-starter-web')
        compile('org.springframework.boot:spring-boot-starter-rsocket')
        compile(project(':microboot-rsocket-common'))          // 模块依赖
    }
}
```

(2)【microboot-rsocket-common 子模块】修改 build.gradle 配置文件，进行打包任务配置。

```
jar { enabled = true }                                         // 保留jar任务
javadocTask { enabled = false }                                // 关闭javadoc任务
javadocJar { enabled = false }                                 // 关闭打包javadoc任务
bootJar { enabled = false }                                    // 关闭Spring Boot任务
```

(3)【microboot-rsocket-common 子模块】创建一个公共的数据传输类。

```
package com.yootk.rsocket.vo;
@Data                                                          // 生成类结构
@NoArgsConstructor                                             // 无参构造
@AllArgsConstructor                                            // 全参构造
public class Message {
    private String title;                                      // 消息标题
    private String content;                                    // 消息内容
}
```

(4)【microboot-rsocket-server 子模块】创建一个信息服务类，进行用户请求业务处理。

```
package com.yootk.rsocket.server.service;
@Service
public class MessageService {
    public List<Message> list() {                              // 信息列表
        return List.of(new Message("yootk", "沐言优拓：www.yootk.com"),
                new Message("muyan", "沐言科技：www.yootk.com"),
                new Message("edu", "李兴华编程训练营：edu.yootk.com"));
    }
    public Message get(String title) {                         // 信息获取
        return new Message(title, "【" + title + "】www.yootk.com");
    }
    public Message echo(Message message) {                     // 信息回应
        message.setTitle("【ECHO】" + message.getTitle());
        message.setContent("【ECHO】" + message.getContent());
        return message;
    }
}
```

(5)【microboot-rsocket-server 子模块】创建 RSocket 控制器类，进行客户端请求处理。

```
package com.yootk.rsocket.server.aciton;
@Controller                                                    // 控制器
@Slf4j                                                         // 日志输出
public class MessageAction {
    @Autowired
    private MessageService messageService;                     // 注入业务实例
```

```
    @MessageMapping("message.echo")
    public Mono<Message> echoMessage(Mono<Message> message) {      // Request-And-Response
        return message.doOnNext(msg -> this.messageService.echo(msg))    // 信息回应处理
                .doOnNext(msg -> log.info("【消息接收】{}", msg));       // 日志输出
    }
    @MessageMapping("message.delete")
    public void deleteMessage(Mono<String> titleMono) {                  // Fire-And-Forget
        titleMono.doOnNext(msg -> log.info("【消息删除】{}", msg)).subscribe();  // 日志输出
    }
    @MessageMapping("message.list")
    public Flux<Message> listMessage() {                    // Request-Response-Stream
        return Flux.fromStream(this.messageService.list().stream());  // 返回List数据
    }
    @MessageMapping("message.get")
    public Flux<Message> getMessage(Flux<String> title) {              // Request-Response-Stream
        return title
                .doOnNext(t -> log.info("【数据查询】title = {}", t))   // 日志输出
                .map(titleInfo -> titleInfo.toLowerCase())             // 数据转小写
                .map(this.messageService::get)                         // 业务调用
                .delayElements(Duration.ofSeconds(1));                 // 延迟返回
    }
}
```

(6)【microboot-rsocket-server 子模块】创建 application.yml 文件并配置监听端口。

```
spring:
  rsocket:                          # RSocket配置
    server:
      port: 6869                    # 服务监听端口
```

(7)【microboot-rsocket-server 子模块】定义程序启动类。

```
package com.yootk.rsocket;
@SpringBootApplication              // Spring Boot启动注解
public class StartMessageRSocketApplication {
    public static void main(String[] args) {
        SpringApplication.run(StartMessageRSocketApplication.class, args);   // 程序启动
    }
}
```

此例实现了 RSocket 服务端与 Spring Boot 应用的整合，整体程序的实现结构与传统的 Spring Boot WebFlux 程序结构并没有太大差别，同时会启动 6869 端口实现 RSocket 客户端连接。

9.3.3 搭建 RSocket 客户端

搭建 RSocket 客户端

视频名称　0914_【理解】搭建 RSocket 客户端

视频简介　RSocket 客户端基于 CBOR 实现服务端数据交互。本视频讲解客户端的编码器与解码器配置，同时利用 JUnit 实现 RSocket 远程服务调用。

RSocket 协议基于二进制实现数据通信处理，所以客户端进行服务访问时需要明确配置 CBOR 编码器与解码器，即客户端的请求或接收数据所包含的 Mono 和 Flux 信息都需要经过解码处理程序，才能获取正确的数据信息。操作结构如图 9-21 所示。

> 💡 提示：CBOR 数据格式。
>
> CBOR（Concise Binary Object Representation，简明二进制对象展现）是一种二进制的数据格式，其特点在于良好的数据压缩支持、结构扩展性强以及使用广泛的数据交互格式。CBOR 是物联网数据交互过程中主要采用的数据格式。

9.3 RSocket

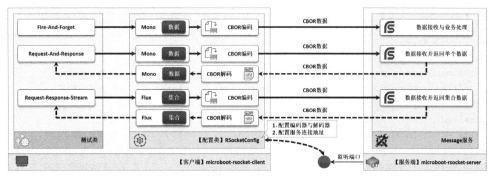

图 9-21 RSocket 客户端通信

RSocket 客户端需要根据服务端定义进行相关参数的传递和响应数据的处理。为便于开发，本次将直接基于 JUnit 测试程序结构进行已有的 RSocket 服务调用，具体实现步骤如下。

(1)【microboot 项目】创建 "microboot-rsocket-client" 子模块，并进行相关依赖配置。

```
project('microboot-rsocket-client') {                          // 子模块
    dependencies {
        compile('org.springframework.boot:spring-boot-starter-web')
        compile('org.springframework.boot:spring-boot-starter-rsocket')
        compile(project(':microboot-rsocket-common'))     // 模块依赖
    }
}
```

(2)【microboot-rsocket-client 子模块】创建 RSocket 配置类。在此类中需要明确配置 RSocket 数据通信所使用的编码器与解码器，而所有的 RSocket 服务将通过 "Mono<RSocketRequester>" 对象实例完成调用。

```
package com.yootk.rsocket.client.config;
@Configuration
public class RSocketConfig {                                    // 配置RSocket配置类
    @Bean
    public RSocketStrategies getSocketStrategies() {
        return RSocketStrategies.builder()
                .encoders(encoders -> encoders.add(new Jackson2CborEncoder()))  // 编码器
                .decoders(decoders -> decoders.add(new Jackson2CborDecoder()))  // 解码器
                .build();
    }
    @Bean
    public Mono<RSocketRequester> getRSocketRequester(RSocketRequester.Builder builder) {
        return Mono.just(builder
                .rsocketConnector(rSocketConnector -> rSocketConnector.reconnect(
                        Retry.fixedDelay(2, Duration.ofSeconds(2))))    // 失败重连
                .dataMimeType(MediaType.APPLICATION_CBOR)               // 设置MIME类型
                .transport(TcpClientTransport.create(6869)));           // 服务连接
    }
}
```

(3)【microboot-rsocket-client 子模块】定义 Spring Boot 程序启动类。

```
package com.yootk.rsocket;
import org.springframework.boot.SpringApplication;
import org.springframework.boot.autoconfigure.SpringBootApplication;
@SpringBootApplication
public class StartRSocketClientApplication {
    public static void main(String[] args) {
        SpringApplication.run(StartRSocketClientApplication.class, args);   // 程序启动
    }
}
```

(4)【microboot-rsocket-client 子模块】创建 JUnit 测试类并编写服务测试操作方法。

```java
package com.yootk.test.client;
@ExtendWith(SpringExtension.class)                              // JUnit 5测试工具
@WebAppConfiguration                                            // 程序启动类
@SpringBootTest(classes = StartRSocketClientApplication.class)  // 测试启动类
public class TestMessageRSocket {
    @Autowired
    private Mono<RSocketRequester> requesterMono;               // 获取Mono实例
    @Test
    public void testEchoMessage() {                             // Request-And-Response
        this.requesterMono.map(r -> r.route("message.echo"))    // RSocket服务地址
            .data(new Message("李兴华", "沐言科技编程讲师")))   // 配置请求数据
            .flatMap(r -> r.retrieveMono(Message.class))        // 响应处理
            .doOnNext(o -> System.out.println(o)).block();      // 数据输出
    }
    @Test
    public void testDeleteMessage() {                           // Fire-And-Forget
        this.requesterMono.map(router -> router.route("message.delete"))  // RSocket服务地址
            .data("yootk")                                      // 配置请求数据
            .flatMap(RSocketRequester.RetrieveSpec::send).block();  // 请求发送
    }
    @Test
    public void testListMessage() {                             // Request-Response-Stream
        this.requesterMono.map(router -> router.route("message.list"))  // RSocket服务地址
            .flatMapMany(r -> r.retrieveFlux(Message.class))    // 响应处理
            .doOnNext(o -> System.out.println(o)).blockLast();  // 数据输出
    }
    @Test
    public void testGetMessage() {                              // Request-Response-Stream
        Flux<String> titles = Flux.just("muyan", "edu", "yootk");  // 数据发送
        Flux<Message> messageFlux = this.requesterMono
            .map(r -> r.route("message.get").data(titles))      // 发送请求数据
            .flatMapMany(r -> r.retrieveFlux(Message.class))    // 响应处理
            .doOnNext(o -> System.out.println(o));              // 输出相应数据
        messageFlux.blockLast();
    }
}
```

该测试程序向已有的 RSocket 服务端实现了服务请求调用，通过注入的"Mono<RSocketRequester>"接口实例指定的路由地址访问服务信息，并进行相关请求数据的发送与响应输出。

9.3.4 RSocket 文件上传

RSocket
文件上传

视频名称　0915_【理解】RSocket 文件上传

视频简介　RSocket 的二进制传输支持使文件的上传操作极为方便。本视频为读者分析 RSocket 文件上传的基本流程，并通过程序实现文件的上传与保存处理。

RSocket 协议由于本身基于二进制传输，所以也提供了方便的文件上传处理支持。其在进行文件上传时，并不是直接将一个文件整体上传，而是采用文件块（chunk）的形式，利用 Flux 包裹要上传的一组文件块，服务器接收到该文件块之后会通过专属的通道进行文件保存，同时将上传的状态发送到 RSocket 客户端。文件上传的操作结构如图 9-22 所示，具体实现步骤如下所示。

9.3 RSocket

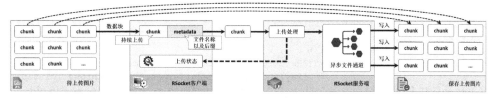

图 9-22 RSocket 文件上传

（1）【microboot-rsocket-common 子模块】在进行文件上传时，服务端需要随时与客户端进行沟通，为了便于信息的管理，可以创建一个 UploadStatus 枚举类，保存不同的上传处理状态。

```
package com.yootk.rsocket.type;
public enum UploadStatus {          // 文件上传状态
    CHUNK_COMPLETED,                // 文件上传中
    COMPLETED,                      // 文件上传完毕
    FAILED;                         // 文件上传失败
}
```

（2）【microboot-rsocket-common 子模块】在进行文件上传处理时，需要附加一些额外的元数据信息，如文件名称等。为了便于这些信息的处理，创建一个上传信息的保存类。

```
package com.yootk.rsocket.constants;
public class UploadConstants {
    public static final String MIME_FILE_NAME =
        "message/x.upload.file.name";                   // 文件后缀MIME信息
    public static final String MIME_FILE_EXTENSION =
        "message/x.upload.file.extension";              // 文件扩展名MIME信息
    public static final String FILE_NAME = "file.name"; // 文件名称
    public static final String FILE_EXT = "file.ext";   // 文件扩展名
}
```

（3）【microboot-rsocket-server 子模块】创建一个 RSocket 配置类，配置编码器与解码器，同时还需要定义元数据的解析处理支持，以方便控制器接收请求数据。

```
package com.yootk.rsocket.server.config;
@Configuration                                                      // 程序配置类
public class RSocketConfig {
    @Bean
    public RSocketStrategies getSocketStrategies() {
        return RSocketStrategies.builder()
                .encoders(encoders -> encoders.add(new Jackson2CborEncoder()))  // 编码器
                .decoders(decoders -> decoders.add(new Jackson2CborDecoder()))  // 解码器
                .metadataExtractorRegistry(metadataExtractorRegistry -> {       // 元数据处理
                    metadataExtractorRegistry.metadataToExtract(
                            MimeType.valueOf(UploadConstants.MIME_FILE_NAME),
                            String.class,
                            UploadConstants.FILE_NAME);             // 文件名称
                    metadataExtractorRegistry.metadataToExtract(
                            MimeType.valueOf(UploadConstants.MIME_FILE_EXTENSION),
                            String.class,
                            UploadConstants.FILE_EXT);              // 文件扩展名
                })
                .build();
    }
}
```

（4）【microboot-rsocket-server 子模块】创建文件上传处理控制器类，将本次的上传文件保存在项目中的 upload 目录中。

```
package com.yootk.rsocket.server.aciton;
@Controller
@Slf4j
```

```java
public class UploadAction {
    @Value("${output.file.path:upload}")                                            // 项目目录/upload
    private Path outputPath;                                                        // 文件保存路径
    @MessageMapping("message.upload")
    public Flux<UploadStatus> upload(@Headers Map<String, Object> metadata,
                                     @Payload Flux<DataBuffer> content) throws IOException {
        log.info("【上传路径】outputPath = {}", this.outputPath);                      // 日志输出
        var fileName = metadata.get(UploadConstants.FILE_NAME);                     // 获取文件名称
        var fileExt = metadata.get(UploadConstants.FILE_EXT);                       // 获取文件后缀
        var path = Paths.get(fileName + "." + fileExt);                             // 获取操作路径
        log.info("【文件上传】FileName = {}、FileExtn = {}、Path = {}", fileName, fileExt, path);
        AsynchronousFileChannel channel = AsynchronousFileChannel.open(             // 开启文件通道
                this.outputPath.resolve(path),                                      // 解析输出路径
                StandardOpenOption.CREATE,                                          // 文件创建
                StandardOpenOption.WRITE);                                          // 文件写入
        return Flux.concat(
                DataBufferUtils.write(content, channel)
                        .map(s -> UploadStatus.CHUNK_COMPLETED),                    // 数据写入处理
                                                                                    // 响应上传进度
                Mono.just(UploadStatus.COMPLETED))                                  // 响应完成信息
                .doOnComplete(() -> {                                               // 处理完成线程
                    try {
                        channel.close();                                            // 关闭通道
                    } catch (IOException e) {}
                })
                .onErrorReturn(UploadStatus.FAILED);                                // 上传失败
    }
}
```

（5）【microboot-rsocket-client 子模块】编写测试类实现文件上传测试。

```java
package com.yootk.test.client;
@ExtendWith(SpringExtension.class)                                                  // JUnit 5测试工具
@WebAppConfiguration                                                                // 程序启动类
@SpringBootTest(classes = StartRSocketClientApplication.class)                      // 测试启动类
public class TestUploadRSocket {
    @Autowired
    private Mono<RSocketRequester> requesterMono;                                   // 获取Mono实例
    @Value("classpath:/images/muyan_yootk.png")
    private Resource resource;                                                      // 配置资源
    @Test
    public void testUpload() {
        String fileName = "muyan-" + UUID.randomUUID();                             // 文件名称
        String fileExt = this.resource.getFilename().substring(this.resource
                .getFilename().lastIndexOf(".") + 1);                               // 文件后缀
        Flux<DataBuffer> resourceFlux = DataBufferUtils.read(
                this.resource, new DefaultDataBufferFactory(), 1024)                // 上传配置
                .doOnNext(s -> System.out.println("文件上传: " + s));                 // 信息提示
        Flux<UploadStatus> uploadFlux = this.requesterMono
                .map(r -> r.route("message.upload"))                                // 配置访问路径
                .metadata(metadataSpec -> {
                    System.out.println("【上传测试】文件名称: " + fileName
                            + "." + fileExt);                                       // 信息输出
                    metadataSpec.metadata(fileName, MimeType.valueOf(
                            UploadConstants.MIME_FILE_NAME));                       // 文件名称
                    metadataSpec.metadata(fileExt, MimeType.valueOf(
                            UploadConstants.MIME_FILE_EXTENSION));                  // 文件后缀
                }).data(resourceFlux)                                               // 设置上传数据
                .flatMapMany(r -> r.retrieveFlux(UploadStatus.class))               // 返回上传进度
                .doOnNext(o -> System.out.println("上传进度: " + o));                 // 提示信息
        uploadFlux.blockLast();                                                     // 等待文件上传完毕
    }
}
```

程序执行结果：

```
文件上传: DefaultDataBuffer (r: 0, w: 1024, c: 1024)
上传进度: CHUNK_COMPLETED
文件上传: DefaultDataBuffer (r: 0, w: 343, c: 1024)
上传进度: CHUNK_COMPLETED
上传进度: COMPLETED
```

启动测试端程序后将开始进行文件上传控制，进行上传时采用 chunk 的形式对上传文件进行分割，将 chunk 集合发送到服务端，而服务端每接收一个 chunk 都会在处理后返回客户端当前的上传状态，以方便客户端编写响应处理逻辑。

9.3.5 基于 RSocket 开发 WebSocket

基于 RSocket 开发 WebSocket

视频名称　0916_【理解】基于 RSocket 开发 WebSocket

视频简介　RSocket 支持 WebSocket 通信实现，开发者可以直接通过修改 Spring Boot 配置文件的 transport 属性实现 WebSocket 通信。本视频通过具体应用实例为读者讲解 WebSocket 服务端开发，并通过 Vue.JS 实现 RSocket-WebSocket-Client 客户端调用。

RSocket 是一个应用层协议，可以非常方便地在其基础上定义任意处理协议，所以在实际开发中开发者也可以基于 RSocket 协议实现 WebSocket 通信，这样可以极大地提升 WebSocket 处理性能。本程序将通过 Spring Boot 基于 RSocket 实现 WebSocket 程序开发，并定义"Request-And-Response"和"Request-Response-Stream"两种消息处理方法。具体实现步骤如下。

（1）【microboot 项目】创建一个新的"microboot-rsocket-websocket"子模块，并修改 build.gradle 配置依赖库。

```
project('microboot-rsocket-websocket') {                  // 子模块
    dependencies {
        compile('org.springframework.boot:spring-boot-starter-web')
        compile('org.springframework.boot:spring-boot-starter-rsocket')
        compile(project(':microboot-rsocket-common'))     // 模块依赖
    }
}
```

（2）【microboot-rsocket-websocket 子模块】创建 WebSocket 请求处理类。本次将基于 RSocket 方式创建两种消息处理形式：Request-And-Response 和 Request-Response-Stream。

```
package com.yootk.rsocket.action;
@Controller
@Slf4j
public class MessageAction {
    @MessageMapping("message.echo")
    public Mono<String> echo(Mono<String> messageMono) {          // Request-And-Response
        return messageMono.map(msg -> "【ECHO】" + msg);            // 信息响应
    }
    @MessageMapping("message.repeat")
    public Flux<String> repeat(Mono<String> mono) {               // Request-Response-Stream
        return mono.flatMapMany(message -> Flux.range(0, 3)       // 重复显示3次
                .map(count -> "【ECHO - " + count + "】" + message)) // 响应信息
                .delayElements(Duration.ofSeconds(1));            // 间隔1s响应
    }
}
```

（3）【microboot-rsocket-websocket 子模块】创建 application.yml 配置文件。

```
spring:
  rsocket:
    server:
      port: 6969                              # 监听端口
      transport: websocket                    # 传输方式
      mapping-path: /websocket                # 映射路径
```

(4)【Vue 前端项目】利用 Vue 脚手架创建一个前端项目。由于项目将通过 RSocket 协议实现 WebSocket 通信，因此需要通过 npm（或 cnpm）下载专属的前端依赖库。

```
npm install rsocket-websocket-client
```

(5)【Vue 前端项目】创建"WebSocketEcho.vue"程序页面，并调用"message.echo"处理路径，这样在最终运行时就可以得到图 9-23 所示的执行页面。

```html
<template>
    <div>
        <el-row :gutter="30">
            <el-col :sm="24">
                <el-row>
                    <el-col :sm="24" class="text-left title ">
                        <i class="el-icon-message"></i> 【RSocket】WebSocket信息交互
                        <div class="block-line"> </div>
                    </el-col>
                </el-row>
                <el-form ref="form" :model="form" label-width="100px" :rules="rules"
                        label-position="right" size="small" :inline-message="true">
                    <el-form-item label="消息：" :sm="4" prop="message">
                        <el-col :sm="15" style="text-align:left;">
                            <el-input v-model="form.message" placeholder="请输入消息内容"
                                    suffix-icon="el-icon-info"></el-input>
                        </el-col>
                        <el-col :sm="4">
                            <el-button type="primary" @click="submitForm">发送</el-button>
                        </el-col>
                    </el-form-item>
                </el-form>
            </el-col>
        </el-row>
        <el-row :gutter="30">
            <el-col :sm="1"> </el-col>
            <el-col :sm="23">
                <p v-for="res in results" :key="res" style="text-align: left; padding: -50;">
                    <el-tag type="danger">
                        <i class="el-icon-loading"></i> {{ res }}</el-tag></p>
            </el-col>
        </el-row>
    </div>
</template>
<script>
    import { RSocketClient } from 'rsocket-core'              // 导入组件
    import RSocketWebSocketClient from 'rsocket-websocket-client'   // 导入组件
    const client = new RSocketClient({                        // RSocket客户端实例
        setup: {                                              // 环境配置
            keepAlive: 60000,                                 // 活动帧之间的间隔
            lifetime: 180000,                                 // 未收到信息存活时间
            dataMimeType: 'application/json',                 // 数据MIME类型
            metadataMimeType: 'message/x.rsocket.routing.v0'  // 元数据MIME类型
        },
        transport: new RSocketWebSocketClient({               // RSocket传输配置
            url: 'ws://localhost:6969/websocket'              // WebSocket地址
        })
    })
    export default {
        data () {                                             // 页面数据
            return {
                results: [],                                  // 保存数据结果集
                socket: null,                                 // 保存RSocket实例
                form: {                                       // 表单数据
                    message: ''                               // 发送数据
```

```
                },
                rules: {                                            // 验证规则
                    message: [
                        { required: true, message: '请输入消息内容', trigger: 'blur' }
                    ]
                }
            },
            methods: {                                              // 操作函数
                submitForm () {                                     // 表单提交函数
                    this.$refs['form'].validate((valid) => {        // 表单验证
                        if (valid) {                                // 验证成功
                            this.socket                             // RSocket请求
                                .requestResponse({                  // request-and-response模式
                                    data: this.form.message,        // 传输数据
                                    metadata: String.fromCharCode('message.echo'.length)
                                        + 'message.echo'            // 消息处理路径
                                })
                                .then((payload) => {                // 数据接收
                                    this.results.push(payload.data) // 数据保存
                                }, (e) => console.log(e))           // 错误输出
                            this.$refs['form'].resetFields()        // 表单重置
                        } else {
                            return false
                        }
                    })
                }
            },
            mounted () {                                            // 页面挂载
                client.connect().then(socket => {                   // 连接服务端
                    this.socket = socket                            // 保存对象实例
                })
            }
        }
</script>
```

本程序在进行页面挂载时通过 RSocketClient 对象实例获取了 RSocket 实例,这样每当用户按下表单的提交按钮时,就会向服务器发出一个"Request-And-Response"模式请求,服务端将数据处理完成后会以 Payload 的形式返回响应信息,客户端利用 payload.data 获取响应数据后将内容保存在 results 数组中,这样就可以得到图 9-23 所示的程序执行结果。

图 9-23 RSocket 客户端交互

(6)【Vue 前端项目】项目中还提供"Request-Response-Stream"信息交互模式,此模式会将用户发送的数据内容重复三次响应。更改客户端的数据调用方法,程序的执行效果如图 9-24 所示。

```
import { MAX_STREAM_ID } from 'rsocket-core'
submitForm () {                                                     // 表单提交事件
```

```
this.$refs['form'].validate((valid) => {                // 表单验证
    if (valid) {                                         // 验证通过
        this.results = []                                // 每次操作前清空数据
        this.socket.requestStream({                      // Stream模式
            data: this.form.message,                     // 请求数据
            metadata: String.fromCharCode('message.repeat'.length)
                + 'message.repeat'                       // 消息处理路径
        }).subscribe({                                   // 数据响应处理
            onError: (e) => console.log(e),              // 错误处理
            onNext: (payload) => {                       // 响应接收
                this.results.push(payload.data)          // 数据保存
            },
            onSubscribe: subscription => {               // 订阅处理
                subscription.request(MAX_STREAM_ID)      // 订阅请求
            }
        })
        this.$refs['form'].resetFields()                 // 表单重置
    } else {
        return false
    }
})
```

图 9-24　Stream 响应

9.4　本章概览

1．基于异步管理模式，可以有效提升服务端的程序处理性能，避免响应延时所带来的资源耗尽问题。

2．Spring Boot 可以直接使用 Spring 所提供的异步处理机制，基于 Callable 或 Runable 进行异步线程处理。

3．在 Spring Boot 中可以直接启动一个异步处理任务进行请求相关业务处理，该异步任务不会随着响应结束而结束。

4．WebFlux 是 Spring Boot 提供的针对 Reactor 框架的封装，可以方便地实现响应式操作的支持，同时可以利用 Mono 返回单个实例，利用 Flux 返回多个实例。

5．RSocket 是一种全新的应用层协议，可以高效地实现二进制数据的传输，解决 HTTP 重文本传输所带来的设计缺陷。RSocket 提供 4 类数据处理模式：Request-And-Response（请求/响应）、Request-Response-Stream（请求/流式响应）、Fire-And-Forget（异步触发）、Channel（bi-directional streams）（双向异步通信）。

6．在 RSocket 中，所有的消息通过帧的概念表示，每个帧包含请求与响应数据以及相关协议数据信息。

第 10 章

AutoConfig 与 Starter

本章学习目标

1. 掌握 AutoConfig 配置原理，并可以使用其实现 Bean 对象的自动装配；
2. 掌握三种 Import 处理形式，并可以结合 spring-boot-configuration-processor 实现配置提示；
3. 掌握自定义 starter 模块的实现方式与具体应用方法；
4. 理解 Spring Boot 程序的启动原理以及执行流程；
5. 了解 Spring Boot CLI 工具的使用，并可以使用该工具结合 Groovy 脚本编写 Spring Boot 应用。

Spring Boot 为了便于各类服务组件的整合，为第三方应用提供了方便的自动配置处理机制。本章将为读者分析自动装配的实现原理以及自定义 Start 模块使用，并基于前面讲解的概念进行 Spring Boot 项目启动分析。

10.1 AutoConfig

| 视频名称 | 1001_【掌握】自动装配简介 |
| 视频简介 | Spring Boot 本着"约定优与配置"的原则，提供了自动装配处理机制。本视频为读者分析自动装配的作用，并基于 Redis 自动装配进行说明。 |

随着时间的推移和技术的发展，项目的开发要求是不断进化的，一个项目中除了基本的编程语言外，还需要进行大量的应用服务整合，例如，在项目中会用到 MySQL 数据库进行持久化存储，会利用 Redis 实现分布式缓存，以及使用 RabbitMQ 实现异构系统整合服务，如图 10-1 所示。这些都需要通过 Gradle 构建工具引入相关的依赖库后才可以整合到项目中，为项目提供应有的服务支持。

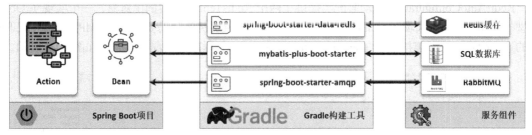

图 10-1 Spring Boot 服务整合

开发者通过"xx-starter-xx"依赖库就可以轻松实现各个服务的整合，这些程序组件在引入后可以自动实现装配，开发者只需要定义出核心的配置项即可使用，如图 10-2 所示。

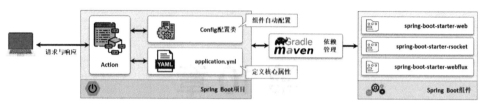

图 10-2 Spring 自动装配

以 Redis 数据库的整合操作为例，客户端程序在进行处理时往往会使用 "spring-boot-starter- data-redis" 模块，在这个模块中由 "org.springframework.boot.autoconfigure.data.redis. RedisAutoConfiguration" 类完成 Redis 自动装配处理。此类的源代码如下。

范例：RedisAutoConfiguration 类源代码

```
package org.springframework.boot.autoconfigure.data.redis;
// 采用Lite模式，不能通过方法调用来依赖其他的"@Bean"关系，可以得到更快的启动速度
@Configuration(proxyBeanMethods = false)                                    // 默认为Full模式
// 在可以找到"RedisOperations"类时才可以被Spring容器实例化
@ConditionalOnClass(RedisOperations.class)
// 引入了Redis的属性配置类，该类的结构与application.yml配置的Redis属性一致，可以实现属性自动注入
@EnableConfigurationProperties(RedisProperties.class)
// 导入Lettuce连接配置类与Jedis连接配置类（本次使用Lettuce实现Redis连接池管理）
@Import({LettuceConnectionConfiguration.class, JedisConnectionConfiguration.class})
public class RedisAutoConfiguration {
    @Bean                                                                   // Bean注册
    // 保证只会注册一个"redisTemplate"的Bean对象，如果注册对象相同则启动时会报错
    @ConditionalOnMissingBean(name = "redisTemplate")
    @ConditionalOnSingleCandidate(RedisConnectionFactory.class)             // 注入唯一的实例
    public RedisTemplate<Object, Object> redisTemplate(
            RedisConnectionFactory redisConnectionFactory) {                // RedisTemplate实例
        RedisTemplate<Object, Object> template = new RedisTemplate<>();
        template.setConnectionFactory(redisConnectionFactory);              // 设置Redis连接工厂
        return template;                                                    // 返回实例
    }
    @Bean
    @ConditionalOnMissingBean
    @ConditionalOnSingleCandidate(RedisConnectionFactory.class)
    public StringRedisTemplate stringRedisTemplate(
            RedisConnectionFactory redisConnectionFactory) {
        StringRedisTemplate template = new StringRedisTemplate();
        template.setConnectionFactory(redisConnectionFactory);
        return template;
    }
}
```

RedisAutoConfiguration 自动装配类提供了两个 RedisTemplate 实例化对象，一个实现了 Object 类型的操作，另一个实现了 String 类型的操作。该类对象实例化时需要通过 RedisProperties 获取相应的连接配置信息（连接信息在 application.yml 中定义）。程序的实现基本结构如图 10-3 所示。

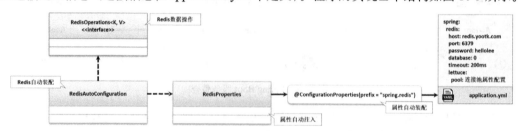

图 10-3 RedisAutoConfiguration 类关联结构

以上自动装配的处理类是由 Redis 所提供的。实际上每一位 Spring Boot 程序开发者都可以依据以上方式实现自定义装配类的使用以及 starter 模块的配置。下面将通过具体操作对这一实现进行逐步分析。

10.1.1 @EnableConfigurationProperties

@EnableConfigurationProperties

视频名称	1002_【理解】@EnableConfigurationProperties
视频简介	Spring 中的 Bean 属性可以与资源文件进行配置关联。本视频实现自定义装配类的定义并利用"@ConfigurationProperties"注解实现属性内容的注入操作。

在 Spring Boot 开发框架中，开发者可以直接基于"application.yml"配置文件实现某一个 Bean 对象的属性配置，同时使用"@ConfigurationProperties"注解定义配置的前缀信息。传统的做法是通过"@Component"注解实现配置，而在 Spring Boot 自动装配中，也可以通过自动配置类中的"@EnableConfigurationProperties({类.class,类.class,…})"注解进行配置启用，这样就可以实现一个 Bean 对象的创建，操作流程如图 10-4 所示。下面通过具体步骤实现这一基本配置。

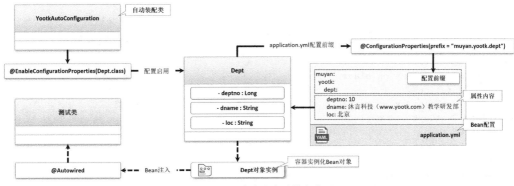

图 10-4 自定义自动装配类

（1）【microboot 项目】创建一个"microboot-autoconfig"子模块，并修改 build.gradle 文件配置相关依赖。

```
project('microboot-autoconfig-starter') {   // 子模块
    dependencies {
        compile('org.springframework.boot:spring-boot-starter-web')
    }
}
```

（2）【microboot-autoconfig-starter 子模块】创建一个保存配置属性的程序类，并设置配置前缀。

```
package com.yootk.vo;
@Data                                                  // 自动生成类结构
@ConfigurationProperties(prefix = "muyan.yootk.dept")  // 属性配置
public class Dept {
    private Long deptno;                               // 部门编号
    private String dname;                              // 部门名称
    private String loc;                                // 部门位置
}
```

（3）【microboot-autoconfig-starter 子模块】自定义一个新的自动配置类，并启用 Dept 类的属性配置。

```
package com.yootk.config;
import com.yootk.vo.Dept;
import org.springframework.boot.context.properties.EnableConfigurationProperties;
```

```java
import org.springframework.context.annotation.Configuration;
@Configuration                                              // 启动配置类
@EnableConfigurationProperties({Dept.class })              // 启用属性配置
public class YootkAutoConfiguration {}                      // 自定义自动配置类
```

（4）【microboot-autoconfig-starter 子模块】修改 application.yml 配置文件，配置 Dept 属性内容。

```yaml
muyan:                                                      # 配置前缀
  yootk:                                                    # 配置前缀
    dept:                                                   # 配置前缀
      deptno: 10                                            # 属性配置
      dname: 沐言科技（www.yootk.com）教学研发部            # 属性配置
      loc: 北京                                             # 属性配置
```

（5）【microboot-autoconfig-starter 子模块】创建 Spring Boot 启动类。

```java
package com.yootk;
@SpringBootApplication                                      // Spring Boot启动注解
public class StartAutoConfigApplication {
    public static void main(String[] args) {
        SpringApplication.run(StartAutoConfigApplication.class, args); // 程序启动
    }
}
```

（6）【microboot-autoconfig-starter 子模块】编写测试程序，并注入 Dept 对象实例。

```java
package com.yootk.test;
@ExtendWith(SpringExtension.class)                          // JUnit 5测试
@WebAppConfiguration                                        // 启动Web配置
@SpringBootTest(classes = StartAutoConfigApplication.class) // 测试启动类
public class TestDeptAutoConfig {
    @Autowired
    private Dept dept ;                                     // Bean注入
    @Test
    public void testDept() {
        System.out.println(this.dept);                      // 信息输出
    }
}
```

程序执行结果：

```
Dept(deptno=10, dname=沐言科技（www.yootk.com）教学研发部, loc=北京)
```

此程序基于 YootkAutoConfiguration 自动装配类实现了获取 Dept 对象实例，同时利用 application.yml 实现了该对象的属性设置，这样就可以在项目中直接进行 Bean 的注入管理。

> **提示**：设置 Bean 的注入名称。
>
> 此测试程序在项目中提供了唯一的 Dept 实例，所以在注入时可以直接依据类型实现。如果用户需要，也可以通过 "@Qualifier" 注解根据名称注入。
>
> 范例：通过名称注入 Bean 对象
>
> ```java
> @Autowired
> @Qualifier("muyan.yootk.dept-com.yootk.vo.Dept")        // 名称注入
> private Dept dept ;
> ```
>
> 可以发现此时的 Bean 名称采用 "前缀-类名称" 的形式进行定义，而如果想知道当前类中存在哪些程序 Bean 对象，也可以采用如下方式获取。
>
> 范例：获取 Bean 名称
>
> ```java
> @Test
> public void testInfo() {
> ```

```
        AnnotationConfigApplicationContext context =
                new AnnotationConfigApplicationContext(
                        YootkAutoConfiguration.class);
        String[] names = context.getBeanDefinitionNames();
        for (String name : names) {
            System.out.println(name);
        }
    }
```

程序执行结果：

yootkAutoConfiguration（自定义装配器）
muyan.yootk.dept-com.yootk.vo.Dept（自定义Bean）
（其他Spring内置的Bean名称略）

由于 Spring Boot 项目在开发时会大量引入各种自动装配模块，因此为了避免冲突，也可以采用此种方式进行 Bean 名称的查找。

10.1.2 @Import 注解

@Import 注解

视频名称 1003_【理解】@Import 注解
视频简介 @EnableConfigurationProperties 注解的实现依赖于@Import 注解。本视频为读者分析@Import 注解的三种使用形式，并通过具体程序代码进行操作演示。

在通过 application.yml 实现 Bean 配置时，需要通过"@EnableConfigurationProperties"注解实现 Bean 的注册处理，而从此注解的源代码可以发现，该注解主要依赖的是一个"@Import"注解项。

范例："@EnableConfigurationProperties"注解源代码

```
package org.springframework.boot.context.properties;
@Target(ElementType.TYPE)
@Retention(RetentionPolicy.RUNTIME)
@Documented
@Import(EnableConfigurationPropertiesRegistrar.class)
public @interface EnableConfigurationProperties {
    String VALIDATOR_BEAN_NAME = "configurationPropertiesValidator";
    Class<?>[] value() default {};
}
```

"@Import"注解主要应用在类中，可以将一个 Bean 的实例加入 Spring 容器。"@Import"注解有三种导入形式：类导入、ImportSelector、ImportBeanDefinitionRegistrar。下面分别观察这三种实现方式。

方式一（@Import({类.class, 类.class, ...})）：根据配置的类名称进行注册，Bean 名称为类名称。

范例：【microboot-autoconfig-starter 子模块】使用"@Import"注解实现 Bean 注册

```
package com.yootk.config;
import com.yootk.vo.Dept;
import org.springframework.context.annotation.Configuration;
import org.springframework.context.annotation.Import;
@Configuration                                           // 启动配置类
@Import(Dept.class)                                      // Bean注册
public class YootkAutoConfiguration {}                   // 自定义自动配置类
```

本程序直接在"YootkAutoConfiguration"自动装配类中使用了"@Import"注解注册 Dept 实例，由于在 Dept 类定义时采用了"@ConfigurationProperties"注解，因此依然可以通过 application.yml 实现属性内容的定义。

方式二（**ImportSelector**）：以数组的方式配置要注册的 Bean 对象，随后将需要加载的类以字符串数组的形式返回，操作结构如图 10-5 所示。基于此种方式配置的 Bean 注册使用更加灵活，在 Spring Boot 底层应用较多。下面通过一个实例实现 ImportSelector 接口并进行 Bean 注册的操作，具体步骤如下。

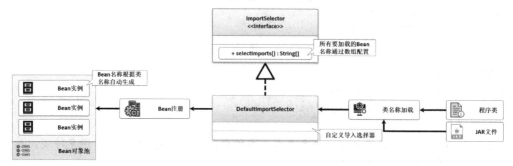

图 10-5　ImportSelector 实现结构

（1）【microboot-autoconfig-starter 子模块】创建 ImportSelector 的子类，覆写 selectImports()方法并配置要导入的类名称。

```
package com.yootk.selector;
public class DefaultImportSelector implements ImportSelector {
    @Override
    public String[] selectImports(AnnotationMetadata importingClassMetadata) {
        return new String[] {"com.yootk.vo.Dept"};      // 配置导入类名称
    }
}
```

（2）【microboot-autoconfig-starter 子模块】在自动装配器中通过 DefaultImportSelector 进行 Bean 注册。

```
package com.yootk.config;
@Configuration                                                  // 启动配置类
@Import({DefaultImportSelector.class})                          // 导入自定义注册管理器
public class YootkAutoConfiguration {}                          // 自定义自动配置类
```

方式三（ImportBeanDefinitionRegistrar）：实现 ImportBeanDefinitionRegistrar 接口，用户可以手工进行 Bean 的注册，也可以自己定义 Bean 的相关信息（类型、名称、作用域等）。具体实现步骤如下。

（1）【microboot-autoconfig-starter 子模块】创建 ImportBeanDefinitionRegistrar 接口子类，注册 Bean 对象，并为其命名。

```
package com.yootk.regist;
public class DefaultImportBeanDefinitionRegistrar
            implements ImportBeanDefinitionRegistrar {
    @Override
    public void registerBeanDefinitions(AnnotationMetadata importingClassMetadata,
        BeanDefinitionRegistry registry, BeanNameGenerator importBeanNameGenerator) {
        RootBeanDefinition rootBean = new RootBeanDefinition(Dept.class);    // 配置Bean
        registry.registerBeanDefinition("deptInstance", rootBean);           // Bean注册
    }
}
```

（2）【microboot-autoconfig-starter 子模块】修改自动装配类。

```
package com.yootk.config;
@Configuration                                                          // 启动配置类
@Import({DefaultImportBeanDefinitionRegistrar.class})                   // 配置导入类
public class YootkAutoConfiguration {}                                  // 自定义自动配置类
```

本程序通过 DefaultImportBeanDefinitionRegistrar 类向容器中注册了一个 Dept 对象实例,并为其手工配置 Bean 名称,随后只需要在自动配置类中利用"@Import"注解导入此注册类即可在 Spring 中实现 Bean 的依赖注入。

10.1.3 application.yml 配置提示

application.yml
配置提示

视频名称 1004_【理解】application.yml 配置提示
视频简介 为了便于 Spring Boot 程序开发,Spring Boot 针对配置 Bean 提供配置提示的功能。本视频为读者讲解如何在已有的程序中实现自动提示。

在项目中引入某些"spring-boot-starter-xx"模块时,除了会引入相关的依赖库外,实际上也会引入一些配置提示的支持,这样开发者在配置 application.yml 文件时就可以根据给出的配置项进行组件定义。而这样的配置提示开发者也可以根据自己的需要来实现。下面通过具体操作步骤进行演示。

(1)【microboot 项目】修改 build.gradle 文件,为"microboot-autoconfig-starter"子模块配置注解处理支持。

```
project('microboot-autoconfig-starter') {            // 子模块
    dependencies {
        annotationProcessor(
                'org.springframework.boot:spring-boot-configuration-processor')
        compile('org.springframework.boot:spring-boot-starter-web')
    }
}
```

(2)【microboot-autoconfig-starter 子模块】为便于程序编译,修改 build.gradle 文件进行任务配置。

```
jar { enabled = true }                        // 保留jar任务
javadocTask { enabled = false }               // 关闭javadoc任务
javadocJar { enabled = false }                // 关闭打包javadoc任务
bootJar { enabled = false }                   // 关闭Spring Boot任务
```

(3)【microboot-autoconfig-starter 子模块】配置提示的实现依赖于"@ConfigurationProperties"注解所属 Bean 的类结构,所以在使用前需要对项目进行编译。

```
gradle build
```

项目编译完成后会在编译后的目录中生成一个"META-INF/spring-configuration-metadata.json"文件,该文件定义了要配置的结构信息。本程序中的配置项全部都在 Dept 类中定义,所以可以得到以下提示文件配置。

范例:观察"spring-configuration-metadata.json"

```
{
  "groups": [
    {
      "name": "muyan.yootk.dept",
      "type": "com.yootk.vo.Dept",
      "sourceType": "com.yootk.vo.Dept"
    }
  ],
  "properties": [
    {
      "name": "muyan.yootk.dept.deptno",
      "type": "java.lang.Long",
      "sourceType": "com.yootk.vo.Dept"
    },
    {
```

```json
      "name": "muyan.yootk.dept.dname",
      "type": "java.lang.String",
      "sourceType": "com.yootk.vo.Dept"
    },
    {
      "name": "muyan.yootk.dept.loc",
      "type": "java.lang.String",
      "sourceType": "com.yootk.vo.Dept"
    }
  ],
  "hints": []
}
```

项目中存在"spring-configuration-metadata.json"配置文件后,开发者在编辑 application.yml 文件时就可以看到图 10-6 所示的配置提示。

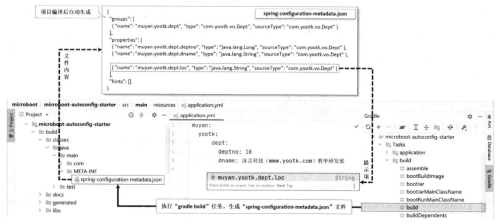

图 10-6 自定义配置提示

10.1.4 自定义 Starter 组件

视频名称 1005_【理解】自定义 Starter 组件
视频简介 一个符合 Spring Boot 装配标准的模块一定要提供大量的自动装配处理。本视频基于已经实现的自动配置模块实现打包处理,并在其他项目中实现自动配置管理。

利用自动配置类可以在容器启动时自动进行 Bean 实例注册。因为不同的项目有不同的自动配置类,所以为了便于其他模块的引用,就需要将配置类在"spring.factories"文件中进行注册管理,如图 10-7 所示,而后才可以在模块依赖处的 application.yml 中实现 Bean 实例的属性配置。本次将根据以下步骤实现自定义 Starter 组件开发。

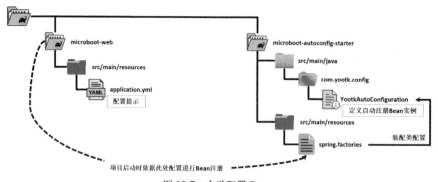

图 10-7 自动配置 Bean

(1)【microboot-autoconfig-starter 子模块】修改 YootkAutoConfiguration 自动配置类,启用 Dept 类中的属性配置,同时在此类中随机定义一个新的 Bean 实例。

```
package com.yootk.config;
@Configuration                                              // 配置类
@EnableConfigurationProperties({Dept.class})                // 属性配置
public class YootkAutoConfiguration {                       // 自定义自动配置类
    @Bean(name = "books")
    public List<String> getBookList() {
        return List.of("Java程序设计开发实战", "Java进阶开发实战", "Java Web开发实战",
                "Spring Boot开发实战", "Spring Cloud开发实战");
    }
}
```

(2)【microboot-autoconfig-starter 子模块】在"src/main/resources/"目录中创建 META-INF/spring.factories 文件定义自动配置类,这样才可以在该模块导入时根据开发者定义的自动装配类进行 Bean 注册管理。

```
org.springframework.boot.autoconfigure.EnableAutoConfiguration=
com.yootk.config.YootkAutoConfiguration
```

(3)【microboot 项目】修改 build.gradle 配置文件,在"microboot-web"子模块中配置依赖。

```
project('microboot-web') {          // 子模块
    dependencies {                  // 重复依赖库配置略
        compile(project(':microboot-autoconfig-starter'))
    }
}
```

(4)【microboot-web 子模块】在 application.yml 配置文件中配置 Dept 对象属性。

```
muyan:                          # 自定义模块配置前缀
  yootk:                        # 自定义模块配置前缀
    dept:                       # 自定义模块配置前缀
      deptno: 50                # 属性配置
      dname: 教学研发部          # 属性配置
      loc: 河南-洛阳            # 属性配置
```

(5)【microboot-web 子模块】编写测试类,注入 Dept 与 List<String>实例并输出。

```
package com.yootk.test;
@ExtendWith(SpringExtension.class)                          // JUnit 5测试
@WebAppConfiguration                                        // 启动Web应用
@SpringBootTest(classes = StartSpringBootApplication.class) // 测试启动类
public class TestAutoConfig {
    @Autowired
    private Dept dept;                                      // 注入Dept实例
    @Autowired
    private List<String> books;                             // 注入List实例
    @Test
    public void testStarter() {
        System.out.println(this.dept);                      // 对象输出
        System.out.println(this.books);                     // 对象输出
    }
}
```

程序执行结果:

```
Dept(deptno=50, dname=教学研发部, loc=河南-洛阳)
[Java 程序设计开发实战, Java进阶开发实战, Java Web开发实战, Spring Boot开发实战, Spring Cloud开发实战]
```

此程序通过 application.yml 配置了 Dept 实例的相关属性内容,随后自动向 Spring 容器中进行注册,同时也注入了一个由"microboot-autoconfig-starter"模块中 YootkAutoConfiguration 配置类定义的 List 集合。

10.2 Spring Boot 启动分析

视频名称	1006_【理解】Spring Boot 启动核心类
视频简介	Spring Boot 设计极大地降低了开发者的项目配置难度,可利用大量的"零配置"形式方便地实现 Bean 注册管理。本视频从宏观角度为读者介绍核心启动类和启动注解的作用。

在传统的 Spring & Spring MVC 开发中,项目的启动都极大地依赖于容器,如 Java SE 容器、Java EE 容器,随后所有的组件都需要依据 XML 或 Bean 的方式进行配置。在 Spring Boot 开发项目中只需要引入相关的组件依赖,并编写核心的程序功能,最后通过一个简单的 Java 类即可启动一个 Spring 容器,为用户提供服务,如图 10-8 所示。

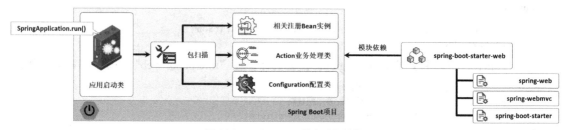

图 10-8 Spring Boot 基本运行结构

Spring Boot 程序启动类必须放在根包中,这样才可以自动实现子包 Bean 的注册。基础程序启动类如下。

范例:Spring Boot 项目启动类

```
package com.yootk;
import org.springframework.boot.SpringApplication;
import org.springframework.boot.autoconfigure.Spring BootApplication;
@Spring BootApplication                                              // Spring Boot启动注解
public class StartSpring BootApplication {
    public static void main(String[] args) {
        SpringApplication.run(StartSpring BootApplication.class, args); // 程序启动
    }
}
```

相信读者已经发现,不管在 Spring Boot 中引入多少服务组件,也不管各个程序有哪些变化,在程序启动类中永远都需要存在"@Spring BootApplication"注解,并通过 SpringApplication 类所提供的 run()方法实现程序启动。所以此时可以得到图 10-9 所示的程序结构。

"@Spring BootApplication"是实现 Spring Boot 项目中 Bean 注册与组件管理的核心注解,通过该注解可以方便地实现包扫描定义以及扫描模式的配置。该注解源代码如下。

范例:@Spring BootApplication 注解源代码

```
package org.springframework.boot.autoconfigure;
@Target(ElementType.TYPE)                                            // 应用于类或接口
@Retention(RetentionPolicy.RUNTIME)                                  // 运行时生效
@Documented                                                          // 显示文档信息
@Inherited                                                           // 允许被继承
@Spring BootConfiguration                                            // 等价于@Configuration
@EnableAutoConfiguration                                             // 启用自动配置
@ComponentScan(excludeFilters = {                                    // 包扫描注入
    @Filter(type = FilterType.CUSTOM, classes = TypeExcludeFilter.class),
```

```
    @Filter(type = FilterType.CUSTOM, classes = AutoConfigurationExcludeFilter.class)})
public @interface SpringBootApplication {                    // Spring Boot核心注解
    @AliasFor(annotation = EnableAutoConfiguration.class)    // 等价配置注解
    Class<?>[] exclude() default {};                         // 扫描排除
    @AliasFor(annotation = EnableAutoConfiguration.class)    // 等价配置注解
    String[] excludeName() default {};                       // 根据名称配置扫描排除
    @AliasFor(annotation = ComponentScan.class, attribute = "basePackages")
    String[] scanBasePackages() default {};                  // 配置扫描包
    @AliasFor(annotation = ComponentScan.class, attribute = "basePackageClasses")
    Class<?>[] scanBasePackageClasses() default {};          // 配置扫描类
    @AliasFor(annotation = ComponentScan.class, attribute = "nameGenerator")
    Class<? extends BeanNameGenerator> nameGenerator() default BeanNameGenerator.class;
    @AliasFor(annotation = Configuration.class)
    boolean proxyBeanMethods() default true;                 // 扫描模式为FULL
}
```

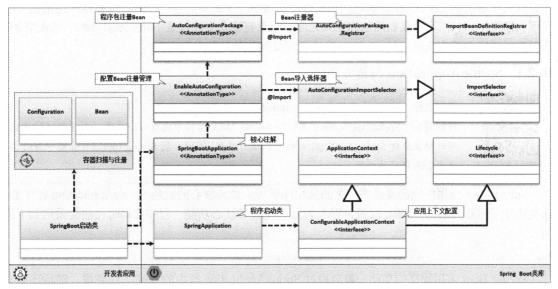

图 10-9　Spring Boot 核心类结构

通过"@SpringBootApplication"源代码可以观察到，该注解中的很多配置属性都与 Spring 框架提供的注解相关联，而其中较重要的一个注解就是"@EnableAutoConfiguration"，该注解源代码如下。

范例：@EnableAutoConfiguration 注解源代码

```
package org.springframework.boot.autoconfigure;
@Target(ElementType.TYPE)                        // 应用于类或接口
@Retention(RetentionPolicy.RUNTIME)              // 运行时生效
@Documented                                      // 显示文档信息
@Inherited                                       // 允许被继承
@AutoConfigurationPackage                        // 自动配置包
@Import(AutoConfigurationImportSelector.class)   // Bean导入选择器
public @interface EnableAutoConfiguration {
    String ENABLED_OVERRIDE_PROPERTY = "spring.boot.enableautoconfiguration";
    Class<?>[] exclude() default {};
    String[] excludeName() default {};
}
```

在该注解定义中，最为重要的一项就是通过"@Import"注解配置"AutoConfigurationImportSelector"自动配置导入选择器。通过该选择器类可以配置要加载的程序类。同时该注解中还引用了一个

"@AutoConfigurationPackage"注解,其主要作用是进行自动配置包的定义。@AutoConfigurationPackage 注解源代码如下。

范例：@AutoConfigurationPackage 注解源代码

```
package org.springframework.boot.autoconfigure;
@Target(ElementType.TYPE)                                  // 应用于类或接口
@Retention(RetentionPolicy.RUNTIME)                        // 运行时生效
@Documented                                                // 显示文档信息
@Inherited                                                 // 允许被继承
@Import(AutoConfigurationPackages.Registrar.class)         // 自动配置包注册器
public @interface AutoConfigurationPackage {
    String[] basePackages() default {};
    Class<?>[] basePackageClasses() default {};
}
```

以上所给出的三个注解是 Spring Boot 程序启动中三个重要的核心注解,依靠这些注解就可以实现扫描路径、扫描类以及扫描包的配置处理。而单有这几个注解是不能完成具体的扫描配置的,所以真正的核心还是 SpringApplication 类中所定义的相关处理方法。

10.2.1 SpringApplication 构造方法

SpringApplication 构造方法

视频名称　1007_【理解】SpringApplication 构造方法
视频简介　SpringApplication 是整个 Spring Boot 结构中的核心程序类。本视频通过源代码的组成分析 SpringApplication 的基本执行流程,同时分析 SpringApplication 类中核心构造方法源代码的功能。

Spring Boot 应用中除需要提供相关的应用注解外,最为核心的就是 SpringApplication 程序类,该类实现了容器的启动、Bean 注册、Web 容器的配置等核心功能。程序启动时往往会采用如下语句：

```
SpringApplication.run(StartSpringBootApplication.class, args);
```

Spring Boot 应用程序的启动一般会通过 SpringApplication 类中的 run()方法完成,随后还需要传入程序启动类的 Class 实例。下面打开 SpringApplication.run()方法的源代码进行逐步观察。

范例：SpringApplication.run()方法重载

调用 run()方法：

```
public static ConfigurableApplicationContext run(
        Class<?> primarySource, String... args) {
    return run(new Class<?>[] { primarySource }, args);
}
```

run()方法重载：

```
public static ConfigurableApplicationContext run(
        Class<?>[] primarySources, String[] args) {
    return new SpringApplication(primarySources).run(args);
}
```

通过此时的调用可以发现,程序在 run()方法中通过 SpringApplication 类的无参构造方法创建对象实例,而后才会调用该类中提供的 run()方法进行容器启动,同时将程序启动的主类传递到 SpringApplication 类的指定属性中。本例先来观察一下 SpringApplication 类中的核心构造方法。

范例：SpringApplication 源代码（成员属性和构造方法）

```
private ResourceLoader resourceLoader;                     // 资源读取
private Set<Class<?>> primarySources;                      // 程序处理源
```

```
private WebApplicationType webApplicationType;                      // 应用类型
private List<Bootstrapper> bootstrappers;                           // Bean注册集合
private List<ApplicationContextInitializer<?>> initializers;        // 初始化实例集合
private List<ApplicationListener<?>> listeners;                     // 事件监听实例集合
private Class<?> mainApplicationClass;                              // 程序主类
public SpringApplication(ResourceLoader resourceLoader, Class<?>... primarySources) {
    this.resourceLoader = resourceLoader;                           // 获取ResourceLoader接口实例
    Assert.notNull(primarySources, "PrimarySources must not be null");
    // 保存获取到的全部程序源
    this.primarySources = new LinkedHashSet<>(Arrays.asList(primarySources));
    // 分析当前的程序应用环境,程序应用环境有三种,分别为NONE、SERVLET、REACTIVE
    this.webApplicationType = WebApplicationType.deduceFromClasspath();
    // 加载CLASSPATH下META-INF/spring.factories中配置的Bootstrapper(加载器)
    this.bootstrappers = new ArrayList<>(getSpringFactoriesInstances(Bootstrapper.class));
    // 加载CLASSPATH下META-INF/spring.factories中配置的ApplicationContextInitializer
    setInitializers((Collection) getSpringFactoriesInstances(
            ApplicationContextInitializer.class));
    // 加载CLASSPATH下META-INF/spring.factories中配置的ApplicationListener
    setListeners((Collection) getSpringFactoriesInstances(ApplicationListener.class));
    // 分析得出当前程序运行的主类(包含主方法的类)
    this.mainApplicationClass = deduceMainApplicationClass();
}
```

通过源代码的定义可以发现,实际上在SpringApplication类中主要是进行了一些成员属性的设置,而在进行处理时会自动根据当前的依赖找到项目中存在的全部类加载器、应用上下文初始化管理器以及应用监听器,所以各个依赖库中的组件是在SpringApplication类的构造方法中配置加载管理的,而该类的基本结构如图10-10所示。

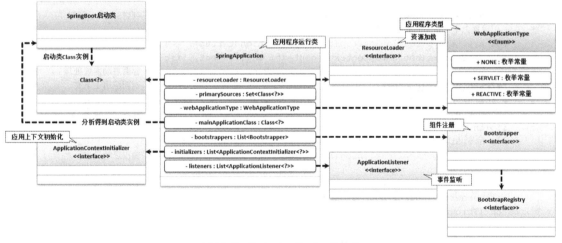

图 10-10 SpringApplication 类结构

10.2.2 SpringApplication.run()方法

SpringApplication.run()方法

视频名称　1008_【理解】SpringApplication.run()方法

视频简介　获取 SpringApplication 对象实例后,实际上就可以实现相关的类加载器配置以及容器初始化配置支持,这样就可以通过 run()方法实现容器启动。本视频为读者分析 run()方法的源代码组成结构。

Spring Boot 程序主类会调用 SpringApplication.run()方法启动应用,而在 SpringApplication.run()

方法中会自动为用户实例化一个 SpringApplication 类的对象实例,然后在内部调用 run()方法,并传递相应的启动参数。调用的源代码如下。

```java
public static ConfigurableApplicationContext run(
        Class<?>[] primarySources, String[] args) {
    return new SpringApplication(primarySources).run(args);           // 容器启动
}
```

在 SpringApplication 类中,最为重要的核心处理方法就是 run(),该方法实现了 Profile 环境配置、Spring 容器启动、Bean 注册管理等核心功能。该方法的源代码如下。

范例:run()方法源代码

```java
public ConfigurableApplicationContext run(String... args) {            // 创建一个新的应用上下文
    StopWatch stopWatch = new StopWatch();                             // 耗时工具类实例
    stopWatch.start();                                                 // 耗时统计开始
    // 创建启动上下文实例,该实例也为BootstrapRegistry实例
    DefaultBootstrapContext bootstrapContext = createBootstrapContext();
    ConfigurableApplicationContext context = null;                     // 定义应用上下文接口对象
    configureHeadlessProperty();                                       // 增加系统环境属性
    // 获取并启动监听器
    SpringApplicationRunListeners listeners = getRunListeners(args);
    // 根据分析得到的主类实现应用监听服务启动
    listeners.starting(bootstrapContext, this.mainApplicationClass);
    try {
        // 配置Spring Boot应用程序启动参数
        ApplicationArguments applicationArguments = new DefaultApplicationArguments(args);
        ConfigurableEnvironment environment = prepareEnvironment(listeners,
                bootstrapContext, applicationArguments);               // 配置当前Profile环境
        configureIgnoreBeanInfo(environment);                          // 配置是否搜索BeanInfo元数据
        Banner printedBanner = printBanner(environment);               // 分打印程序启动Banner
        context = createApplicationContext();                          // 创建Spring容器
        // 设置上下文应用启动接口实例
        context.setApplicationStartup(this.applicationStartup);
        prepareContext(bootstrapContext, context, environment, listeners,
                applicationArguments, printedBanner);                  // 容器启动前置处理
        refreshContext(context);                                       // 刷新应用上下文
        afterRefresh(context, applicationArguments);                   // 容器启动后置处理
        stopWatch.stop();                                              // 耗时统计结束
        if (this.logStartupInfo) {                                     // 是否输出启动日志
            new StartupInfoLogger(this.mainApplicationClass).logStarted(
                    getApplicationLog(), stopWatch);                   // 输出启动日志
        }
        listeners.started(context);                                    // 启动应用监听
        callRunners(context, applicationArguments);                    // 执行run()方法
    } catch (Throwable ex) {
        handleRunFailure(context, ex, listeners);                      // 错误处理
        throw new IllegalStateException(ex);                           // 手工抛出异常
    }
    try {
        listeners.running(context);                                    // 监听运行
    } catch (Throwable ex) {
        handleRunFailure(context, ex, null);                           // 错误处理
        throw new IllegalStateException(ex);                           // 手工抛出异常
    }
    return context;                                                    // 返回应用上下文
}
```

run()方法根据已经加载获取到的 Bootstrap、ApplicationContextInitializer、ApplicationListener 等实例实现 Spring 容器的启动,该方法需要返回一个"ConfigurableApplicationContext"接口实例,

以获取当前应用上下文的配置环境。配置环境包含 SpringApplicationRunListeners（程序运行监听）、ConfigurableEnvironment（Profile 配置）、Banner（启动提示信息）等。该方法所涉及的接口关联结构如图 10-11 所示，同时在该方法中存在两个重要的处理操作步骤。

- "context = createApplicationContext()"：获取 ConfigurableApplicationContext 接口实例。
- "refreshContext(context)"：刷新应用上下文。

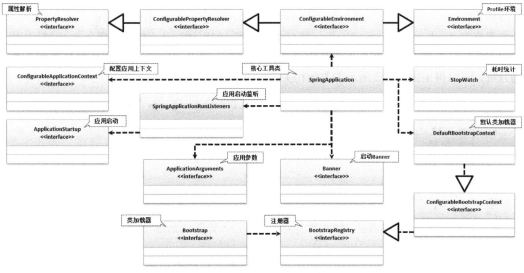

图 10-11　SpringApplication.run()方法结构

10.2.3　启动内置 Web 容器

> **视频名称**　1009_【理解】启动内置 Web 容器
> **视频简介**　Spring Boot 为了便于启动容器的统一管理，提供了 ConfigurableApplicationContext 接口。本视频通过该接口实例的创建分析 Spring Boot 中 Web 容器的启动配置。

Spring Boot 程序存在 Web 和 Reactive 两种运行模式，所以在进行应用上下文创建时，就需要动态地判断当前的应用环境。而 SpringApplication 类的构造方法已经获取了 WebApplicationType 枚举实例，这样就可以依据此实例通过 createApplicationContext()方法获取 ConfigurableApplicationContext 接口实例。该方法的源代码定义如下。

范例：SpringApplication.createApplicationContext()方法源代码

```
protected ConfigurableApplicationContext createApplicationContext() {
    return this.applicationContextFactory.create(this.webApplicationType);
}
```

通过此时的方法调用可以发现，本次的核心操作在于 ApplicationContextFactory 接口实例，该接口提供了 create()方法来获取 ConfigurableApplicationContext 实例。为便于说明，下面给出了 ApplicationContextFactory 接口的部分源代码。

范例：ApplicationContextFactory 接口源代码

```
package org.springframework.boot;
@FunctionalInterface
public interface ApplicationContextFactory {    // 列出部分源代码
    // 根据当前的应用环境创建ConfigurableApplicationContext接口实例
    ConfigurableApplicationContext create(WebApplicationType webApplicationType);
```

```
static ApplicationContextFactory ofContextClass(
        Class<? extends ConfigurableApplicationContext> contextClass) {
    return of(() -> BeanUtils.instantiateClass(contextClass));
}
static ApplicationContextFactory of(
        Supplier<ConfigurableApplicationContext> supplier) {
    return (webApplicationType) -> supplier.get();
}
```

本程序在 ApplicationContextFactory 接口中提供了 of()、ofContextClass()两个 static 方法用于直接获取当前接口实例，而这两个方法都需要接收 ConfigurableApplicationContext 接口实例。通过源代码分析，可以得出图 10-12 所示的类结构关系。

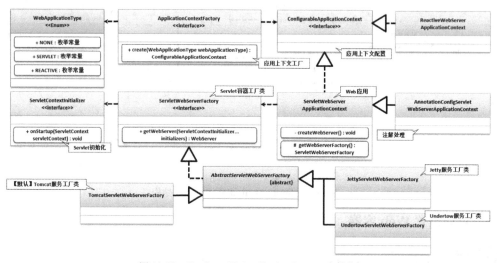

图 10-12 ConfigurableApplicationContext 类结构

通过图 10-12 所给出的结构关系可以发现，Spring Boot 支持的 3 种 Web 容器（Tomcat、Jetty、Undertow）实际上都存在对应的工厂类，而这些工厂类会根据当前配置的依赖库进行自动配置。

10.2.4 AbstractApplicationContext.refresh()方法

AbstractApplicationContext.
refresh()方法

视频名称 1010_【理解】AbstractApplicationContext.refresh()方法
视频简介 Spring 容器中需要维护大量的程序 Bean，虽然 Spring Boot 不再需要进行手工配置，但是其内部依然会有大量的 Bean、事件与资源管理配置。本视频为读者展示容器刷新源代码的定义，并分析其组成。

SpringApplication.run()方法除了可以实现服务监听的启动配置外，最重要的就是根据当前的应用环境实现 Bean 注册、资源绑定、事件发布等操作，而这些操作是通过 SpringApplication.refreshContext()方法实现的，该方法源代码如下。

范例：SpringApplication.refreshContext()方法源代码

```
private void refreshContext(ConfigurableApplicationContext context) {
    if (this.registerShutdownHook) {
        try {
            context.registerShutdownHook();
        } catch (AccessControlException ex) {}
    }
    refresh((ApplicationContext) context);     // 根据当前的应用环境创建
}
```

10.2 Spring Boot 启动分析

通过 refreshContext()源代码可以发现,该方法内部又调用了 refresh()方法,此方法的源代码如下。

范例:SpringApplication.refresh()方法源代码

```
protected void refresh(ConfigurableApplicationContext applicationContext) {
    applicationContext.refresh();
}
```

通过源代码的定义可以发现,容器刷新处理实际上是调用 ConfigurableApplicationContext 接口定义的 refresh()方法,而根据先前的分析可以得知,ConfigurableApplicationContext 接口提供了 Servlet、Reactive 两种实现子类,如图 10-13 所示。refresh()方法的具体实现是由 AbstractApplicationContext 这个抽象类定义的,下面打开此方法源代码观察。

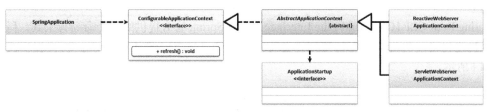

图 10-13 ConfigurableApplicationContext 接口继承关系

范例:AbstractApplicationContext.refresh()方法源代码

```
public void refresh() throws BeansException, IllegalStateException {
    synchronized (this.startupShutdownMonitor) {
        StartupStep contextRefresh = this.applicationStartup
                .start("spring.context.refresh");          // 创建启动步骤
        prepareRefresh();                                   // 刷新前置处理
        // 获取容器上下文内部的BeanFactory实例
        ConfigurableListableBeanFactory beanFactory = obtainFreshBeanFactory();
        prepareBeanFactory(beanFactory);                    // BeanFactory前置处理
        try {
            postProcessBeanFactory(beanFactory);            // 容器启动时处理
            StartupStep beanPostProcess = this.applicationStartup
                    .start("spring.context.beans.post-process"); // 创建启动步骤
            invokeBeanFactoryPostProcessors(beanFactory);   // 容器上下文Bean处理
            registerBeanPostProcessors(beanFactory);        // 容器启动时注册Bean
            beanPostProcess.end();                          // 容器启动处理完毕
            initMessageSource();                            // 初始化MessageSource
            initApplicationEventMulticaster();              // 初始化事件广播器(事件发布)
            onRefresh();                                    // 初始化特殊Bean
            registerListeners();                            // 监听器注册到事件广播器
            finishBeanFactoryInitialization(beanFactory);   // 实例化剩下的非延迟Bean
            finishRefresh();                                // 上下文刷新完毕,事件发布
        } catch (BeansException ex) {
            if (logger.isWarnEnabled()) {                   // 日志警告级别
                logger.warn("Exception encountered during context initialization - " +
                        "cancelling refresh attempt: " + ex); // 警告日志输出
            }
            destroyBeans();                                 // 销毁全部已创建Bean
            cancelRefresh(ex);                              // 重置标记
            throw ex;                                       // 异常抛出
        } finally {
            resetCommonCaches();                            // 重置公共缓存
            contextRefresh.end();                           // 上下文刷新结束
        }
    }
}
```

通过给出的源代码分析可以清楚地发现，一个 Spring Boot 应用中所有的核心单元都是在此方法中创建的，该操作全自动扫描项目中的 Bean 定义、Configuration 配置类以及所需要的国际化资源等。成功调用这一方法就可以实现整个 Spring 容器的正常启动。

10.3 Spring Boot CLI

视频名称　　1011_【理解】Spring Boot CLI 配置

视频简介　　Spring Boot CLI 是一个简化程序运行的处理工具。本视频为读者介绍 Spring Boot CLI 工具的作用，并演示该工具的下载与安装操作。

Spring Boot CLI（Command Line Interface）是由 Spring 官方提供的一个命令行工具，利用该工具可以快速构建一个 Spring Boot 应用，也可以结合 Groovy 脚本来进行 Spring Boot 程序编写，如图 10-14 所示。

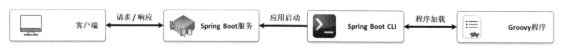

图 10-14　Spring Boot CLI 执行

开发者可以直接通过 Spring Boot 官方文档获取 Spring Boot CLI 下载地址，如图 10-15 所示。

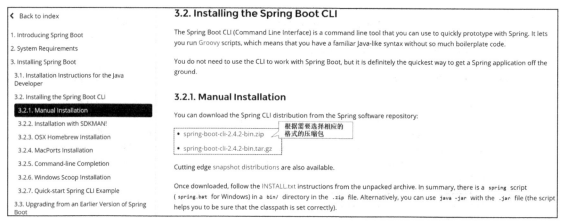

图 10-15　获取 Spring Boot CLI 工具

本次是在 Windows 系统下进行配置，所以直接下载得到 "spring-boot-cli-2.4.2-bin.zip" 压缩文件。该压缩文件可以直接解压缩，随后将 bin 目录配置到项目的 Path 环境中，如图 10-16 所示。

Path 属性编辑完成后，在当前系统中就可以直接使用 spring 命令进行操作了。下例实现了工具版本的查询操作。

范例：查询当前的 Spring Boot CLI 版本

```
spring -version
```

程序执行结果：

```
Spring CLI v2.4.2
```

至此在当前的系统中已经成功实现了 Spring Boot CLI 工具的安装，随后就可以基于此工具实现 Groovy 程序的运行以及 Spring Boot 项目的创建。

10.3　Spring Boot CLI

图 10-16　编辑 Path 属性

10.3.1　使用 Groovy 开发 Spring Boot 应用

使用 Groovy 开发 Spring Boot 应用

视频名称　1012_【理解】使用 Groovy 开发 Spring Boot 应用
视频简介　Groovy 是一种简化的 Java 脚本编程语言。本视频通过 Groovy 实现 Spring Boot 中的控制器定义，并结合 Spring Boot CLI 实现项目的运行。

Groovy 是一种基于 JVM 的脚本编程语言，并结合了 Python、Ruby 等语法特点。Groovy 的内部是基于 Java 程序方式运行的，但是相较于原始的 Java 运行模式省略了程序编译的过程，开发者可以直接执行 Groovy 源代码。为了便于开发者快速编写 Spring Boot 程序，Spring Boot CLI 工具也提供了直接执行 Groovy 脚本程序的支持。

范例：编写 Groovy 程序代码（文件名称：hello.groovy）

```groovy
@RestController                         // Rest响应注解
class HelloAction {                     // 控制器
    @RequestMapping("/")                // 访问路径
    String home() {                     // 业务处理方法
        "www.yootk.com"                 // 信息响应
    }
}
```

本程序主要是在根路径下实现一个信息的响应，程序编写完成后，可以直接通过 Spring Boot CLI 运行该程序。

范例：运行 Groovy 脚本

```
spring run hello.groovy -- --server.port=80
```

本程序启动后会在 80 端口绑定服务，而后开发者即可通过浏览器输入"http://localhost/"地址进行访问。

10.3.2　Spring Boot CLI 工具管理

Spring Boot CLI 工具管理

视频名称　1013_【理解】Spring Boot CLI 工具管理
视频简介　Spring Boot CLI 内部有大量的项目运行与构建工具。本视频为读者介绍常用的工具命令，并实现 Maven 和 Gradle 项目的快速构建。

Spring Boot CLI 除了可以实现 Groovy 的程序运行外，实际上也提供一些实用性的工具，如项目构建（Maven 或 Gradle）、依赖库管理等。具体操作命令如下。

（1）基于 Maven 构建 "yootk-project" 项目，同时为其添加 Web 以及 Thymeleaf 依赖。

```
spring init --dependencies=web,thymeleaf yootk-project
```

（2）基于 Gradle 构建 "muyan-project" 项目，将其打包类型定义为 war。

```
spring init --build=gradle --java-version=11 --dependencies=web,thymeleaf --packaging=war muyan-project
```

（3）安装依赖库。

```
spring install com.example:spring-boot-cli-extension:1.0.0.RELEASE
```

（4）删除依赖库。

```
spring uninstall org.springframework.boot:spring-boot-starter-actuator:2.4.3
```

（5）删除全部依赖。

```
spring uninstall -all
```

（6）进入 Shell 环境。

```
spring shell
```

10.4 本章概览

1．Spring Boot 为了简化模块之间的整合开发，提供了自动装配与自动运行机制。在自动运行处理中需要开发者手工配置 "spring.factories" 文件，这样就可以在 Spring Boot 启动时自动依据启动类对模块中的 Bean 进行配置与注册。

2．@Import 可以直接实现一个类的装配，也可以基于 ImportSelector、ImportBeanDefinitionRegistrar 接口通过程序的方式实现 Bean 装配处理。

3．Spring Boot 程序的启动主要通过 "@Spring BootApplication" 注解以及 SpringApplication 类来完成。

4．"@Spring BootApplication" 注解主要实现了程序扫描路径的配置，并结合 "@Import 注解" 实现 Bean 配置管理。

5．SpringApplication 类的构造方法主要实现了运行环境的解析，可以得到所有相关模块中的类加载器、应用上下文以及容器初始化管理器。

6．SpringApplication 类的 run() 方法实现了 BeanFactory 的构建、监听启动、Bean 管理等与容器运行相关的配置。

7．Spring Boot CLI 提供了方便的 Spring Boot 程序管理，同时也可以直接运行 Groovy 程序脚本。

第 11 章
Spring Boot 与数据库编程

本章学习目标

1. 掌握 Druid 数据源的整合方法，并可以基于 Bean 配置管理开启 Druid 信息监控；
2. 掌握 Spring Boot 整合 MyBatis 以及 MyBatisPlus 程序的开发操作方法，并可以集合 Bean 方式进行组件配置；
3. 掌握 Spring Boot 项目中多数据源的配置方法，并可以根据项目需要实现动态数据源决策处理；
4. 掌握 Spring Boot 中的事务处理方法，并可以结合切面实现事务控制；
5. 掌握 Atomikos 事务管理器的使用方法，并可以实现多数据源操作下的分布式事务管理。

现代软件项目开发中关系型数据库依然拥有很重要的技术地位，同时为了提高数据库的处理性能，开发中一般会采用数据库连接池进行数据库连接管理，为了提高程序的开发效率，还可以结合 MyBatis/MyBatisPlus 组件。本章将为读者讲解 Druid 数据源配置、MyBatis/MyBatisPlus 整合以及分布式事务管理机制。

11.1 Druid 数据源

视频名称　1101_【掌握】Druid 基本配置
视频简介　Druid 是一款高性能的数据库连接池组件。本视频为读者介绍 Druid 的基本作用，同时基于 Spring Boot 提供的整合方案实现 Druid 数据源的相关配置。

在项目开发中为了提高 SQL 数据库的处理性能，最佳做法是采用数据库连接池的形式，管理并限制项目中的全部数据库连接，而后通过 DataSource 接口实例获取连接池中的 Connection 接口实例，并完成相应的 JDBC 程序开发。操作结构如图 11-1 所示。

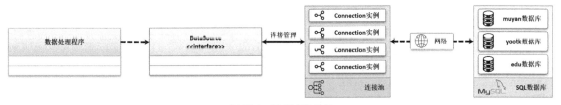

图 11-1　数据库连接池

数据库连接池可以在运行的 Web 容器中配置，也可以基于组件的方式通过程序实现配置。考虑到项目简化部署的要求，现代的开发一般会通过一些开源的数据库连接池组件实现连接池的配置。而随着项目开发要求的不断提升，数据库连接池除了要提供高性能的处理性能外，还应该具有相应的监控功能，如图 11-2 所示。

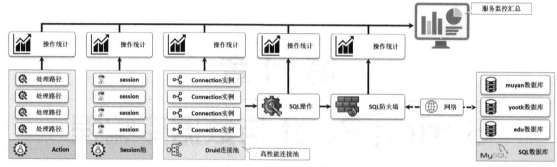

图 11-2 数据库连接池与服务监控

为了可以轻松地实现数据库连接池的处理性能以及统计信息的管理，在当今项目开发中使用较为广泛的是 Druid 数据库连接池组件。该组件是由阿里巴巴公司推出的一款数据库连接池组件，也是一个用于大数据实时查询和分析的高容错、高性能开源分布式系统，其宗旨为快速处理大规模的数据并能实现快速查询和分析；同时 Druid 数据库连接池还提供良好的服务监控管理功能，包括数据源配置、SQL 执行监控、SQL 防火墙、Web 监控等功能。Spring Boot 项目的开发者可以直接按照以下步骤在项目中实现 Druid 连接池的基本配置。

(1)【microboot 项目】创建一个新的"microboot-database"子模块，并通过 build.gradle 配置相关依赖库。

```gradle
project('microboot-database') {                         // 子模块
    dependencies {
        compile(project(':microboot-common'))           // 引入其他子模块
        compile('org.springframework.boot:spring-boot-starter-web')
        compile('org.springframework.boot:spring-boot-starter-actuator')
        compile('mysql:mysql-connector-java:8.0.23')
        compile('com.alibaba:druid-spring-boot-starter:1.2.5')
        compile('org.springframework:spring-jdbc:5.3.4')
    }
}
```

(2)【MySQL 数据库】编写数据库创建脚本，创建 yootk 数据库与相关数据表。

```sql
DROP DATABASE IF EXISTS yootk ;
CREATE DATABASE yootk CHARACTER SET UTF8 ;
USE yootk ;
CREATE TABLE member (
    mid                 VARCHAR(50),
    name                VARCHAR(10) ,
    age                 INT ,
    salary              DOUBLE,
    birthday            DATE,
    content             TEXT,
    isdel               INT DEFAULT 0,
    CONSTRAINT pk_mid PRIMARY KEY(mid)
) ENGINE=InnoDB DEFAULT CHARSET=utf8;
INSERT INTO member(mid, name, age, salary, birthday, content) VALUES
        ('muyan', '沐言科技', 18, 5999.99 , '2006-09-19', 'www.yootk.com') ;
INSERT INTO member(mid, name, age, salary, birthday, content) VALUES
        ('yootk', '沐言优拓', 38, 8787.66 , '1999-08-13', 'www.yootk.com') ;
INSERT INTO member(mid, name, age, salary, birthday, content) VALUES
        ('edu', '李兴华编程训练营', 22, 6723.12 , '2004-08-13', 'edu.yootk.com') ;
```

考虑到后续的开发讲解，本次除了创建 yootk 数据库外，还创建了一张 member 数据表并编写了相关测试数据。数据库脚本执行后的数据库信息如图 11-3 所示。

```
mysql> SELECT * FROM member;
+-------+-------------------+------+---------+------------+-----------------+-------+
| mid   | name              | age  | salary  | birthday   | content         | isdel |
+-------+-------------------+------+---------+------------+-----------------+-------+
| edu   | 李兴华编程训练营   |  22  | 6723.12 | 2004-08-13 | edu.yootk.com   |   0   |
| muyan | 沐言科技          |  18  | 5999.99 | 2006-09-19 | www.yootk.com   |   0   |
| yootk | 沐言优拓          |  38  | 8787.66 | 1999-08-13 | www.yootk.com   |   0   |
+-------+-------------------+------+---------+------------+-----------------+-------+
3 rows in set
```

图 11-3　数据库信息

(3)【microboot-database 子模块】创建 application.yml 配置文件，定义 Druid 相关配置。

```yaml
spring:
  datasource:
    type: com.alibaba.druid.pool.DruidDataSource     # 数据源操作类型
    driver-class-name: com.mysql.cj.jdbc.Driver      # 配置MySQL的驱动程序类
    url: jdbc:mysql://localhost:3306/yootk           # 数据库连接地址
    username: root                                   # 数据库用户名
    password: mysqladmin                             # 数据库连接密码
    druid:                                           # druid相关配置
      initial-size: 5                                # 初始化连接池大小
      min-idle: 10                                   # 最小维持的连接池大小
      max-active: 50                                 # 最大支持的连接池大小
      max-wait: 60000                                # 最大等待时间（单位：ms）
      time-between-eviction-runs-millis: 60000       # 关闭空闲连接间隔（单位：ms）
      min-evictable-idle-time-millis: 30000          # 连接最小生存时间（单位：ms）
      validation-query: SELECT 1 FROM dual           # 数据库状态检测
      # 申请连接并且当testOnBorrow为false时，会判断连接是否处于空闲状态并验证该连接是否可用
      test-while-idle: true
      # 申请连接时执行validation-query检测连接是否有效，这个配置会降低性能
      test-on-borrow: false
      # 归还连接时执行validation-query检测连接是否有效，这个配置会降低性能
      test-on-return: false
      # 是否缓存preparedStatement（PSCache），对支持游标的数据库性能提升较大，MySQL下建议关闭
      pool-prepared-statements: false
      # 配置PreparedStatement缓存
      max-pool-prepared-statement-per-connection-size: 20
server:
  port: 80                                           # 80端口
```

(4)【microboot-database 子模块】编写测试类。

```java
package com.yootk.test;
@ExtendWith(SpringExtension.class)                              // JUnit 5测试工具
@WebAppConfiguration                                            // 启动Web测试环境
@SpringBootTest(classes = StartSpringBootApplication.class)     // 测试启动类
public class TestDruid {
    @Autowired
    private DataSource dataSource ;                             // 注入DataSource实例
    @Test
    public void testDatasource() throws Exception {
        System.out.println(this.dataSource.getConnection());    // 获取Connection实例
    }
}
```

程序执行结果：

```
com.mysql.cj.jdbc.ConnectionImpl@ab2009f
```

此时项目中引入了"druid-spring-boot-starter"模块，这样开发者只需要在项目中的 application.yml 文件中配置好 Druid 相关的环境属性，就可以通过 DruidDataSourceAutoConfigure 实现 DataSource 的实例装配，如图 11-4 所示。这样在进行具体数据库操作时就可以通过 DataSource 中的 getConnection() 方法获取数据库连接对象，实现 SQL 命令的执行。

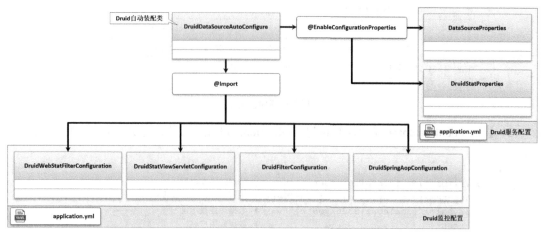

图 11-4 Druid 自动装配结构

11.1.1 基于 Bean 配置 Druid

基于 Bean
配置 Druid

视频名称　1102_【掌握】基于 Bean 配置 Druid
视频简介　使用 druid-spring-boot-starter 模块虽然可以方便地实现 Druid 数据源的配置，但是考虑到实际开发中的灵活性，还是建议开发者手工配置 Druid 应用环境。本视频采用原始的 druid 依赖库并基于 Bean 配置的方式实现 Druid 连接池的配置。

项目中引入 druid-spring-boot-starter 模块后可以直接基于 application.yml 配置 Druid 环境属性，但是这样就只能通过 DruidDataSourceAutoConfigure 自动装配类来管理 DataSource 接口实例，而这样的配置方式对 application.yml 配置文件有很大限制，同时在一个 Spring 容器中也需要强制性地提供一个名称为 dataSource 的 Bean 实例，最终会降低程序配置的灵活性。

有些开发者为了避开 Druid 配置的各种强制性要求，会直接在项目中引入原始的 "druid" 依赖库（取消 druid-spring-boot-starter 依赖），而后采用手工方式进行 DataSource 对象的 Bean 注册。而考虑到 Spring Boot 中是以 application.yml 配置为主的，开发者也可以根据需要创建属于自己的配置项，如图 11-5 所示，只是这样一来就必须手工实现属性的读取，以及 DruidDataSource 对象的相关配置。虽然整体的处理较为麻烦，但是这种方式灵活性较高，也是在开发中比较常见的一种做法。下面通过具体步骤实现这一配置。

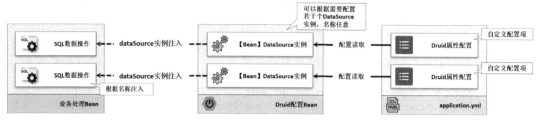

图 11-5 自定义 Druid 数据源配置

（1）【microboot 项目】修改 build.gradle 配置文件，更换 druid 依赖。

```
project('microboot-database') {                         // 子模块
    dependencies {                                      // 重复依赖配置略
        compile('com.alibaba:druid-spring-boot-starter:1.2.5')
        compile('com.alibaba:druid:1.2.5')              // 追加druid依赖
    }
}
```

(2)【microboot-database 子模块】修改 application.yml 配置文件。本次要连接的数据库为 "yootk"，所以可以直接基于已有的 Druid 配置环境，并采用自定义 "spring.yootk" 为前缀的方式进行配置。

```yaml
spring:
  yootk:                                                    # 自定义标记
    datasource:                                             # 数据源配置
      type: com.alibaba.druid.pool.DruidDataSource          # 数据源操作类型
      driver-class-name: com.mysql.cj.jdbc.Driver           # 配置MySQL的驱动程序类
      url: jdbc:mysql://localhost:3306/yootk                # 数据库连接地址
      username: root                                        # 数据库用户名
      password: mysqladmin                                  # 数据库连接密码
      druid:                                                # druid相关配置
        initial-size: 5                                     # 初始化连接池大小
        min-idle: 10                                        # 最小维持的连接池大小
        max-active: 50                                      # 最大支持的连接池大小
        max-wait: 60000                                     # 最大等待时间（单位：ms）
        time-between-eviction-runs-millis: 60000            # 关闭空闲连接间隔（单位：ms）
        min-evictable-idle-time-millis: 30000               # 连接最小生存时间（单位：ms）
        validation-query: SELECT 1 FROM dual                # 数据库状态检测
        # 申请连接并且当testOnBorrow为false时，会判断连接是否处于空闲状态并验证该连接是否可用
        test-while-idle: true
        # 申请连接时执行validation-query检测连接是否有效，这个配置会降低性能
        test-on-borrow: false
        # 归还连接时执行validation-query检测连接是否有效，这个配置会降低性能
        test-on-return: false
        # 是否缓存PreparedStatement，也就是PSCache
        # PSCache对支持游标的数据库性能提升巨大，如oracle。在MySQL下建议关闭
        pool-prepared-statements: false
        # 配置PreparedStatement缓存
        max-pool-prepared-statement-per-connection-size: 20
```

(3)【microboot-database 子模块】创建一个 DruidDataSourceConfiguration 配置类，该类中的属性通过 druid.properties 读取配置项，并依据该配置获取 DataSource 接口实例。

```java
package com.yootk.config;
@Configuration                                                          // 配置Bean
public class DruidDataSourceConfiguration {                             // Druid配置类
    @Bean("yootkDruidDataSource")                                       // Bean注册
    public DruidDataSource getDruidDataSource(
            @Value("${spring.yootk.datasource.driver-class-name}")
                    String driverClassName,                             // 数据库驱动
            @Value("${spring.yootk.datasource.url}")                    // 属性注入
                    String url,                                         // 数据库连接地址
            @Value("${spring.yootk.datasource.username}")               // 属性注入
                    String username,                                    // 数据库用户名
            @Value("${spring.yootk.datasource.password}")               // 属性注入
                    String password,                                    // 数据库密码
            @Value("${spring.yootk.datasource.druid.initial-size}")
                    int initialSize,                                    // 初始化连接数
            @Value("${spring.yootk.datasource.druid.min-idle}")
                    int minIdle,                                        // 最小维持连接数
            @Value("${spring.yootk.datasource.druid.max-active}")
                    int maxActive,                                      // 最大连接数
            @Value("${spring.yootk.datasource.druid.max-wait}")
                    long maxWait,                                       // 最大等待时间
            @Value("${spring.yootk.datasource.druid.time-between-eviction-runs-millis}")
                    long timeBetweenEvictionRunsMillis,                 // 关闭空闲连接间隔
            @Value("${spring.yootk.datasource.druid.min-evictable-idle-time-millis}")
                    long minEvictableIdleTimeMillis,                    // 最小存活时间
```

```java
            @Value("${spring.yootk.datasource.druid.validation-query}")
                    String validationQuery,                                  // 校验SQL
            @Value("${spring.yootk.datasource.druid.test-while-idle}")
                    boolean testWhileIdle,                                   // 空闲连接是否可用
            @Value("${spring.yootk.datasource.druid.test-on-borrow}")
                    boolean testOnBorrow,                                    // 测试后返回连接
            @Value("${spring.yootk.datasource.druid.test-on-return}")
                    boolean testOnReturn,                                    // 连接归还测试
            @Value("${spring.yootk.datasource.druid.pool-prepared-statements}")
                    boolean poolPreparedStatements,                          // 是否缓存PreparedStatement
            @Value("${spring.yootk.datasource.druid
                    .max-pool-prepared-statement-per-connection-size}")
                    int maxPoolPreparedStatementPerConnectionSize    // 缓存配置
    ) throws Exception {
        DruidDataSource dataSource = new DruidDataSource();      // 获取DruidDataSource实例
        dataSource.setDriverClassName(driverClassName);          // 设置驱动程序
        dataSource.setUrl(url);                                  // 设置数据库连接地址
        dataSource.setUsername(username);                        // 数据库用户名
        dataSource.setPassword(password);                        // 数据库密码
        dataSource.setInitialSize(initialSize);                  // 初始化连接池大小
        dataSource.setMinIdle(minIdle);                          // 最小维持连接池大小
        dataSource.setMaxActive(maxActive);                      // 最大可用连接池个数
        dataSource.setMaxWait(maxWait);                          // 最大等待时间（单位：ms）
        dataSource.setTimeBetweenEvictionRunsMillis(
                    timeBetweenEvictionRunsMillis);              // 间隔检测时间
        dataSource.setMinEvictableIdleTimeMillis(
                    minEvictableIdleTimeMillis);                 // 连接最小生存时间
        dataSource.setValidationQuery(validationQuery);          // 验证查询
        dataSource.setTestWhileIdle(testWhileIdle);              // 连接检查
        dataSource.setTestOnBorrow(testOnBorrow);                // 检测连接是否有效
        dataSource.setTestOnReturn(testOnReturn);                // 归还时是否检测连接有效
        dataSource.setPoolPreparedStatements(
                    poolPreparedStatements);                     // 是否缓存PreparedStatement
        dataSource.setMaxPoolPreparedStatementPerConnectionSize(
                maxPoolPreparedStatementPerConnectionSize);      // PreparedStatements池
        return dataSource;                                       // 返回DataSource实例
    }
}
```

（4）【microboot-database 子模块】编写测试类，注入指定名称的 DataSource 接口实例。

```java
public class TestDruid {
    @Autowired
    @Qualifier("yootkDruidDataSource")
    private DataSource dataSource ;                              // 注入DataSource实例
}
```

此时基于 Bean 实现了 DataSource 实例配置，同时由用户定义了配置 Bean 的名称，这样在使用时就可以依据名称进行配置，也可以在项目中根据需要定义多个数据源。

11.1.2 Druid 监控界面

Druid 监控界面

视频名称　1103_【掌握】Druid 监控界面

视频简介　Druid 提供了应用的状态监控管理机制。本视频通过实例为读者讲解如何开启 Web 监控以及相关监控环境的配置。

使用 Druid 最大的便利之处在于其可以针对当前所使用的数据库进行监控管理，这时就需要对监控管理的基本环境（监控路径、黑白名单、账户信息）做出定义。定义可以通过 "com.alibaba.druid.support.http.

11.1 Druid 数据源

StatViewServlet"类进行定义，下面通过具体的操作步骤进行配置实现。

(1)【microboot-database 子模块】Druid 需要进行大量的监控信息配置，所以创建一个 DruidMonitor Configuration 配置类，配置相关的监控信息。

```
package com.yootk.config;
@Configuration
public class DruidMonitorConfiguration {                             // Druid监控配置
    @Bean("druidStatViewServlet")                                    // 启用监控界面
    public ServletRegistrationBean<StatViewServlet> druidStatViewServlet() {
        ServletRegistrationBean<StatViewServlet> registrationBean =
          new ServletRegistrationBean<>(
                new StatViewServlet(), "/druid/*");                  // 配置映射路径
        registrationBean
            .addInitParameter(
                    StatViewServlet.PARAM_NAME_ALLOW, "127.0.0.1");  // IP白名单
        registrationBean
            .addInitParameter(StatViewServlet.PARAM_NAME_DENY, "");  // IP黑名单
        registrationBean.addInitParameter(
                StatViewServlet.PARAM_NAME_USERNAME, "muyan");       // 管理用户名
        registrationBean.addInitParameter(
                StatViewServlet.PARAM_NAME_PASSWORD, "yootk");       // 管理密码
        registrationBean.addInitParameter(
                StatViewServlet.PARAM_NAME_RESET_ENABLE, "true");    // 允许重置
        return registrationBean;
    }
}
```

(2)【microboot-database 子模块】修改 application.yml 配置文件，配置服务端口。

```
server:
  port: 80                     # 80端口
```

(3)【microboot-database 子模块】启动 Spring Boot 应用程序。

(4)【浏览器】通过浏览器访问 Druid 监控中心。访问地址 http://localhost/druid/可以得到图 11-6 所示的界面。

图 11-6　Druid 监控信息

通过图 11-6 所显示的监控界面，可以看到若干个服务监控项。而要想实现这些监控项的启用，还需要进行一些额外的配置，这些配置项的具体作用如下。

- 数据源：定义项目中全部的数据源配置详情。
- SQL 监控：对项目中执行的 SQL 语句进行监控，包括执行次数以及执行的时间区间分布。
- SQL 防火墙：避免某些恶意的 SQL 执行，并记录下防护信息。
- Web 应用：当前 Web 程序的详细信息，包括数据库信息、并发访问量、请求次数等。
- URI 监控：对每个请求路径的访问进行统计。
- Session 监控：当前 Web 应用中的全部 session 列表，包括创建时间、最后活跃时间、请求次数等信息。

- Spring 监控：对 Spring 中的操作进行拦截，可以显示出调用的方法、执行时间、并发访问等信息。
- JSONAPI：通过 API 形式访问 Druid 监控信息，结果以 JSON 数据的形式返回。

11.1.3　Web 访问监控

视频名称　1104_【掌握】Web 访问监控
视频简介　Druid 自带 Web 环境监控，可以对用户每一次请求的路径以及处理性能进行统计记录。本视频讲解如何在项目中实现 Web 信息、Session 以及 URI 监控的开启。

在进行 Web 项目管理时，需要及时知道当前应用的负载状态、并发访问量以及每个请求处理路径的执行性能等数据信息，开发者可以进行单独的服务配置，也可以直接通过 Druid 提供的 Web 状态监控过滤器完成监控统计。下面通过具体操作步骤实现。

范例：【microboot-database 子模块】修改 DruidDataSourceConfiguration 配置类开启 Web 监控过滤

```java
package com.yootk.config;
@Configuration
public class DruidMonitorConfiguration {                                    // Druid监控配置
    // 重复的Druid监控配置不再列出，代码略
    @Bean
    @DependsOn("webStatFilter")
    public FilterRegistrationBean<WebStatFilter> druidWebStatFilter(
            WebStatFilter webStatFilter) {                                  // 注入Web监控过滤器
        FilterRegistrationBean<WebStatFilter> registrationBean =
                new FilterRegistrationBean(webStatFilter);                  // 过滤器注册
        registrationBean.addUrlPatterns("/*");                              // 检测路径
        registrationBean.addInitParameter(WebStatFilter.PARAM_NAME_EXCLUSIONS,
                "*.js,*.gif,*.jpg,*.bmp,*.png,*.css,*.ico,/druid/*");       // 路径排除
        return registrationBean;
    }
    @Bean("webStatFilter")                                                  // 定义Web监控过滤器
    public WebStatFilter getWebStatFilter() {                               // 返回Web监控
        WebStatFilter filter = new WebStatFilter();                         // Web监控
        filter.setSessionStatEnable(true);                                  // Session状态监控
        return filter;
    }
}
```

此时在 Druid 监控配置类中创建了一个 WebStatFilter 对象实例，此过滤器可以实现 Web 访问统计、URI 记录等功能，同时使用 setSessionStatEnable() 方法设置了 Session 状态监听，这样只需要将此过滤器配置过滤路径以及排除文件即可实现 Web 的状态监听。

配置完成后重新启动当前 Spring Boot 应用，随后随意进行一些路径的访问，再次进入 Druid 监控界面后可以在"Web 应用""URI 监控""Session 监控"等页面发现相应的监控数据。图 11-7 显示了当前项目中的 URI 监控信息。

图 11-7　URI 监控信息

11.1.4 SQL 监控

视频名称 1105_【掌握】SQL 监控
视频简介 为了完成项目中的业务，往往需要执行大量的 SQL 操作，Druid 提供了 SQL 执行次数的统计以及性能分析。本视频讲解如何在项目中开启 SQL 监控操作。

数据库是现代项目开发中的核心语言，许多业务操作也需要大量的 SQL 语句操作支持。要想获取良好的项目性能，就必须清楚每条 SQL 语句的执行信息，包括执行次数、执行周期、最慢时间、最大并发量等。而在 Druid 工具中，开发者只需要进行一些基本的配置即可实现 SQL 的监控支持。下面通过具体操作步骤实现。

（1）【microboot-database 子模块】修改 application.yml 配置文件，追加与 SQL 监控有关的配置项。

```yaml
spring:
  yootk:                                            # 自定义标记
    datasource:                                     # 数据源配置
      # 重复的JDBC信息配置以及Druid的相关属性配置略
      druid:                                        # druid相关配置
        stat:                                       # SQL状态配置
          merge-sql: true                           # 统计时合并相同的SQL命令
          log-slow-sql: true                        # 当SQL执行缓慢时是否要进行记录
          slow-sql-millis: 2000                     # 设置慢SQL的执行时间标准（单位：ms）
```

（2）【microboot-database 子模块】在 DruidMonitorConfiguration 配置类中追加一个 SQL 监控过滤器。

```java
package com.yootk.config;
@Configuration
public class DruidMonitorConfiguration {             // Druid监控配置
    // 重复的Druid监控配置不再列出，代码略
    @Bean("sqlStatFilter")                           // SQL监控
    public StatFilter getSQLStatFilter(
            @Value("${spring.yootk.datasource.druid.stat.merge-sql}")
                    boolean mergeSql,
            @Value("${spring.yootk.datasource.druid.stat.log-slow-sql}")
                    boolean logSlowSql,
            @Value("${spring.yootk.datasource.druid.stat.slow-sql-millis}")
                    long slowSqlMillis) {
        StatFilter bean = new StatFilter();          // 状态过滤
        bean.setMergeSql(mergeSql);                  // SQL合并
        bean.setLogSlowSql(logSlowSql);              // 慢SQL执行记录
        bean.setSlowSqlMillis(slowSqlMillis);        // 慢SQL执行配置
        return bean;
    }
}
```

（3）【microboot-database 子模块】修改 DruidDataSourceConfiguration 配置类，在该类中注入 SQL 监控过滤，而后将所有的过滤器以 List 集合的形式设置到 DruidDataSource 对象实例中。

```java
package com.yootk.config;
@Configuration                                       // 配置Bean
public class DruidDataSourceConfiguration {          // Druid配置类
    // 重复的Druid数据源配置不再列出，代码略
    @Bean("yootkDruidDataSource")                    // Bean注册
    public DruidDataSource getDruidDataSource(...,   // 重复方法参数不再列出，略
            @Autowired StatFilter sqlStatFilter) throws Exception {
        List<Filter> filterList = new ArrayList<>(); // 过滤器集合
```

```
        filterList.add(sqlStatFilter);            // 添加SQL状态过滤
        dataSource.setProxyFilters(filterList);   // 设置监控
        return dataSource;                        // 返回DataSource实例
    }
}
```

(4)【microboot-database 子模块】如果想获取 SQL 监控信息，那么一定要在项目中提供 JDBC 数据库操作。由于此时项目中已经引入"spring-jdbc"的依赖模块，所以本次将通过 JdbcTemplate 实现 SQL 语句的执行，这样就需要创建 JdbcTemplate 配置类，并配置好当前要使用的 DataSource 实例。

```
package com.yootk.config;
@Configuration
public class SpringJdbcConfig {
    @Bean
    public JdbcTemplate getJdbcTemplate(DataSource dataSource) {  // JdbcTemplate实例
        JdbcTemplate template = new JdbcTemplate() ;              // 实例化JdbcTemplate对象
        template.setDataSource(dataSource);                       // 设置数据源
        return template;                                          // 返回实例
    }
}
```

(5)【microboot-database 子模块】使用 JdbcTemplate 实现数据查询需要提供 RowMapper 的数据行转换处理，所以需要创建一个与 member 数据表结构对应的 Member 类。

```
package com.yootk.vo;
import java.util.Date;
import lombok.Data;
@Data                                   // 生成类结构
public class Member {
    private String mid;                 // 与member表字段映射
    private String name;                // 与member表字段映射
    private Integer age;                // 与member表字段映射
    private Double salary;              // 与member表字段映射
    private Date birthday;              // 与member表字段映射
    private String content;             // 与member表字段映射
}
```

(6)【microboot-database 子模块】创建 MemberAction 类并注入 JdbcTemplate 操作模板实现数据查询与返回。

```
package com.yootk.action;
@RestController                                     // Rest控制器注解
@RequestMapping("/member/*")                        // 父映射路径
public class MemberAction extends BaseAction {      // Action程序类
    @Autowired
    private JdbcTemplate jdbcTemplate;              // 注入JdbcTemplate实例
    @RequestMapping("list")                         // 子映射路径
    public Object list() {                          // 数据列表
        String sql = "SELECT mid, name, age, salary, birthday, content FROM member";
        List<Member> all = this.jdbcTemplate.query(sql,
                new RowMapper<Member>() {           // 数据行转换
            @Override
            public Member mapRow(ResultSet rs, int rowNum) throws SQLException {
                Member member = new Member();      // 实例化VO对象
                member.setMid(rs.getString(1));    // 属性保存
                member.setName(rs.getString(2));   // 属性保存
                member.setAge(rs.getInt(3));       // 属性保存
                member.setSalary(rs.getDouble(4)); // 属性保存
                member.setBirthday(rs.getDate(5)); // 属性保存
```

```
                member.setContent(rs.getString(6));        // 属性保存
                return member;
            }
        });
        return all;
    }
}
```

程序配置完成后,可以多次调用"/member/list"的控制层方法,这样就可以对每次执行的 SQL 语句进行汇总统计。打开 Druid 监控界面中的 SQL 监控项,即可得到图 11-8 所示的统计数据。

图 11-8 SQL 监控信息

11.1.5 SQL 防火墙

视频名称 1106_【掌握】SQL 防火墙
视频简介 SQL 防火墙可以有效地保证在程序出现非法 SQL 时进行拦截。本视频为读者介绍 Druid 提供的 SQL 防火墙规则,并通过实例实现 SQL 防火墙的配置与操作拦截。

由于 SQL 语句的操作会直接影响项目的安全性,所以在项目中有一些 SQL 语句是不推荐使用的;同时,为了防止一些不合格的开发者编写错误的程序,也需要对一些 SQL 语句进行拦截。这就是 Druid 所提供的 SQL 防火墙的作用。SQL 防火墙所提供的配置项如表 11-1 所示。

表 11-1 SQL 防火墙规则

序号	配置项	默认值	描述
01	selelctAllow	true	是否允许执行 SELECT 语句
02	selectAllColumnAllow	true	是否允许执行"SELECT * FROM 表"这样的语句。如果设置为 false,则不允许执行此类语句
03	selectIntoAllow	true	SELECT 查询中是否允许 INTO 子句
04	deleteAllow	true	是否允许执行 DELETE 删除操作
05	updateAllow	true	是否允许执行 UPDATE 更新操作
06	insertAllow	true	是否允许执行 INSERT 增加操作
07	replaceAllow	true	是否允许执行 REPLACE 替换操作
08	mergeAllow	true	是否允许执行 MERGE 语句(Oracle 中有用)
09	callAllow	true	是否允许通过 JDBC 调用数据库存储过程
10	setAllow	true	是否允许使用 SET 语法
11	truncateAllow	true	是否允许执行 TRUNCATE 操作
12	createTableAllow	true	是否允许创建表
13	alterTableAllow	true	是否允许执行"ALTER TABLE"语句
14	dropTableAllow	true	是否允许修改表
15	commentAllow	false	是否允许语句中存在注释
16	noneBaseStatementAllow	false	是否允许执行非基本语句的其他语句,该选项能够屏蔽 DDL
17	multiStatementAllow	false	是否允许一次执行多条语句

续表

序号	配置项	默认值	描述
18	useAllow	true	是否允许执行 MySQL 的 USE 语句
19	describeAllow	true	是否允许执行 MySQL 的 DESCRIBE 语句
20	showAllow	true	是否允许执行 MySQL 的 SHOW 语句
21	commitAllow	true	是否允许执行 COMMIT 操作
22	rollbackAllow	true	是否允许执行 ROLLBACK 操作
23	selectWhereAlwayTrueCheck	true	检查 SELECT 语句的 WHERE 子句是否为一个永真条件
24	selectHavingAlwayTrueCheck	true	检查 SELECT 语句的 HAVING 子句是否为一个永真条件
25	deleteWhereAlwayTrueCheck	true	检查 DELETE 语句的 WHERE 子句是否为一个永真条件
26	deleteWhereNoneCheck	false	检查 DELETE 语句是否无 WHERE 子句
27	updateWhereAlayTrueCheck	true	检查 UPDATE 语句的 WHERE 子句是否为一个永真条件
28	updateWhereNoneCheck	false	检查 UPDATE 语句是否无 WHERE 子句
29	conditionAndAlwayTrueAllow	false	检查查询条件（WHERE/HAVING 子句）中是否包含 AND 永真条件
30	conditionAndAlwayFalseAllow	false	检查查询条件（WHERE/HAVING 子句）中是否包含 AND 永假条件
31	conditionLikeTrueAllow	true	检查查询条件（WHERE/HAVING 子句）中是否包含 LIKE 永真条件
32	selectIntoOutfileAllow	false	是否允许 SELECT ... INTO OUTFILE，此为 MySQL 常见的注入攻击
33	selectUnionCheck	true	是否允许使用 SELECT UNION
34	selectMinusCheck	true	是否允许使用 SELECT MINUS
35	selectExceptCheck	true	是否允许使用 SELECT EXCEPT
36	selectIntersectCheck	true	是否允许使用 SELECT INTERSECT
37	mustParameterized	false	是否必须参数化，如果为 true，则不允许类似 WHERE id=1 这种不能参数化的 SQL 语句执行
38	strictSyntaxCheck	true	是否进行严格的语法检测
39	conditionOpXorAllow	false	查询条件中是否允许有 XOR 条件
40	conditionOpBitwseAllow	true	查询条件中是否允许有 "&" "~" "|" "^" 运算符
41	conditionDoubleConstAllow	false	查询条件中是否允许连续两个常量运算表达式
42	minusAllow	true	是否允许使用 MINUS 集合计算
43	intersectAllow	true	是否允许使用 INTERSECT 集合计算
44	constArithmeticAllow	true	拦截常量运算的条件，如 WHERE sum = 5-2，其中 "5-2" 就是常量运算表达式
45	limitZeroAllow	false	是否允许执行 LIMIT 0 语句
46	selectLimit	-1	配置最大返回行数
47	tableCheck	true	检测是否使用了禁用的 Table
48	schemaCheck	true	检测是否使用了禁用的 Schema
49	functionCheck	true	检测是否使用了禁用的函数
50	objectCheck	true	检测是否使用了"禁用的对象"
51	variantCheck	true	检测是否使用了"禁用的变量"
52	readOnlyTables	空	指定的表只读，不能在 SELECT INTO、DELETE、UPDATE、INSERT、MERGE 中作为"被修改表"出现
53	metadataAllow	true	是否允许调用 Connection.getMetadata() 获取数据库元数据信息
54	wrapAllow	true	是否允许调用 Connection/Statement/ResultSet 的 isWrapFor 和 unwrap 方法，这两个方法的调用使得有办法拿到原生驱动的对象绕过 WallFilter 的检测直接执行 SQL
55	logViolation	false	对被认为是攻击的 SQL 进行 LOG.error 输出
56	throwException	true	对被认为是攻击的 SQL 抛出 SQLException

11.1 Druid 数据源

如果想为 Druid 开启 SQL 防火墙，则需要在项目中添加 WallFilter 防火墙过滤器，而后利用 WallConfig 类配置相关的拦截规则；对应的配置项就是表 11-1 所列内容。下面采用具体操作实现 Druid 中的 SQL 防火墙配置。

(1)【microboot-database 子模块】修改 DruidMonitorConfiguration 监控类，配置 SQL 防火墙。

```java
package com.yootk.config;
@Configuration
public class DruidMonitorConfiguration {              // Druid监控配置
    // 重复的Druid监控配置不再列出，代码略
    @Bean("sqlWallConfig")                            // SQL防火墙配置类
    WallConfig getSQLWallFilterConfig() {
        WallConfig wc = new WallConfig();             // 防火墙配置
        wc.setMultiStatementAllow(true);              // 允许多个Statement操作（批量SQL）
        wc.setDeleteAllow(false);                     // 不允许执行删除操作
        return wc;
    }
    @Bean("sqlWallFilter")                            // SQL防火墙
    @DependsOn("sqlWallConfig")                       // 注入sqlWallConfig实例
    public WallFilter getSQLWallFilter(WallConfig wallConfig) {
        WallFilter wallFilter = new WallFilter();     // 防火墙过滤器
        wallFilter.setConfig(wallConfig);             // 定义配置类
        return wallFilter;
    }
}
```

(2)【microboot-database 子模块】修改 DruidDataSourceConfiguration 监控类，追加 SQL 防火墙过滤器。

```java
package com.yootk.config;
@Configuration                                        // 配置Bean
public class DruidDataSourceConfiguration {           // Druid配置类
    // 重复的Druid数据源配置不再列出，代码略
    @Bean("yootkDruidDataSource")                     // Bean注册
    public DruidDataSource getDruidDataSource(…
            @Autowired StatFilter sqlStatFilter,      // 注入SQL监控
            @Autowired WallFilter sqlWallFilter       // 注入SQL防火墙
    ) throws Exception {
        List<Filter> filterList = new ArrayList<>();  // 过滤器集合
        filterList.add(sqlStatFilter);                // 添加SQL状态过滤
        filterList.add(sqlWallFilter);                // 添加SQL防火墙
        dataSource.setProxyFilters(filterList);       // 设置监控
        return dataSource;                            // 返回DataSource实例
    }
}
```

(3)【microboot-database 子模块】在 MemberAction 类中添加数据增加和数据删除操作方法。

```java
package com.yootk.action;
@RestController                                       // Rest控制器注解
@RequestMapping("/member/*")                          // 父映射路径
public class MemberAction extends BaseAction {        // Action程序类
    // 其他重复的程序代码略
    @RequestMapping("add")                            // 子映射路径
    public Object add(Member member) {                // 数据增加
        String sql = "INSERT INTO member(mid, name, age, salary, birthday, content) " +
                " VALUES (?, ?, ?, ?, ?, ?)" ;
        return this.jdbcTemplate.update(sql, member.getMid(), member.getName(), member.getAge(),
                member.getSalary(), member.getBirthday(), member.getContent());
    }
    @RequestMapping("delete")                         // 子映射路径
```

```
    public Object delete() {                            // 数据删除
        String sql = "DELETE FROM member" ;
        return this.jdbcTemplate.update(sql);
    }
}
```

用户增加请求：

`http://localhost/member/add?mid=lee&name=李兴华&age=16&salary=2450.55`

用户删除请求：

`http://localhost/member/delete`

此时在项目中追加了增加和删除的操作，由于删除操作属于非法处理，所以会被 Druid 拦截，而后用户就可以通过 Druid 监控中心观察到相应的拦截信息。监控页面的显示结果如图 11-9 所示。

图 11-9　SQL 防火墙信息

11.1.6　Spring 监控

视频名称　1107_【掌握】Spring 监控

视频简介　Druid 提供了 Spring 监控支持，可以直接依赖 AOP 定义监控切面，并根据切面获取相应的监控数据。本视频实现 Druid 中的 Spring 监控配置。

Spring 通过 AOP 管理机制可以有效地实现程序的切面控制；而在 Druid 数据源中也可以基于 AOP 的方式实现 Spring 服务调用的监控，这样就必须在项目中配置 "spring-boot-starter-aop" 依赖模块。

范例：【microboot 项目】在子模块中追加 aop 依赖库

```
project('microboot-database') {                                        // 子模块
    dependencies {                                                     // 重复依赖配置略
        compile('org.springframework.boot:spring-boot-starter-aop')    // 导入AOP依赖
    }
}
```

为了便于 Spring 监控的实现，需要创建一个 DruidSpringConfig 配置类，在该类中要返回 DefaultPointcutAdvisor 切面处理类。同时要为该类明确地定义切面路径，以及状态拦截器实例。

范例：【microboot-database 子模块】定义 DruidSpringConfig 配置类

```
package com.yootk.config;
@Configuration
public class DruidSpringConfig {                                       // Spring监控配置
    @Bean("druidSpringStatInterceptor")
    public DruidStatInterceptor getDruidSpringStatInterceptor() {      // 定义Druid拦截器
        DruidStatInterceptor bean = new DruidStatInterceptor();        // 配置拦截器
```

```
        return bean;                                          // 返回Bean实例
    }
    @Bean("druidSpringStatPointcut")
    @Scope("prototype")
    public JdkRegexpMethodPointcut getDruidSpringStatPointcut() {   // 定义Druid切入点
        JdkRegexpMethodPointcut pointcut = new JdkRegexpMethodPointcut();  // 方法切面配置
        pointcut.setPatterns("com.yootk.service.*", "com.yootk.action.*",
                "com.yootk.dao.*");                           // 配置切面
        return pointcut;
    }
    @Bean("druidSpringStatAdvisor")
    public DefaultPointcutAdvisor getDruidSpringStatAdvisor(  // AOP处理
            DruidStatInterceptor druidStatInterceptor,        // Druid拦截器
            JdkRegexpMethodPointcut druidStatPointcut) {      // AOP配置
        DefaultPointcutAdvisor defaultPointAdvisor = new DefaultPointcutAdvisor();
        defaultPointAdvisor.setPointcut(druidStatPointcut);   // 设置切面
        defaultPointAdvisor.setAdvice(druidStatInterceptor);  // 监控拦截
        return defaultPointAdvisor;
    }
}
```

程序定义完成后会根据当前 AOP 切面路径实现服务调用的监控，而后就可以在 Druid 监控页面中看见图 11-10 所示的界面。可以发现，所有相关的处理方法都会完整记录下来。

图 11-10 Spring 监控信息

11.1.7 Druid 日志记录

视频名称 1108_【掌握】Druid 日志记录

视频简介 Druid 支持有日志的存储记录，开发者可以利用日志进行程序问题的分析。本视频基于 Logback 日志组件实现一个慢 SQL 日志的记录操作。

为了便于重要监控信息的记录（如慢 SQL 记录），在 Druid 工具中可以直接整合日志组件并将错误的信息保存在日志文件中，这样程序开发人员就可以依据这些错误日志进行应用程序的性能优化，如图 11-11 所示。

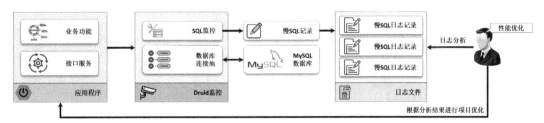

图 11-11 项目性能优化

Druid 可以融合各个常用的日志组件，如 Log4j、Slf4j、Logback。为了操作的统一性，本次将直接使用 Logback 实现日志的记录，具体的实现步骤如下。

(1)【microboot-database 子模块】定义一个 Druid 日志处理过滤器。

```java
package com.yootk.config;
@Configuration
public class DruidLogConfig {                              // Druid日志配置
    @Bean("logFilter")
    public Slf4jLogFilter getLogFilter() {
        Slf4jLogFilter logFilter = new Slf4jLogFilter();   // 创建日志过滤器
        logFilter.setDataSourceLogEnabled(true);           // 启用数据库日志
        logFilter.setStatementExecutableSqlLogEnable(true); // 记录执行日志
        return logFilter;
    }
}
```

(2)【microboot-database 子模块】在 DruidDataSourceConfiguration 配置类中，引入 logFilter 过滤器并进行配置。

```java
package com.yootk.config;
@Configuration                                             // 配置Bean
public class DruidDataSourceConfiguration {                // Druid配置类
    // 其他重复配置代码略
    @Bean("yootkDruidDataSource")                          // Bean注册
    public DruidDataSource getDruidDataSource( …
            @Autowired Slf4jLogFilter logFilter            // 注入日志组件
    ) throws Exception {
        List<Filter> filterList = new ArrayList<>();       // 过滤器集合
        filterList.add(sqlStatFilter);                     // 添加SQL状态过滤
        filterList.add(sqlWallFilter);                     // 添加SQL防火墙
        filterList.add(logFilter);                         // 注入日志组件
        dataSource.setProxyFilters(filterList);            // 设置监控
        return dataSource;                                 // 返回DataSource实例
    }
}
```

(3)【microboot-database 子模块】修改"src/main/resources"目录中的 logback-spring.xml 配置文件，添加日志配置项，对执行速度慢的 SQL 信息进行记录。

```xml
<appender name="druidSqlFile" class="ch.qos.logback.core.rolling.RollingFileAppender">
    <Prudent>true</Prudent>
    <rollingPolicy class="ch.qos.logback.core.rolling.TimeBasedRollingPolicy">
        <!-- 设置日志保存路径，本次按照月份创建日志目录，而后每天的文件归档到一组 -->
        <FileNamePattern>
                druid-logs/%d{yyyy-MM}/yootk_druid_slow_sql_%d{yyyy-MM-dd}.log
        </FileNamePattern>
        <MaxHistory>365</MaxHistory>  <!-- 删除超过365天的日志文件 -->
    </rollingPolicy>
    <filter class="ch.qos.logback.classic.filter.ThresholdFilter">
        <level>ERROR</level>          <!-- 保存ERROR及以上级别的日志 -->
    </filter>
    <encoder class="ch.qos.logback.classic.encoder.PatternLayoutEncoder">
        <pattern>
                %d{yyyy-MM-dd HH:mm:ss.SSS} %-5level %logger Line:%-3L - %msg%n
        </pattern>
        <charset>utf-8</charset>
    </encoder>
</appender>
<logger name="com.alibaba.druid.filter.stat.StatFilter" level="ERROR">
    <appender-ref ref="druidSqlFile"/>
</logger>
```

配置完成后，如果程序中出现了 SQL 慢查询问题，除了在 Druid 控制台显示外，也会自动在日志文件中进行记录。

11.2 Spring Boot 整合 MyBatis

Spring Boot 整合 MyBatis

视频名称 1109_【掌握】Spring Boot 整合 MyBatis
视频简介 MyBatis 是项目开发中最为常用的 ORM 组件，Spring Boot 也提供了非常方便的 MyBatis 整合开发。本视频为读者讲解 Spring Boot 整合 MyBatis 的操作实现。

为了提高数据库程序的性能，开发者在项目实现过程中往往会采用 ORM 框架实现数据库中的数据操作，同时考虑到程序性能及实现的简易性问题，往往会以 MyBatis 作为实现的首选。而 Spring Boot 为了便于开发者整合 MyBatis 开发框架提供了一个 "mybatis-spring-boot-starter" 的依赖管理，只要引入此依赖并在项目中配置好 DataSource，即可基于 MyBatis 实现数据表操作。实现结构如图 11-12 所示。

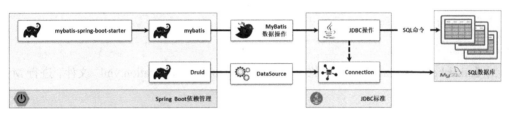

图 11-12 Spring Boot 整合 MyBatis

> 💡 **提示：本次不讲解 MyBatis 基本概念。**
>
> 本书的核心内容为 Spring Boot，并不讲解 Spring、MyBatis、JPA、Shiro 之类的基本开发概念，只讲解组件的整合。如果对这些组件不熟悉，可以自行参考本系列的其他书籍。

在 Spring Boot 与 MyBatis 整合的处理过程中可以将 MyBatis 相关的定义文件保存在 "src/main/resources" 目录中，随后通过 application.yml 定义各个配置文件的路径。本程序的实现结构如图 11-13 所示，具体实现步骤如下。

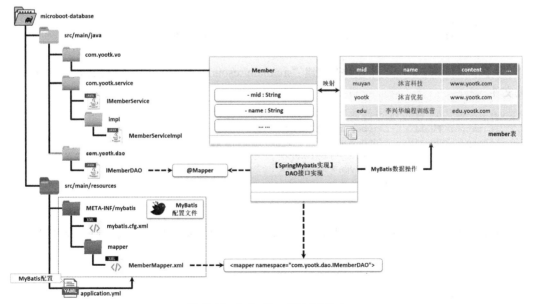

图 11-13 Spring Boot 整合 MyBatis

(1)【microboot 项目】修改 build.gradle 配置文件,为 microboot-database 子模块追加 MyBatis 依赖支持。

```
project('microboot-database') {                  // 子模块
    dependencies {                               // 重复依赖配置略
        compile('org.mybatis:mybatis:3.5.6')
        compile('org.mybatis.spring.boot:mybatis-spring-boot-starter:2.1.4')
        compile('com.alibaba:druid:1.2.5')
    }
}
```

(2)【microboot-database 子模块】在"src/main/resources"目录下创建"META-INF/mybatis/mybatis.cfg.xml"配置文件。

```xml
<?xml version="1.0" encoding="UTF-8" ?>
<!DOCTYPE configuration PUBLIC "-//mybatis.org//DTD Config 3.0//EN"
        "http://mybatis.org/dtd/mybatis-3-config.dtd">
<configuration>                              <!-- MyBatis环境的属性配置 -->
    <settings>                               <!-- 开启二级缓存 -->
        <setting name="cacheEnabled" value="true"/>
    </settings>
</configuration>
```

(3)【microboot-database 子模块】修改"src/main/resources/application.yml"文件,进行 MyBatis 配置。

```
mybatis:
  config-location: classpath:META-INF/mybatis/mybatis.cfg.xml    # MyBatis配置文件所在路径
  type-aliases-package: com.yootk.vo                             # 定义所有操作类的别名所在包
  mapper-locations: classpath:META-INF/mybatis/mapper/**/*.xml   # 所有的mapper映射文件
```

(4)【microboot-database 子模块】创建 member 表操作的 DAO 接口。该接口必须使用"@Mapper"注解配置。

```java
package com.yootk.dao;
import com.yootk.vo.Member;
import org.apache.ibatis.annotations.Mapper;
import java.util.List;
@Mapper                                              // 映射注解
public interface IMemberDAO {
    public List<Member> findAll();                   // 查询member表全部数据
}
```

(5)【microboot-database 子模块】创建"src/main/resources/mybatis/mapper/MemberMapper.xml"配置文件。

```xml
<?xml version="1.0" encoding="UTF-8"?>
<!DOCTYPE mapper PUBLIC "-//mybatis.org//DTD Mapper 3.0//EN"
        "http://mybatis.org/dtd/mybatis-3-mapper.dtd">
<mapper namespace="com.yootk.dao.IMemberDAO">
    <select id="findAll" resultType="Member">
        SELECT mid, name, age, salary, birthday, content FROM member ;
    </select>
</mapper>
```

(6)【microboot-database 子模块】创建 IMemberService 业务接口,实现用户列表数据加载。

```java
package com.yootk.service;
import com.yootk.vo.Member;
import java.util.List;
public interface IMemberService {
    public List<Member> list();                  // 用户列表
}
```

11.2 Spring Boot 整合 MyBatis

（7）【microboot-database 子模块】创建 MemberServiceImpl 业务实现子类。

```java
package com.yootk.service.impl;
@Service
public class MemberServiceImpl implements IMemberService {
    @Autowired
    private IMemberDAO memberDAO;                // 注入DAO接口实例
    @Override
    public List<Member> list() {
        return this.memberDAO.findAll();         // 查询全部数据
    }
}
```

（8）【microboot-database 子模块】修改 logback-spring.xml 文件，追加 MyBatis 日志配置项。

```xml
<logger name="com.yootk.dao" level="DEBUG"/>
```

（9）【microboot-database 子模块】编写业务测试类。

```java
package com.yootk.test;
@ExtendWith(SpringExtension.class)               // JUnit 5测试工具
@WebAppConfiguration                             // 启动Web测试环境
@SpringBootTest(classes = StartSpringBootApplication.class)  // 测试启动类
public class TestMemberService {
    @Autowired
    private IMemberService memberService ;       // 注入业务层实例
    @Test
    public void testDatasource() throws Exception {
        System.out.println(this.memberService.list());   // 数据列表
    }
}
```

此时程序基于 MyBatis 框架实现了一个用户数据列表的显示处理，与传统的 SSM 开发框架整合相比，此时的程序部分没有任何变化，仅将配置文件的引入部分更换为 application.yml 配置。

11.2.1 Spring Boot 整合 MyBatisPlus

视频名称 1110_【掌握】Spring Boot 整合 MyBatisPlus
视频简介 MyBatisPlus 提供了与 Spring Data JPA 类似的结构，可以大量减少 MyBatis 重复开发。本视频基于 Spring Boot 开发框架引入 MybatisPlus，并实现基本 CRUD 操作。

MyBatisPlus 是 MyBatis 增强工具，在已有的 MyBatis 基础上提供更加便捷的开发支持。用户使用 MyBatisPlus 可以更加方便地实现数据表的 CRUD 操作。同时，Spring Boot 也提供了 "mybatis-plus-boot-starter" 依赖库，可以方便地实现 MyBatisPlus 的整合。具体的实现步骤如下。

（1）【microboot 项目】修改 build.gradle 配置文件，追加 mybatis-plus 相关依赖。

```groovy
project('microboot-database') {                  // 子模块
    dependencies {                                // 重复依赖配置略
        compile('com.baomidou:mybatis-plus:3.4.2')
        compile('com.baomidou:mybatis-plus-boot-starter:3.4.2')
    }
}
```

（2）【microboot-database 子模块】修改 application.yml 配置文件，使用 mybatis-plus 配置项代替已有的 mybatis 配置项。

```yaml
mybatis-plus:
  config-location: classpath:META-INF/mybatis/mybatis.cfg.xml    # mybatis配置文件
  type-aliases-package: com.yootk.vo                             # 类别名包
  mapper-locations: classpath:META-INF/mybatis/mapper/**/*.xml   # mapper映射文件
```

```yaml
global-config:
  db-config:
    logic-not-delete-value: 0                      # 逻辑删除配置
    logic-delete-value: 1                          # 数据删除前
                                                   # 数据删除后
```

（3）【microboot-database 子模块】修改 Member 类的定义，在该类中追加 MybatisPlus 相关注解项。

```java
package com.yootk.vo;
@Data                                              // 生成类结构
@TableName("member")                               // 映射表名称
public class Member {
    @TableId                                       // 主键字段
    private String mid;                            // 与表字段映射
    private String name;                           // 与表字段映射
    private Integer age;                           // 与表字段映射
    private Double salary;                         // 与表字段映射
    private Date birthday;                         // 与表字段映射
    private String content;                        // 与表字段映射
    @TableLogic                                    // 逻辑删除控制
    private Integer isdel;                         // 逻辑删除字段
}
```

（4）【microboot-database 子模块】创建 MyBatisPlus 配置类，配置分页处理。

```java
package com.yootk.config;
@Configuration
public class MybatisPlusConfig {
    @Bean
    public MybatisPlusInterceptor getMybatisPlusInterceptor() {
        MybatisPlusInterceptor interceptor = new MybatisPlusInterceptor();  // 拦截器
        interceptor.addInnerInterceptor(
            new PaginationInnerInterceptor(DbType.MYSQL));                  // 分页处理
        return interceptor;
    }
}
```

（5）【microboot-database 子模块】修改 IMemberDAO 接口并继承 BaseMapper 父接口。

```java
package com.yootk.dao;
@Mapper                                            // MyBatis映射
public interface IMemberDAO extends BaseMapper<Member> {  // MyBatisPlus数据接口
    public List<Member> findAll();                 // DAO扩展方法
}
```

（6）【microboot-database 子模块】在 IMemberService 业务接口中增加新的业务处理方法。

```java
package com.yootk.service;
public interface IMemberService {
    public Member get(String mid);                 // 根据主键查询
    public boolean add(Member vo);                 // 数据增加
    public boolean delete(Set<String> ids);        // 数据删除
    public IPage<Member> listSplit(String column, String keyword,
        Integer currentPage, Integer lineSize);    // 分页显示
    public List<Member> list();                    // 用户列表
}
```

（7）【microboot-database 子模块】在 MemberServiceImpl 业务实现子类中覆写 IMemberService 接口中的方法。

```java
package com.yootk.service.impl;
@Service
public class MemberServiceImpl implements IMemberService {
    @Autowired
    private IMemberDAO memberDAO;                  // 注入DAO接口实例
    @Override
    public Member get(String mid) {
```

```java
        return this.memberDAO.selectById(mid);                          // 数据查询
    }
    @Override
    public boolean add(Member vo) {
        return this.memberDAO.insert(vo) > 0;                           // 数据增加
    }
    @Override
    public boolean delete(Set<String> ids) {
        return this.memberDAO.deleteBatchIds(ids) == ids.size();        // 数据删除
    }
    @Override
    public IPage<Member> listSplit(String column, String keyword,
            Integer currentPage, Integer lineSize) {
        QueryWrapper<Member> wrapper = new QueryWrapper<>();            // 查询包装
        wrapper.like(column, keyword);                                  // 模糊查询
        int count = this.memberDAO.selectCount(wrapper);                // 统计数据行数
        IPage<Member> page = new Page<>(currentPage, lineSize, count);  // 分页配置
        return this.memberDAO.selectPage(page, wrapper);                // 执行数据库查询
    }
    @Override
    public List<Member> list() {
        return this.memberDAO.findAll();                                // 查询全部数据
    }
}
```

(8)【microboot-database 子模块】创建 MemberAction 程序类并调用 IMemberService 业务接口方法。

```java
package com.yootk.action;
@Slf4j
@RestController                                                         // Rest控制器注解
@RequestMapping("/member/*")                                            // 父映射路径
public class MemberAction extends BaseAction {                          // Action程序类
    @Autowired
    private IMemberService memberService;                               // 注入业务接口实例
    @RequestMapping("get")
    public Object get(String mid) {                                     // 数据查询
        log.info("查询用户信息,查询ID: {}", mid);                        // 日志输出
        return this.memberService.get(mid);                             // 数据查询
    }
    @RequestMapping("list")
    public Object list() {                                              // 数据列表
        log.info("查询全部用户数据");                                     // 日志输出
        return this.memberService.list();                               // 数据列表
    }
    @RequestMapping("add")
    public Object add(Member member) {                                  // 数据增加
        log.info("增加新用户: {}", member);                              // 日志输出
        return this.memberService.add(member);                          // 数据增加
    }
    @RequestMapping("delete")
    public Object delete(String... mid) {                               // 数据删除
        log.info("删除用户信息,要删除的用户ID: {}", Arrays.toString(mid));
        Set<String> ids = new HashSet<>();                              // Set集合
        ids.addAll(Arrays.asList(mid));                                 // 添加Set数据
        return this.memberService.delete(ids);                          // 数据删除
    }
    @RequestMapping("split")
    public Object split(String column, String keyword, int currentPage, int lineSize) {
        log.info("分页查询用户数据: column = {}、keyword = {}、currentPage = {}、lineSize = {}",
                column, keyword, currentPage, lineSize);                // 日志输出
        return this.memberService.listSplit(column, keyword, currentPage, lineSize);
    }
}
```

(9)【microboot-database 子模块】此时程序提供了若干 member 数据的操作接口,可以采用如下路径进行访问。

根据 ID 查询:

http://localhost/member/get?mid=muyan

用户信息列表:

http://localhost/member/list

用户信息分页:

http://localhost/member/split?column=name&keyword=沐言&currentPage=1&lineSize=5

用户信息增加:

http://localhost/member/add?mid=yootk-lee&name=李兴华&age=16

用户信息删除:

http://localhost/member/delete?mid=muyan&mid=yootk

通过以上给出的程序路径,可以直接实现 member 数据表的数据操作,而在删除数据时由于逻辑删除的配置,将通过修改 isdel 字段数值的方式来实现。

11.2.2 基于 Bean 模式整合 MyBatisPlus 组件

基于Bean 模式整合 MyBatisPlus 组件

视频名称　1111_【掌握】基于 Bean 模式整合 MyBatisPlus 组件
视频简介　开发者在实际开发中会有 MyBatisPlus 手工配置的需要,所以本视频将废弃 mybatis-plus-boot-starter 依赖,并通过 Bean 的方式实现组件的手工配置。

Spring Boot 项目中引入 "mybatis-plus-boot-starter" 依赖后会自动使用 MyBatisPlusAutoConfiguration 类实现组件的自动配置处理,而除了这种自动配置模式外,开发者也可以通过 "mybatis-plus" 手工实现组件的定义与配置。本次将基于已有的 application.yml 配置文件实现 MybatisPlus 的手工配置,具体实现步骤如下。

(1)【microboot 项目】修改 build.gradle 配置文件,移除 MybatisPlus 启动依赖。

```
project('microboot-database') {                             // 子模块
    dependencies {                                          // 重复依赖配置略
        compile('com.baomidou:mybatis-plus:3.4.2')
        compile('com.baomidou:mybatis-plus-boot-starter:3.4.2')  // 移除此依赖
    }
}
```

(2)【microboot-database 子模块】修改 application.yml 配置文件,定义 MyBatis 的核心文件路径。

```
mybatis-plus:
  config-location: classpath:META-INF/mybatis/mybatis.cfg.xml    # mybatis配置文件
  type-aliases-package: com.yootk.vo                              # 类别名包
  mapper-locations: classpath:META-INF/mybatis/mapper/**/*.xml    # mapper映射文件
  global-config:
    db-config:                                                    # 逻辑删除配置
      logic-not-delete-value: 0                                   # 数据删除前
      logic-delete-value: 1                                       # 数据删除后
```

(3)【microboot-database 子模块】创建 MyBatisPlusConfig 配置类,在此类中引入 SqlSessionFactoryBean 实例,并进行 MybatisPlus 相关环境的定义。

```
package com.yootk.config;
@Configuration
@MapperScan("com.yootk.dao*")                                     // 定义DAO扫描包
```

11.2 Spring Boot 整合 MyBatis

```
public class MybatisPlusConfig {
    private ResourcePatternResolver resourceResolver = new
            PathMatchingResourcePatternResolver();                    // Mapper解析类
    // getMybatisPlusInterceptor()方法重复定义, 代码略
    @Bean("mybatisSqlSessionFactoryBean")
    public MybatisSqlSessionFactoryBean getMybatisSqlSessionFactoryBean(
            @Autowired DataSource dataSource,                         // 注入数据源
            @Value("${mybatis-plus.config-location}")
                    Resource configLocation,                          // 配置文件
            @Value("${mybatis-plus.type-aliases-package}")
                    String typeAliasesPackage,                        // 别名设置
            @Value("${mybatis-plus.mapper-locations}")
                    String mapperLocations,                           // Mapper路径
            @Value("${mybatis-plus.global-config.db-config.logic-not-delete-value}")
                    String logicNotDeleteValue,                       // 逻辑未删除
            @Value("${mybatis-plus.global-config.db-config.logic-delete-value}")
                    String logicDeleteValue                           // 逻辑已删除
    ) throws Exception {
        Resource [] mappers = this.resourceResolver
                .getResources(mapperLocations);                       // 获取映射资源
        MybatisSqlSessionFactoryBean mybatisPlus = new MybatisSqlSessionFactoryBean();
        mybatisPlus.setDataSource(dataSource);                        // 设置数据源
        mybatisPlus.setVfs(Spring BootVFS.class);                     // 设置扫描类
        mybatisPlus.setConfigLocation(configLocation);                // 定义配置文件访问路径
        mybatisPlus.setTypeAliasesPackage(typeAliasesPackage);        // 扫描包
        mybatisPlus.setMapperLocations(mappers);                      // 定义Mapper扫描类
        GlobalConfig.DbConfig dbConfig = new GlobalConfig.DbConfig(); // 定义数据库配置类
        dbConfig.setLogicNotDeleteValue(logicNotDeleteValue);         // 未删除时的内容
        dbConfig.setLogicDeleteValue(logicDeleteValue);               // 删除时的内容
        GlobalConfig globalConfig = new GlobalConfig() ;              // 全局配置
        globalConfig.setDbConfig(dbConfig) ;                          // 添加数据库配置类
        mybatisPlus.setGlobalConfig(globalConfig);                    // 保存配置项
        return mybatisPlus;
    }
}
```

本配置类主要定义了 SqlSessionFactoryBean 对象实例,同时为该工厂类配置了数据源、Mapper 文件解析、类别名和逻辑删除的相关配置,最终的配置效果与使用"mybatis-plus-boot-starter"依赖相同。

11.2.3 AOP 事务处理

AOP 事务处理

视频名称　1112_【掌握】AOP 事务处理
视频简介　Spring 提供了良好的 AOP 事务支持,由于 Spring Boot 倡导"零"配置,所以可以基于 Bean 方式处理。本视频实现 Spring Boot 中的事务配置应用。

Spring Boot 中可以使用 PlatformTransactionManager 接口来实现事务的统一控制,而进行控制时也可以采用注解或 AOP 切面配置形式来完成。在传统的 Spring 项目开发中,一般采用 AOP 切面配置的方式完成,而在 Spring Boot 中由于提倡尽量少使用 XML 配置文件,因此可以考虑通过 Bean 的方式进行配置。

范例:声明式事务配置

```
package com.yootk.config;
@Configuration                                                        // 定义配置Bean
@Aspect                                                               // 采用AOP切面处理
public class TransactionConfig {
```

```java
    private static final int TRANSACTION_METHOD_TIMEOUT = 5 ;             // 事务超时时间为5s
    private static final String AOP_POINTCUT_EXPRESSION =
            "execution (* com.yootk..service.*.*(..))";                   // 定义切面表达式
    @Autowired
    private TransactionManager transactionManager;                        // 注入事务管理对象
    @Bean("txAdvice")                                                     // 事务拦截器
    public TransactionInterceptor transactionConfig() {                   // 定义事务控制切面
        RuleBasedTransactionAttribute readOnly = new RuleBasedTransactionAttribute();
        readOnly.setReadOnly(true);                                       // 只读事务
        readOnly.setPropagationBehavior(
                TransactionDefinition.PROPAGATION_NOT_SUPPORTED);         // 非事务运行
        RuleBasedTransactionAttribute required = new RuleBasedTransactionAttribute();
        required.setPropagationBehavior(
                TransactionDefinition.PROPAGATION_REQUIRED);              // 事务开启
        required.setTimeout(TRANSACTION_METHOD_TIMEOUT);
        Map<String, TransactionAttribute> transactionMap = new HashMap<>();
        transactionMap.put("add*", required);                             // 事务方法前缀
        transactionMap.put("edit*", required);                            // 事务方法前缀
        transactionMap.put("delete*", required);                          // 事务方法前缀
        transactionMap.put("get*", readOnly);                             // 事务方法前缀
        transactionMap.put("list*", readOnly);                            // 事务方法前缀
        NameMatchTransactionAttributeSource source =
                new NameMatchTransactionAttributeSource();                // 命名匹配事务
        source.setNameMap(transactionMap);                                // 设置事务方法
        TransactionInterceptor transactionInterceptor = new
                TransactionInterceptor(transactionManager, source);       // 事务拦截器
        return transactionInterceptor ;
    }
    @Bean
    public Advisor transactionAdviceAdvisor() {
        AspectJExpressionPointcut pointcut = new AspectJExpressionPointcut();
        pointcut.setExpression(AOP_POINTCUT_EXPRESSION);                  // 定义切面
        return new DefaultPointcutAdvisor(pointcut, transactionConfig());
    }
}
```

本配置类通过 AOP 切面表达式定义了事务处理路径，当更新操作出现问题时，该事务配置会自动实现数据库更新回滚，以保证数据库中数据的正确性。

11.3 多数据源

视频名称 1113_【掌握】多数据源操作简介

视频简介 利用 Bean 方式可以在项目运行容器内定义若干个 DataSource 数据源，这样就要在数据库操作时动态地实现数据源的切换操作。本视频为读者分析多数据源配置的意义，以及在 Spring 中实现动态数据源切换的设计原理。

多数据源操作简介

传统的项目开发都是基于单数据库实例完成持久化数据存储的，这样在 MyBatis 组件进行数据操作时，直接基于一个 DataSource 实例即可实现资源注入，如图 11-14 所示。

图 11-14 单实例数据库应用

11.3 多数据源

随着项目的长期运行，数据量持续增加，导致单实例数据库的执行性能下降，此时就需要将一个完整的数据库拆分为若干个不同的数据库，造成项目中存在多数据源的情况，如图 11-15 所示。

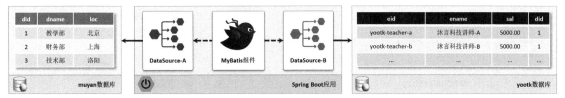

图 11-15 多数据源应用

这样一来在使用 MyBatis 进行数据操作时，就可能出现有若干个 DataSource 实例的情况，导致 MyBatis 框架进行组件依赖配置时出现错误。此时就需要通过一个动态数据源决策管理类，根据不同的操作环境切换当前要使用的 DataSource 实例，保证在每一次进行 MyBatis 操作时都只提供唯一的 DataSource 实例，如图 11-16 所示。

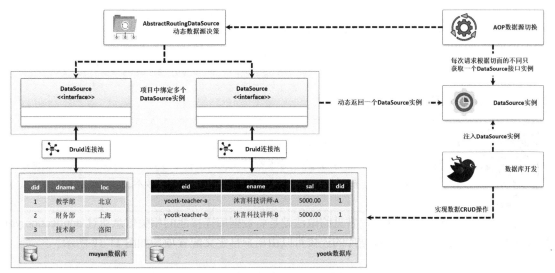

图 11-16 动态数据源切换

在本次的开发操作中，为便于读者理解，将手工创建 yootk 与 muyan 两个数据库，随后通过 MyBatis 在一个应用项目中根据不同的切面路径实现数据源的切换。本次使用的数据库创建脚本如下。

(1)【yootk 数据库】创建 dept 数据表。

```
DROP DATABASE IF EXISTS muyan ;
CREATE DATABASE muyan CHARACTER SET UTF8 ;
USE muyan ;
CREATE TABLE dept(
   did         BIGINT     AUTO_INCREMENT,
   dname       VARCHAR(50),
   loc         VARCHAR(50),
   flag        VARCHAR(50),
   CONSTRAINT pk_did PRIMARY KEY(did)
) engine=innodb;
-- 增加测试数据
INSERT INTO dept(dname, loc, flag) VALUES ('教学部', '北京', database());
INSERT INTO dept(dname, loc, flag) VALUES ('财务部', '上海', database());
INSERT INTO dept(dname, loc, flag) VALUES ('技术部', '洛阳', database());
```

(2)【muyan 数据库】创建 emp 数据表。

```sql
DROP DATABASE IF EXISTS yootk ;
CREATE DATABASE yootk CHARACTER SET UTF8 ;
USE yootk ;
CREATE TABLE emp(
   eid           VARCHAR(50),
   ename         VARCHAR(50) ,
   sal           DOUBLE ,
   did           BIGINT ,
   flag          VARCHAR(50),
   CONSTRAINT pk_eid PRIMARY KEY(eid)
) engine=innodb ;
-- 增加雇员测试数据
INSERT INTO emp(eid, ename, sal, did, flag) VALUES
                ('yootk-teacher-a', '沐言科技讲师-A', 5000.00, 1, database());
INSERT INTO emp(eid, ename, sal, did, flag) VALUES
                ('yootk-teacher-b', '沐言科技讲师-B', 5000.00, 1, database());
INSERT INTO emp(eid, ename, sal, did, flag) VALUES
                ('yootk-leader-c', '沐言科技领导', 6000.00, 2, database());
INSERT INTO emp(eid, ename, sal, did, flag) VALUES
                ('yootk-developer-d', '沐言科技工程师-A', 9000.00, 2, database());
INSERT INTO emp(eid, ename, sal, did, flag) VALUES
                ('yootk-developer-e', '沐言科技工程师-B', 9800.00, 2, database());
```

11.3.1 配置多个 Druid 数据源

配置多个Druid
数据源

视频名称　　1114_【掌握】配置多个 Druid 数据源

视频简介　　Spring Boot 的 Druid 自动装配处理机制提供了多数据源的配置支持。本视频将基于 application.yml 和 DruidDataSourceBuilder 类实现项目中多个数据源的配置。

为了便于数据源的配置管理，常见的做法就是将数据库连接池的相关信息通过 application.yml 配置文件进行定义，而每一个数据库的连接可以由用户自定义配置项，如图 11-17 所示。

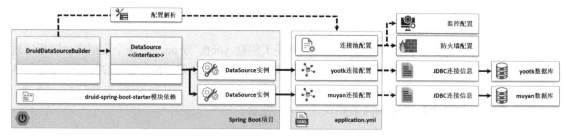

图 11-17　多数据源配置

通过图 11-17 可以发现，配置信息如果想转为 DataSource 接口实例，就需要依靠 DruidDataSource Builder 工具类实现，而该类由"druid-spring-boot-starter"模块所提供。本次将基于该模块实现多数据源定义，具体实现步骤如下。

（1）【microboot 项目】修改 build.gradle 配置文件，在"microboot-database"模块中引入"druid-spring-boot-starter"模块。

```
project('microboot-database') {          // 子模块
    dependencies {                        // 重复依赖配置略
        compile('com.alibaba:druid-spring-boot-starter:1.2.5')
    }
}
```

(2)【microboot-database 子模块】编辑 application.yml 文件，在该文件中定义 Druid 数据库连接池的相关配置。

```yaml
spring:
  datasource:                                                         # 数据源配置
    muyan:                                                            # muyan数据库连接配置
      type: com.alibaba.druid.pool.DruidDataSource                    # 配置当前要使用的数据源的操作类型
      driver-class-name: com.mysql.cj.jdbc.Driver                     # 配置MySQL的驱动程序类
      url: jdbc:mysql://localhost:3306/muyan                          # 数据库连接地址
      username: root                                                  # 数据库用户名
      password: mysqladmin                                            # 数据库连接密码
    yootk:                                                            # yootk数据库连接配置
      type: com.alibaba.druid.pool.DruidDataSource                    # 配置当前要使用的数据源的操作类型
      driver-class-name: com.mysql.cj.jdbc.Driver                     # 配置MySQL的驱动程序类
      url: jdbc:mysql://localhost:3306/yootk                          # 数据库连接地址
      username: root                                                  # 数据库用户名
      password: mysqladmin                                            # 数据库连接密码
    druid:                                                            # druid相关配置
      initial-size: 5                                                 # 初始化连接池大小
      min-idle: 10                                                    # 最小维持的连接池大小
      max-active: 50                                                  # 最大支持的连接池大小
      max-wait: 60000                                                 # 最大等待时间（单位：ms）
      time-between-eviction-runs-millis: 60000                        # 关闭空闲连接间隔（单位：ms）
      min-evictable-idle-time-millis: 30000                           # 连接最小生存时间（单位：ms）
      validation-query: SELECT 1 FROM dual                            # 数据库状态检测
      test-while-idle: true                                           # 申请连接时检测连接是否有效
      test-on-borrow: false                                           # 申请连接时检测连接是否有效
      test-on-return: false                                           # 归还连接时检测连接是否有效
      pool-prepared-statements: false                                 # PSCache缓存
      max-pool-prepared-statement-per-connection-size: 20   # 配置PS缓存
      filters: stat, wall, slf4j                                      # 开启过滤
      stat-view-servlet:                                              # 监控界面配置
        enabled: true                                                 # 启用Druid监控界面
        allow: 127.0.0.1                                              # 设置访问白名单
        login-username: muyan                                         # 用户名
        login-password: yootk                                         # 密码
        reset-enable: true                                            # 允许重置
        url-pattern: /druid/*                                         # 访问路径
      web-stat-filter:                                                # Web监控
        enabled: true                                                 # 启动URI监控
        url-pattern: /*                                               # 跟踪根路径下的全部服务
        exclusions: "*.js,*.gif,*.jpg,*.bmp,*.png,*.css,*.ico,/druid/*" # 跟踪排除
      filter:                                                         # Druid过滤器
        slf4j:                                                        # 日志
          enabled: true                                               # 启用SLF4j监控
          data-source-log-enabled: true                               # 启用数据库日志
          statement-executable-sql-log-enable: true                   # 执行日志
          result-set-log-enabled: true                                # ResultSet日志启用
        stat:                                                         # SQL监控
          merge-sql: true                                             # 统计时合并相同的SQL命令
          log-slow-sql: true                                          # 当SQL执行缓慢时是否要进行记录
          slow-sql-millis: 1                                          # 设置慢SQL的执行时间标准，单位：ms
        wall:                                                         # SQL防火墙
          enabled: true                                               # 启用SQL防火墙
          config:                                                     # 配置防火墙规则
            multi-statement-allow: true                               # 允许执行批量SQL
            delete-allow: false                                       # 禁止执行删除语句
      aop-patterns: "com.yootk.action.*,com.yootk.service.*,com.yootk.dao.*"  # Spring监控
```

(3)【microboot-database 子模块】创建 DruidDataSource 配置类，并设置不同数据源的属性

标记。

```
package com.yootk.config;
@Configuration
public class DruidDataSourceConfig {                    // 配置Druid数据源
    @Bean("druidMuyanDataSource")                       // 通过名称区分数据源
    @ConfigurationProperties(prefix = "spring.datasource.muyan")
    public DataSource getMuyanDataSource() {
        return DruidDataSourceBuilder.create().build();
    }
    @Bean("druidYootkDataSource")                       // 通过名称区分数据源
    @ConfigurationProperties(prefix = "spring.datasource.yootk")
    public DataSource getYootkDataSource() {
        return DruidDataSourceBuilder.create().build();
    }
}
```

(4)【microboot-database 子模块】编写测试类，验证当前项目是否存在两个 DataSource 实例。

```
package com.yootk.test;
@ExtendWith(SpringExtension.class)                                      // JUnit 5测试工具
@WebAppConfiguration                                                    // 启动Web测试环境
@SpringBootTest(classes = StartSpringBootApplication.class)             // 测试启动类
public class TestMultipleDruid {
    @Autowired
    @Qualifier("druidMuyanDataSource")
    private DataSource muyanDataSource ;                                // 注入DataSource实例
    @Autowired
    @Qualifier("druidYootkDataSource")
    private DataSource yootkDataSource ;                                // 注入DataSource实例
    @Test
    public void testDatasource() throws Exception {
        System.out.println("【MUYAN数据库】" + this.muyanDataSource);
        System.out.println("【YOOTK数据库】" + this.yootkDataSource);
    }
}
```

此时的项目成功实现了两个不同的 DataSource 对象实例的配置，而最终的测试类也可以成功获取指定名称的 DataSource 并进行相关操作。

11.3.2 动态数据源决策

动态数据源决策

视频名称　1115_【掌握】动态数据源决策

视频简介　项目中的多个 DataSource 需要根据不同的请求切面实现切换处理。本视频将基于 AbstractRoutingDataSource 并结合 AOP 实现动态数据源的切换操作。

数据库被拆分后，项目中会保存若干个不同的数据源，因此在进行数据表数据操作时，就需要根据功能实现数据源的动态切换。为了实现这样的功能，Spring JDBC 提供了一个 AbstractRoutingDataSource 抽象类，利用该类中定义的 determineCurrentLookupKey()方法来决定最终使用哪一个数据源。程序的基本实现结构如图 11-18 所示。

通过图 11-18 所给出的结构可以发现，AbstractRoutingDataSource 是 DataSource 接口子类，但是这个 DataSource 与先前所配置的 DruidDataSource 是两个不同的实现子类。在最终程序进行数据源注入时，所注入的是 DynamicDataSource 对象实例，而该对象需要根据不同的 AOP 切面返回具体的 DruidDataSource 数据源实例。具体实现步骤如下。

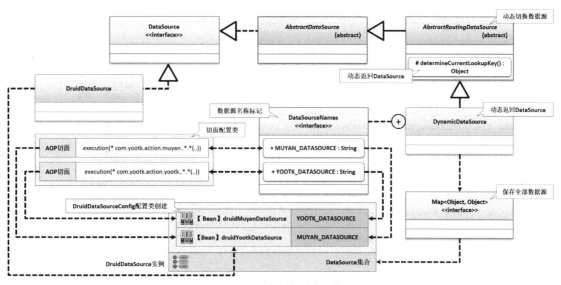

图 11-18 数据源动态切换

（1）【microboot-database 子模块】创建 AbstractRoutingDataSource 子类，在该类中以内部接口常量的形式保存所有的数据源标记信息，同时配置好默认数据源以及可用数据源集合。

```
package com.yootk.config;
public class DynamicDataSource extends AbstractRoutingDataSource {   // 数据源动态切换
    // 分别保存每个操作线程所需要的数据源名称，该名称会随着AOP切面不同而有所不同
    private static final ThreadLocal<String> DATASOURCE_CONTEXT_HOLDER =
            new ThreadLocal<>();
    @Override
    protected Object determineCurrentLookupKey() {                   // 获取当前数据源
        return getDataSource();                                      // 获取当前的DataSource
    }
    static interface DataSourceNames {                               // 数据源名称标记
        String MUYAN_DATASOURCE = "muyan";                           // "muyan"数据库标记
        String YOOTK_DATASOURCE = "yootk";                           // "yootk"数据库标记
    }
    /**
     * 配置项目中使用的全部数据源信息
     * @param defaultTargetDataSource 默认数据源实例
     * @param targetDataSources 全部可用的数据源实例集合（key为DataSourceNames中定义的标记）
     */
    public DynamicDataSource(DataSource defaultTargetDataSource,
        Map<Object, Object> targetDataSources) {
        super.setDefaultTargetDataSource(defaultTargetDataSource);   // 设置默认数据源
        super.setTargetDataSources(targetDataSources);               // 设置可以使用的全部数据源
        super.afterPropertiesSet();                                  // 配置数据源实例集合
    }
    public static void setDataSource(String dataSourceName) {        // 设置数据源标记
        DATASOURCE_CONTEXT_HOLDER.set(dataSourceName);
    }
    public static String getDataSource() {                           // 获取数据源标记
        return DATASOURCE_CONTEXT_HOLDER.get();
    }
    public static void clearDataSource() {                           // 删除数据源标记
        DATASOURCE_CONTEXT_HOLDER.remove();
    }
}
```

（2）【microboot-database 子模块】创建一个动态数据源配置类，将项目中所有的可用数据源内

容全部保存在 DynamicDataSource 类中，以实现数据源切换处理。

```
package com.yootk.config;
@Configuration
public class DynamicDataSourceConfig {                          // 动态数据源配置类
    @Bean("dataSource")                                         // Bean标记名称
    @Primary                                                    // 注入时优先匹配
    @DependsOn({"druidMuyanDataSource", "druidYootkDataSource"})// 注入配置
    public DynamicDataSource getDataSource(
            @Autowired DataSource druidMuyanDataSource,
            @Autowired DataSource druidYootkDataSource) {       // 注入数据源
        Map<Object, Object> targetDataSources = new HashMap<>(5); // 定义Map集合
        // 使用DataSourceNames接口名称作为Map集合KEY，而VALUE保存的是注入的DataSource实例
        targetDataSources.put(DynamicDataSource.DataSourceNames.MUYAN_DATASOURCE,
                druidMuyanDataSource);                          // 保存数据源
        targetDataSources.put(DynamicDataSource.DataSourceNames.YOOTK_DATASOURCE,
                druidYootkDataSource);                          // 保存数据源
        return new DynamicDataSource(druidYootkDataSource, targetDataSources);
    }
}
```

(3)【microboot-database 子模块】动态数据源的切换需要依据不同的功能进行区分，而不同的功能往往保存在不同的程序包中。本次将在"com.yootk.action"包中定义"muyan""yootk"两个不同的子包，以表示不同的数据源操作，这样就可以通过 AOP 切面来动态决定数据源的标记配置。

```
package com.yootk.config;
@Slf4j
@Aspect
@Component
@Order(-100)                                                    // 优先执行
public class DataSourceAspect {                                 // 基于Action实现
    @Before("execution(* com.yootk.action.muyan..*.*(..))")     // 应用切面
    public void switchMuyanDataSource() {
        DynamicDataSource.setDataSource(
            DynamicDataSource.DataSourceNames.MUYAN_DATASOURCE);// 设置数据源标记
        log.info("数据源切换到"MUYAN": {}", DynamicDataSource.getDataSource());// 日志输出
    }
    @Before("execution(* com.yootk.action.yootk..*.*(..))")     // 应用切面
    public void switchYootkDataSource() {
        DynamicDataSource.setDataSource(
        DynamicDataSource.DataSourceNames.YOOTK_DATASOURCE);    // 设置数据源标记
        log.info("数据源切换到"YOOTK": {}", DynamicDataSource.getDataSource());// 日志输出
    }
}
```

(4)【microboot-database 子模块】此时的程序基于 Action 执行实现数据源切换操作。下面创建两个 Action 访问类。

DeptAction类：
```
package com.yootk.action.muyan;                                 // 切面路径
@Slf4j
@RestController                                                 // Rest控制器注解
public class DeptAction {
    @Autowired
    private DataSource dataSource ;                             // 注入动态DataSource
    @RequestMapping("/dept_datasource")
    public Object getDataSource() throws Exception {
        log.info("【MUYAN】数据源：{}" , this.dataSource);        // 日志输出
        return this.dataSource.getConnection().getCatalog();
    }
}
```

EmpAction类：
```
package com.yootk.action.yootk;                          // 切面路径
@Slf4j
@RestController                                          // Rest控制器注解
public class EmpAction {
    @Autowired
    private DataSource dataSource ;                      // 注入动态DataSource
    @RequestMapping("/emp_datasource")
    public Object getDataSource() throws Exception {
        log.info("【YOOTK】数据源：{}" , this.dataSource); // 日志输出
        return this.dataSource.getConnection().getCatalog();
    }
}
```

此时的两个 Action 程序类都实现了 DataSource 对象实例注入。实际上此时所注入的就是 DynamicDataSource 对象实例，而在每次执行时会根据不同的请求切面动态地切换数据源，如图 11-19 所示。

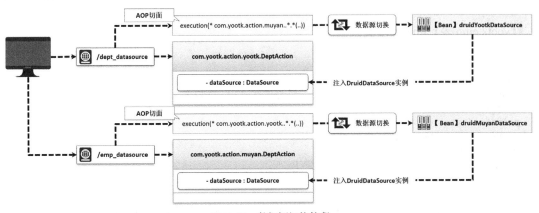

图 11-19　数据源切换流程

11.3.3　MyBatisPlus 整合多数据源

视频名称　1116_【掌握】MyBatisPlus 整合多数据源
视频简介　有了数据源的动态切换，就可以基于此机制实现 MyBatisPlus 与动态数据源的整合处理。本视频基于 DAO 层实现动态数据源的切面管理，并实现数据查询操作。

我们已经成功地实现了 DataSource 数据源的动态切换，而在数据库开发中，DataSource 仅完成数据库连接的获取，真正的数据操作还是需要通过 MyBatisPlus 来完成，所以此时可以基于 DAO 层来实现切面管理，如图 11-20 所示。

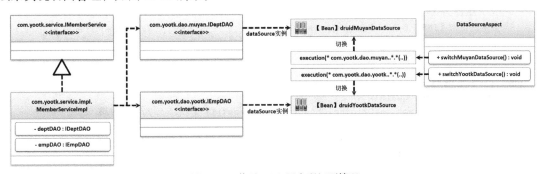

图 11-20　基于 DAO 层实现切面管理

由于 MyBatisPlus 的支持，开发者只需要针对数据表定义相关的 DAO 接口。同时，为了便于数据源的切换，可以将不同数据库的 DAO 接口保存在不同的包中。下面通过一个多数据库的数据查询操作实现整合讲解。

（1）【microboot-database 子模块】此程序需要操作 muyan.dept 数据表和 yootk.emp 数据表，要通过 MyBatisPlus 开发，就需要针对这两张数据表定义对应的 VO 类。

【muyan.dept 表】Dept.java 类：

```java
package com.yootk.vo;
@Data
public class Dept {
    @TableId(type = IdType.AUTO)
        private Long did;
    private String dname;
    private String loc;
    @TableField(fill = FieldFill.INSERT_UPDATE)
    private String flag;
}
```

【yootk.emp 表】Emp.java 类：

```java
package com.yootk.vo;
@Data
public class Emp {
    @TableId(type = IdType.ASSIGN_ID)
        private String eid;
    private String ename;
    private Double sal;
    private Long did;
    @TableField(fill = FieldFill.INSERT_UPDATE)
    private String flag;
}
```

（2）【microboot-database 子模块】为便于用户区分当前数据表所在的数据库名称，在每张表中都定义一个 flag 字段，该字段的内容不需要用户手工设置，可以通过一个数据填充器自动配置。

```java
package com.yootk.config.mybatis;
@Slf4j
@Component
public class FlagMetaObjectHandler implements MetaObjectHandler {    // 数据填充器
    @Override
    public void insertFill(MetaObject metaObject) {
        if (Dept.class.equals(
                metaObject.getOriginalObject().getClass())) {        // 类型判断
            this.setFieldValByName("flag",
                "【INSERT-FILL】muyan", metaObject);                  // 设置标记内容
        } else if (Emp.class.equals(
                metaObject.getOriginalObject().getClass())) {        // 类型判断
            this.setFieldValByName("flag",
                "【INSERT-FILL】yootk", metaObject);                  // 设置标记内容
        }
    }
    @Override
    public void updateFill(MetaObject metaObject) {
        if (Dept.class.equals(
                metaObject.getOriginalObject().getClass())) {        // 类型判断
            this.setFieldValByName("flag",
                "【UPDATE-FILL】muyan", metaObject);                  // 设置标记内容
        } else if (Emp.class.equals(
                metaObject.getOriginalObject().getClass())) {        // 类型判断
            this.setFieldValByName("flag",
```

```
        "【UPDATE-FILL】yootk", metaObject);            // 设置标记内容
    }
  }
}
```

(3)【microboot-database 子模块】此时配置的字段自动填充处理操作需要在 MybatisPlusConfig 类中进行整合。为 GlobalConfig 对象实例设置元数据对象处理类。

```
globalConfig.setMetaObjectHandler(new FlagMetaObjectHandler());   // 默认值处理类
```

(4)【microboot-database 子模块】定义数据操作接口。此时的程序将基于数据层进行数据源切换。

IDeptDAO：
```
package com.yootk.dao.muyan;
@Mapper
public interface IDeptDAO extends BaseMapper<Dept> {}
```

IEmpDAO：
```
package com.yootk.dao.yootk;
@Mapper
public interface IEmpDAO extends BaseMapper<Emp> {}
```

(5)【microboot-database 子模块】修改数据源切面处理类中的切面表达式。

```
package com.yootk.config;
@Slf4j
@Aspect
@Component
@Order(-100)                                                      // 优先执行
public class DataSourceAspect {                                   // 基于DAO实现切面
    @Before("execution(* com.yootk.dao.muyan..*.*(..))")         // 应用切面
    public void switchMuyanDataSource() {
        DynamicDataSource.setDataSource(
            DynamicDataSource.DataSourceNames.MUYAN_DATASOURCE);  // 设置数据源标记
        log.info("数据源切换到"MUYAN": {}", DynamicDataSource.getDataSource());   // 日志输出
    }
    @Before("execution(* com.yootk.dao.yootk..*.*(..))")         // 应用切面
    public void switchYootkDataSource() {
        DynamicDataSource.setDataSource(
            DynamicDataSource.DataSourceNames.YOOTK_DATASOURCE);  // 设置数据源标记
        log.info("数据源切换到"YOOTK": {}", DynamicDataSource.getDataSource());   // 日志输出
    }
}
```

(6)【microboot-database 子模块】创建 ICompanyService 业务接口。

```
package com.yootk.service;
public interface ICompanyService {
    public Map<String, Object> list();                            // 加载部门与雇员
}
```

(7)【microboot-database 子模块】创建 CompanyServiceImpl 业务实现子类。

```
package com.yootk.service.impl;
@Slf4j
@Service
public class CompanyServiceImpl implements ICompanyService {
    @Autowired
    private IDeptDAO deptDAO;                                     // 注入DAO实例
    @Autowired
    private IEmpDAO empDAO;                                       // 注入DAO实例
    @Override
    public Map<String, Object> list() {
```

```
            Map<String, Object> result = new HashMap<>();             // 实例化Map集合
            result.put("allDepts", this.deptDAO.selectList(
                    new QueryWrapper<>()));                            // 查询部门数据
            result.put("allEmps", this.empDAO.selectList(
                    new QueryWrapper<>()));                            // 查询雇员数据
            return result;
    }
}
```

（8）【microboot-database 子模块】编写测试类，测试 IMemberService 业务接口功能是否正常。

```
package com.yootk.test;
@ExtendWith(SpringExtension.class)                                     // JUnit 5测试工具
@WebAppConfiguration                                                   // 启动Web测试环境
@SpringBootTest(classes = StartSpringBootApplication.class)            // 测试启动类
public class TestCompanyService {
    @Autowired
    private ICompanyService companyService;                            // 注入业务层实例
    @Test
    public void testList() throws Exception {
        System.out.println(this.companyService.list());                // 数据列表
    }
}
```

此程序执行后可以自动根据当前所调用的 DAO 接口所在包的不同实现数据源的切换，这样就可以同时从若干张数据表实现数据的查询返回。

11.4 JTA 分布式事务

视频名称　1117_【掌握】JTA 分布式事务简介
视频简介　程序中采用多数据源管理后就需要进行分布式的事务控制。本视频为读者讲解分布式事务的主要作用，同时分析 Atomikos 实现原理。

传统关系型数据库最重要的一个技术特点在于支持事务处理，即每个数据库连接中都可以基于各自的 Session 实现数据库更新操作的事务处理（commit、rollback、savepoint）。JDBC 内部也有相应的事务处理方法，在事务处理时，会将所有的更新操作保存在事务处理缓存中，当通过 commit 提交时才应用缓存中的更新，而如果在进行数据操作时出现了问题，则可以通过程序的控制方式实现数据回滚处理，如图 11-21 所示。

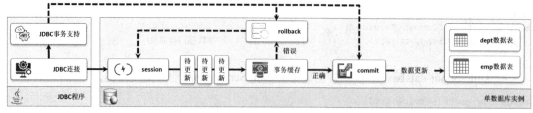

图 11-21　单数据库事务控制

但是在项目中引入多数据源管理后，一个业务就有可能进行不同的数据库更新处理，那么必然在项目中会出现多个不同的数据库连接，所以传统的事务处理将无法正常使用，此时就必须采用分布式事务管理，如图 11-22 所示。

为了便于事务处理的规范化配置，Java EE 提供了 JTA（Java Transaction API，事务处理 API）服务支持。该服务允许应用程序执行分布式事务处理，可以在多个网络资源上访问并更新数据，极

大地增强了 JDBC 程序的处理能力。由于 JTA 仅仅是一个技术标准，因此在进行分布式事务处理时需要引入 Atomikos 开源组件来实现具体的事务管理操作。

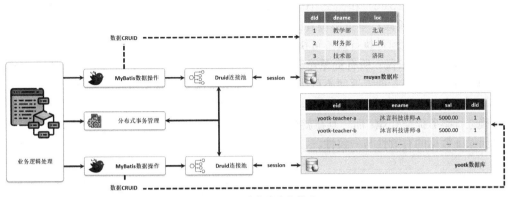

图 11-22 分布式事务管理

Atomikos 公司（见图 11-23）主要为 Java 技术提供增值服务，旗下最著名的产品就是事务管理器。该产品分为两个版本：TransactionEssentials（开源事务管理器，免费）、ExtremeTransactions（商业版事务管理器，收费）。

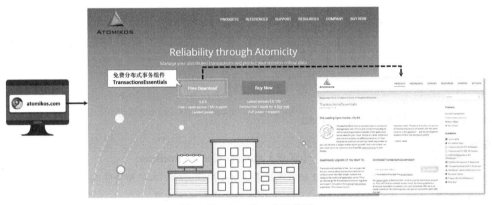

图 11-23 Atomikos 公司首页

> 提示：TransactionEssentials 与 ExtremeTransactions 的区别。
>
> ExtremeTransactions 和 TransactionEssentials 都实现了 JTA/XA 规范中的事务管理器的相关接口，同时对 JDBC 和 JMS 都提供良好的封装处理，但是 ExtremeTransactions 额外支持 TCC（Try、Confirm、Cancel）、远程调用（RMI / IIOP / SOAP）技术。两者的基本支持结构如图 11-24 所示。
>
>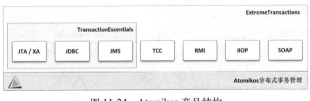
>
> 图 11-24 Atomikos 产品结构

在传统的单数据库实例事务管理中，数据库会扮演数据的操作者和事务协调者两类角色。在分布式数据库事务管理过程中，数据库仅仅扮演数据的操作者角色，而由 JTA 实现事务协调者角色，同时为了保证分布式事务的可控性，往往会采用 XA 协议进行处理。

XA 是由 X/Open 组织提出的分布式事务的规范。XA 协议主要定义了（全局）事务管理器

(Transaction Manager)和（局部）资源管理器（Resource Manager）之间的接口，常用的主流关系型数据库产品已实现了 XA 接口标准。XA 是一个基于二阶段提交的具体实现，在进行分布式事务处理时主要有预备（Prepare）和提交（Commit）两个处理阶段，这两个阶段的具体作用如下。

预备（Prepare）阶段：事务协调者向所有资源管理者发送预备（Prepare）指令，询问是否可以执行，资源管理者返回可执行或不可执行。

提交（Commit）阶段：所有资源管理者都返回可执行后，才向所有资源管理者发送 COMMIT 指令；如果有一个资源管理者返回不可执行，则向所有资源管理者发送回滚指令。

图 11-25 给出了 XA 协议的处理流程：当处于就绪状态时，如果没有任何错误，则可以在提交部分正确进行事务提交处理；而一旦在就绪阶段出现了错误，那么最终在提交阶段就会进行回滚处理，从而保证数据的有效性与一致性。

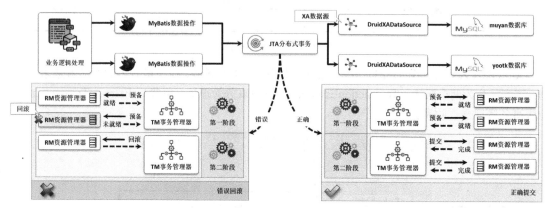

图 11-25　XA 协议处理流程

11.4.1　AtomikosDataSourceBean

视频名称　1118_【掌握】AtomikosDataSourceBean
视频简介　Druid 数据源提供了 XA 协议支持。本视频将修改已有的数据源配置，并基于 AtomikosDataSourceBean 类实现数据源配置。

分布式事务管理中需要明确地将所有数据源的事务处理统一交由 Atomikos 组件负责，这样就必须将项目中所使用的数据源类型变更为"AtomikosDataSourceBean"。该类为 DataSource 子接口，同时在该类中需要明确传入一个支持 XA 协议的 DataSource 类。因为本次使用 Druid 实现了数据源管理，所以此处需要配置"DruidXADataSource"类型。程序的实现结构如图 11-26 所示。具体的配置步骤如下所示。

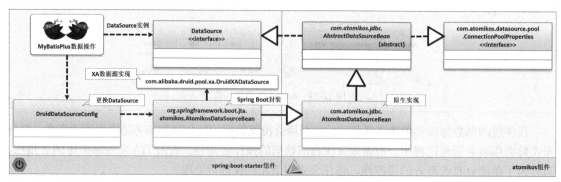

图 11-26　AtomikosDataSourceBean 配置结构

> 💡 **提示：基于 Bean 配置。**
> 本程序将继续通过 DruidDataSourceConfig 配置类实现 Atomikos 组件的配置，但是在配置时由于已经更换了 Druid 的实现类型，因此无法通过 DruidDataSourceBuilder.*create*().build()方法基于 application.yml 实现 DataSource 简化配置。可以利用 Environment 实例以及配置前缀的方式基于属性名称读取相关配置项。

（1）【microboot 项目】修改 build.gradle 项目配置文件，为"microboot-database"子模块添加 jta-atomikos 依赖。

```
project('microboot-database') {                        // 子模块
    dependencies {                                     // 重复依赖配置略
        compile('org.springframework.boot:spring-boot-starter-jta-atomikos')
    }
}
```

（2）【microboot-database 子模块】修改 application.yml 配置文件，更换数据源配置类型，而数据库连接池的配置保持不变。

```yaml
spring:
  datasource:                                          # 数据源配置
    muyan:                                             # muyan数据库连接配置
      type: com.alibaba.druid.pool.xa.DruidXADataSource # 配置当前使用的数据源类型
    yootk:                                             # yootk数据库连接配置
      type: com.alibaba.druid.pool.xa.DruidXADataSource # 配置当前使用的数据源类型
    druid:                                             # druid连接池相关配置略
```

（3）【microboot-database 子模块】修改 DruidDataSource 配置类，基于 application.yml 配置文件的内容创建 Atomikos 创建 DataSource 接口实例。

```java
package com.yootk.config;
@Configuration
public class DruidDataSourceConfig {                   // 配置Druid数据源
    private static final String DRUID_POOL_PREFIX = "spring.datasource.druid.";
    private static final String DATABASE_MUYAN_DRUID_PREFIX = "spring.datasource.muyan.";
    private static final String DATABASE_YOOTK_DRUID_PREFIX = "spring.datasource.yootk.";
    @Bean("druidMuyanDataSource")                      // 通过名称区分数据源
    @ConfigurationProperties(prefix = "spring.datasource.muyan")
    public DataSource getMuyanDataSource(
            @Autowired Environment env) {
        AtomikosDataSourceBean dataSource = new AtomikosDataSourceBean();
        dataSource.setXaDataSourceClassName(env.getProperty(
                DATABASE_MUYAN_DRUID_PREFIX + "type"));  // XA数据源类型
        dataSource.setUniqueResourceName("muyan");        // 定义资源名称
        Properties prop = build(env, DATABASE_MUYAN_DRUID_PREFIX,
                DRUID_POOL_PREFIX);                       // 属性读取
        dataSource.setXaProperties(prop);                 // 设置XA属性
        return dataSource;
    }
    @Bean("druidYootkDataSource")                      // 通过名称区分数据源
    @ConfigurationProperties(prefix = "spring.datasource.yootk")
    public DataSource getYootkDataSource(@Autowired Environment env) {
        AtomikosDataSourceBean dataSource = new AtomikosDataSourceBean();
        dataSource.setXaDataSourceClassName(env.getProperty(
                DATABASE_YOOTK_DRUID_PREFIX + "type"));  // XA数据源类型
        dataSource.setUniqueResourceName("yootk");        // 定义资源名称
        Properties prop = build(env, DATABASE_YOOTK_DRUID_PREFIX,
```

```
                    DRUID_POOL_PREFIX);                                    // 属性读取
        dataSource.setXaProperties(prop);                                  // 设置XA属性
        return dataSource;
    }
    private Properties build(Environment env,
            String databasePrefix, String druidPrefix) {
        Properties prop = new Properties();
        prop.put("url", env.getProperty(databasePrefix + "url"));
        prop.put("username", env.getProperty(databasePrefix + "username"));
        prop.put("password", env.getProperty(databasePrefix + "password"));
        prop.put("driverClassName", env.getProperty(
                databasePrefix + "driverClassName", ""));
        prop.put("initialSize", env.getProperty(
                druidPrefix + "initial-size", Integer.class));
        prop.put("maxActive", env.getProperty(druidPrefix + "max-active", Integer.class));
        prop.put("minIdle", env.getProperty(druidPrefix + "min-idle", Integer.class));
        prop.put("maxWait", env.getProperty(druidPrefix + "max-wait", Integer.class));
        prop.put("poolPreparedStatements", env.getProperty(
                druidPrefix + "pool-prepared-statements", Boolean.class));
        prop.put("maxPoolPreparedStatementPerConnectionSize",
                env.getProperty(druidPrefix +
                "max-pool-prepared-statement-per-connection-size", Integer.class));
        prop.put("maxPoolPreparedStatementPerConnectionSize",
                 env.getProperty(druidPrefix +
                "max-pool-prepared-statement-per-connection-size", Integer.class));
        prop.put("validationQuery", env.getProperty(druidPrefix + "validation-query"));
        prop.put("testOnBorrow", env.getProperty(
                druidPrefix + "test-on-borrow", Boolean.class));
        prop.put("testOnReturn", env.getProperty(
                druidPrefix + "test-on-return", Boolean.class));
        prop.put("testWhileIdle", env.getProperty(
                druidPrefix + "test-while-idle", Boolean.class));
        prop.put("timeBetweenEvictionRunsMillis",
                env.getProperty(druidPrefix +
                "time-between-eviction-runs-millis", Integer.class));
        prop.put("minEvictableIdleTimeMillis", env.getProperty(druidPrefix +
                "min-evictable-idle-time-millis", Integer.class));
        return prop;
    }
}
```

此程序将 application.yml 文件的配置结构设置如图 11-27 所示。该配置将 XA 数据库连接池配置单独提取出来，而后通过 AtomikosDataSourceBean 类中的 setXaProperties()方法将所需要的内容保存到相关属性中，从而实现两个 DataSource 实例的创建。由于此时的 application.yml 采用了 druid-spring-boot-starter 模块自动装配的方式进行定义，因此会自动启用 Druid 服务监控。

图 11-27　application.yml 配置结构

11.4.2 多数据源事务管理

多数据源
事务管理

视频名称 1119_【掌握】多数据源事务管理
视频简介 Spring 可以基于 AOP 实现事务操作的切面控制,而在多数据源的程序管理中,需要通过不同的数据源实现事务管理。本视频基于 MyBatis 事务标准实现一个自定义事务管理器,并基于事务管理工厂实现事务对象获取。

本次的数据操作基于 MyBatis 实现,而现在又处于多数据源的应用状态,所以就需要开发者创建一个多数据源的事务管理类,在该类中可以根据不同的数据操作方便地实现当前数据源的事务控制,同时该事务类必须实现 MyBatis 开发框架所提供的 Transaction 事务接口,而 MyBatis 在获取该事务接口实例时需要通过 SpringManagedTransactionFactory 事务工厂类获取实例。具体的实现步骤如下所示。

(1)【microboot-database 子模块】创建一个多数据源的事务管理类。

```java
package com.yootk.config;
@Slf4j
public class MultiDataSourceTransaction implements
        org.apache.ibatis.transaction.Transaction {            // 事务管理器
    private DataSource dataSource;                             // 保存数据源,动态切换
    private Connection currentConnection;                      // 保存当前连接
    private boolean autoCommit;                                // 获取数据库自动提交状态
    private boolean isConnectionTransactional;                 // 获取数据库事务支持
    private ConcurrentMap<String, Connection> otherConnectionMap; // 保存其他连接
    private String currentDatabaseName;                        // 当前使用的数据库名称
    public MultiDataSourceTransaction(DataSource dataSource) {
        this.dataSource = dataSource;                          // 保存数据源
        this.otherConnectionMap = new ConcurrentHashMap<>();   // 保存连接
        this.currentDatabaseName = DynamicDataSource.getDataSource(); // 动态数据源获取
    }
    private void openMainConnection() throws SQLException {    // 扩展方法获取连接
        this.currentConnection = DataSourceUtils
                .getConnection(this.dataSource);               // 获取连接
        this.autoCommit = this.currentConnection.getAutoCommit(); // 获取事务状态
        this.isConnectionTransactional = DataSourceUtils
                .isConnectionTransactional(this.currentConnection,
                        this.dataSource);                       // 获取事务状态
        log.info("当前数据库连接:{},事务支持状态:{}。", this.currentConnection,
                this.isConnectionTransactional);
    }
    @Override
    public Connection getConnection() throws SQLException {    // 获取连接
        String datasourceName = DynamicDataSource.getDataSource(); // 获取当前数据库名称
        if (null == datasourceName || datasourceName.equals(currentDatabaseName)) {
            if (currentConnection != null) {                   // 连接不为空返回
                return currentConnection;
            } else {                                           // 没有连接则创建连接
                openMainConnection();                          // 打开连接
                this.currentDatabaseName = datasourceName;     // 保存当前数据源名称
                return this.currentConnection;
            }
        } else {
            if (!otherConnectionMap.containsKey(datasourceName)) { // 不存在其他连接
                try {
                    Connection conn = dataSource.getConnection(); // 获取数据库连接
                    otherConnectionMap.put(datasourceName, conn); // 保存在连接集合中
```

```
            } catch (SQLException ex) {
                throw new SQLException("无法获取数据库连接。");
            }
        }
        return otherConnectionMap.get(datasourceName);             // 获取连接
    }
    @Override
    public void commit() throws SQLException {                     // 事务提交
        if (this.currentConnection != null && !this.isConnectionTransactional
                && !this.autoCommit) {
            log.debug("数据库事务提交,当前数据库连接:{}", this.currentConnection);
            this.currentConnection.commit();                       // 当前连接提交
            for (Connection connection : otherConnectionMap.values()) {  // 提交其他事务
                connection.commit();
            }
        }
    }
    @Override
    public void rollback() throws SQLException {                   // 事务回滚
        if (this.currentConnection != null && !this.isConnectionTransactional
                && !this.autoCommit) {
            log.debug("数据库事务回滚,当前数据库连接:{}", this.currentConnection);
            this.currentConnection.rollback();                     // 事务回滚
            for (Connection connection : otherConnectionMap.values()) {
                connection.rollback();                             // 事务回滚
            }
        }
    }
    @Override
    public void close() throws SQLException {                      // 连接释放
        DataSourceUtils.releaseConnection(this.currentConnection, this.dataSource);
        for (Connection connection : otherConnectionMap.values()) {
            DataSourceUtils.releaseConnection(connection, this.dataSource);
        }
    }
    @Override
    public Integer getTimeout() throws SQLException {              // 超时配置
        return 500;
    }
}
```

(2)【microboot-database 子模块】创建多数据源事务工厂类。获取 Transaction 接口实例。

```
package com.yootk.config;
public class MultiDataSourceTransactionFactory extends SpringManagedTransactionFactory {
    @Override
    public org.apache.ibatis.transaction.Transaction newTransaction(
            DataSource dataSource, TransactionIsolationLevel level, boolean autoCommit) {
        return new MultiDataSourceTransaction(dataSource);         // 返回事务处理对象
    }
}
```

(3)【microboot-database 子模块】创建 Atomikos 分布式事务配置类。该类基于 Transaction Manager 实现事务管理,这样开发者就可以基于 AOP 切面形式实现事务控制。

```
package com.yootk.config;
@Configuration
public class XADruidTransactionManagerConfig {
    // UserTransaction可以保证在当前线程下的所有数据库操作都使用同一个Connection接口实例
    // 随后就可以通过同一个Connection所提供的commit()或rollback()保证事务的原子性
```

```
    @Bean(name = "userTransaction")
    public UserTransaction getUserTransaction() throws SystemException {   // 事务接口
        UserTransactionImp userTransactionImp = new UserTransactionImp();
        userTransactionImp.setTransactionTimeout(10000);                    // 事务超时配置
        return userTransactionImp;
    }
    @Bean(name = "atomikosTransactionManager")
    public TransactionManager getAtomikosTransactionManager() {             // 事务管理
        UserTransactionManager userTransactionManager = new UserTransactionManager();
        userTransactionManager.setForceShutdown(false);                     // 关闭强制退出
        return userTransactionManager;
    }
    @Bean(name = "transactionManager")
    @DependsOn({"userTransaction", "atomikosTransactionManager"})
    public PlatformTransactionManager getTransactionManager(
            UserTransaction userTransaction,
            TransactionManager atomikosTransactionManager
    ) {                                                                     // 获取JTA事务管理实例
        return new JtaTransactionManager(userTransaction, atomikosTransactionManager);
    }
}
```

配置类定义完成后,在当前的应用程序中就可以向 TransactionConfig 事务配置类中注入一个基于 JTA 实现的事务管理器,从而基于 AOP 切面实现多数据源下的分布式事务控制。

11.4.3 MyBatis 整合分布式事务

MyBatis 整合分布式事务

视频名称　1120_【掌握】MyBatis 整合分布式事务
视频简介　分布式事务需要整合在 MyBatis 配置类中。本视频实现事务组件的整合,随后又基于数据的批量更新操作演示分布式事务的具体实现效果。

在分布式事务管理中,如果想获取 Transaction 接口实例,则必须通过 TransactionFactory 工厂类来获取,这样就需要在 Mybatis 配置类中引入自定义的多数据源工厂类 MultiDataSourceTransactionFactory 实例,以便在更新时依据 AOP 切面进行事务的控制,从而实现分布式事务处理。下面来看具体的配置实现。

(1)【microboot-database 子模块】修改 MyBatisPlusConfig 配置类,追加多数据源事务工厂类实例。

```
mybatisPlus.setTransactionFactory(new MultiDataSourceTransactionFactory());
```

(2)【microboot-database 子模块】在 ICompanyService 业务接口中扩充数据更新方法。

```
public boolean add(Map<Dept, List<Emp>> infos);                             // 数据批量增加
```

(3)【microboot-database 子模块】在 CompanyServiceImpl 子类中覆写 add()方法。

```
@Override
public boolean add(Map<Dept, List<Emp>> infos) {
    for (Map.Entry<Dept, List<Emp>> entry : infos.entrySet()) {  // Map迭代
        this.deptDAO.insert(entry.getKey());                      // 增加部门
        for (Emp emp : entry.getValue()) {                        // List迭代
            this.empDAO.insert(emp);                              // 增加雇员
        }
    }
    return true;
}
```

(4)【microboot-database 子模块】编写测试类,实现数据批量增加。

```java
@Test
public void testAddBatch() throws Exception {                    // 数据批量增加
    Map<Dept, List<Emp>> map = new HashMap<>();                  // 创建Map集合
    for (int x = 0; x < 3; x++) {                                // 循环生成数据
        Dept dept = new Dept();                                  // 实例化Dept类对象
        dept.setDname("资源部 - " + x);                          // 属性设置
        dept.setLoc("天津 - " + x);                              // 属性设置
        Emp emp = new Emp();                                     // 实例化Emp类对象
        // 此时多个部门的数据信息都要增加同一个雇员ID的数据内容，会存在主键重复错误
        emp.setEid("muyan-yootk-lixinghua");                     // 手工设置ID
        emp.setEname("小李老师");                                // 属性设置
        map.put(dept, List.of(emp));                             // 保存Map数据
    }
    System.out.println(this.companyService.add(map));            // 数据增加
}
```

此程序实现了数据的批量增加操作，又在批量增加时设置了相同的雇员编号，这样在进行数据更新时就会产生异常，此时可以通过分布式事务控制类实现数据回滚处理，保证数据的完整性。

> 💡 **提示**：关于 XAER_RMERR 错误的解决。
>
> 在使用 MySQL 数据库实现以上业务功能调用时，在程序运行期间有可能产生以下错误信息：
>
> ```
> Caused by: java.sql.SQLException: XAER_RMERR: Fatal error occurred in the transaction
> branch - check your data for consistency
> ```
>
> 此类错误主要是 MySQL 的账户缺少 "XA_RECOVER_ADMIN" 权限所导致的，通过以下命令可为当前用户追加权限即可。
>
> **范例**：追加 MySQLXA 相关权限
>
> ```
> GRANT XA_RECOVER_ADMIN ON *.* TO root@'%';
> ```
>
> 追加完成后，程序即可正常执行。如果要查询当前的所有权限配置，则可以使用 "SHOW GRANTS FOR root@'%';" 语句，有需要的读者可以自行验证。

11.5　本章概览

1．Druid 是由阿里巴巴公司提供的开源数据库连接池组件，不仅提供了高效的连接池管理，还提供有完善的服务监控功能。开发者需要用手工配置的方式进行服务监控的开启。

2．Druid 可以直接引入 druid-spring-boot-starter 采用 DruidDataSourceAutoConfigure 方式基于 application.yml 实现自动配置，也可以只引入 druid 原生组件基于 Bean 的方式进行配置。

3．Spring Boot 可以通过 mybatis-spring-boot-starter 依赖管理实现与 MyBatis 开发框架的整合，同时基于 application.yml 配置文件定义 MyBatis 项目开发中所需要的各个配置文件。

4．使用 MyBatisPlus 可以极大地简化 CRUD 处理操作。在 Spring Boot 中开发者可以依靠 mybatis-plus-boot-starter 依赖实现与该组件的整合。

5．Spring Boot 提倡零配置文件，所以可以基于事务 Bean 的形式实现 AOP 切面事务管理。

6．为了便于大数据量情况下的数据存储，开发者会将项目拆分为若干个不同的数据源，而在 Spring Boot 中可以直接基于 Druid 组件实现多数据源的管理，并结合动态数据源的 AOP 决策树进行切换。

7．开发者可以直接基于 Atomikos 组件方便地实现多数据源下的分布式事务管理。该组件基于 JTA 规范标准，可以直接在 Java EE 程序中引入。

第 12 章
Spring Boot 安全访问

本章学习目标
1. 掌握 Spring Boot 与 Spring Data JPA 框架整合方法,并可以实现数据库操作;
2. 掌握 Spring Security 安全框架与 Spring Boot 整合方法,并可以基于前后端分离原则使用 Spring Security;
3. 掌握 OAuth2 的处理流程,并可以结合 Spring Security 安全框架实现 OAuth2 服务;
4. 掌握 JWT 的主要作用,并可以实现 JWT 的生成与校验管理;
5. 掌握 Shiro 开发框架的整合处理方法,并可以基于 Shiro 实现用户认证与授权检测。

认证与授权是项目开发中永恒的安全设计主题,Spring Boot 的应用环境为前后端分离时代,在这样的时代背景下就需要对传统的安全框架(Spring Security、Shiro)进行使用结构上的改进。本章将基于 Spring Data JPA 实现数据库数据操作,并实现 Spring Security、Shiro、OAuth2、JWT 等常见认证管理服务的整合。

12.1 Spring Security

Spring Security
快速整合

视频名称   1201_【掌握】Spring Security 快速整合
视频简介   Spring 为便于认证与授权的统一管理提供了 Spring Security 开发框架,同时 Spring Boot 提供了该框架的简化整合。本视频通过具体的开发实例为读者讲解如何在 Spring Boot 项目中引入 Spring Security 支持,并实现基础开发。

Spring Security 是 Spring 原生提供的安全认证与授权管理开发框架,在 Web 项目中可以直接引用此开发框架实现程序的安全访问。为了便于开发者使用,Spring Boot 也提供了 Spring Security 的良好支持,开发者只需要在项目中引入 "spring-boot-starter-security" 依赖库。下面通过具体的操作步骤实现整合。

(1)【microboot 项目】为了便于 Spring Security 相关功能开发,创建一个新的 "microboot-spring-security" 子模块,随后编辑 build.gradle 配置文件,添加 Spring Security 依赖。

```
project('microboot-spring-security') {         // 子模块
    dependencies {
        compile('org.springframework.boot:spring-boot-starter-web')
        compile('org.springframework.boot:spring-boot-starter-security')
    }
}
```

(2)【microboot-spring-security 子模块】创建一个 MessageAction 控制器类,用于认证后的信息返回。

```
package com.yootk.action;
@RestController                                 // Rest响应
@RequestMapping("/message/*")                   // 访问父路径
```

```
public class MessageAction {
    @GetMapping("show")                    // 子路径
    public Object show() {                 // 信息显示
        return "www.yootk.com";            // 响应信息
    }
}
```

（3）【microboot-spring-security 子模块】在"src/main/resources"目录下创建 application.yml 配置文件。

```
spring:
  security:                               # Spring Security配置
    user:                                 # 配置自定义账户信息
      name: muyan                         # 用户名
      password: yootk                     # 密码
      roles: ADMIN, USER                  # 默认角色（不要使用"ROLE_"开头）
server:                                   # 服务配置
  port: 80                                # 配置服务监听端口
```

项目配置完成后，程序会自动对当前项目中的用户访问路径进行保护，如果用户处于未登录状态，则会自动跳转到登录表单页面，用户输入正确的认证信息后就可以得到最终的显示内容。程序的操作流程如图 12-1 所示。

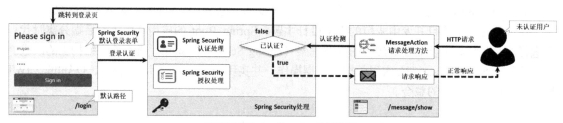

图 12-1　Spring Security 认证流程

> 💡 **提示：Spring Security 默认用户。**
>
> 如果开发者此时没有在 application.yml 配置文件中配置账户信息，则默认的用户名为 user，并且在每次项目启动时都会自动生成一个随机登录密码。
>
> 项目启动信息：
>
> `Using generated security password: 6ecbd6ac-10e8-4226-8b46-6de5e391a8c7`
>
> 但是这样的密码不利于管理，所以开发者才通过 application.yml 进行管理。当然也可以结合 Spring Security 的处理机制基于数据库实现用户名和密码的管理。

12.1.1　基于 Bean 配置 Spring Security

基于 Bean 配置 Spring Security

视频名称　1202_【掌握】基于 Bean 配置 Spring Security

视频简介　通过 application.yml 配置的 Spring Security 仅仅可以提供基础的认证与授权管理，而 Spring Security 配置管理在项目中往往基于配置 Bean 的形式完成。本视频通过实例在配置类中定义用户信息以及相应的编码器定义。

Spring Boot 为了便于开发者快速实现 Spring Security 整合，只需要引入 "spring-boot-starter-security" 依赖库，即可通过 application.yml 配置文件使用。但是这样的配置方式并不适合于程序的控制，所以一般常见的做法是基于一个配置 Bean 的方式来配置 Spring Security 的相关处理环境，而这个配置 Bean 需要继承 "WebSecurityConfigurerAdapter" 类来实现，随后覆写该类中的 "configure(AuthenticationManagerBuilder auth)" 方法，就可以实现用户认证信息的配置。本次的实现结构如图 12-2 所示。

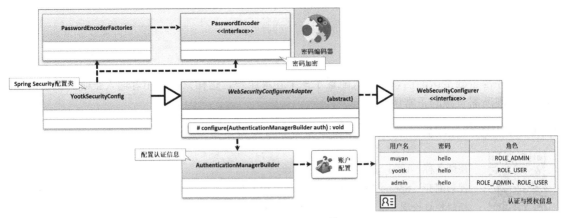

图 12-2 Spring Security 配置 Bean

> **提示：密码加密处理。**
>
> 为了保证用户认证信息的安全，一般会对用户所使用的密码进行加密处理操作，而这时就需要通过 PasswordEncoderFactories 工厂类和 PasswordEncoder 接口来实现。例如，本次要使用的密码为 "hello"，则可以采用如下代码进行加密处理。
>
> **范例：密码加密处理**
>
> ```
> package com.yootk.test;
> public class CreatePassword {
>     public static void main(String[] args) {
>         String password = "hello";                              // 定义明文密码
>         PasswordEncoder passwordEncoder = PasswordEncoderFactories
>                 .createDelegatingPasswordEncoder();             // 获取加密器实例
>         String encode = passwordEncoder.encode(password);       // 密码加密
>         System.out.println(encode);                             // 输出密码
>     }
> }
> ```
>
> 程序执行结果（此处完整列出生成的密码，后续开发中将简化编写）：
>
> {bcrypt}$2a$10$Y.RJM5dmfKJHTen2HMSPSu0U5KMAMB5Mq4bbvdaZMZ4BBHriVYPYO
>
> 此时就实现了一个密码加密操作。而除了配置密码外，还需要在配置 Bean 中明确地配置所使用的密码加密器，才可以实现正确的登录认证处理。

范例：通过 Spring Security 配置类定义认证信息

```
package com.yootk.config;
@Configuration
public class YootkSecurityConfig extends WebSecurityConfigurerAdapter {
    private static final String PASSWORD =   "{bcrypt}$2a$10$Y…";    // 密码
    @Bean
    public PasswordEncoder getPasswordEncoder() {
        return PasswordEncoderFactories.createDelegatingPasswordEncoder(); // 加密器
    }
    @Override
    protected void configure(AuthenticationManagerBuilder auth) throws Exception {
        // 添加三个用户信息，密码统一设置为"hello（密文）"，同时设置各自拥有的角色
        auth.inMemoryAuthentication().withUser("admin")
                .password(PASSWORD).roles("USER", "ADMIN");
        auth.inMemoryAuthentication().withUser("muyan")
                .password(PASSWORD).roles("ADMIN");
```

```
        auth.inMemoryAuthentication().withUser("yootk")
                .password(PASSWORD).roles("USER");
    }
}
```

此程序基于固定认证信息的方式配置了三个登录账户,这样只要使用者输入正确的认证信息,就可以实现所需资源的正常访问。

12.1.2 HttpSecurity

视频名称　1203_【掌握】HttpSecurity
视频简介　Spring Security 提供了强大的定制化支持,开发者可以通过配置类实现访问路径的授权检测。本视频将通过 HttpSecurity 类实现资源路径的访问配置。

Spring Security 除了进行资源的认证保护外,还可以依据当前用户的认证信息实现相关授权路径的访问,而这时就需要开发者在自定义 Spring Security 配置类中覆写父类提供的"configure(HttpSecurity http)"方法。该方法默认提供一个 HttpSecurity 对象实例,开发者可以通过此实例实现授权路径的访问、认证管理、CSRF 控制等操作。

范例：配置授权访问

```java
package com.yootk.config;
@Configuration
public class YootkSecurityConfig extends WebSecurityConfigurerAdapter {
    // 其他重复代码略，只列出本次新覆写的方法
    @Override
    protected void configure(HttpSecurity http) throws Exception {
        http.authorizeRequests()                              // 配置访问路径以及对应角色
                .antMatchers("/admin/**").hasRole("ADMIN")
                .antMatchers("/member/**").access("hasAnyRole('USER')")
                .antMatchers("/message/**").access(
                    "hasAnyRole('ADMIN') and hasRole('USER')")
                .anyRequest().authenticated().and()           // 用户认证后允许访问
                .formLogin().loginProcessingUrl("/yootk-login")
                    .permitAll().and()                        // 开启登录表单路径
                .csrf().disable();                            // 关闭CSRF校验
    }
}
```

本配置程序类通过 antMatchers()方法配置了授权访问路径,随后利用 hasRole()或 access()方法实现当前用户的权限认证,如果用户拥有相应权限则允许正常访问,否则跳转到错误页显示授权错误。

12.1.3 返回 Rest 认证信息

视频名称　1204_【掌握】返回 Rest 认证信息
视频简介　现代项目采用前后端分离设计架构,这样就需要对 Spring Security 的处理操作以 Rest 方式进行响应。本视频利用 HttpSecurity 实例并结合处理接口实现了认证与授权相关的 Rest 数据响应处理。

默认情况下 Spring Security 是以单实例方式运行的,所以用户认证与授权操作可以直接基于 Session 的方式实现。随着前后端分离技术应用的不断推广,现在必须改变 Spring Security 原始应用形式,基于 Rest 方式实现用户认证与授权处理的相关数据响应,如图 12-3 所示。

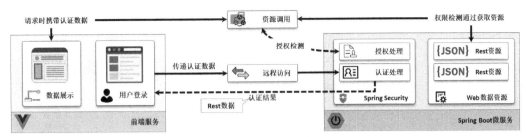

图 12-3 前后端分离结构

在前后端分离项目设计过程中，服务端进行用户认证后需要将认证信息（主要是 SessionID）返回给当前用户，这样就可以直接利用本地化存储方式实现认证数据的保存。同时在每次进行资源调用时都需要将此认证信息传递到服务端，以便于服务端的认证与授权检测（依据发送请求时携带的 SessionID 实现认证与授权的检测处理）。这样一来就需要修改 Spring Security 中的数据响应处理操作，依靠 HttpSecurity 类提供的一系列处理方法手工实现 Rest 数据响应。本次的实现类结构如图 12-4 所示。

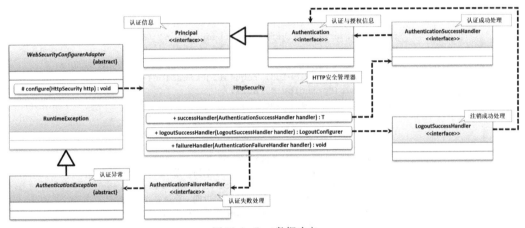

图 12-4 Rest 数据响应

通过图 12-4 所示的结构可以发现，用户认证成功后可以通过"AuthenticationSuccessHandler"接口实现 Rest 响应处理，而在认证失败时也可以通过"AuthenticationFailureHandler"接口实现处理。与之对应的还有注销处理操作。为了便于读者理解，下面的程序将修改"YootkSecurityConfig"配置类，并基于 curl 命令模拟认证与资源访问。

（1）【microboot-spring-security 子模块】修改 Spring Security 配置类，基于 Rest 方式实现数据响应。

```java
package com.yootk.config;
@Configuration
public class YootkSecurityConfig extends WebSecurityConfigurerAdapter {
    // 认证路径配置代码略
    @Override
    protected void configure(HttpSecurity http) throws Exception {
        http.authorizeRequests()
            .antMatchers("/admin/**").hasRole("ADMIN")
            .antMatchers("/member/**").access("hasAnyRole('USER')")
            .antMatchers("/message/**").access(
                 "hasAnyRole('ADMIN') and hasRole('USER')")
            .anyRequest().authenticated().and()                          // 用户认证后访问
            .formLogin().loginProcessingUrl("/yootk-login").permitAll()
            .usernameParameter("uname").passwordParameter("upass")        // 参数名称
            .successHandler(new AuthenticationSuccessHandler() {          // 认证成功
                @Override
```

```java
            public void onAuthenticationSuccess(HttpServletRequest request,
                HttpServletResponse response, Authentication authentication)
                    throws IOException, ServletException {
                Object principal = authentication.getPrincipal();           // 用户信息
                response.setContentType("application/json;charset=utf-8");
                response.setStatus(HttpServletResponse.SC_OK);              // 设置HTTP状态码
                Map<String, Object> result = new HashMap<>();               // 结果集合
                result.put("status", HttpServletResponse.SC_OK);            // 操作状态
                result.put("message", "用户登录成功");                         // 响应信息
                result.put("principal", principal);                         // 用户信息
                result.put("sessionId", request.getSession().getId());      // SessionID
                ObjectMapper mapper = new ObjectMapper();                   // Jackson处理
                response.getWriter().println(
                    mapper.writeValueAsString(result));                     // 转为JSON结果
            }
        })
        .failureHandler(new AuthenticationFailureHandler() {                // 认证失败
            @Override
            public void onAuthenticationFailure(HttpServletRequest request,
                HttpServletResponse response, AuthenticationException exception)
                    throws IOException, ServletException {
                response.setContentType("application/json;charset=utf-8");
                response.setStatus(HttpServletResponse.SC_UNAUTHORIZED);    // 状态码
                Map<String, Object> result = new HashMap<>();               // 结果集合
                result.put("status", HttpServletResponse.SC_UNAUTHORIZED);
                result.put("sessionId", request.getSession().getId());      // SessionID
                result.put("principal", null);                              // 用户信息
                if (exception instanceof LockedException) {                 // 锁定异常
                    result.put("message", "账户被锁定，登录失败!");
                } else if (exception instanceof BadCredentialsException) {
                    result.put("message", "账户名或密码输入错误，登录失败!");
                } else if (exception instanceof DisabledException) {
                    result.put("message", "账户被禁用，登录失败!");
                } else if (exception instanceof AccountExpiredException) {
                    result.put("message", "账户已过期，登录失败!");
                } else if (exception instanceof CredentialsExpiredException) {
                    result.put("message", "密码已过期，登录失败!");
                } else {
                    result.put("message", "登录失败!");
                }
                ObjectMapper mapper = new ObjectMapper();                   // Jackson处理
                response.getWriter().println(
                    mapper.writeValueAsString(result));                     // 转为JSON结果
            }
        })
        .and().logout().logoutUrl("/yootk-logout")                          // 设置注销地址
        .clearAuthentication(true)                                          // 注销时清除认证信息
        .invalidateHttpSession(true)                                        // 销毁当前Session
        .logoutSuccessHandler(new LogoutSuccessHandler() {
            @Override
            public void onLogoutSuccess(HttpServletRequest request,
                HttpServletResponse response, Authentication authentication)
                    throws IOException, ServletException {
                response.setContentType("application/json;charset=utf-8");
                response.setStatus(HttpServletResponse.SC_OK);              // 设置HTTP状态码
                Map<String, Object> result = new HashMap<>();
                result.put("status", HttpServletResponse.SC_OK);
                result.put("sessionId", request.getSession().getId());
                result.put("message", "用户注销成功");                         // 响应信息
                result.put("principal", null);                              // 用户信息
                ObjectMapper mapper = new ObjectMapper();                   // Jackson处理
                response.getWriter().println(
```

12.1 Spring Security

```
                    mapper.writeValueAsString(result));       // 转为JSON结果
            }
        })
        .and().csrf().disable();                              // 关闭CSRF校验
    }
}
```

(2)【curl 命令】利用 curl 命令发送 POST 请求进行登录认证处理。

```
curl -X POST -d "uname=admin&upass=hello" "http://localhost:80/yootk-login"
```

程序执行结果：

```
{
  "principal": {                                  用户认证信息
    "password": null,                             密码
    "username": "admin",                          用户名
    "authorities": [                              授权信息
      {
        "authority": "ROLE_ADMIN"                 权限
      },
      {
        "authority": "ROLE_USER"                  账户失效状态
      }                                           账户锁定状态
    ],                                            认证失效状态
    "accountNonExpired": true,                    启用状态
    "accountNonLocked": true,
    "credentialsNonExpired": true,                SessionID
    "enabled": true                               登录提示信息
  },                                              登录状态码
  "sessionId": "2FA4AA3733910677A01E0B5530407D84",
  "message": "用户登录成功",
  "status": 200
}
```

(3)【curl 命令】访问路径并传递 Cookie 数据。

```
curl -X GET -b "JSESSIONID=2FA4AA3733910677A01E0B5530407D84;" "http://localhost:80/message/show"
```

程序执行结果：

```
www.yootk.com
```

(4)【curl 命令】用户注销。

```
curl -X POST -b "JSESSIONID=2FA4AA3733910677A01E0B5530407D84;" "http://localhost:80/yootk-logout"
```

程序执行结果：

```
{
  "principal": null,
  "sessionId": "2FA4AA3733910677A01E0B5530407D84",
  "message": "用户注销成功",
  "status": 200
}
```

此时客户端在第一次登录时可以获取一个 SessionID 的数据内容，这样在每次访问时都通过 Cookie 传递此数据，就可以与服务端的 Session 进行关联，实现认证与授权检测处理。

12.1.4 UserDetailsService

UserDetailsService

视频名称　1205_【掌握】UserDetailsService

视频简介　为了便于用户认证与授权，在 Spring Security 中可以基于 UserDetailsService 进行相关业务处理。本视频讲解 UserDetailsService 实现结构，并通过具体的操作实例讲解实现 UserDetailsService 接口的应用整合。

Spring Security 安全框架基于认证与授权两种方式实现系统资源的保护。为了便于认证与授权信息的管理，在 Java 程序的设计与开发过程中，往往会采用图 12-5 所示的类结构实现数据存储，通过 Member 类保存相关的认证数据，通过 Role 类保存相关的授权数据，同时根据一对多的设计原则，在 Member 类中需要提供一个角色集合，这样只要获取了 Member 类的对象实例就可以得到其对应的授权信息。

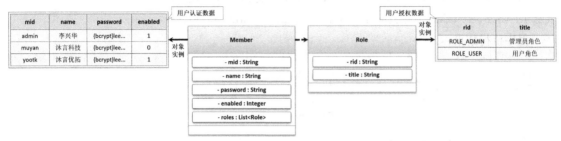

图 12-5　认证与授权数据

Spring Security 框架设计充分考虑到了用户对面向对象程序设计的要求，所以提供了 UserDetails 认证数据接口（Member 实现）和 GrantedAuthority 授权数据接口（Role 实现）。用户可以通过 UserDetailsService 业务接口实现认证与授权信息加载的业务封装，再通过自定义的 Spring Security 配置类实现整合，如图 12-6 所示。

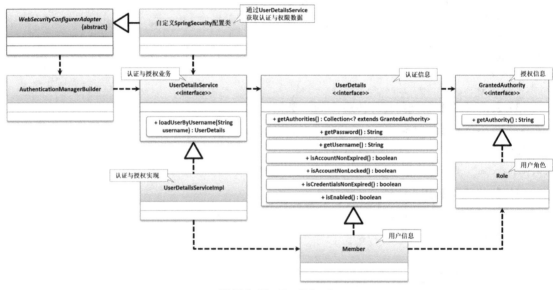

图 12-6　UserDetailsService

在 UserDetailsService 业务接口中只有一个 loadUserByUsername()方法，该方法通过用户名（登录 ID）实现数据的加载，加载的数据必须以 UserDetails 接口实例的形式返回。如果用户信息不存在，则会由 loadUserByUsername()方法抛出一个"UsernameNotFoundException"异常。为便于读者理解，下面通过具体步骤讲解 UserDetailsService 的使用。

（1）【microboot-spring-security 子模块】创建 GrantedAuthority 接口子类，该子类主要保存用户的授权信息。

```
package com.yootk.vo;
@Data
public class Role implements GrantedAuthority {      // 授权数据
    private String rid;                              // 角色ID
```

```java
    private String title;                                    // 角色名称
    @Override
    public String getAuthority() {                           // 获取授权标记
        return this.rid;                                     // 返回角色ID
    }
}
```

(2)【microboot-spring-security 子模块】创建 UserDetails 接口子类。

```java
package com.yootk.vo;
@Data
public class Member implements UserDetails {                 // 用户（认证）信息
    private String mid;                                      // 用户ID
    private String name;                                     // 用户名
    private String password;                                 // 密码
    private Integer enabled;                                 // 启用状态
    private transient List<Role> roles;                      // 角色列表
    @Override
    public Collection<? extends GrantedAuthority> getAuthorities() {    // 获取授权数据
        return this.roles;                                   // 获取全部角色
    }
    @Override
    public String getUsername() {                            // 返回用户名
        return this.mid;
    }
    @Override
    public boolean isAccountNonExpired() {                   // 账户是否过期
        return true;                                         // 根据业务需要返回结果
    }
    @Override
    public boolean isAccountNonLocked() {                    // 账户是否锁定
        return true;                                         // 根据业务需要返回结果
    }
    @Override
    public boolean isCredentialsNonExpired() {               // 认证是否失效
        return true;                                         // 根据业务需要返回结果
    }
    @Override
    public boolean isEnabled() {                             // 启用状态
        return this.enabled == 1;
    }
}
```

(3)【microboot-spring-security 子模块】创建 UserDetailsService 接口子类，采用默认的用户名（admin），随后手工实现用户认证信息以及授权信息的配置。

```java
package com.yootk.config.service;
@Service
public class UserDetailsServiceImpl implements UserDetailsService {
    @Override
    public UserDetails loadUserByUsername(String username)
            throws UsernameNotFoundException {
        if (!"admin".equals(username)) {                     // 用户名不是admin
            throw new UsernameNotFoundException("用户信息不存在！");    // 手工抛出异常
        }
        Member member = new Member();                        // 实例化UserDetails接口子类
        member.setMid("admin");                              // 用户ID
        member.setPassword("{bcrypt}$2a$10$Y…");             // 密码
        member.setName("沐言科技管理员");                       // 姓名
        member.setEnabled(1);                                // 账户启用状态
        Role roleAdmin = new Role();                         // 实例化Role对象
```

```
        roleAdmin.setRid("ROLE_ADMIN");                              // 角色ID
        roleAdmin.setTitle("管理员");                                  // 角色名称
        Role roleUser = new Role();                                   // 实例化Role对象
        roleUser.setRid("ROLE_USER");                                 // 角色ID
        roleUser.setTitle("用户");                                     // 角色名称
        member.setRoles(Arrays.asList(roleAdmin, roleUser));          // 用户角色
        return member;
    }
}
```

（4）【microboot-spring-security 子模块】修改 YootkSecurityConfig 配置类，注入 UserDetailsService 接口实例，并将该类实例配置到认证管理器中。

```
package com.yootk.config;
@Configuration
public class YootkSecurityConfig extends WebSecurityConfigurerAdapter {
    @Autowired
    private UserDetailsService userDetailsService;                    // 用户认证业务接口
    @Override
    protected void configure(AuthenticationManagerBuilder auth) throws Exception {
        auth.userDetailsService(this.userDetailsService);             // 配置用户认证服务
    }
    // 其他重复配置的代码略
}
```

此程序中的用户认证与授权数据将通过 UserDetailsService 业务接口实现加载，开发者只需要将此接口的对象实例通过 AuthenticationManagerBuilder 类的 userDetailsService()方法设置完成，程序就会在每次认证与授权处理过程中自动调用相关方法实现数据加载。

12.1.5 基于数据库实现认证授权

基于数据库实现
认证授权

视频名称　　1206_【掌握】基于数据库实现认证授权

视频简介　　良好的项目结构中所有的认证数据都需要通过数据库实现统一管理。本视频将基于 Spring Data JPA 开发框架与 UserDetailsService 接口实现基于数据库的认证授权管理。

实际项目开发中会存在大量的用户信息，所以最佳的做法是将用户的认证与授权信息通过关系型数据库进行存储，这样在每次进行登录认证时就可以通过数据库实现相关数据的加载。操作流程如图 12-7 所示。

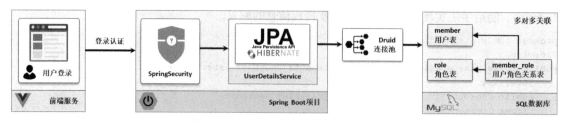

图 12-7　Spring Security 整合数据库认证

要完成本次的操作，开发者需要根据图 12-8 所示的数据库表结构进行设计。由于一个用户有多个角色，一个角色有多个用户，这样就形成了一个完整的多对多关联，因此本次的项目开发需要准备三张数据表：用户表（member）、角色表（role）、用户-角色关系表（member_role）。

在本次程序开发中，为了简化处理将直接使用 Spring Data JPA 技术实现相关的数据层开发，这样就需要对已有的 Member 与 Role 类进行修改，追加相关的 JPA 注解。具体的实现步骤如下。

12.1 Spring Security

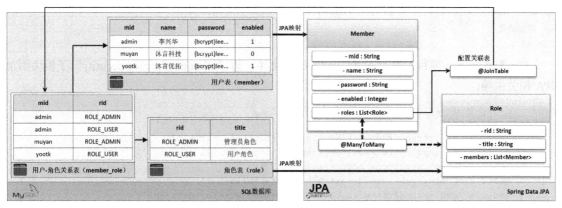

图 12-8 数据表与 JPA 映射

(1)【MySQL 数据库】编写数据库创建脚本。

```sql
-- 删除数据库
DROP DATABASE IF EXISTS springsecurity ;
-- 创建数据库
CREATE DATABASE springsecurity DEFAULT CHARACTER SET utf8 ;
-- 使用数据库
USE springsecurity ;
-- 创建用户表（mid：登录ID。name：真实姓名。password：登录密码。enabled：启用状态。）
-- enabled取值有两种：启用（enabled=1）、锁定（enabled=0）
CREATE TABLE member(
    mid                 VARCHAR(50)     ,
    name                VARCHAR(50)     ,
    password            VARCHAR(68)     ,
    enabled             INT(1)          ,
    CONSTRAINT pk_mid PRIMARY KEY(mid)
) engine=innodb ;
-- 创建角色表（rid：角色ID，也是授权检测的名称。title：角色名称。）
CREATE TABLE role (
    rid                 VARCHAR(50)     ,
    title               VARCHAR(50)     ,
    CONSTRAINT pk_rid PRIMARY KEY(rid)
) engine=innodb ;
-- 创建用户-角色关联表（mid：用户ID。rid：角色ID。）
CREATE TABLE member_role (
    mid                 VARCHAR(50)     ,
    rid                 VARCHAR(50)     ,
    CONSTRAINT fk_mid FOREIGN KEY(mid) REFERENCES member(mid) ON DELETE CASCADE ,
    CONSTRAINT fk_rid FOREIGN KEY(rid) REFERENCES role(rid) ON DELETE CASCADE
) engine=innodb ;
-- 增加用户数据（admin/hello、yootk/java）
INSERT INTO member(mid,name,password,enabled) VALUES ('admin','李兴华',
    '{bcrypt}$2a$10$Y.RJM5dmfKJHTen2HMSPSu0U5KMAMB5Mq4bbvdaZMZ4BBHriVYPYO',1) ;
INSERT INTO member(mid,name,password,enabled) VALUES ('muyan','沐言科技',
    '{bcrypt}$2a$10$Y.RJM5dmfKJHTen2HMSPSu0U5KMAMB5Mq4bbvdaZMZ4BBHriVYPYO',0) ;
INSERT INTO member(mid,name,password,enabled) VALUES ('yootk','沐言优拓',
    '{bcrypt}$2a$10$Y.RJM5dmfKJHTen2HMSPSu0U5KMAMB5Mq4bbvdaZMZ4BBHriVYPYO',1) ;
-- 增加角色数据
INSERT INTO role(rid,title) VALUES ('ROLE_ADMIN','管理员') ;
INSERT INTO role(rid,title) VALUES ('ROLE_USER','用户') ;
-- 增加用户与角色信息
INSERT INTO member_role(mid,rid) VALUES ('admin','ROLE_ADMIN') ;
INSERT INTO member_role(mid,rid) VALUES ('admin','ROLE_USER') ;
INSERT INTO member_role(mid,rid) VALUES ('muyan','ROLE_ADMIN') ;
```

```
INSERT INTO member_role(mid,rid) VALUES ('yootk','ROLE_USER') ;
-- 提交事务
COMMIT ;
```

(2)【microboot 项目】修改 build.gradle 配置文件，为 "microboot-spring-security" 子模块添加 JPA 相关依赖。

```
project('microboot-spring-security') {                                   // 子模块
    dependencies {
        compile('org.springframework.boot:spring-boot-starter-web')
        compile('org.springframework.boot:spring-boot-starter-security')
        compile('mysql:mysql-connector-java:8.0.23')
        compile('com.alibaba:druid-spring-boot-starter:1.2.5')
        compile('org.springframework.boot:spring-boot-starter-data-jpa')
    }
}
```

(3)【microboot-spring-security 子模块】修改 Member 类，追加 Spring Data JPA 注解。

```
package com.yootk.vo;
@Data
@Entity                                                                  // JPA实体标记
@Table                                                                   // 表映射
public class Member implements UserDetails {                             // 用户信息
    @Id                                                                  // 主键标记
    private String mid;                                                  // 用户ID
    private String name;                                                 // 用户名
    private String password;                                             // 密码
    private Integer enabled;                                             // 启用状态
    @ManyToMany(targetEntity = Role.class)                               // 启用延迟加载
    @JoinTable(                                                          // 关系表配置
        name="member_role" ,                                             // 关系表名称
        joinColumns = { @JoinColumn(name = "mid") },                     // 关联字段
        inverseJoinColumns = { @JoinColumn(name = "rid") })
    @JsonBackReference                                                   // Jackson防止数据递归处理
    private List<Role> roles;                                            // 角色列表
    // 其他重复操作方法略
}
```

(4)【microboot-spring-security 子模块】修改 Role 类，追加 Spring Data JPA 注解。

```
package com.yootk.vo;
@Data
@Entity                                                                  // JPA实体标记
@Table                                                                   // 表映射
public class Role implements GrantedAuthority {
    @Id                                                                  // 主键
    private String rid;                                                  // 角色ID
    private String title;                                                // 角色名称
    @ManyToMany(mappedBy = "roles")                                      // 多对多关联
    @JsonBackReference                                                   // Jackson防止数据递归处理
    private List<Member> members;
    // 其他重复操作方法略
}
```

(5)【microboot-spring-security 子模块】创建 IMemberDAO 接口。

```
package com.yootk.dao;
public interface IMemberDAO extends JpaRepository<Member, String> {}
```

(6)【microboot-spring-security 子模块】修改 application.yml 配置文件。

```yaml
spring:
  datasource:
    type: com.alibaba.druid.pool.DruidDataSource      # 数据源操作类型
    driver-class-name: com.mysql.cj.jdbc.Driver       # 配置MySQL的驱动程序类
    url: jdbc:mysql://localhost:3306/springsecurity   # 数据库连接地址
    username: root                                    # 数据库用户名
    password: mysqladmin                              # 数据库连接密码
  jpa:                                                # Spring Data JPA配置
    show-sql: true                                    # 显示SQL语句
    properties:                                       # JPA属性
      hibernate:
        enable_lazy_load_no_trans: true               # 延迟加载
```

(7)【microboot-spring-security 子模块】修改 UserDetailsServiceImpl 程序类。

```java
package com.yootk.config.service;
@Service
public class UserDetailsServiceImpl implements UserDetailsService {
    @Autowired
    private IMemberDAO memberDAO;                                          // 注入DAO接口实例
    @Override
    public UserDetails loadUserByUsername(String username)
    throws UsernameNotFoundException {
        Optional<Member> optional = this.memberDAO.findById(username);     // 数据查询
        if (optional.isEmpty()) {                                          // 用户名不存在
            throw new UsernameNotFoundException("用户信息不存在!");         // 手工抛出异常
        }
        return optional.get();                                             // 返回用户数据
    }
}
```

(8)【microboot-spring-security 子模块】修改程序启动类，追加 JPA 扫描配置注解。

```java
package com.yootk;
@SpringBootApplication                                              // Spring Boot启动注解
@EnableJpaRepositories("com.yootk.dao")                             // 启用Spring Data JPA
@EntityScan("com.yootk.vo")                                         // JPA实体类扫描包
public class StartSpringSecurityApplication {
    public static void main(String[] args) {
        SpringApplication.run(StartSpringSecurityApplication.class, args);  // 程序启动
    }
}
```

此时用户在进行登录时就可以通过 IMemberDAO 数据层接口实现基于数据库的登录认证，而对于开发者来讲只需要将数据以 UserDetails 接口实例的形式返回，就会由 Spring Security 自动实现后续的判断处理。

12.2 Spring Boot 整合 OAuth2

OAuth2 基本概念

视频名称　1207_【掌握】OAuth2 基本概念

视频简介　OAuth2 是当前实现单点登录的重要技术手段，利用 OAuth2 可以有效地实现异构系统的统一认证服务处理。本视频为读者讲解了 OAuth2 的概念以及使用流程。

项目开发中登录认证是最基础的功能，同时也是最重要的安全保护机制。在传统的单实例项目中，开发者只需要通过项目数据库实现登录检测，随后基于 Session 过滤即可实现登录认证的检测

处理。但是在一些较为庞大的系统中，不同功能的项目部署在不同的服务器中，这样就需要进行登录认证的统一管理，如图 12-9 所示。

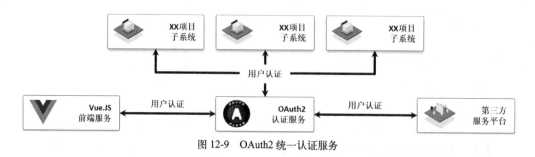

图 12-9　OAuth2 统一认证服务

单点登录（Single Sign-On，SSO）可以直接通过一个统一的登录认证服务器实现系统中全部用户登录的操作控制，而基于 SSO 机制有多种不同的实现方案，如 CAS（Central Authentication Service，中央认证服务）与 OAuth2 协议。在当今互联网应用中，OAuth2 协议使用得更加广泛。

OAuth 协议是一个关于用户资源授权访问的开放网络标准，具有较高的安全性和简易性，在全世界范围内被广泛使用，目前的最新版本是 2.0 版。OAuth 协议处理中不会使第三方触及用户的账户信息，这样第三方应用无须使用用户名与密码即可获取该用户相关资源授权。图 12-10 给出了一个基于前后端分离机制的 OAuth2 登录认证基本流程。

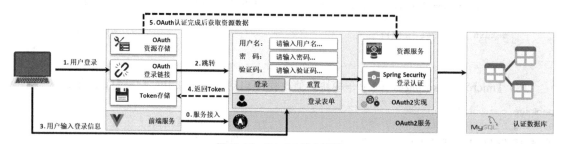

图 12-10　OAuth2 基本流程

通过图 12-10 可以清楚地发现，任何系统要想接入 OAuth2 认证，首先一定要进行接入账户的配置，而后在每次登录时都会通过认证的系统跳转到 OAuth2 服务端，完成认证后会返回相应的 Token 信息，这样系统就可以获取 OAuth2 中的资源数据。所以在整个 OAuth2 认证流程中一般会存在以下 4 个组成角色。

（1）**资源拥有者**（**Resource Owner**）：要进行登录认证的用户（或者直接简称为"用户"），是登录数据资料（用户名&密码、手机号&短信验证码）的提供者。

（2）**客户端**（**Client**）：也被称为第三方应用，即用户最终要访问的应用资源。

（3）**认证（授权）服务器**（**Authorization Server**）：用于提供认证服务，包括系统接入处理、用户登录表单、资源服务信息，以及客户端 Token 数据管理，这样客户端就可以通过 Token 获取用户授权的访问资源。

（4）**资源服务器**（**Resource Server**）：利用得到的 Token 获取相关用户资源数据。

在使用 OAuth2 协议实现单点登录操作时，首先需要第三方接入客户端向认证服务器进行接入申请；随后在资源拥有者（用户）登录时会跳转到认证服务器进行登录认证处理，登录成功后会返回给第三方客户端一个 authcode（授权码），这样就可以基于此 authcode 生成对应的 Token，考虑到性能以及存取的方便，可以将当前生成的 Token 数据保存在 Redis 缓存中以方便后续验证处理；最后利用此 Token 就可以实现资源服务器的服务访问，在用户授权的情况下获取用户的相关信息。

完整流程如图 12-11 所示。

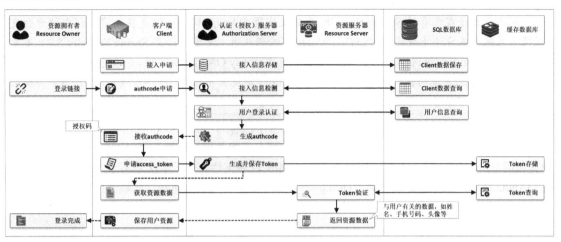

图 12-11　OAuth2 认证流程

> 提示：OAuth2 中的 4 种 Token 获取流程。
>
> 在 OAuth2 协议处理流程中，最重要的一步就是客户端通过 Token 来获取相关的用户资源。而 OAuth2 协议规定了 4 种获得 Token 的操作流程：授权码（authorization-code）、隐藏式（implicit）、密码式（password）、客户端凭证（client credentials）。图 12-11 所给出的流程属于授权码的操作形式，也是 OAuth2 中最安全、最完善的一种模式，且应用场景广泛，微信登录、支付宝登录等都基于此方式实现。

12.2.1　搭建 OAuth2 基础服务

搭建 OAuth2
基础服务

视频名称　1208_【掌握】搭建 OAuth2 基础服务
视频简介　OAuth2 是一种协议标准，可以通过手工或已有安全框架来实现。Spring Security 提供了 OAuth2 的整合支持。本视频将通过基础依赖实现 OAuth2 的基本操作。

OAuth2 是一个单点登录实现的处理标准，而此标准可以依赖于任何技术来实现。为了便于读者理解，本次将直接在已有的 Spring Security 实现基础上整合 OAuth2 服务，这就要求在程序中除了进行有 Spring Security 的认证用户配置之外，还需要通过 Spring Security OAuth2 相关依赖实现客户端的接入管理，这样第三方平台客户端才可以通过指定的 OAuth 平台实现用户登录处理。操作结构如图 12-12 所示。考虑到 OAuth2 实现步骤较为烦琐，本次将通过以下具体步骤实现一个授权码的生成与获取操作。

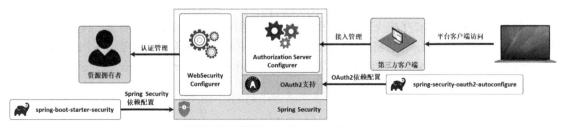

图 12-12　基于 Spring Security 实现 OAuth2

> **提示：OAuth2 与 Spring Security 支持。**
>
> 本次开发是在已有的 Spring Security 基础上实现 OAuth2 构建，但是在构建过程中读者会发现很多系统类或方法上使用了"@Deprecated"过期声明。主要原因是 Spring Security 5.2.x 不支持 Authorization Server，但是依然可以通过 Spring Security OAuth 2.x 实现，个人分析是由于 Spring Boot 以微服务的实现为主，因此对于传统的 OAuth2 实现并不推荐（推荐后续讲解的 JWT 实现）。在实现过程中可以暂时忽略此注解所带来的影响。

（1）【microboot 项目】为便于程序开发，将基于已有的"microboot-spring-security"子模块创建一个新的"microboot-oauth2"子模块（这样就拥有了相关用户数据），随后修改 microboot 项目中提供的 build.gradle 配置文件，追加 oauth2 的相关依赖支持。由于本次是基于 Spring Security 实现 OAuth2 协议开发，所以要引入"spring-security-oauth2-autoconfigure"依赖支持，同时为了便于后续的数据库支持，也引入了 Druid 以及 Spring Data JPA 的相关依赖。

```groovy
project('microboot-oauth2') {                        // 子模块
    dependencies {
        compile('org.springframework.boot:spring-boot-starter-web')
        compile('org.springframework.boot:spring-boot-starter-security')
        compile('mysql:mysql-connector-java:8.0.23')
        compile('com.alibaba:druid-spring-boot-starter:1.2.5')
        compile('org.springframework.boot:spring-boot-starter-data-jpa')
        compile('org.springframework.security.oauth.boot:' +
                'spring-security-oauth2-autoconfigure:2.4.3')    // OAuth2依赖
    }
}
```

（2）【microboot-oauth2 子模块】创建 WebSecurityConfigurerAdapter 子类，引入已有的 UserDetailsService 接口实例，基于 HttpBasic 模式实现认证与授权处理。

```java
package com.yootk.config;
@Configuration
@Order(20)                                                       // 启动顺序靠后
public class YootkSecurityConfig extends WebSecurityConfigurerAdapter {
    @Autowired
    private UserDetailsService userDetailsService;               // 用户认证业务接口
    @Bean
    public PasswordEncoder getPasswordEncoder() {
        return PasswordEncoderFactories.createDelegatingPasswordEncoder();  // 密码加密器
    }
    @Override
    protected void configure(AuthenticationManagerBuilder auth) throws Exception {
        auth.userDetailsService(this.userDetailsService);        // 配置用户认证服务
    }
    @Override
    protected void configure(HttpSecurity http) throws Exception {
        http.httpBasic().and().authorizeRequests().anyRequest().fullyAuthenticated();
    }
}
```

（3）【microboot-oauth2 子模块】第三方引用程序如果想接入 OAuth2 认证服务器，则需要进行注册申请。为了便于读者理解，本次将通过 ClientDetailsServiceConfigurer 对象实例创建一个固定的账户信息（client_muyan/client_yootk），同时这一配置需要在 AuthorizationServerConfigurerAdapter 子类中实现。

```java
package com.yootk.config;
@Configuration
@EnableAuthorizationServer                                       // 启用授权服务
public class YootkAuthorizationServerConfig
```

12.2 Spring Boot 整合 OAuth2

```
        extends AuthorizationServerConfigurerAdapter {
    @Override
    public void configure(ClientDetailsServiceConfigurer clients) throws Exception {
        clients.inMemory()                                        // 基于内存配置
                .withClient("client_muyan")                       // client_id信息
                .secret("hello")                                  // client_secret信息
                .authorizedGrantTypes("authorization_code")       // 定义授权类型
                .redirectUris("https://www.yootk.com")            // 配置返回路径
                .scopes("webapp");                                // 授权范围
    }
}
```

(4)【浏览器】通过浏览器访问 OAuth2 服务。为了正确获取 authcode（授权码），在进行路径访问时需要传入 client_id（注册 ID 信息）、response_type（数据响应类型）、redirect_uri（生成 authcode 后的返回路径），这些信息都需要第三方客户端在注册时提供。

```
admin:hello@localhost/oauth/authorize?client_id=client_muyan&response_type=code&redirect_uri=
https://www.yootk.com
```

程序执行结果：

```
https://www.yootk.com/?code=_Gnc5B
```

此时的程序直接采用 HttpBasic 的方式传递了登录的账户信息（admin/hello），这样在登录授权批准后（Approve）就会根据配置的"redirect_uri"跳转到指定路径，同时也会返回当前的授权码。程序的运行结果如图 12-13 所示。

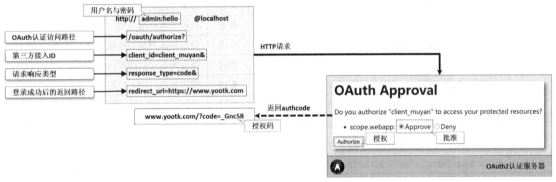

图 12-13　获取 OAuth2 授权码

12.2.2　ClientDetailsService

视频名称　1209_【掌握】ClientDetailsService

视频简介　基于 Spring Security 实现的 OAuth2 可以结合 Spring Security 已有的结构特点进行代码管理。本视频为读者讲解第三方客户端接入数据管理操作结构。

Spring Security OAuth2 为了便于管理接入的第三方客户端服务信息，提供有一个 ClientDetailsService 业务接口（此接口的操作结构与 UserDetailsService 结构类似），开发者只需要将此业务接口整合到 AuthorizationServerConfigurerAdapter 子类实例中，就可以通过此业务接口的返回结果实现接入客户端的有效性判断。程序的实现结构如图 12-14 所示。

为便于读者比较，图 12-14 给出了 UserDetailsService 与 ClientDetailsService 两种实现结构。ClientDetailsService 负责根据 clientId 查询 ClientDetails 接口实例，并通过该实例判断该客户端是否合法。由于在实际开发中 Client 接入时需要提供较多的数据配置项，因此 ClientDetails 接口提供大量的数据获取方法，如表 12-1 所示。

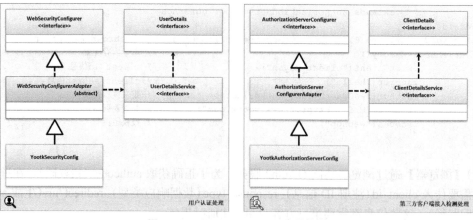

图 12-14 ClientDetailsService 实现结构

表 12-1 ClientDetails 接口提供的方法

序号	方法	类型	描述
01	public String getClientId();	普通	获取客户端注册 ID（主键）
02	public Set<String> getResourceIds();	普通	获取客户端可以访问的资源，为空则忽略
03	public boolean isSecretRequired();	普通	验证此客户端是否需要密钥
04	public String getClientSecret();	普通	获取客户端密钥
05	public boolean isScoped();	普通	该客户端是否限定范围
06	public Set<String> getScope();	普通	获取该客户端范围
07	public Set<String> getAuthorizedGrantTypes();	普通	获取该客户端的授权类型
08	public Set<String> getRegisteredRedirectUri();	普通	获取所有注册的返回地址
09	public Collection<GrantedAuthority> getAuthorities();	普通	获取该客户端对应的所有角色
10	public Integer getAccessTokenValiditySeconds();	普通	Token 有效时间（单位：s）默认为 12h
11	public Integer getRefreshTokenValiditySeconds();	普通	Token 刷新的有效时间，默认为 30 天
12	public boolean isAutoApprove(String scope);	普通	是否自动批准
13	public Map<String, Object> getAdditionalInformation();	普通	获取一些客户端的附加信息（可选）

ClientDetails 接口提供了大量的抽象方法，开发者如果直接实现该接口则需要覆写大量的抽象方法，但是在大部分情况下进行客户端检测只需要一些基础信息，如 client_id、client_secret、scope 等。所以为了简化开发，Spring Security OAuth2 提供了一个 BaseClientDetails 默认子类，类关联结构如图 12-15 所示。开发者可以直接通过此类实现相关数据的返回。下面通过具体代码结合 BaseClientDetails 实现客户端检测处理。

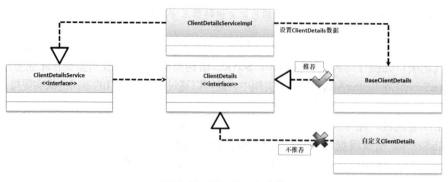

图 12-15 ClientDetails 实现

（1）【microboot-oauth2 子模块】创建 ClientDetailsService 接口子类并覆写 loadClientByClientId() 方法，返回 ClientDetails 接口对象实例。为便于理解概念，本次将配置固定的 Client 信息。

```java
package com.yootk.config.service;
@Service
public class ClientDetailsServiceImpl implements ClientDetailsService {
    @Override
    public ClientDetails loadClientByClientId(String clientId)
            throws ClientRegistrationException {                        // 获取Client信息
        BaseClientDetails clientDetails = new BaseClientDetails();      // 获取接口实例
        clientDetails.setClientId("client_muyan");                      // 固定ClientId
        clientDetails.setClientSecret("hello");                         // 固定密钥（未加密）
        clientDetails.setAuthorizedGrantTypes(
                Arrays.asList("authorization_code"));                   // 授权类型
        clientDetails.setScope(Arrays.asList("webapp"));                // 应用范围
        clientDetails.setAccessTokenValiditySeconds(30);                // Token失效时间
        clientDetails.setAutoApproveScopes(clientDetails.getScope());   // 自动授权处理
        Set<String> redirectSet = new HashSet<>();                      // 返回路径
        redirectSet.addAll(Arrays.asList("https://www.yootk.com"));     // 添加路径
        clientDetails.setRegisteredRedirectUri(redirectSet);            // 注册返回路径
        return clientDetails;                                           // 返回实例
    }
}
```

（2）【microboot-oauth2 子模块】修改 YootkAuthorizationServerConfig 配置类，通过 ClientDetailsService 实现客户端检测。

```java
package com.yootk.config;
@Configuration
@EnableAuthorizationServer                                              // 启用授权服务
public class YootkAuthorizationServerConfig
        extends AuthorizationServerConfigurerAdapter {
    @Autowired                                                          // 注入实例
    @Qualifier("clientDetailsServiceImpl")                              // 标注Bean名称
    private ClientDetailsService clientDetailsService;                  // 注入接口实例
    @Override
    public void configure(ClientDetailsServiceConfigurer clients) throws Exception {
        clients.withClientDetails(this.clientDetailsService);           // 配置业务接口实例
    }
}
```

由于本程序在配置 ClientDetails 接口实例时设置了"自动批准（setAutoApproveScopes()）"，因此当客户端的 scope 与配置吻合时将不再出现批准的确认框，而是会直接根据 redirect_uri 的配置返回授权码。

12.2.3 使用数据库存储 Client 信息

使用数据库存储
Client 信息

视频名称　1210_【掌握】使用数据库存储 Client 信息
视频简介　实际应用中会存在大量的第三方客户端整合服务，因此需要通过数据库来实现 Client 数据管理。本视频讲解 client 数据表的创建，并基于 Spring Data JPA 实现了 Client 数据层的处理。

为了便于第三方客户端进行 OAuth2 认证服务的接入管理，在实际的项目运行中，往往会设计一套专属的客户端数据库，接入的客户端按照指定要求填写相关数据并审核通过后就可以使用 OAuth2 服务，如图 12-16 所示。

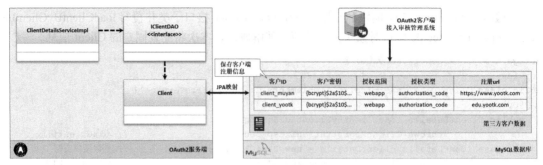

图 12-16 OAuth2 客户端信息存储

这样在每次进行 OAuth2 认证处理时，所有的客户端信息都应该通过数据库进行查询，并将数据表中的数据信息保存在 BaseClientDetails 实例中。本节将基于 Spring Data JPA 实现客户端数据查询处理，具体实现步骤如下。

（1）【MySQL 数据库】在 springsecurity 数据库中创建 client 数据表，并为其添加测试数据。

```sql
-- 使用springsecurity数据库
USE springsecurity;
-- 创建客户信息表
CREATE TABLE client(
   cid                VARCHAR(50) not null,
   secret             VARCHAR(68),
   scope              VARCHAR(32),
   grants             VARCHAR(50) ,
   url                VARCHAR(200),
   CONSTRAINT pk_mid PRIMARY KEY (cid)
) engine='innodb';
INSERT INTO client(cid, secret,scope, grants, url) VALUES ('client_muyan',
        '{bcrypt}$2a$10$...','webapp', 'authorization_code', 'https://www.yootk.com') ;
INSERT INTO client(cid, secret,scope, grants, url) VALUES ('client_yootk',
        '{bcrypt}$2a$10$...','webapp', 'authorization_code', 'http://edu.yootk.com');
```

（2）【microboot-oauth2 子模块】创建 Client 表的实体映射类。

```java
package com.yootk.vo;
@Data                                // Lombok结构生成
@Entity                              // JPA实体类
@Table                               // 表映射
public class Client {
    @Id                              // 主键字段
    private String cid;              // 客户端ID
    private String secret;           // 客户端密钥
    private String scope;            // 授权范围
    private String grants;           // 授权类型
    private String url;              // 跳转URL
}
```

（3）【microboot-oauth2 子模块】创建 IClientDAO 数据层接口。

```java
package com.yootk.dao;
public interface IClientDAO extends JpaRepository<Client, String> {}
```

（4）【microboot-oauth2 子模块】修改 ClientDetailsServiceImpl 实现类，通过 IClientDAO 接口实现数据查询。

```java
package com.yootk.config.service;
@Service
public class ClientDetailsServiceImpl implements ClientDetailsService {
    @Autowired
```

```java
    private IClientDAO clientDAO;                                       // 注入DAO接口实例
    @Override
    public ClientDetails loadClientByClientId(String clientId)
            throws ClientRegistrationException {
        Optional<Client> optional = this.clientDAO.findById(clientId);
        if (optional.isEmpty()) {                                       // 客户信息不存在
            throw new ClientRegistrationException("客户端信息不存在！");  // 抛出异常
        }
        Client client = optional.get();                                 // 获取Client实例
        BaseClientDetails clientDetails = new BaseClientDetails();      // 获取接口实例
        clientDetails.setClientId(clientId);                            // 设置ClientId
        clientDetails.setClientSecret(client.getSecret());              // 设置密钥
        clientDetails.setAuthorizedGrantTypes(
                Arrays.asList(client.getGrants()));                     // 授权类型
        clientDetails.setScope(Arrays.asList(client.getScope()));       // 应用范围
        clientDetails.setAccessTokenValiditySeconds(30);                // Token失效时间
        clientDetails.setAutoApproveScopes(
                clientDetails.getScope());                              // 自动授权处理
        Set<String> redirectSet = new HashSet<>();                      // 返回路径
        redirectSet.addAll(Arrays.asList(client.getUrl()));             // 添加路径
        clientDetails.setRegisteredRedirectUri(redirectSet);            // 注册返回路径
        return clientDetails;                                           // 返回实例
    }
}
```

本程序在 client 数据表中只保存了客户端的基础信息，每次客户端访问时都会通过 ClientDetailsService 接口子类利用 clientId 实现 Client 数据加载，随后进行相关验证处理。

12.2.4 使用 Redis 保存 Token 令牌

使用 Redis 保存 Token 令牌

视频名称 1211_【掌握】使用 Redis 保存 Token 令牌

视频简介 OAuth2 进行资源访问的重要途径就是 Token 处理。本视频通过客户端 ID 和密钥并结合授权码实现 Token 的生成，同时考虑到 OAuth2 集群应用环境，实现基于 Redis 数据库的 Token 数据存储。

OAuth2 认证处理流程中，用户的相关信息获取需要通过 Token 来完成，而 Token 的生成需要通过客户端注册信息以及生成的临时授权码来完成。考虑到后续还需基于 Token 获取相应的用户资源，最佳的做法是将生成的 Token 保存在 Redis 数据库之中，实现 Token 数据的分布式存储，如图 12-17 所示，这样既方便数据读取，又可以保证服务在高并发状态下正常运行。

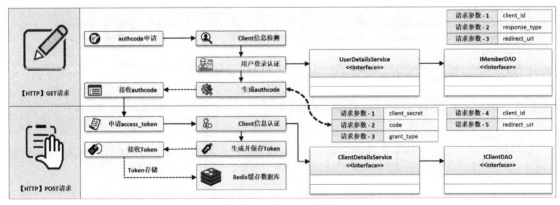

图 12-17 Token 生成处理

通过图 12-17 所示的结构可以发现，服务端生成的授权码需要在第二次 POST 请求时以 code

参数的形式发送到指定路径中，而在此时必须传递 Client 提供的完整信息（client_id、client_secret），随后才可以生成 Token（存在有时效），最终所有的 Token 数据会以 Rest 数据的形式返回服务调用处。下面通过具体操作步骤进行实现讲解。

(1)【microboot 项目】修改 build.gradle 配置文件，为 "microboot-oauth2" 子模块添加 Redis 相关依赖。

```
project('microboot-oauth2') {            // 子模块
    dependencies {                        // 重复依赖配置略
        compile('org.springframework.boot:spring-boot-starter-data-redis:2.4.1')
        compile('org.apache.commons:commons-pool2:2.9.0')
    }
}
```

(2)【microboot-oauth2 子模块】在 application.yml 文件中进行 Redis 相关配置。

```yaml
spring:
  redis:                                  # Redis相关配置
    host: redis.yootk.com                 # Redis服务器地址
    port: 6379                            # Redis服务器连接端口
    password: hello                       # Redis服务器连接密码
    database: 0                           # Redis数据库索引
    timeout: 200ms                        # 连接超时时间，不能设置为0
    lettuce:                              # 配置Lettuce
      pool:                               # 配置连接池
        max-active: 100                   # 连接池最大连接数
        max-idle: 29                      # 连接池中的最大空闲连接
        min-idle: 10                      # 连接池中的最小空闲连接
        max-wait: 1000                    # 连接池最大阻塞等待时间
        time-between-eviction-runs: 2000  # 每2s回收一次空闲连接
```

(3)【microboot-oauth2 子模块】修改 YootkAuthorizationServerConfig 配置类，并注入 Redis 连接工厂实例。

```java
package com.yootk.config;
@Configuration
@EnableAuthorizationServer                                          // 启用授权服务
public class YootkAuthorizationServerConfig
        extends AuthorizationServerConfigurerAdapter {
    @Autowired
    private RedisConnectionFactory redisConnectionFactory ;         // Redis连接工厂
    @Autowired
    private PasswordEncoder passwordEncoder;                        // 注入密码编码器
    @Autowired
    @Qualifier("clientDetailsServiceImpl")                          // 注意：需要标注Bean名称
    private ClientDetailsService clientDetailsService;              // 注入接口实例
    @Override
    public void configure(AuthorizationServerEndpointsConfigurer endpoints)
            throws Exception {
        endpoints.tokenStore(new RedisTokenStore(
                this.redisConnectionFactory));                      // 通过Redis保存Token
    }
    @Override
    public void configure(ClientDetailsServiceConfigurer clients) throws Exception {
        clients.withClientDetails(this.clientDetailsService);       // 注入业务接口实例
    }
    @Override
    public void configure(AuthorizationServerSecurityConfigurer security)
            throws Exception {
        // 允许通过FORM表单实现客户端认证，客户端传递client_id和client_secret获取Token数据
        security.allowFormAuthenticationForClients()
```

```
            .checkTokenAccess("isAuthenticated()")       //通过验证返回Token信息
            .tokenKeyAccess("permitAll()")               // 获取Token请求不进行拦截
            .passwordEncoder(this.passwordEncoder);      // 密码编码器
    }
}
```

(4)【浏览器】要获取 Token，则首先需要获得授权码，采用与前面相同的访问路径实现。

```
admin:hello@localhost/oauth/authorize?client_id=client_muyan&response_type=code&redirect_uri=
https://www.yootk.com
```

程序执行结果：

```
https://www.yootk.com/?code=B0S0Ur
```

(5)【命令行】获取授权码数据后，再次向 OAuth2 服务端发出 POST 请求，此时需要传递 client_id、client_secret、code 等核心参数。authcode 检测正确后将获得并在 Redis 中保存 Token 数据。

```
curl -X POST -d "client_id=client_muyan&client_secret=hello&grant_type=authorization_code&
    code=B0S0Ur&redirect_uri=https://www.yootk.com" "http://localhost/oauth/token"
```

程序执行结果：

```
{
  "access_token": "kgFhyULY-nQjzLwmwhGPVyAssEM",
  "token_type": "bearer",
  "expires_in": 29,
  "scope": "webapp"
}
```

为了便于访问，本次将直接通过 curl 命令获取 token 数据。当传递的参数正确时，程序会向 Redis 中保存相关的 Token 数据，同时该数据也会返回给客户端使用。操作形式如图 12-18 所示。

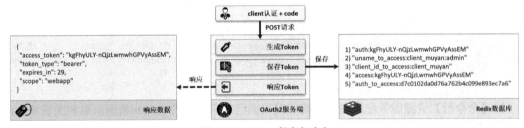

图 12-18　Token 保存与响应

12.2.5　OAuth2 资源服务

视频名称　1212_【掌握】OAuth2 资源服务

视频简介　OAuth2 认证处理流程中服务器需要提供相关的用户资源，而资源的访问是需要存在合法的 Token 信息的。本视频实现用户基本信息资源返回处理。

资源服务是 OAuth2 客户端获取用户数据的唯一途径，在进行资源获取时，客户端需要传递合法的 Token 到资源服务器中，如图 12-19 所示。

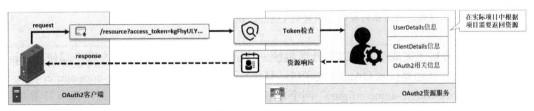

图 12-19　获取资源数据

为便于读者观察，本次进行资源数据返回时将直接返回当前资源拥有者的全部数据内容（返回 Principal 对象实例），同时对于资源访问也需要通过 ResourceServerConfigurerAdapter 类进行相关访问配置，具体实现步骤如下。

（1）【microboot-oauth2 子模块】创建一个获取资源的 Action 程序类，为了简化处理，本次将直接返回用户认证数据。

```
package com.yootk.action;
@RestController                              // Rest数据响应
public class ResourceAction {
    @RequestMapping("/resource")
    public Principal resource(Principal user) {
        return user;                         // 获取用户详情
    }
}
```

（2）【microboot-oauth2 子模块】创建 Resource 服务配置类。

```
package com.yootk.config;
@Configuration
@EnableResourceServer                        // 启用资源服务
@Order(30)                                   // 启动顺序靠后
@Slf4j
public class OAuth2ResourceServerConfig extends ResourceServerConfigurerAdapter {
    @Override
    public void configure(ResourceServerSecurityConfigurer resources) throws Exception {
        resources.stateless(true);           // 无状态存储
    }
    @Override
    public void configure(HttpSecurity http) throws Exception {  // 配置URL访问权限
        http.csrf().disable()                                    // 禁用CSRF校验
            .exceptionHandling()                                 // 异常处理
            .authenticationEntryPoint((request,response,authException)->
                response.sendError(HttpServletResponse.SC_UNAUTHORIZED))   // 状态码
            .and().authorizeRequests().anyRequest().authenticated();       // 认证访问
    }
}
```

（3）【命令行】资源服务配置完成后就可以根据已经获取到的 Token 数据获取相关资源，此时可以通过浏览器访问，也可以采用 curl 命令进行访问。

```
curl -X GET "http://localhost/resource?access_token=kgFhyULY-nQjzLwmwhGPVyAssEM"
```

当前访问请求成功后，第三方客户端可以直接获取用户 ID、密码、姓名、用户角色、Client 以及 OAuth2 相关信息等内容，这样客户端就可以根据自己的需要进行响应数据的解析以获取所需要的数据项。

12.2.6 OAuth2 客户端访问

OAuth2 客户端访问

视频名称　1213_【掌握】OAuth2 客户端访问

视频简介　Spring Security 除了支持 OAuth2 服务搭建外，也可以直接实现客户端的创建。本视频通过具体的操作实例讲解 OAuth2 服务的调用处理。

OAuth2 服务搭建完成后就可以对外提供统一认证服务处理。如果第三方客户端使用 Spring Boot 框架开发，并且需要接入 OAuth2 实现统一认证，那么只需要导入"spring-boot-starter-security"和"spring-security-oauth2-autoconfigure"两个依赖库即可实现整合。而整合处理过程中只需要在客户端项目的 application.yml 配置文件中配置相关数据获取地址即可自动实现授权码、Token 以及资

12.2 Spring Boot 整合 OAuth2

源的获取处理。操作结构如图 12-20 所示，具体实现步骤如下。

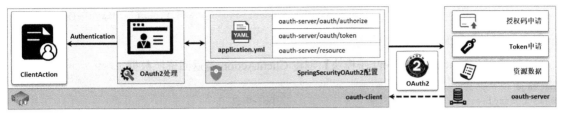

图 12-20 OAuth2 客户端接入

（1）【操作系统】为了模拟出 OAuth2 客户端和服务端的操作流程，本次将通过 hosts 注册两台新的主机。

```
127.0.0.1    oauth-server        //OAuth2认证服务主机，在之前已经搭建完成，占用80端口
127.0.0.1    oauth-client        //OAuth2第三方应用接入主机，占用8888端口，需要在client表中注册此地址
```

（2）【MySQL 数据库】由于此时需要进行客户端接入处理，因此需要提供一个相应的客户端注册信息，在 client 数据表中添加以下数据。

```
INSERT INTO client(cid, secret,scope, grants, url) VALUES ('client_happy',
     '{bcrypt}$2a$10$yrmieUQje2lL10p4jT3dx.oS5e4FtqfP7QKoh9RrZ4JQEfeLdcsaG',
     'webapp', 'authorization_code', 'http://oauth-client:8888/login');
```

（3）【microboot 项目】创建一个"microboot-oauth2-client"子模块，随后修改 build.gradle 配置所需依赖。

```
project('microboot-oauth2-client') {                              // 子模块
    dependencies {
        compile('org.springframework.boot:spring-boot-starter-web')
        compile('org.springframework.boot:spring-boot-starter-security')
        compile('org.springframework.security.oauth.boot:' +
                'spring-security-oauth2-autoconfigure:2.4.3')     // OAuth2依赖
    }
}
```

（4）【microboot-oauth2-client 子模块】创建 application.yml 配置文件，进行 OAuth2 使用环境配置。

```
security:                                                         # Spring Security配置
  oauth2:                                                         # OAuth2配置
    client:                                                       # 客户端配置
      client-id: client_happy                                     # Client注册ID
      client-secret: hello                                        # Client注册密钥
      user-authorization-uri: http://oauth-server/oauth/authorize # authcode获取地址
      access-token-uri: http://oauth-server/oauth/token           # Token获取地址
      authentication-scheme: query                                # 认证模式
      client-authentication-scheme: form                          # Client信息提交模式
      scope: webapp                                               # 应用范围
      authorized-grant-types: code                                # 授权类型
      registered-redirect-uri: http://oauth-client:8888/login     # 返回地址
    resource:
      user-info-uri: http://oauth-server/resource                 # 资源地址
server:                                                           # 服务端配置
  port: 8888                                                      # 监听端口
```

（5）【microboot-oauth2-client 子模块】创建客户端安全访问配置类。

```
package com.yootk.config;
@Configuration
@EnableOAuth2Sso                                                  // 启用OAuth2单点登录
public class ClientWebSecurityConfigurerAdapter extends WebSecurityConfigurerAdapter {
```

```
    @Override
    protected void configure(HttpSecurity http) throws Exception {
        http.authorizeRequests().anyRequest().authenticated().and().csrf().disable();
    }
}
```

(6)【microboot-oauth2-client 子模块】创建 ClientAction 类返回资源数据。

```
package com.yootk.action;
@RestController                                    // Rest响应
public class ClientAction {
    @GetMapping("/client")
    public Object client() {
        Authentication authentication = SecurityContextHolder.getContext()
                .getAuthentication();              // 获取认证数据
        return authentication;                     // 数据响应
    }
}
```

通过以上步骤就可以在当前项目中基于 OAuth2 协议实现登录认证管理。当用户访问"/client"路径时，程序会根据 ClientWebSecurityConfigurerAdapter 类的配置自动跳转到 OAuth2 服务端进行登录认证处理，认证完成后用户就可以获取相应资源。本例为了便于理解，直接实现了用户资源数据的输出。

> 提示：基于前后端分离的 OAuth2 接入。
>
> 本书主要讲解 Spring Boot 相关技术，所以直接基于 Spring Boot 实现了 OAuth2 客户端，而在实际的开发中，开发者有可能需要通过其他形式进行接入。考虑到读者学习的方便，此处额外介绍基于 Vue.JS 实现的 OAuth2 接入处理。
>
>
>
> 视频名称　1214_【理解】Vue.JS 整合 OAuth2 认证
> 视频简介　现代大型项目开发都会对程序实现进行有效的前后端分离。本视频通过 Vue.JS 并结合 WebPack 实现 OAuth2 接入，并通过 Axios 实现资源数据的获取处理。
>
> 关于 Vue.JS 的具体讲解以及详细的实现步骤，读者可以参考本系列的其他图书，完整的前端代码名称与配套视频的名称相同。

12.3　Spring Boot 整合 JWT

视频名称　1215_【掌握】JWT 简介
视频简介　JWT 是一种简化的单点登录解决方案。本视频为读者分析 OAuth2 单点登录应用方案的形式以及缺陷，并详细阐述 JWT 的主要作用和使用流程。

OAuth2 协议可以有效地解决第三方系统的安全认证处理问题，在超大型互联网项目中可以很好地实现登录认证处理，同时也可以方便地实现所有接入客户端的管理，如图 12-21 所示。但是在一些小型项目应用环境中（见图 12-22），使用 OAuth2 来实现统一认证管理就会非常烦琐，而且会影响到项目的性能。

为了降低 SSO 的实现难度以及第三方客户端整合的接入难度，可以直接利用一个 Token 数据实现用户认证信息的存储，这样在每次进行应用资源访问时只需要传递并验证此 Token 数据项，即可实现分布式的认证管理。这样的操作机制不仅简单，且整合难度较低。最重要的是每一组 Token 数据量较小，这样可以得到更快的网络传输速度。

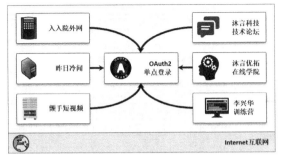
图 12-21　互联网认证管理

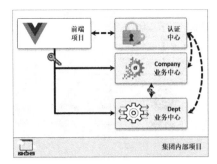
图 12-22　内部项目认证管理

在整个分布式认证管理过程中，最为重要的就是 Token 数据的结构组成，为了可以更加简洁地实现数据的处理，可以通过 JSON 实现认证数据的携带，这样不仅可以轻松打破技术平台的限制，也可以避免多次数据库的查询操作。而在资源访问时，为了保证 Token 数据安全可以基于数字签名进行加密处理，以防止出现 Token 数据伪造所造成的安全问题。所以它非常适合在 Web 上进行传输，此种结构的数据形式被称为 JWT（JSON Web Token）。

每次用户认证时都会由特定的应用平台访问 JWT 认证中心，随后根据用户认证数据信息的填写实现 Token 数据的生成与保存操作。而用户在每次进行应用资源访问时也都需要携带相应的 Token 数据，只要 Token 有效性检测通过，即可实现资源获取。操作流程如图 12-23 所示。

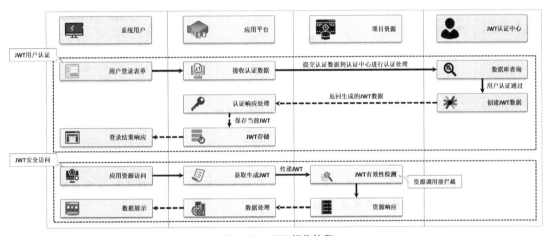
图 12-23　JWT 操作流程

12.3.1　JWT 结构分析

视频名称　1216_【掌握】JWT 结构分析
视频简介　JWT 为了可以包含更多的数据信息，同时为了数据的安全以及解析处理的便利，提供了完善的数据存储结构。本视频为读者分析了 JWT 数据组成规范，同时讲解了实际项目开发中的 JWT 数据配置。

在实际的项目开发中，JWT 主要是为了实现用户认证数据的处理，所以第三方应用客户端要想进行用户统一登录的操作，只需要传入用户认证所需要的数据信息，即可成功获取 Token 令牌。考虑到令牌的安全性以及实用性，每个 JWT 数据会包含三类信息项：Header 头部信息、Payload 负载信息、Signature 数字签名，如图 12-24 所示。

利用 JWT 的结构特点，可以有效地实现用户数据信息的携带。每次进行服务调用时都需要传递此 JWT 数据，目标微服务依靠此数据实现用户登录状态检测，同时也可以根据其保存的用户角色数据来进行当前操作的合法性校验，如图 12-25 所示。

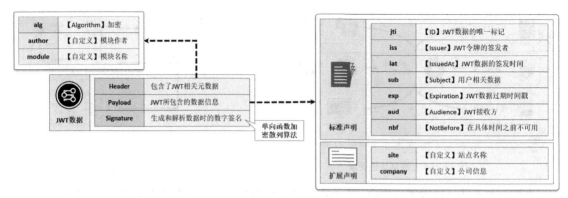

图 12-24　JWT 数据组成

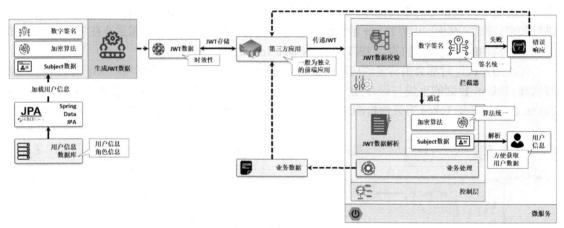

图 12-25　JWT 获取与处理

> 💡 **提示**：常见加密算法。
>
> 考虑到 JWT 数据的重要性，必须对其进行有效的加密处理，同时对于加密后的数据还需要进行解密处理。比较常见的加密算法有以下几种。
>
> （1）对称加密（如 AES）：将明文分为若干个组，并使用密钥对各个组进行加密，最后对全部密文进行合并，以形成最终的使用密文。此类算法速度较快，被广泛使用，但是需要加密和解密双方持有相同的密钥。
>
> （2）非对称加密（如 RSA）：同时生成两把密钥（公钥、私钥），两者相互作用实现数据的加密和解密，是现在较为安全的加密形式。其破解难度较大，算法耗时较高。
>
> （3）不可逆加密（又称"单向函数散列算法"，如 MD5、SHA、HAMC 算法）。
>
> ① MD5（Message-Digest Algorithm 5，信息-摘要算法）：可以生成定长的加密数据。
>
> ② SHA（Secure Hash Algorithm，安全散列算法）：数字签名的重要工具，安全性高于 MD5。
>
> ③ HMAC（Hash Message Authentication Code，散列消息鉴别码）算法：基于密钥的 Hash 算法，常用于接口签名验证。

在实际项目开发中，不同的项目中存在不同的数字签名、发布者等数据信息，考虑到 JWT 使用的便捷性，可以直接通过 application.yml 配置 JWT 的相关属性内容，随后将这些属性注入指定的配置类，如图 12-26 所示。这样在需要的地方直接注入此配置 Bean 的实例即可实现相关配置项的加载，具体实现步骤如下。

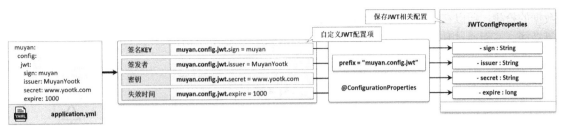

图 12-26 自定义 JWT 配置

（1）【microboot 项目】创建一个新的子模块"microboot-jwt"，同时修改 build.gradle 进行依赖配置。

```
project('microboot-jwt') {                          // 子模块
    dependencies {
        compile('org.springframework.boot:spring-boot-starter-web')
        compile('com.alibaba:fastjson:1.2.75')       // 在subject中保存JSON数据
        compile('io.jsonwebtoken:jjwt:0.9.1')        // JWT工具组件
        compile('javax.xml.bind:jaxb-api:2.3.1')     // 用于错误转换处理
    }
}
```

（2）【microboot-jwt 子模块】创建 application.yml 配置文件，配置 JWT 相关属性。考虑到后续的 JWT 数据操作，本例也同时定义了应用名称（spring.application.name 配置项）。

```yaml
muyan:                              # 自定义配置项
  config:                           # 自定义配置项
    jwt:                            # JWT相关配置
      sign: muyan                   # JWT证书签名
      issuer: MuyanYootk            # 证书签发人
      secret: www.yootk.com         # 加密密钥（公共密钥）
      expire: 100                   # 有效时长（单位：s）
spring:                             # Spring配置
  application:                      # 应用配置
    name: microboot-jwt             # 应用名称
```

（3）【microboot-jwt 子模块】创建 JWT 属性配置类，接收 application.yml 中的属性内容。

```java
package com.yootk.config;
@ConfigurationProperties(prefix = "muyan.config.jwt")   // 外部注入
@Component                                              // Bean注册
@Data                                                   // Lombok生成类结构
public class JWTConfigProperties {                      // JWT属性配置
    private String sign;                                // 证书签名信息
    private String issuer;                              // 证书签发人
    private String secret;                              // 加密密钥
    private long expire;                                // 失效时间（单位：s）
}
```

12.3.2 JWT 数据服务

JWT 数据服务

视频名称　1217_【掌握】JWT 数据服务
视频简介　JWT 组件为用户进行 JWT 数据的处理提供了良好的支持。本视频基于业务层的管理机制实现 JWT 数据的创建、解析、验证以及刷新处理。

在 JWT 数据操作过程中，可以根据图 12-27 所示的类结构，创建一个专属的 ITokenService 业务接口，利用该业务接口提供的方法实现 JWT 数据的创建。由于在微服务访问之前需要进行 JWT

数据的检测，所以在该业务接口中还应该提供 JWT 数据的校验、解析、刷新（延长数据有效期）等功能。下面通过具体实例为读者讲解"jjwt"依赖库所提供的操作类和接口的使用。

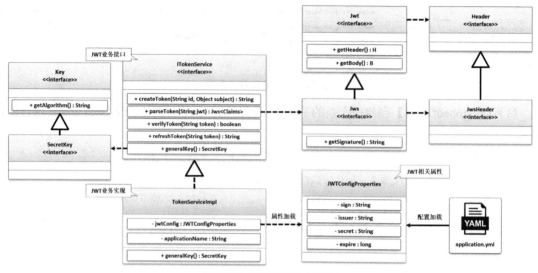

图 12-27 JWT 数据操作业务

（1）【microboot-jwt 子模块】创建 Token 操作的业务接口，并定义相关 Token 处理方法。

```
package com.yootk.service;
public interface ITokenService {                    // JWT数据操作接口
    /**
     * 获取当前JWT数据的加密KEY
     * @return SecretKey接口实例
     */
    public SecretKey generalKey();
    /**
     * 根据指定的加密算法以及加密KEY创建一个Token数据
     * @param id TokenID数据
     * @param subject JWT数据需要携带的用户认证或授权数据
     * @return 生成的Token信息
     */
    public String createToken(String id, Map<String, Object> subject);
    /**
     * 根据已有的Token解析出所包含的数据信息
     * @param token 要解析的Token数据
     * @return Jws接口实例（指定Token数据所包含的数据）
     * @throws JwtException JWT数据解析出现的异常
     */
    public Jws<Claims> parseToken(String token) throws JwtException;
    /**
     * 验证Token是否有效
     * @param token 要验证的Token数据
     * @return Token有效返回true，否则返回false
     */
    public boolean verifyToken(String token);
    /**
     * Token刷新（延缓失效）
     * @param token 要延缓失效的Token数据
     * @return 新的Token数据，如果该Token已经失效，则返回null
     */
    public String refreshToken(String token);
}
```

12.3 Spring Boot 整合 JWT

（2）【microboot-web 子模块】创建 TokenServiceImpl 业务实现子类，注入 JWTConfigProperties 对象实例，并基于此配置项实现 Token 数据操作，具体实现步骤如下。

① 在 Token 业务层实现子类中需要进行当前应用名称的接收，考虑到实际配置的需要，如果发现当前的应用环境没有定义"spring.application.name"配置项，则可以使用一个默认名称（muyan-yootk-token），该数据将保存在最终生成的 JWT 头部信息中。需要注意的是，为了便于后续 JWT 加密算法的统一，本例直接在类中定义了 SignatureAlgorithm 枚举实例（采用"HS256"加密算法）。

```
package com.yootk.service.impl;
@Service                                                         // Bean注册
public class TokenServiceImpl implements ITokenService {          // 业务子类
    @Autowired                                                   // 依赖注入
    private JWTConfigProperties jwtConfigProperties;             // 注入JWT配置属性
    @Value("${spring.application.name?:muyan-yootk-token}")      // SpEL判断
    private String applicationName;                              // 应用名称
    private SignatureAlgorithm signatureAlgorithm = SignatureAlgorithm.HS256;  // 签名算法
```

② 覆写 generalKey() 抽象方法。在该方法中需要明确设置当前加密的密钥信息（考虑到加密数据的安全性，本例额外通过 Base64 进行密钥的加密处理），以及数据加密所使用的算法。本程序用到的类结构关系如图 12-28 所示。

```
@Override
public SecretKey generalKey() {
    byte[] encodedKey = Base64.decodeBase64(Base64.encodeBase64(
            this.jwtConfigProperties.getSecret().getBytes()));
    SecretKeySpec key = new SecretKeySpec(encodedKey, 0, encodedKey.length, "AES");
    return key;
}
```

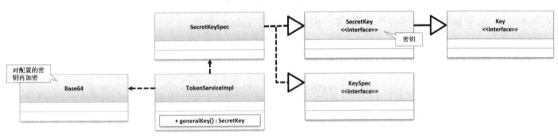

图 12-28 获取加密密钥

③ 如果要进行 Token 数据的创建，则可以为其设置唯一的 ID 标记，而相关的数据附加信息（subject）可以直接利用 FastJSON 所提供的组件类进行转换处理。考虑到读者学习的需求，本例在最终生成的数据中保存了额外的 Claims 和 Header 信息。该方法的实现类结构如图 12-29 所示。

```
@Override
public String createToken(String id, Map<String, Object> subject) {
    Date nowDate = new Date();                                    // 签发时间
    Date expireDate = new Date(nowDate.getTime() +
            this.jwtConfigProperties.getExpire() * 1000);         // 证书过期时间
    Map<String, Object> claims = new HashMap<>();                 // Claims信息
    claims.put("site", "www.yootk.com");                          // 附加信息
    Map<String, Object> headers = new HashMap<>();                // 头部信息
    headers.put("author", "李兴华");
    headers.put("module", this.applicationName);
    JwtBuilder builder = Jwts.builder()                           // JwtBuilder实例
            .setClaims(claims)                                    // 设置附加数据
            .setHeader(headers)                                   // 设置头信息
            .setId(id)                                            // JWT唯一标记
            .setIssuedAt(nowDate)                                 // 签发时间
```

```
       .setIssuer(this.jwtConfigProperties.getIssuer())    // 签发人
       .setSubject(JSONObject.toJSONString(subject))       // 用户数据
       .signWith(signatureAlgorithm, this.generalKey())    // 签名算法
       .setExpiration(expireDate);                         // 失效时间
    return builder.compact();                              // 创建Token
}
```

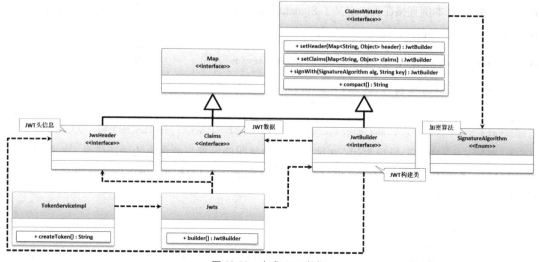

图 12-29　生成 JWT 数据

④ 由于 JWT 有严格的组成结构以及时效，因此为了保证可以正确地实现解析处理，需要提供一个 Token 数据有效性的校验操作。这就需要采用图 12-30 所示的类结构，通过 JwtParser 接口来实现解析，如果解析失败则会产生异常，表示当前的 Token 无效。

```
@Override
public boolean verifyToken(String token) {
    try {                                                  // Token数据解析
        Jwts.parser().setSigningKey(this.generalKey())
            .parseClaimsJws(token).getBody();              // 获取数据
        return true;                                       // Token正确
    } catch (Exception e) {
        return false;                                      // Token错误
    }
}
```

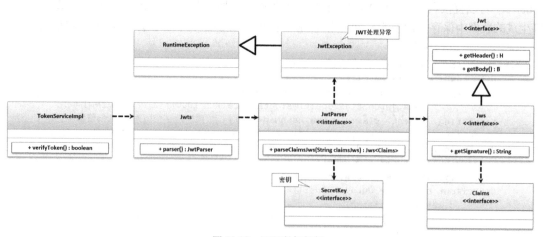

图 12-30　JWT 数据解析

⑤ 客户端每次访问微服务时都需要传递 Token 数据，这样就需要对所传递的 Token 数据进行解析，而解析数据需要通过 JwtParser 接口来实现。如果想获取 JWT 中的数据，则一定要设置正确的密钥。

```java
@Override
public Jws<Claims> parseToken(String token) throws JwtException {
    if (this.verifyToken(token)) {                          // Token校验
        Jws<Claims> claims = Jwts.parser()                   // 获取接口实例
                .setSigningKey(this.generalKey())            // 签名密钥
                .parseClaimsJws(token);                      // 数据解析
        return claims;
    }
    return null;
}
```

⑥ JWT 数据有失效时间配置，为了保证客户端持续性访问时的 Token 正确性，需要在每次请求处理完毕后创建一个 Token 刷新的操作，基于已有的数据创建新的 Token。

```java
@Override
public String refreshToken(String token) {
    if (this.verifyToken(token)) {                          // Token校验
        Jws<Claims> jws = this.parseToken(token);
        return this.createToken(jws.getBody().getId(), JSONObject.parseObject(
                jws.getBody().getSubject(), Map.class));    // 创建新Token
    }
    return null;
}
```

(3)【microboot-jwt 子模块】编写测试类，测试 ITokenService 业务操作方法。

```java
package com.yootk.test;
@ExtendWith(SpringExtension.class)                          // JUnit 5测试工具
@WebAppConfiguration                                        // 启动Web配置
@SpringBootTest(classes = StartJWTApplication.class)        // 启动类
public class TestTokenService {
    @Autowired
    private ITokenService tokenService;                     // 注入业务接口
    @Test
    public void testCreateJWT() {
        Map<String, Object> map = new HashMap<>();          // 保存subject数据
        map.put("mid", "muyan");
        map.put("name", "沐言科技");
        map.put("rids", "USER;ADMIN;DEPT;EMP;ROLE");
        String id = "yootk-" + UUID.randomUUID();           // 随机生成一个ID
        System.out.println(this.tokenService.createToken(id, map));  // 创建Token
    }
    @Test
    public void testParseJWT() {
        String jwt = "eyJhdXRob...";                        // Token数据
        Jws<Claims> jws = this.tokenService.parseToken(jwt); // Token解析
        System.out.println(jws.getSignature());             // 签名数据
        System.out.println(jws.getHeader());                // 头信息
        System.out.println(jws.getBody());                  // 主体数据
    }
    @Test
    public void testVerifyJWT() {
        String jwt = "eyJhdXRob...";                        // Token数据
        System.out.println(this.tokenService.verifyToken(jwt)); // Token校验
    }
}
```

```
@Test
public void testRefreshJWT() {
    String jwt = "eyJhdXRob...";                                           // Token数据
    System.out.println(this.tokenService.refreshToken(jwt));               // 获取新Token
}
```

12.3.3　Token 拦截

Token 拦截

视频名称　1218_【掌握】Token 拦截
视频简介　JWT 数据直接决定了所调用的目标微服务能否正常执行，所以需要通过拦截器的机制进行 Token 存在以及有效性的判断处理。本视频通过具体代码实现访问拦截。

在 JWT 的操作机制中，如果想安全地实现微服务的访问，则需要在每次请求处理前进行 Token 数据的校验：如果用户传递的 Token 数据有效，则允许用户访问目标资源；反之，如果 Token 数据无效，则应该进行错误信息的显示。这一操作可以直接基于拦截器的方式实现，如图 12-31 所示。具体实现步骤如下。

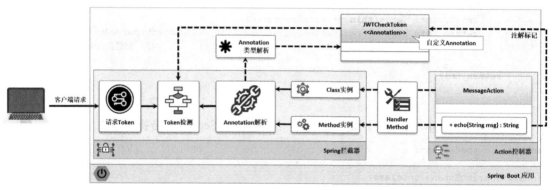

图 12-31　Token 验证拦截

（1）【microboot-jwt 子模块】创建一个用于强制要求 Token 检测的注解，有此注解的方法都要求验证。

```
package com.yootk.annotation;
@Target({ElementType.METHOD})                      // 方法上使用
@Retention(RetentionPolicy.RUNTIME)                // 运行时生效
public @interface JWTCheckToken {                  // Token检测
    boolean required() default true;               // 是否强制性检测
}
```

（2）【microboot-jwt 子模块】创建一个 MessageAction 控制器类，并进行 JWT 验证标注。

```
package com.yootk.action;
@RestController                                    // Rest响应
@RequestMapping("/message/*")                      // 映射父路径
public class MessageAction {
    @RequestMapping("echo")                        // 映射子路径
    @JWTCheckToken                                 // 需要JWT认证
    public Object echo(String msg) {               // 控制层方法
        return "【ECHO】" + msg;                    // 数据响应
    }
}
```

（3）【microboot-jwt 子模块】创建 JWT 拦截器进行 Token 拦截，如果发现用户所传递的 Token 存在错误，则直接抛出一个 RuntimeException 异常。同时在该项目中需要配置好全局异常处理，以进行统一的异常数据响应。

```java
package com.yootk.interceptor;
public class JWTAuthenticationInterceptor implements HandlerInterceptor {  // JWT拦截器
    @Autowired
    private ITokenService tokenService;                                    // Token业务实例
    // 获取请求Token数据的名称（头信息名称和参数名称相同）
    private static final String TOKEN_NAME = "yootkToken";
    @Override
    public boolean preHandle(HttpServletRequest request,
        HttpServletResponse response, Object handler) throws Exception {
        if (!(handler instanceof HandlerMethod)) {                         // 类型不匹配
            return true;                                                   // 不拦截
        }
        HandlerMethod handlerMethod = (HandlerMethod) handler;             // 获取操作方法对象
        Method method = handlerMethod.getMethod();                         // 获取操作方法
        if (method.isAnnotationPresent(JWTCheckToken.class)) {             // 是否存在指定注解
            JWTCheckToken checkToken = method.getAnnotation(JWTCheckToken.class);
            if (checkToken.required()) {                                   // 检测状态，默认为true
                String token = this.getToken(request);                     // 获取Token数据
                if (!this.tokenService.verifyToken(token)) {               // 验证失败
                    throw new RuntimeException("Token数据无效，无法访问。"); // 全局异常处理
                }
            }
        }
        return true;
    }
    public String getToken(HttpServletRequest request) {                   // 获取请求Token
        String token = request.getHeader(TOKEN_NAME);                      // 获取请求Token数据
        if (token == null || "".equals(token)) {                           // 头信息没有Token
            token = request.getParameter(TOKEN_NAME);                      // 通过参数获取Token
        }
        return token;                                                      // 返回Token数据
    }
}
```

Token是保证资源访问的重要凭证，考虑到实际项目中对Token数据传递与接收的需要，本类中定义了一个getToken()方法，该方法可以通过指定头信息或指定的参数获取Token数据，而如果没有任何Token传递则最终返回null。

(4)【microboot-jwt子模块】创建拦截器配置类，配置JWT拦截器实例以及拦截路径。

```java
package com.yootk.config;
@Configuration
public class InterceptorConfig implements WebMvcConfigurer {               // 拦截器配置
    @Override
    public void addInterceptors(InterceptorRegistry registry) {            // 追加拦截器
        registry.addInterceptor(this.getJWTAuthenticationInterceptor())
                .addPathPatterns("/**");                                   // 配置拦截路径
    }
    @Bean
    public HandlerInterceptor getJWTAuthenticationInterceptor() {          // 获取拦截器实例
        return new JWTAuthenticationInterceptor();                         // JWT认证拦截
    }
}
```

追加拦截器后，程序会自动在每次进行路径访问时判断目标方法上是否存在"@JWTCheckToken"注解，如果该注解存在，则会进行Token验证，反之则允许客户端直接进行访问。

> **提示：JWT 技术是后续 Spring Cloud 技术的实现重点。**
>
> 如果想彻底理解微服务的使用，读者还需要阅读本系列中的《Spring Cloud 开发实战》一书，而该书进行微服务集群架构访问处理时，主要基于当前的 JWT 技术实现验证，所以读者必须理解 JWT 的相关操作原理以及相关数据操作功能的实现。

视频名称　　1219_【理解】Vue.JS 整合 JWT 认证
视频简介　　JWT 的实现机制较为简单，所以可以更好地应用于前后端分离项目架构。本视频基于 Vue.JS 整合 JWT 登录认证以及微服务访问处理操作。

Vue.JS 整合 JWT 认证

此外，本书为了充分与前端开发进行有效结合，也提供了基于 JWT 实现的前后端认证与处理操作。考虑到知识结构的重复问题，这部分知识以具体的视频讲解为主，读者可以扫描二维码进行学习。

12.4　Spring Boot 整合 Shiro

视频名称　　1220_【掌握】Shiro 整合简介
视频简介　　Shiro 是一款优秀的安全框架，在早期的 SSM 开发过程中使用较为广泛，同时，为了配合 Spring Boot 实现模式，Shiro 也提供相关的依赖支持。本视频为读者总结 Shiro 的主要特点与核心结构。

Shiro 整合简介

Shiro 是一款被广泛使用的认证与授权安全框架，由 Apache 软件基金会推出并维护。与 Spring Security 不同的是，Shiro 的实现机制更加简单，可以帮助开发者轻松实现认证管理、授权管理、数据加密、会话管理、数据缓存等功能，而实现这些功能主要依靠以下三个核心组件。

（1）Subject：当前操作的主体。在 Shiro 中主体是一个抽象概念，可能是用户，也可能是一个机器人。

（2）Realm：Shiro 通过 Realm 实现用户认证与授权数据信息的获取。

（3）SecurityManager：Shiro 安全管理器。所有与安全有关的操作都与 SecurityManager 交互，其可以实现整个项目中的 Realm、缓存、Cookie、Session 等核心组件的管理。

Shiro 是基于 Filter 过滤实现的安全访问控制框架，在与 Spring MVC 框架整合时，除了可以依据过滤策略实现认证与授权信息检查外，也可以通过 ProxyProcessorSupport 切面控制结构，基于注解的方式实现控制层与业务层的安全访问控制，如图 12-32 所示。

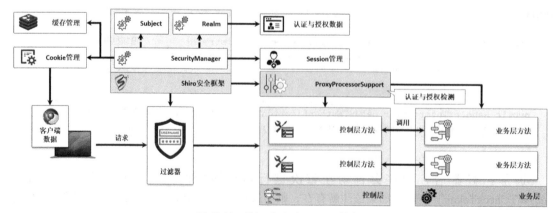

图 12-32　Shiro 与 Spring MVC 整合

12.4 Spring Boot 整合 Shiro

为便于开发者将 Shiro 与 Spring Boot 整合，Shiro 也提供了"shiro-spring-boot-web-starter"依赖库，开发者可以基于 Bean 以及 application.yml 的形式进行配置。相关的配置项如表 12-2 所示。

表 12-2 Shiro 整合配置项

序号	配置项	默认值	描述
01	shiro.enabled	true	启用 Shiro 支持
02	shiro.web.enabled	true	启用 Shiro Web 支持
03	shiro.annotations.enabled	true	启用 Shiro 注解支持
04	shiro.sessionManager.deleteInvalidSessions	true	删除非法的 Session 存储
05	shiro.sessionManager.sessionIdCookieEnabled	true	启用 SessionID 的 Cookie 存储
06	shiro.sessionManager.sessionIdUrlRewritingEnabled	true	启用 URL 重写支持
07	shiro.userNativeSessionManager	false	是否由 Shiro 管理 HTTP 会话
08	shiro.sessionManager.cookie.name	JSESSIONID	SessionCookie 名称
09	shiro.sessionManager.cookie.maxAge	-1	SessionCookie 保存时间
10	shiro.sessionManager.cookie.domain	null	SessionCookie 保存的域
11	shiro.sessionManager.cookie.path	null	SessionCookie 保存路径
12	shiro.sessionManager.cookie.secure	false	是否启用 SessionCookie 安全
13	shiro.rememberMeManager.cookie.name	rememberMe	RemembermeCookie 名称
14	shiro.rememberMeManager.cookie.maxAge	one year	RemembermeCookie 保存时间
15	shiro.rememberMeManager.cookie.domain	null	RemembermeCookie 保存域
16	shiro.rememberMeManager.cookie.path	null	RemembermeCookie 保存路径
17	shiro.rememberMeManager.cookie.secure	false	是否启用 RemembermeCookie 安全
18	shiro.loginUrl	/login.jsp	用户登录页
19	shiro.successUrl	/	登录成功页
20	shiro.unauthorizedUrl	null	授权错误页

12.4.1 Shiro 用户认证

Shiro 用户认证

视频名称 1221_【掌握】Shiro 用户认证
视频简介 为了帮助读者理解 Shiro，本视频基于固定认证信息的模式实现 Realm 数据管理，同时基于过滤器配置的方式实现安全检查。

Shiro 的处理机制主要是依赖于 Realm 实现用户认证以及授权数据的加载处理，同时基于过滤器的检查策略实现资源的安全保护。为便于理解，下面采用一种固定认证信息的模式（用户名任意、密码以及授权信息相同）实现基于前后端分离设计的 Shiro 认证管理。本程序的基本实现结构如图 12-33 所示，下面通过具体步骤进行实现讲解。

（1）【microboot 项目】创建一个"microboot-shiro"子模块，随后修改 build.gradle 配置文件配置模块依赖。

```
project('microboot-shiro') {    // 子模块
    dependencies {    // 已经添加过的依赖库不再重复列出，代码略
        compile('org.springframework.boot:spring-boot-starter-web')
        compile('org.apache.shiro:shiro-spring-boot-web-starter:1.7.1')
    }
}
```

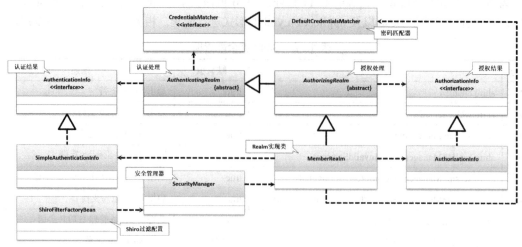

图 12-33 Shiro 实现结构

(2)【microboot-shiro 子模块】创建密码匹配器。

```
package com.yootk.realm.matcher;
public class DefaultCredentialsMatcher extends SimpleCredentialsMatcher {
    @Override
    public boolean doCredentialsMatch(AuthenticationToken token,
                AuthenticationInfo info) {
        String defaultPassword = super.toString(token.getCredentials());   // 获取密码
        return "yootk".equals(defaultPassword);                            // 密码匹配
    }
}
```

(3)【microboot-shiro 子模块】创建 MemberRealm 数据管理类。

```
package com.yootk.realm;
public class MemberRealm extends AuthorizingRealm {                                 // 认证授权Realm
    @Override
    protected AuthenticationInfo doGetAuthenticationInfo(AuthenticationToken token)
                throws AuthenticationException {                                    // 用户认证
        // 实际开发中需要通过业务层加载用户认证数据，此处可以随意设置用户名，密码固定为yootk
        return new SimpleAuthenticationInfo(token.getPrincipal(), "yootk", "memberRealm");
    }
    @Override
    protected AuthorizationInfo doGetAuthorizationInfo(
                PrincipalCollection principals) {                                   // 用户授权
        Set<String> roles = Set.of("message", "member");                            // 用户角色
        Set<String> actions = Set.of("message:echo", "message:list", "member:add",
                "member:list", "member:delete");                                    // 角色列表
        SimpleAuthorizationInfo authz = new SimpleAuthorizationInfo();              // 权限列表
        authz.setRoles(roles);                                                      // 定义角色信息
        authz.setStringPermissions(actions);                                        // 定义权限信息
        return authz;
    }
}
```

(4)【microboot-shiro 子模块】创建 MemberAction，实现 Shiro 的登录以及错误响应。

```
package com.yootk.action;
@RestController
public class MemberAction {
    @RequestMapping("/login_handle")
    public Object loginHandle(UsernamePasswordToken token,
```

```
                          HttpServletRequest request) {              // 登录处理
        Map<String, Object> map = new HashMap<>();                   // 实例化Map集合
        try {
            SecurityUtils.getSubject().login(token);                 // 登录处理
            map.put("token", "yootk-jwt-token");                     // 返回Token
            map.put("session-id", request.getSession().getId());     // 保存SessionID
        } catch (Exception e) {
            map.put("error", e.getMessage());                        // 登录失败
        }
        return map;
    }
}
```

(5)【microboot-shiro 子模块】创建一个 Shiro 配置类。

```
package com.yootk.config;
@Configuration
public class ShiroConfig {
    @Bean(name = "shiroFilterFactoryBean")
    public ShiroFilterFactoryBean shiroFilter(
            org.apache.shiro.mgt.SecurityManager securityManager) {
        ShiroFilterFactoryBean shiroFilterFactoryBean = new ShiroFilterFactoryBean();
        shiroFilterFactoryBean.setSecurityManager(securityManager);             // 安全管理器
        Map<String, String> filterChainDefinitionMap = new LinkedHashMap<>();   // 过滤链
        filterChainDefinitionMap.put("/admin/**", "authc");                     // 过滤路径
        shiroFilterFactoryBean.setFilterChainDefinitionMap(filterChainDefinitionMap);
        return shiroFilterFactoryBean;
    }
    @Bean(name = "authorizer")                                                  // 配置Bean名称
    public MemberRealm memberRealm() {
        MemberRealm realm = new MemberRealm();                                  // 配置Realm
        realm.setCredentialsMatcher(new DefaultCredentialsMatcher());           // 密码匹配器
        return realm;
    }
}
```

(6)【microboot-shiro 子模块】创建 application.yml 配置文件,进行 Shiro 环境定义。

```
server:                             # 容器配置
  port: 80                          # 监听端口
```

(7)【命令行】利用 curl 命令模拟用户登录。

```
curl -X POST -d "username=muyan&password=yootk" "http://localhost/login_handle"
```

程序执行结果:

```
{
  "session-id": "FAA480322E3F9F7F3D307B1573A67F04",
  "token": "yootk-jwt-token"
}
```

此时实现了基于 Shiro 的登录处理,需要注意的是,登录成功后可以向客户端返回一些标记(也可以直接使用 JWT 数据进行响应),为了便于后续处理也同步返回了当前的 SessionID(用于后续的登录和授权管理)。

12.4.2 Shiro 访问拦截

Shiro 访问拦截

视频名称　1222_【掌握】Shiro 访问拦截

视频简介　Shiro 提供了完善的认证与授权访问控制。本视频采用自定义过滤器的形式实现 Session 与 Subject 数据的获取,同时结合 Shiro 已有的机制实现授权控制。

使用 Shiro 除了登录认证之外，最重要的是要实现认证检测和授权管理，这样才可以保证应用资源的安全性。由于本次结构设计是基于前后端分离的，所以开发者需要根据登录时所获取的 SessionID 来实现处理。实现的基本流程如图 12-34 所示。

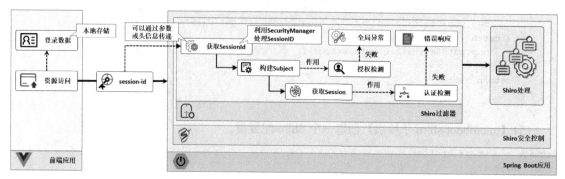

图 12-34　Shiro 认证与授权

通过图 12-34 所示的操作结构可以清楚地发现，在前后端分离机制中，客户端与服务端之间唯一的有效连接就是 SessionID（为了安全此数据也可能通过 JWT 包装后发送给客户端），而客户端在进行资源请求时将 SessionID 发送到服务端，这样服务端就可以根据 SessionID 的内容获取相关的 Session 数据，从而实现认证和授权的检查。下面通过具体操作步骤来实现此功能。

(1)【microboot-shiro 子模块】本次操作需要进行认证和授权的控制，所以在 MessageAction 中定义两个方法，分别使用不同的权限标记。

```
package com.yootk.action;
@RestController
@RequestMapping("/admin/message/*")              // 该路径需要认证检查
public class MessageAction {
    @RequestMapping("echo")
    @RequiresPermissions("message:echo")         // 有此权限
    public Object echo(String msg) {
        return "【ECHO】" + msg;
    }
    @RequestMapping("admin")
    @RequiresPermissions("message:admin")        // 无此权限
    public Object admin(String msg) {
        return "【ADMIN】" + msg;
    }
}
```

(2)【microboot-shiro 子模块】创建一个认证检测过滤器，可以在该过滤器中实现 SessionID 的关联处理。

```
package com.yootk.filter;
public class ShiroAuthFilter extends FormAuthenticationFilter {        // 认证过滤器
    public static final String COOKIE_SESSION_ID = "session-id";       // 参数名称
    @Override
    protected boolean isAccessAllowed(ServletRequest request,
            ServletResponse response, Object mappedValue) {
        HttpServletRequest req = (HttpServletRequest) request;
        String sessionId = req.getHeader(COOKIE_SESSION_ID);           // 通过头信息获取
        if (sessionId == null || "".equals(sessionId)) {               // 未获取到数据
            sessionId = request.getParameter(COOKIE_SESSION_ID);       // 通过参数获取
        }
        if (sessionId != null) {                                       // 接收到SessionID
            SessionKey key = new WebSessionKey(sessionId, request, response);  // 获取Session
            org.apache.shiro.mgt.SecurityManager securityManager =
```

```java
                SecurityUtils.getSecurityManager();
        try {   // 除了获取Session外还需要获取对应的Subject,以实现授权检测
            Subject.Builder builder = new Subject.Builder(securityManager);
            builder.sessionId(sessionId);                               // 绑定SessionID
            Subject subject = builder.buildSubject();                   // 构造Subject
            ThreadContext.bind(subject);                                // 绑定Subject
            Session session = securityManager.getSession(key);          // 获取Session信息
            return session != null;                                     // true允许访问
        } catch (Exception e) {
            return false;                                               // 访问拒绝
        }
    }
    return false;                                                       // 访问拒绝
}
@Override
protected boolean onAccessDenied(ServletRequest request,
    ServletResponse response) throws Exception {                        // 访问拒绝处理
    HttpServletResponse res = (HttpServletResponse) response;
    res.setContentType("application/json; charset=utf-8");
    res.setStatus(HttpServletResponse.SC_UNAUTHORIZED);                 // 状态码
    PrintWriter writer = res.getWriter();
    Map<String, Object> map = new HashMap<>();
    map.put("status", HttpServletResponse.SC_UNAUTHORIZED);
    map.put("message", "用户未登录,无法进行资源访问");                    // 错误信息
    writer.write(new ObjectMapper().writeValueAsString(map));           // Jackson响应
    writer.close();
    return false;                                                       // 请求拦截
}
```

(3)【microboot-shiro 子模块】修改 ShiroConfig 配置类,添加 ShiroAuthFilter 过滤器。

```java
package com.yootk.config;
@Configuration
public class ShiroConfig {
    // 其他重复配置项略
    @Bean(name = "shiroFilterFactoryBean")
    public ShiroFilterFactoryBean shiroFilter(
            org.apache.shiro.mgt.SecurityManager securityManager) {
        ShiroFilterFactoryBean shiroFilterFactoryBean = new ShiroFilterFactoryBean();
        shiroFilterFactoryBean.setSecurityManager(securityManager);     // 安全管理器
        Map<String, String> filterChainDefinitionMap = new LinkedHashMap<>();  // 过滤链
        filterChainDefinitionMap.put("/admin/**", "authc");             // 过滤路径
        Map<String, Filter> filterMap = new LinkedHashMap<>();
        filterMap.put("authc", new ShiroAuthFilter());                  // 自定义检测过滤器
        shiroFilterFactoryBean.setFilters(filterMap);                   // 添加过滤器
        shiroFilterFactoryBean.setFilterChainDefinitionMap(filterChainDefinitionMap);
        return shiroFilterFactoryBean;
    }
}
```

(4)【microboot-shiro 子模块】由于此时有可能要采用非浏览器的方式进行访问,为了保证过滤器可以通过 SessionID 获取 Session 实例,需要修改 application.yml 文件。

```yaml
shiro:
  userNativeSessionManager: true        # 允许非HTTP方式访问
```

(5)【命令行】如果在进行资源访问时没有传入正确的 session-id 参数,则无法进行资源访问。

```
curl -X POST -d "msg=www.yootk.com" "http://localhost/admin/message/echo"
```

程序执行结果:

```
{ "message": "用户未登录,无法进行资源访问", "status": 401 }
```

(6)【命令行】通过 curl 命令登录,在得到用户 SessionID 后进行资源访问。

```
curl -X POST -d "msg=www.yootk.com&session-id=FAA480322E…" "http://localhost/admin/message/echo"
```

程序执行结果:

```
【ECHO】www.yootk.com
```

(7)【命令行】通过 curl 命令访问未授权资源。

```
curl -X POST -d "msg=www.yootk.com&session-id= FAA480322E…" "http://localhost/admin/message/admin"
```

程序执行结果:

```
{
    "exception": "org.apache.shiro.authz.UnauthorizedException",
    "path": "/admin/message/admin",
    "message": "User is not permitted [message:admin]",
    "status": 500
}
```

通过此时的访问结果可以发现,已经可以实现登录认证和授权检测,在授权检测出现错误后会自动跳转到全局错误页进行响应。

> 提示:关于 Shiro 的后续整合操作。
>
> 在前后端分离的设计中,本程序已经很好地实现了 Shiro 与 Spring Boot 的整合。在实际开发中 Shiro 可以通过数据库加载 Realm 数据信息以及分布式的数据缓存等集群机制,相关知识本系列图书已进行过讲解,没有掌握的读者可以参考本系列的《SSM 开发实战》一书,由于代码相同,故不再重复讲解。

12.5 本章概览

1.Spring Security 为了便于 Spring Boot 整合提供了"spring-boot-starter-security"的依赖支持,开发者可以根据前后端分离设计的需要实现 Rest 响应处理。

2.OAuth2 是一种传统的单点登录处理形式,可以应用于大型互联网分布式系统中。Spring Security 可以直接实现 OAuth2 协议,开发者也可以通过 Shiro 来实现。

3.在微服务的整合以及前后端分离开发架构中,最为常见的安全认证管理模式就是基于 JWT 的方式,利用此方式可以有效地减少重复的数据库查询验证,同时也可以实现安全的数据访问。

4.JWT 实现中可以采用传统的机制进行安全认证,如使用过滤器或 Spring MVC 提供的拦截器。

5.Shiro 是一个功能强大且实现简单的安全认证管理框架,为了便于与 Spring Boot 整合提供了专属的依赖库。由于 Shiro 早期主要应用于单 Web 环境,所以在实现前后端分离架构时需要基于 SessionID 的方式实现认证与授权处理。